U0141175

深智數位
股份有限公司

前言

企業級 Web 專案開發通常採用前後端分離的模式，前端工程師負責介面開發、資料著色，後端工程師負責業務邏輯處理和資料互動。相比以前不分離的開發模式，前後端分離的模式表現了分工的精細化，能在一定程度上提高團隊的開發效率，也能降低企業應徵難度。但在有些場景下，這種分工也帶來了問題。舉例來說，一位前端開發人員要完成一個完整的畢業設計專案或小型專案，他需要後端開發人員配合或自己學習後端開發技術來解決。有了 Node.js，前端工程師幾乎不需要花費額外的學習成本就可以完成後端開發。在企業級開發領域，主流企業引入了 Node.js 技術，其它大型企業也在其產品中驗證了 Node.js 的高併發特性。

Node.js 使用 JavaScript 作為開發語言，與傳統的 Web 開發模式相比，由於它的執行環境脫離了瀏覽器，因此只需要掌握 JavaScript 的 ECMA 語法即可，而不需要關心 DOM 和 BOM。無論前端工程師，還是後端 Java 工程師，上手使用 Node.js 都非常簡單。

Node.js 擁有完整的生態系統，在它的官方外掛程式中有很多成熟的中介軟體，幾乎涵蓋一般中小型專案開發所需的大部分功能。基於 Node.js 的老牌開發框架 Express 依然活躍，目前，其周下載量保持在千萬等級；阿里巴巴也推出了基於 Node.js 的開放原始碼 Web 框架 Egg，還推出了基於 Node.js 的 alinode 性能平臺，可以覆蓋企業級專案的完整生命週期。筆者開發的多個 Node.js 專案充分驗證了這些框架的高效和高併發特性。

總而言之，Node.js 的誕生使得 JavaScript 語言像 Java 等其他後端開發語言一樣，可以完成資料庫操作和服務端邏輯處理等任務。Node.js 支援前後端開發的特性吸引了大量的開發人員將其作為開發工具，尤其是很多前端開發工程師轉向了全端開發。可以說，能熟練使用 Node.js 是前端工程師應聘時的加分項。

本書結合完整的專案實戰案例，全面介紹基於 Node.js 的主流開發框架，帶領讀者系統地掌握 Node.js 全端開發技術，從而具備開發企業級應用的能力。

本書特色

- **由淺入深**：從 Node.js 的基本概念講起，逐步深入介紹 Node.js 的主流框架並進行專案實戰演練，學習門檻很低，容易上手。

- **實例豐富**：結合大量實例講解基礎知識，並詳細介紹 3 個基於 Node.js 的開發框架的用法。

- **專案實戰**：詳解基於 Node.js+MySQL+Vue 的微信商場專案開發的全過程，幫助讀者系統地掌握 Node.js 全端開發技術，從而具備開發商業專案的能力。

- **經驗總結**：全面歸納和總結筆者多年累積的專案開發經驗，讓讀者少走彎路。

本書內容

第 1 篇　Node.js 開發基礎知識

本篇涵蓋第 1 ～ 5 章，從 Node.js 的基本概念和安裝配置講起，然後詳細介紹 Node.js 模組化管理、JavaScript 基礎知識、Node.js 常見的內建模組、Node.js 對資料庫的操作等相關內容。透過學習本篇內容，讀者可以快速了解 Node.js 開發的基礎知識。有一定 Node.js 開發基礎的讀者可以略過本篇而直接進入後續篇章的學習。

第 2 篇 Node.js 開發主流框架

本篇涵蓋第 6 ～ 8 章，詳細介紹 3 個基於 Node.js 的框架的用法，包括 Express、Koa 和 Egg，重點演示其語法知識和操作細節，如路由的使用、中介軟體的撰寫和 RESTfull 介面撰寫等。透過學習本篇內容，讀者可以系統掌握基於 Node.js 的主流框架的相關知識。

第 3 篇 專案實戰

本篇涵蓋第 9 ～ 15 章，基於 Node.js+MySQL+Vue，開發一個完整的百果園微信商場專案，演示完整的商業級全端專案開發的全過程，並簡單介紹 Node.js 程式、小程式和 Vue 程式性能最佳化涉及的相關知識。透過學習本篇內容，讀者可以掌握前面篇章介紹的相關技術，並系統了解一個真實專案開發的全過程，從而提升商業專案的開發能力。

繁體中文版說明

本書作者為中國大陸人士，為維持執行程式正確性，程式碼部分之圖例均維持簡體中文介面，請讀者參照前後文閱讀

目標讀者

- Node.js 零基礎入門人員；
- 前端開發工程師；
- 後端開發工程師；
- 軟體開發與測試人員；
- 對 Node.js 感興趣的人員；
- 大專院校的學生；
- 相關教育機構的學員。

書附資源獲取方式

為了便於讀者學習，本書提供以下書附資源，可以直接至本書官網下載

致謝

本書的誕生離不開很多人的幫助和鼓勵。首先，非常感謝家人的支援，本書的撰寫和案例偵錯佔用了筆者大量的業餘時間，是家人的默默支援才使得筆者順利完成撰寫任務；其次，感謝羅雨露老師，她在本書的出版過程中提供了很多幫助；最後，感謝自己的努力付出，希望本書能夠幫助更多的人。

技術支援

雖然筆者對本書所述內容都儘量核對，並多次進行文字校對，但因時間所限，可能還會有疏漏和不足之處，懇請讀者們批評與指正。讀者在閱讀本書時若有疑問，可以發送電子郵件回饋，電子郵件位址為 bookservice2008@163.com。

潘成均

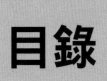

目錄

第 1 篇 Node.js 開發基礎知識

第 1 章 Node.js 概述

第 2 章　Node.js 模組化管理

第 3 章　JavaScript 基礎知識

第 4 章 Node.js 的內建模組

第 5 章　資料庫操作

第 2 篇 Node.js 開發主流框架

第 6 章 Express 框架

第 7 章 Koa 框架

第 8 章 Egg 框架

第 3 篇 專案實戰

第 9 章 百果園微信商場需求分析

第 10 章　百果園微信商場架構設計

第 11 章　百果園微信商場後端 API 服務

第 12 章 百果園微信商場 Vue 管理背景

第 13 章　百果園微信商場小程式

第 14 章　百果園微信商場專案部署與發佈

第 15 章　百果園微信商場性能最佳化初探

第 1 篇

Node.js
開發基礎知識

▶ ▶ ▶

1

Node.js 概述

　　Node.js 是一個 JavaScript 執行環境，由 Ryan Dahl 基於 Google 的 Chrome V8 引擎開發而來。由於 JavaScript 是單執行緒、事件驅動的語言，Node.js 利用了這個優點，採用事件迴圈、非同步 I/O 的架構，可以撰寫出高性能的伺服器；同時 Node.js 的誕生使得 JavaScript 的執行可以脫離瀏覽器平臺，這極大促進了 JavaScript 語言的發展。

　　本章首先介紹 Node.js 產生的背景及其高性能的特點和應用場景；接著在不同系統上演示 Node.js 環境的架設，並指導如何建立第一個 Node.js 程式；最後對開發工具 IDE 介紹並演示 Node.js 程式的偵錯方法。

本章涉及的主要基礎知識如下：

- Node.js 的發展歷程、特點和使用場景；

- 不同作業系統下的 Node.js 環境架設；

- 建立第一個 Node.js 程式；

- Visual Studio Code 工具的使用及 Node.js 程式的偵錯方法。

🖉 **注意**：**Node.js 本身採用 C++ 撰寫，用於提供 JavaScript 程式的執行環境。**

1.1 Node.js 簡介

本節首先介紹 Node.js 的誕生背景、高性能特點以及 Node.js 的實際應用場景；接著介紹 Node.js 發展歷程，以便讓讀者對 Node.js 有整體的認識。

1.1.1 Node.js 是什麼

官方定義：Node.js 是一個基於 Chrome V8 引擎的 JavaScript 執行時期環境（Runtime Environment）。它是一個能讓 JavaScript 脫離瀏覽器執行在伺服器端的開發平臺，這使得 JavaScript 可以像 Java、Python 和 PHP 等伺服器端語言一樣進行伺服器端的開發。因此透過學習 JavaScript 和 Node.js 可以快速掌握全端開發技術。

從定義中得出兩點：

- Node.js 是一個 JavaScript 執行時期環境；

- Node.js 基於 Chrome V8 引擎。

JavaScript 執行時期環境又稱 JavaScript 引擎，它將作業系統底層相關操作（如解釋編譯、記憶體管理和垃圾回收等）進行抽象封裝，使得開發者無須關心底層細節。

也就是說，Node.js 執行時期環境提供了諸多模組 API，開發者只需要透過 JavaScript 呼叫相應的模組 API 即可完成不同的業務需求。JavaScript 與 Node.js 的關係，類比 Java 與 JDK 的關係。Node.js 提供了大量的內建模組，將在第 4 章詳細介紹。

> ✏ **注意**：執行時期的不同必然導致程式設計 API 的不同。**JavaScript** 誕生之初主要用於製作網頁特效，而網頁執行於瀏覽器中，因此瀏覽器中的執行時期可以使用 **JavaScript** 包含的 **ECMAScript**、**DOM**（文件物件模型）、**BOM**（瀏覽器物件模型）三部分 **API**。但是由於 **Node.js** 脫離了瀏覽器，因此 **DOM** 和 **BOM** 在 **Node.js** 環境中無法使用。

清楚了什麼是執行時期後，再來分析 Node.js 為什麼要基於 Chrome V8 引擎進行封裝。

這還得從 Node.js 創始人 Ryan Dahl 說起，「大佬」總是驚人的相似，和 Vue（全稱為 Vue.js，本書簡寫為 Vue）框架創始人一樣，Ryan Dahl 並非專業出身，他厭倦了代數拓撲學從而放棄攻讀博士學位，在棄學旅行的過程中成為一名使用 Ruby 的 Web 開發者。

隨著承接專案的增多，Ryan Dahl 在兩年之後成為 Web 伺服器性能問題專家。他曾嘗試使用 C、Ruby、Lua 來解決 Web 伺服器高併發的問題，雖然都失敗了，但卻找到了解決問題的關鍵：非阻塞、非同步 I/O。

2008 年 9 月，Google 發佈了 V8 引擎，Ryan Dahl 仔細研究發現這是一個絕佳的 JavaScript 執行環境，單執行緒、非堵塞非同步 I/O。於是他想到 JavaScript 本身就是單執行緒，瀏覽器發起 AJAX 請求也是非阻塞的，基於這個原理如果將 JavaScript 和非同步 I/O 以及 HTTP 伺服器集合在一起就能解決高併發的問題。根據這個想法，在接下來幾個月的時間裡，Ryan Dahl 獨自完成了 Web.js（後來改名為 Node.js）的開發，並於 2009 年 5 月正式推出 Node.js。Node.js 預設整合了現在被我們熟知的 NPM 模組管理工具，用於簡化 Node.js 模組原始程式碼的管理。2010 年，Node.js 獲得 Joyent 公司贊助，Ryan Dahl 加入 Joyent 公司，大力推動了 Node.js 的發展。

1.1.2 Node.js 能做什麼

由於 Node.js 是一個開放原始程式碼的 JavaScript 執行時期環境，採用事件驅動、非同步 I/O 的模式，所以非常適合輕量級、快速的即時應用（如協作工具、聊天工具、社交媒體等）以及高併發的網路應用。

據 Stack Overflow 統計，Node.js 是非常受歡迎的技術之一，國內外都有大量公司使用 Node.js 建構應用。例如：

- 雅虎：在 2009 年（Node.js 首次發佈不到一年）就開始使用，雅虎部落格證實其網路應用中有 75% 是基於 Node.js 的。

- LinkedIn：2011 年其平臺使用者已突破 6300 萬，透過從 Ruby on Rails 轉遷移到 Node.js，完成從同步系統到非同步系統，使得伺服器數量從 15 台減少到 4 台，流量服務在原有基礎上提升了 1 倍，程式執行速度提升了 2 ～ 10 倍。

- Uber：世界著名的網約車平臺，其應用程式使用了一些 Node.js 工具，雖然其不斷引入新技術，但是 Node.js 仍是其基礎。

- PayPal：2013 年從 Java 遷移到 Node.js，使得其頁面回應時間縮短為 200ms，每秒處理請求的數量在原有基礎上增加了一倍。

- 阿里巴巴：2017 年，優酷除帳戶模組和土豆部分頁面使用 Node.js 外，其他 PC 和 HTML 5 的核心頁面仍然採用的是 PHP 範本著色，經過 Node 改造後，完成了從 PHP 到 Node.js 的遷移，成功地完成了 2019 年的「雙 11」重任。阿里巴巴是華語世界 Node.js 的佈道者，開放原始碼了基於 Node.js 的框架 Egg，產品大量使用 Node.js，包括語雀、淘寶、阿里雲和天貓等。

- 騰訊：每逢體育賽事或重大節日，騰訊視訊直播都是每秒數億次的高併發請求，這充分證明 Node.js 在高併發場景下的出色能力。同時，騰訊 NOW 直播、花樣直播等產品也在廣泛使用 Node.js。

🖉 **注意**：隨著業務需求的變化和新技術的引入，系統架構可能會發生變化。

隨著許多公司加入 Node.js 陣營，誕生了非常多的基於 Node.js 的 Web 框架，如 Express、Koa、Meteor 和 Egg 等。除了這些大型框架，還有一些非常優秀的應用或模組也可以提升工作效率，值得我們研究。

- Socket.io 是一個 WebSocket 函式庫，包含使用者端 JavaScript 和伺服器端的 Node.js，其目標是在不同瀏覽器和行動裝置上建構即時應用，非常適合建構 Web 聊天室。

- Hexo 是一款基於 Node.js 的靜態部落格框架，相依少且易安裝，可以生成靜態頁面託管到 GitHub 上，是架設部落格的首選框架之一。

- Node Club 是一個使用 Node.js 和 MongoDB 開發的新型社區軟體，介面簡潔，功能豐富。Node.js 中文社區就是使用此程式架設的。

除此之外還有一些非常好用的工具：Bower.js、Browserify 和 Commander 等。

Node.js 之所以得到許多公司和開發者的青睞，主要原因有以下幾點。

1．跨平臺

基於 Node.js 開發的應用，可以執行在 Windows、Linux 和 macOS 平臺上，實現一次撰寫、處處執行。很多開發者都是在 Windows 平臺上開發，然後部署到 Linux 伺服器上執行。

2．非同步 I/O

I/O 表示輸入／輸出（input/output）。軟體應用的性能瓶頸往往就在 I/O 上，無論網路 I/O 還是讀取檔案 I/O 都可能會耗費大量時間。這種情況下如果循序執行多個耗時的任務，則總任務完成的時間等於各項任務依次執行完成時間之和，顯然這是不明智的。為了解決這類問題從而引申出了兩個概念：同步、非同步。

- 同步：任務一件一件地依次執行，上一個任務完成後才能進入下一個任務。

- 非同步：任務一件一件地依次執行，但不用等到任務執行完成便可以進入下一個任務。為了得到上一事件執行的結果，需要額外開闢儲存空間將未執行完的任務放入一個事件佇列，等任務執行完成後，再將其取出進行處理。

Node.js 採用非同步 I/O，不必等到 I/O 完成即可執行其他任務，從而提高性能。這就是典型的用空間換時間。

3 · 單執行緒

Node.js 只用一個主執行緒來接收請求，接收到請求後將其放入事件佇列，繼續接收下一次請求。當沒有請求或主執行緒空閒時就會透過事件迴圈來處理這些事件，從而實現非同步效果，滿足高併發場景。

需要注意的是，主執行緒空閒時去處理事件佇列並非親自去處理 I/O 操作，僅是去取執行結果，根據結果完成後續操作而已。那麼這個 I/O 究竟是誰去完成的呢？實際上需要依賴作業系統層面的執行緒池。

簡單理解就是 Node.js 本身是一個多執行緒平臺，只是對 JavaScript 層面的任務處理是單執行緒的。如果是 I/O 任務則由作業系統底層執行緒池處理，如果是其他任務則由主執行緒自己完成，而如資料加密、資料壓縮等需要 CPU 耗時處理的任務，依然是由主執行緒依次執行，同樣可能會造成阻塞。

🖉 **注意**：由此得出，**Node.js 非常適合 I/O 密集型場景，不適合 CPU 密集型任務。**

4 · 事件驅動

傳統的高併發場景中通常是採用多執行緒模型，為每個任務分配一個執行緒，透過系統執行緒切換來彌補同步 I/O 呼叫時間的銷耗，這是典型的時間換空間。

Node.js 是單執行緒模型，避免了頻繁的執行緒間切換。它維護一個事件佇列，程式在執行時進入事件迴圈（Event Loop）等待事件的到來；而每個非同步 I/O 請求完成後會被推送到事件佇列，等待主執行緒對其進行處理。這種基於事件的處理模式，才使得 Node.js 中執行任務的單執行緒變得高效。

事件迴圈機制如圖 1.1 所示。

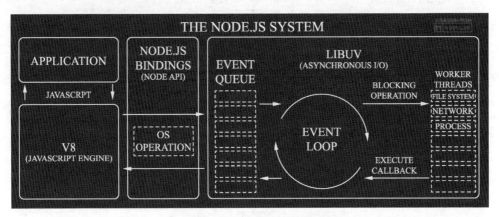

▲ 圖 1.1 Node.js 事件迴圈機制

5．支援微服務

微服務（Microservices）是一種軟體設計風格，其把複雜業務進行拆分，根據特定功能完成單一服務劃分，這些服務可以單獨部署並能最小化地集中管理。

Node.js 本身就輕量且跨平臺，易於建構 Web 服務，支援從前端到後端資料庫的全端操作，因此非常適合用於建立微服務。

透過 Node.js 內建的 HTTP 等網路模組，能夠快速建立微服務應用。除了 Node.js 內建模組外，Node.js 生態中也有很多成熟、開放原始碼的微服務框架可以用於建立微服務應用，如 Seneca、騰訊的 Tars.js 等。

1.1.3 Node.js 架構原理

Node.js 是基於 Chrome V8 引擎封裝的 JavaScript 執行時期環境，採用 C++ 撰寫，組成結構如圖 1.2 所示。

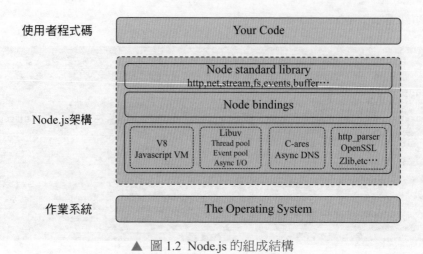

▲ 圖 1.2 Node.js 的組成結構

從圖 1.2 中可以看出，Node.js 由 3 層組成：

- 核心模組層（Core Modules）：也稱 Node standard library 或 Node.js API，是 Node.js 專門提供給開發人員使用的標準函式庫，包含 HTTP、Buffer 和 fs 等模組，此層採用 JavaScript 撰寫，可以使用 JavaScript 直接呼叫，其下各層採用 C++/C 撰寫。

- Node.js 綁定層（Node bindings）：是連接 JavaScript 和 C++ 的橋樑，封裝了 Chrome V8 引擎和 Libuv 等其他功能模組的細節，向上層提供基礎的 API 服務。

- JavaScript 執行時期及功能函式庫：此層是支撐 Node.js 執行的關鍵，由 C++/C 實現，包含 Chrome V8 引擎及 Libuv、C-ares、http_parser、OpenSSL 和 zlib 等函式庫。

Chrome V8 引擎由 Google 開放原始碼，Node.js 將其封裝提供給 JavaScript 執行時期環境，其可以說是 Node.js 的引擎；Libuv 是為解決 Node.js 跨平臺提供非同步 I/O 功能而封裝的函式庫；C-ares 是封裝了非同步處理 DNS 相關功能的函式庫；http_parser、OpenSSL 和 zlib 等函式庫則提供了包括 HTTP 解析、SSL、資料壓縮等功能。

接下來再看看程式碼在 Node.js 上的執行流程。

（1）採用 JavaScript 語言呼叫 Core Modules 模組完成相應的業務功能。

（2）JavaScipt 執行在 Chrome V8 引擎上，Core Modules 核心模組透過 Bindings 呼叫下層的 Libuv、C-ares 和 HTTP 等 C++/C 類別庫，進而呼叫作業系統提供的底層平臺功能。

> 🖉 **注意**：Node.js 的核心是 Chrome V8 和 Libuv，Ryan Dahl 對部分特殊用例進行了最佳化，提供了替代的 API，使得 Chrome V8 在非瀏覽器環境中執行得更好。

1.1.4 Node.js 的發展歷程

Node.js 在 2009 年由 Ryan Dahl 封裝並開發，發展至今版本更加趨於穩定，社區和平臺也更加趨於成熟，這離不開廣大開發者的無私奉獻。如前面所述，目前很多高流量網站都採用了 Node.js 進行開發，或在原本專案中加入 Node.js 作為中間層進行最佳化。

Node.js 的官網網址為 https://nodejs.org/，如圖 1.3 所示。

▲ 圖 1.3 Node.js 的官網

從圖 1.3 中可以看出，Node.js 分為兩個版本：LTS（長期維護版）和 Current（嘗鮮版），截至寫書時，LTS 的版本為 20.11.1，Current 的版本為 21.6.2。

🖉 **注意**：由於 **Current** 的版本是根據開發進度即時更新的，所以可能存在 **bug**，生產環境建議使用 **LTS** 版本。

Node.js 並不是 JavaScript 框架，但從命名上可以看出，其官方開發語言是 JavaScript，這使得前端人員也可以快速轉向全端開發，JavaScript 也因此由前端指令碼語言迅速拓展到伺服器端開發行列，很多公司專門設置了 Node.js 工程師這個職位。

Node.js 能迅速成為熱門，除了功能強大之外，還有一個很重要的原因，那就是它提供了一個 NPM 套件管理工具，它可以輕鬆管理專案相依，這個套件管理工具中有成千上萬的模組或工具，可以快速提高開發人員的效率。很多前端人員可能就是因為 NPM 才知道 Node.js 的。

以下列舉 Node.js 發展過程中的一些大事件。

- 2008 年 9 月，Google 發佈 Chrome V8 引擎。

- 2009 年 5 月，Ryan Dahl 正式推出 Node.js。

- 2010 年 3 月，基於 Node.js 的 Web 框架 Express 發佈；Socket.io 誕生。

- 2010 年 8 月，Node.js 0.2.0 發佈。

- 2010 年 12 月，Joyent 公司贊助 Node.js，因此 Ryan Dahl 加入 Joyent 公司進行全職開發。

- 2012 年 1 月，Ryan Dahl 辭職，不再負責 Node.js 專案，但這並沒有影響 Node.js 的發展。

- 2013 年 12 月，Node.js 另外一個重量級框架 Koa 誕生。

- 2014 年 11 月，多位 Node.js 重量級開發人員不滿 Joyent 公司的管理，辭職後建立了 Node.js 分支項 io.js，並於 2015 年 1 月發佈了 io.js 1.0.0 版本。

- 2015 年 2 月，Joyent 公司攜手各大公司和 Linux 基金會成立了 Node.js 基金會，並提議與 io.js 和解，同年 5 月和解達成，Node.js 與 io.js 合併，隸屬於 Node.js 基金會。

- 2016 年 10 月，YARN 套件管理器發佈。

- 2019 年 3 月，Node.js 基金會和 JS 基金會合併成 OpenJS 基金會，以促進 JavaScript 和 Web 生態系統的發展。

- 2020 年 4 月，Node.js 發佈 14.0.0 版本。

- 2021 年 4 月，Node.js 發佈 16.0.0 版本。

從時間點可以看出，Node.js 發佈不到一年就產生了 Express 框架，在其後兩年多的時間裡，如 LinkedIn、Uber、eBay 和沃爾瑪等大公司先後加入 Node.js 陣營，極大推進了 Node.js 的應用和發展。

1.2 Node.js 的安裝配置

對 Node.js 有了初步了解之後，進行 Node.js 開發之前，本節先分別演示如何在 Windows 和 Linux 系統中安裝配置 Node.js。

1.2.1 在 Windows 中安裝 Node.js

如果讀者的電腦中還未安裝 Node.js，需要先從其官網上下載對應的版本進行安裝，下載網址為 https://nodejs.org/zh-cn/download/。相比於 Linux 平臺，Node.js 對 Windows 平臺的調配較晚，在微軟的支援下，Node.js 的安裝非常簡單，只需要下載副檔名為 msi 的安裝套件，然後按兩下執行並按提示操作即可。

（1）下載安裝套件。如果要下載最新的版本，那麼直接在官網首頁上下載即可。這裡下載的 Node.js 版本為 V12.18.2，後面將以該版本為例展開介紹，其下載網址為 https://nodejs.org/download/release/v12.18.2/node-v12.18.2-x64.msi。

（2）按兩下安裝套件開始安裝，在彈出的對話方塊中按一下 Next 按鈕，如圖 1.4 所示。

（3）在彈出的對話方塊中勾選核取方塊協定後，按一下 Next 按鈕，如圖 1.5 所示。

（4）在彈出的對話方塊中選擇安裝目錄，按一下 Next 按鈕，如圖 1.6 所示。

（5）在彈出的對話方塊中選擇要安裝的功能，這裡保持預設即可，然後按一下 Next 按鈕，如圖 1.7 所示。

（6）在彈出的對話方塊中保持預設選項，按一下 Next 按鈕，如圖 1.8 所示。

（7）在彈出的對話方塊中按一下 Install 按鈕開始安裝，如圖 1.9 所示。

▲ 圖 1.4 安裝 Node.js

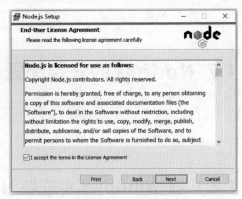

▲ 圖 1.5 同意協定

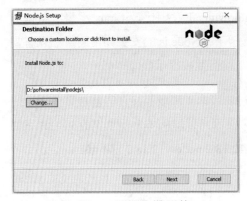

▲ 圖 1.6 選擇安裝目錄

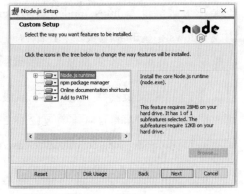

▲ 圖 1.7 選擇安裝功能

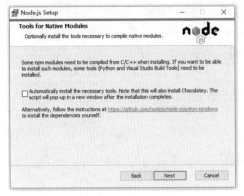

▲ 圖 1.8 安裝工具選項

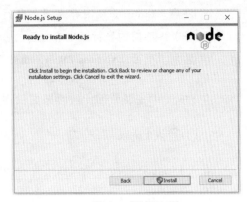

▲ 圖 1.9 準備安裝

（8）此時，將彈出一個安裝進度對話方塊，如圖 1.10 所示。安裝完成後，彈出一個安裝完成對話方塊，按一下 Finish 按鈕完成 Node.js 的安裝，如圖 1.11 所示。

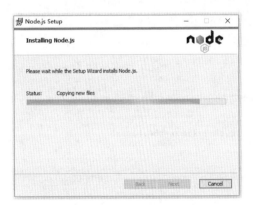

▲ 圖 1.10 等待安裝完成

▲ 圖 1.11 安裝完成

1.2.2 在 Linux 中安裝 Node.js

大多數情況下，我們的日常工作是在 Windows 中完成的，但上線時我們通常使用的伺服器為 Linux 系統。眾所皆知，Linux 系統是免費和開放原始碼的，在伺服器中的應用非常廣泛，因此 Node.js 也提供了對應的安裝套件。

　　🖉 **注意**：Linux 系統有非常多的發行版本（如 **RedHat**、**Centos** 和 **Ubuntu** 等），不同的發行版本有自己的命令和格式，因此不同系統的安裝略有區別。下面以 **Centos 7.0** 為例進行演示。

在 Linux 中安裝軟體比較簡單，只需要下載對應的檔案並解壓執行即可。

（1）登入 Linux 系統。

登入 Linux 系統後，透過以下命令可以查看系統的版本，如圖 1.12 所示。

```
cat/etc/redhat-release
```

```
✔ root@node:~  ×
[root@node ~]# cat /etc/redhat-release
CentOS Linux release 7.0.1406 (Core)
[root@node ~]# █
```

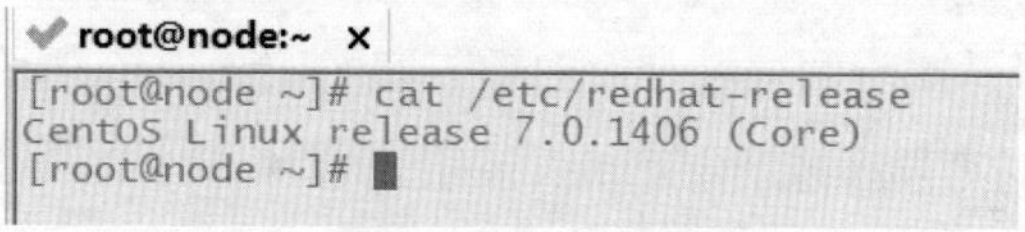

▲ 圖 1.12　查看 Linux 的版本

（2）下載 Node.js。

在終端中輸入以下下載命令，等待下載完成，如圖 1.13 所示。

```
wget https://nodejs.org/dist/v12.18.2/node-v12.18.2-linux-x64.tar.xz
```

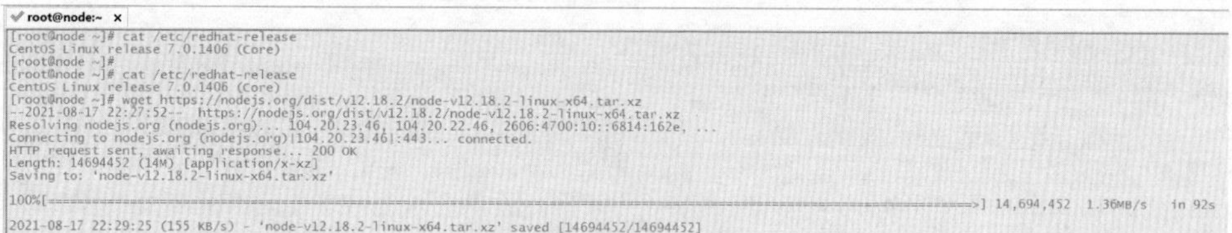

▲ 圖 1.13　下載 Node.js

（3）解壓檔案。

透過以下命令解壓下載的 node 檔案，如圖 1.14 所示。

```
cat/etc/redhat-release
```

```
[root@node ~]# ls
anaconda-ks.cfg  Desktop  Documents  Downloads  initial-setup-ks.cfg  Music  node-v12.18.2-linux-x64.tar.xz
Pictures  Public  Templates  Videos
[root@node ~]# tar -Jxf node-v12.18.2-linux-x64.tar.xz
[root@node ~]# ls
anaconda-ks.cfg  Documents  initial-setup-ks.cfg  node-v12.18.2-linux-x64      Pictures  Templates
Desktop          Downloads  Music                 node-v12.18.2-linux-x64.tar.xz  Public    Videos
[root@node ~]#
```

▲ 圖 1.14 解壓檔案

（4）執行並測試。

切換到剛才解壓後的資料夾 node-v12.18.2-linux-x64 的 bin 目錄下，透過 ll 命令查看 node 檔案並執行命令 node-v 測試安裝是否成功，如圖 1.15 所示。

```
[root@node ~]# cd node-v12.18.2-linux-x64/bin/
[root@node bin]# ll
total 47496
-rwxr-xr-x. 1 1001 1001 48634352 Jun 30  2020 node
lrwxrwxrwx. 1 1001 1001       38 Jun 30  2020 npm -> ../lib/node_modules/npm/bin/npm-cli.js
lrwxrwxrwx. 1 1001 1001       38 Jun 30  2020 npx -> ../lib/node_modules/npm/bin/npx-cli.js
[root@node bin]# ./node -v
v12.18.2
[root@node bin]#
```

▲ 圖 1.15 測試是否安裝成功

（5）增加環境變數。

透過以下命令，將 Node.js 和 NPM 增加到環境變數中，如圖 1.16 所示。

```
// 將 Node.js 放入環境變數
ln-s/root/node-v12.18.2-linux-x64/bin/node/usr/local/bin/node
// 將 NPM 放入環境變數
ln-s/root/node-v12.18.2-linux-x64/bin/npm/usr/local/bin/npm
```

```
[root@node bin]# pwd
/root/node-v12.18.2-linux-x64/bin
[root@node bin]# ln -s /root/node-v12.18.2-linux-x64/bin/node /usr/local/bin/node
[root@node bin]# node -v
v12.18.2
[root@node bin]# ln -s /root/node-v12.18.2-linux-x64/bin/npm /usr/local/bin/npm
[root@node bin]# npm -v
6.14.5
[root@node bin]#
```

▲ 圖 1.16 增加環境變數

1.3 撰寫第一個 Node.js 程式

【本節範例參考：\ 原始程式碼 \C1\Example_HelloWorld】

1.2 節已經架設好 Node.js 的執行環境，由於 Node.js 可以直接執行 JavaScript 程式，所以本節將建立一個普通的 JavaScript 程式並演示如何在 Node.js 中執行這個程式。

1.3.1 建立 Node.js 應用

在本地磁碟工作目錄下（筆者的本地目錄為 E:\node book\C1\Example_Hello World）建立名為 HelloWorld.js 的 JavaScript 檔案，採用任何一個文字編輯器（記事本、Notepad++、HBuilder、Visual Studio Code 等）開啟並編輯檔案，輸入以下內容並儲存檔案。

➜ 程式 1.1　第一個 Node.js 程式：HelloWorld.js

```
var hello='hello world';
console.log(hello)
```

以上程式採用 JavaScript 語法書寫，先透過 var 關鍵字宣告 hello 變數並賦值為 hello world 字串；接著透過 console 物件的 log 方法將物件值列印到主控台，這樣 JavaScript 檔案就建立好了。

1.3.2 執行 Node.js 應用

前面建立 JavaScript 的方法與以前在網頁裡書寫 JavaScript 並沒有區別，有一定 Web 基礎的讀者一定知道，如果想要在瀏覽器的主控台裡列印輸出結果，則需要先將 JavaScript 程式放入一個 HTML 檔案中，然後在瀏覽器裡開啟即可。

與以往不同的是，這次我們希望這段程式在 Node.js 環境中執行，而非在瀏覽器中執行。因此需要開啟 CMD 命令列工具，切換到 HelloWorld.js 檔案對應的目錄，然後執行 node 命令，觀察輸出結果。

📎 **注意**：筆者的作業系統是 **Windows 10**，因此使用 **CMD** 命令列工具，如果是其他作業系統，則開啟對應的終端即可。

（1）開啟終端並切換到目標目錄。按鍵盤上的 Windows+R 複合鍵，彈出的對話方塊如圖 1.17 所示。

（2）按一下「確定」按鈕，在終端切換到 HelloWorld.js 檔案所在的目錄，如圖 1.18 所示。

▲ 圖 1.17 執行終端

▲ 圖 1.18 切換目錄

在圖 1.18 中，命令 e: 表示切換到 E 磁碟，接著透過 cd 命令切換到 HelloWorld.js 檔案所在的目錄，然後透過 dir 命令查看檔案資訊。

📎 **注意**：需要掌握 cd、dir 等常見的 cmd 命令。

（3）透過 node 命令執行檔案。透過命令「node 檔案名稱」直接在 Node.js 中執行 JavaScript 程式，如圖 1.19 所示。

▲ 圖 1.19 執行結果

可以看到，Node.js 列印輸出了預期的 hello world 值。檔案名稱可以沒有副檔名，Node.js 預設會自動查詢副檔名為 .js 的檔案。

透過以上操作，我們就實現了在 Node.js 中執行一個最簡單的 JavaScript 程式的目標。

1.4 開發工具及其偵錯

【本節範例參考：\ 原始程式碼 \C1\Example_HelloWorld 】

工欲善其事，必先利其器。在 1.3.2 節的範例中我們直接透過記事本使用 JavaScript 撰寫了一個 Hello World 檔案，並直接在 CMD 終端中執行程式。在實際進行專案開發的過程中，往往需要借助 IDE 工具來提高開發效率，這類工具非常多，常用的有 Visual Studio Code、WebStorm、HBuilderX、Atom 和 EditPlus 等。其中，Visual Studio Code 深受好評，它是微軟在 2015 年發佈的一款跨平臺、開放原始碼、免費的編輯器，下面就來學習如何使用它撰寫並偵錯 Node.js 程式。

1.4.1 安裝 Visual Studio Code

可以從 Visual Studio Code 官網上下載最新的穩定版本，下載網址為 https://code.visualstudio.com/，其官網下載主介面如圖 1.20 所示。

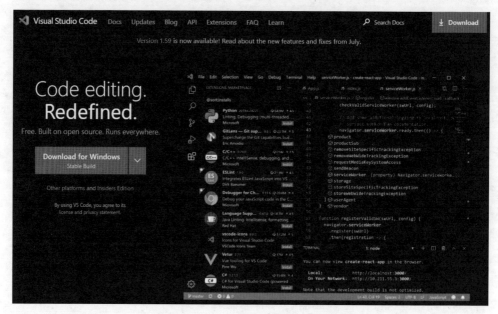

▲ 圖 1.20　Visual Studio Code 官網介面

　　筆者是 Windows 10 系統，下載最新的穩定版，得到檔案 VSCodeUserSetup-x64-1.54.3.exe。按兩下該檔案進行安裝，在彈出的對話方塊中選擇同意協定，按一下「下一步」按鈕，如圖 1.21 所示。

　　在彈出的對話方塊中，按一下「瀏覽」按鈕，選擇合適的安裝位置，然後按一下「下一步」按鈕，如圖 1.22 所示。

▲ 圖 1.21 同意協定

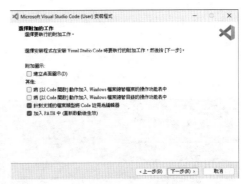

▲ 圖 1.22 選擇安裝選項

　　後面的安裝保持預設選項，直接按一下「下一步」，如圖 1.23 到圖 1.27 所示。

▲ 圖 1.23 確定安裝選項

▲ 圖 1.24 開始安裝

▲ 圖 1.25 安裝完成

▲ 圖 1.26 桌面圖示

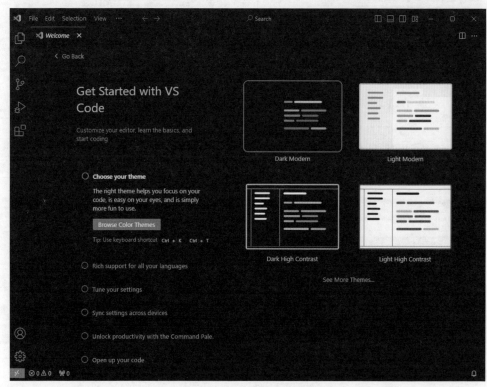

▲ 圖 1.27 首次進入畫面

安裝完成後，執行 Visual Studio Code，主介面如圖 1.28 所示。

▲ 圖 1.28 Visual Studio Code 主介面

將 1.3 節建立的應用對應的目錄 Example_HelloWorld 拖曳到 Visual Studio Code 中，開啟之前建立的程式，在 Visual Studio Code 中依然可以執行，如圖 1.29 所示。

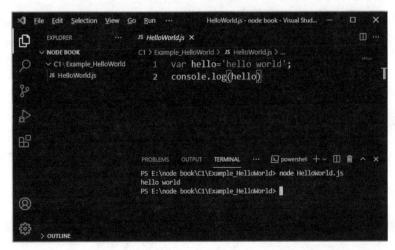

▲ 圖 1.29 在 Visual Studio Code 中執行 HelloWorld 程式

1.4.2 偵錯 Node.js 程式

在網頁裡撰寫 JavaScript 程式，可以借助瀏覽器的功能進行偵錯，Node.js 並不執行在瀏覽器中，怎麼進行偵錯呢？本節演示如何在 Visual Studio Code 中建立並偵錯 Node.js 程式。

（1）建立程式。

在 Visual Studio Code 中新建檔案，如圖 1.30 和圖 1.31 所示。

▲ 圖 1.30 Visual Studio Code 新建檔案　▲ 圖 1.31 在 Visual Studio Code 中新建檔案

輸入內容見程式 1.2。

➡ 程式 1.2 第一個 Node.js 程式：HelloWorld.js

```
var username = 'heimatengyun';
var age = '18';
console.log(username,age)
```

（2）增加中斷點。

在 Visual Studio Code 中按一下行號前的小紅點設置中斷點，如圖 1.32 所示。

（3）偵錯設置。

按一下 Visual Studio Code 主介面左側的偵錯按鈕設置偵錯資訊，如圖 1.33 至圖 1.35 所示。

點擊小圓點

▲ 圖 1.32 設置中斷點

偵錯按鈕

▲ 圖 1.33 按一下偵錯按鈕

1. 點擊執行偵錯

選擇 Node.js

▲ 圖 1.34 設置偵錯目標

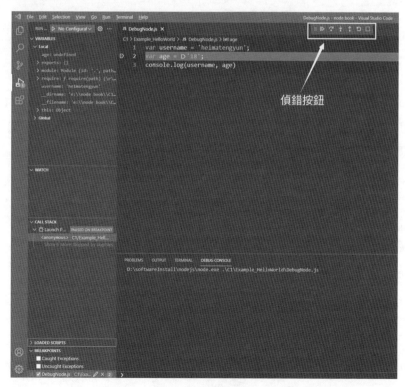

偵錯按鈕

▲ 圖 1.35 開啟偵錯功能

　　偵錯功能開啟後，程式就會停止在中斷點處，按一下下一步按鈕，程式將執行下一步，如圖 1.36 所示。

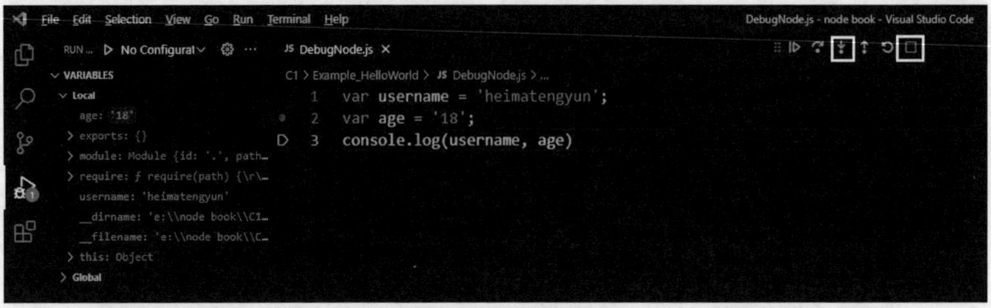

▲ 圖 1.36　中斷點偵錯

如果想結束程式，按一下最右邊的停止按鈕即可。

1.5　建立 Web 伺服器案例

【本節範例參考：\ 原始程式碼 \C1\Example_HelloWorld 】

　　Node.js 提供了 HTTP 模組，因此只需要引入該模組並呼叫 API 即可完成 HTTP 的相關功能。本範例採用 Node.js 架設簡單的 HTTP 伺服器，實現使用者存取不同的位址舉出不同的回應內容的效果。

➔ 程式 1.3　建立 Web 伺服器程式：HttpServer.js

```javascript
//1．引入 HTTP 模組
const http = require('http');
//2．建立 HTTP 伺服器
const server = http.createServer(function(request,response){
    const url = request.url;                          // 獲取請求位址
    console.log(url)
    var answer = '';                                  // 設置回應內容
    switch(url){
        case'/':
            answer = ' 歡迎存取首頁 ';
            break;
        case'/login':
```

```
        answer = ' 歡迎來到登入頁 ';
        break;
    default:
        answer = ' 非法闖入 ';
        break;
    }
    // 設置回應標頭的編碼格式為 UTF-8，避免中文亂碼
    response.setHeader('Content-Type','text/plain;charset=utf-8');
    response.end(answer);
});
//3. 啟動伺服器監聽 8888 通訊埠
server.listen('8888',function(){
    console.log(" 伺服器啟動成功，存取：http://127.0.0.1:8888")
})
```

　　程式首先透過 require 引入 Node.js 內建的 HTTP 模組；接著透過 HTTP 物件呼叫 createServer 方法建立 HTTP 伺服器，該方法可以接收一個回呼函式，其包含兩個參數，第一個參數包含使用者請求的相關 URL 等資訊，第二個參數用於設置向使用者傳回的回應資訊；最後在 8888 通訊埠上啟動 HTTP 伺服器。

　　在 Visual Studio Code 終端上透過 node 命令（node HttpServer）啟動伺服器，如果看到主控台輸出以下資訊則表示啟動成功，如圖 1.37 所示。

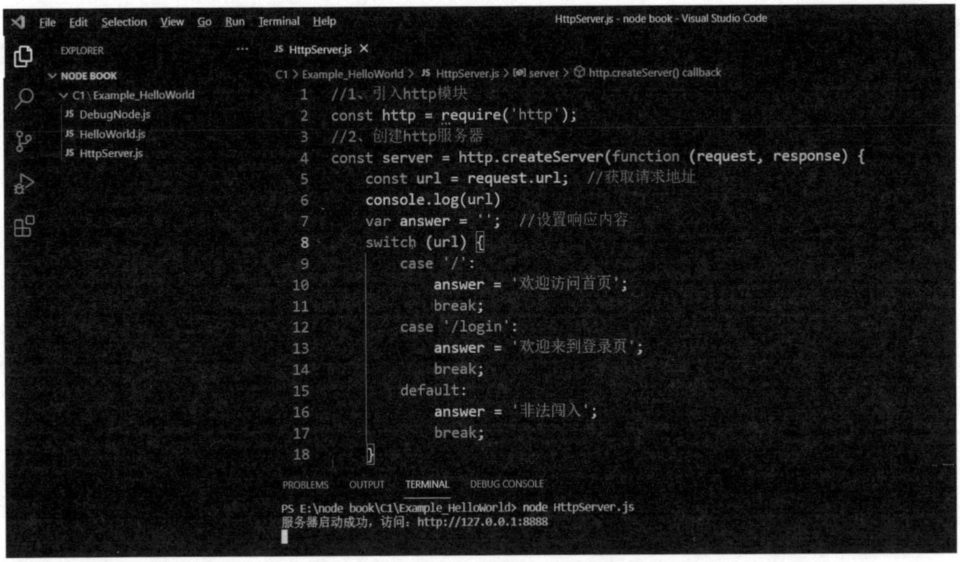

▲ 圖 1.37 伺服器啟動成功

> 🖉 **注意**：選擇功能表列上的 **Terminal | New Terminal** 命令，可以開啟終端
> 面板。

當使用者造訪 http://127.0.0.1:8888 時，請求會進入回呼函式並向使用者傳回
「歡迎存取首頁」的資訊。當使用者存取不同的位址時將得到不同的結果，如圖 1.38
所示。

▲ 圖 1.38 伺服器的執行效果

1.6　本章小結

本章先介紹了 Node.js 產生的背景、高併發的特點、架構組成及其發展歷程；
接著演示了在 Windows 和 Linux 中如何安裝配置 Node.js 環境；最後講解了在
Visual Studio Code 中建立和偵錯 Node.js 程式的技巧，並透過一個「建立 Web 伺服
器」實例演示了 Node.js 程式的建立過程和執行流程。透過本章的學習，期望讀者
能對 Node.js 有一個初步的認識。

2

Node.js 模組化管理

在 Node.js 執行環境中採用 JavaScript 語言撰寫程式，應當把一些通用的功能封裝為模組以便重複使用。隨著功能的完善和 bug 的修復，應該由版本編號來標識這些模組的特定版本，並且模組之間可能存在相依關係。這就需要用到模組管理工具來對模組的版本和相依關係進行管理。

在 Node.js 中，透過 NPM 套件管理器對模組進行管理，NPM 在 Node.js 的發展過程中有著非常重要的作用。本章就介紹模組化的相關標準、Node.js 的模組以及如何透過 NPM 進行模組管理。

本章涉及的主要基礎知識如下：

- 了解 JavaScript 常見的標準及其發展歷程；

- 掌握 CommonJS 標準與 ECMAScript 6（後面簡寫為 ES 6）模組標準的異同；

- 掌握 Node.js 內建的核心模組；

- 掌握如何自訂模組；

- 掌握如何透過 NPM 和 YARN 管理 Node.js 模組。

> 🖉 **注意**：JavaScript 語言由三部分組成，分別是核心部分、**DOM** 和 **BOM**。在 **Node.js** 中，只能使用核心部分，其中針對瀏覽器的 **DOM** 和 **BOM** 不再適用。

2.1 JavaScript 模組化

在進行大型系統開發時，需要採用模組化思維，將系統拆分為「高內聚、低耦合」的子模組，各個子模組專注處理各自的業務邏輯，模組之間相互協作，共同完成特定的功能。本節介紹 JavaScript 常見的模組化標準，需要掌握 CommonJS 標準及 ES 6 的模組標準。

2.1.1　什麼是模組化

【本節範例參考：\ 原始程式碼 \C2\mutilFile】

眾所皆知，JavaScript 誕生之初僅是為了實現網頁特效、完成網頁表單資料驗證。JavaScript 創始人僅用 10 天就完成了該語言的設計，因此並沒有模組化地標準設計。

隨著電腦硬體的發展、瀏覽器性能的提升，很多頁面邏輯都可以在使用者端完成。Web 2.0 時代的到來，使 AJAX 技術得到廣泛應用，各種 RIA（豐富型使用者端應用）層出不窮，其間誕生了非常多的框架，如 ExtJS、EasyUI、Bootstrap、 jQuery、React 和 Vue 等。隨著業務逐漸賦值，前端程式日益膨脹，在這種情況下就要考慮使用模組化標準地進行管理。

那麼，什麼是模組化呢？JavaScript 模組化就是指 JavaScript 程式分為不同的模組，模組內部定義的變數作用域只屬於模組內部，模組之間的變數名稱互不衝突；各個模組既相互獨立，又可以透過某種方式相互引用協作。

🖉 **注意**：隨著前端技術的發展，如 React、Vue 等這類新的 MVVM 框架逐步取代了以前的 ExtJS、jQuery 等框架。

模組化，簡單說就是將程式檔案拆分為不同的模組。那麼模組又是什麼呢？簡單理解模組就是檔案。因此模組化就是將一個複雜程式依據一定規則拆分並封裝成幾個檔案區塊，然後透過一定規則將各個區塊檔案組合在一起，區塊內部的資料和函式是私有的，只向外部暴露部分介面或函式與外部的其他模組通訊。

這裡說的模組化規則即接下來要介紹的模組化標準。在此之前，我們先思考一下，拆分程式會帶來什麼問題？

以計算薪水為例，假設薪水的計算公式為：薪水＝當月獎金＋當月實際出勤薪水，實際出勤薪水＝每日薪水 × 出勤天數，每日薪水＝基本薪資 /22 天。按上述想法，將計算薪水的功能分別拆分到 4 個檔案 a.js、b.js、c.js 和 man.html 中，實現執行 man.html 檔案後在瀏覽器主控台中輸出薪水，具體實現見程式 2.1 至程式 2.4。

➜ **程式 2.1 a.js 檔案**

```
//a.js
var bonus = 50000;                   // 當月獎金
var monthSalary = salary + bonus;    // 當月薪水＝實際出勤所得的基本薪資＋當月獎金
```

在 a.js 檔案中計算當月薪水，當月薪水（monthSalary）＝當月出勤薪水（salary）＋當月獎金（bonus）。在該檔案中定義了 bonus，而 salary 沒在該檔案中定義，而是定義在 b.js 檔案中。

➜ 程式 2.2　b.js 檔案

```
//b.js
var day = 30;                            // 實際出勤天數
var salary = (basicSalary/22)*day;       // 當月基本薪資 = 每日薪水 × 實際出勤天數
```

在 b.js 檔案中計算當月出勤薪水（salary），該項計算依賴於每月基本薪資 basicSalary，而此變數定義在 c.js 檔案中。

➜ 程式 2.3　c.js 檔案

```
//c.js
var basicSalary = 2000;                  // 基本薪資
```

在 c.js 檔案中定義了基本薪資 basicSalary 變數。

➜ 程式 2.4　main.html 檔案

```
<!DOCTYPE html>
<html lang="en">

<head>
    <meta charset="UTF-8">
    <meta http-equiv="X-UA-Compatible"content="IE=edge">
    <meta name="viewport"content="width=device-width,initial-scale=1.0">
    <title> 計算薪水 </title>
</head>
<body>
    <!-- 嚴格按照此順序引入檔案 -->
    <script src='c.js'></script>
    <script src='b.js'></script>
    <script src='a.js'></script>
    <script>
        //var monthSalary=100;   // 由於 a.js 檔案存在 monthSalary，所以此處會覆蓋
        console.log(monthSalary)
    </script>
</body>
</html>
```

main.html 檔案分別引入了 3 個 js 檔案，然後在主控台列印當月薪水。需要注意的是檔案之間存在相互相依關係（a.js 相依 b.js，b.js 相依 c.js），也就是說，在上述程式中必須嚴格按照這個順序引入這 3 個 js 檔案，否則就會顯示出錯。假設 4 個檔案都由不同人員開發，在 mian.html 中不小心又定義了一個與 a.js 檔案名稱相同的變數 monthSalary，則會導致名稱相同被覆蓋。

> 🖋 **注意**：這是一個比較致命的錯誤，當一個專案很大、檔案很多並由很多
> 人協作開發時，難免會出現名稱相同的情況。名稱相同覆蓋導致的錯誤
> 將難以排除。

因此可以看出，模組化不是簡單地將檔案拆分即可，拆分之後需要避免變數被全域污染、需要解決私有空間問題、需要維護模組與模組之間的相依關係等。隨著前端專案業務的複雜化，除了 JavaScript 程式模組化，還要考慮如圖片和 CSS 檔案等靜態資源的模組化、程式開發完成後對其的壓縮、合併最佳化等。

在前端模組化這條路上，前輩們做了非常多的嘗試，從檔案拆分、命名空間、立即執行函式、CommonJS 標準、ES 6 模組標準等，再到 Webpack 工具的誕生，每個新工具的誕生都是為了解決一些特定的問題，正是這些嘗試促進了前端技術的飛躍發展。

2.1.2 模組化的發展史

在 JavaScript 的發展過程中，模組化標準也經歷了不同的階段，從誕生時間上看，大致如圖 2.1 所示。

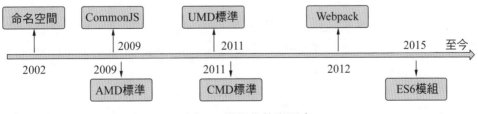

▲ 圖 2.1 模組化的發展史

1．CommonJS 標準

CommonJS 標準規定：一個單獨的檔案就是一個模組，每個模組都是一個單獨的作用域。在一個檔案中定義的變數、函式等成員都是私有的，對其他檔案不可見。

CommonJS 有個顯著的特點，即載入模組是同步的，只有等模組載入完成後才能執行後續的操作。Node.js 採用了此標準，由於 Node.js 主要用於伺服器端程式設計，載入的模組檔案都是儲存在伺服器本地的，載入速度較快，所以以採用 CommonJS 標準比較合適。但是，如果 JavaScript 程式執行在瀏覽器環境，要從伺服器載入模組，則必須採用非同步載入模式，由此誕生了後續的 AMD 標準。

    🖉 **注意**：CommonJS 是標準，Node.js 實現了其中的部分標準。

2．AMD 標準

AMD 是 Asynchromous Module Definition 的縮寫，AMD 和 CommonJS 不同，它是非同步載入模組的，採用 define 函式定義模組。AMD 是 RequireJS 在推廣的過程中對模組定義的標準，簡單說就是 AMD 是標準，RequireJS 是對應的實現。

3．CMD 標準

CMD 是 SeaJS 在推廣過程中對模組定義的標準，其和 AMD 的主要區別是 CMD 推崇相依就近原則，而 AMD 推崇相依前置。

4．UMD 標準

隨著 CommonJS 標準和 AMD 標準的流行，產生了新需求，希望有一種更加通用的方案可以相容這兩種標準。於是 UMD（Universal Module Definition）通用模組標準就誕生了。

UMD 標準可以透過執行時期或編譯時讓同一個程式模組在使用 CommonJs、CMD 甚至 AMD 的專案中執行。未來，同一個 JavaScript 套件執行在瀏覽器端、伺服器端甚至 App 端只需要遵守同一個寫法就可以了。它沒有自己專有的標準，集結了 CommonJs、CMD 和 AMD 標準於一身。

UMD 標準的出現也是前端技術發展的產物，前端在實現跨平臺的道路上不斷地前進，UMD 標準將瀏覽器端、伺服器端甚至 App 端都統一了，當然它或許不是未來最好的模組化方式，未來，ES 6+、TypeScript、Dart 這些擁有高級語法的語言可能會代替這些方案。

5 · ES 6 模組標準

前面介紹的這些模組標準都出自各大公司或社區，都是民間的解決方法。直到 2015 年，ECMA 發佈了 ES 6 標準，正式成為 JavaScript 的標準。與 CommonJS 和 AMD 標準不同，ES 6 模組設計的實現是儘量靜態化，使得編譯時就能確定模組的相依關係，而 CommonJS 和 AMD 模組只能在執行時期才能確定。

CommonJS、AMD、CMD 和 UMD 模組標準的區別如表 2.1 所示。

▼ 表 2.1　前端模組標準的區別

標準名稱	說明
CommonJS（同步模組標準）	主要用於伺服器端，典型實現 Node.js
AMD（非同步模組標準）	主要用於瀏覽器端，典型實現 RequireJS
CMD（普通模組標準）	主要用於瀏覽器端，典型實現 SeaJS
UMD（通用模組標準）	通用模組系統，相容 CommonJS、AMD、CMD 標準
ES 6 模組標準	JavaScript 官方標準

6 · Webpack 打包工具

針對在瀏覽器端執行的 JavaScript 來說，模組的拆分表示使用者端需要向伺服器端多次請求才能拿到頁面執行所需的模組檔案，將會佔用更多的頻寬，當網速較慢時甚至會影響使用者體驗。

　　針對這種情況，有人會想：有沒有辦法在撰寫程式的時候按模組拆分，在程式打包執行的時候把相關的檔案打包組合在一起，以達到減少使用者端與伺服器端的傳輸，同時又不改變模組拆分的程式設計習慣呢？示意圖如圖 2.2 所示。

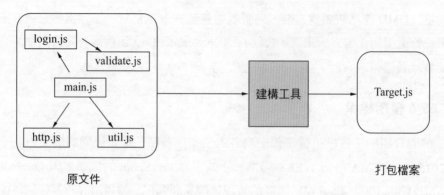

▲ 圖 2.2　原始檔案打包合併思想示意

　　在這種背景下，產生了非常多的模組打包工具，其中，Webpack 應用非常廣泛，其官方位址為 https://webpack.js.org/，官方功能介紹如圖 2.3 所示。

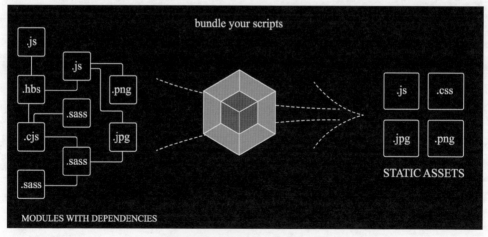

▲ 圖 2.3　Webpack 功能示意

　　當然，除了目前流行的 Webpack 打包工具，還有 Grunt 和 Gulp 等其他建構工具。

✎ **注意**：在 **Node.js** 中支援 **CommonJS** 和 **ES 6** 模組化標準，因此接下來介紹這兩種方法的實現。

2.1.3 CommonJS 標準

【本節範例參考：\ 原始程式碼 \C2\CommonJS】

Ryan Dahl 在 2009 年開發 Node.js 時還沒有 ES 6 的模組標準，他採用了 CommonJS 標準來實現，CommonJS 成為 Node.js 標準的模組化管理工具。同時 Node.js 還推出了 NPM 套件管理工具，NPM 平臺上的套件均滿足 CommonJS 標準。隨著 Node.js 和 NPM 的發展，CommonJS 的影響越來越大，極大促進了後續的模組化工具的發展。

Node.js 應用由模組組成，採用 CommonJS 模組標準。每個檔案就是一個模組，有自己的作用域，在一個檔案裡定義的變數、函式和類別等都是私有的，對其他檔案不可見。CommonJS 標準有以下特點：

- 每個檔案都是一個 Module 實例。

- 所有檔案載入都是同步完成的。

- 每個模組載入一次之後就會被快取，以後再載入時直接讀取快取結果，要想讓模組再次執行，必須清除快取。

- 模組透過關鍵字 module 對外暴露內容。

- 檔案內透過 require 物件引入指定的模組。

- 模組按照其在程式中出現的順序載入。

CommonJS 的基本語法：

暴露模組：module.exports.xxx=value（xxx 表示匯出的變數）或 module.exports =value。

引入模組：require(xxx)，如果是第三方模組，則 xxx 為模組名稱；如果是自訂模組，則 xxx 為模組檔案路徑。

既然一個檔案就是一個模組，那麼模組究竟暴露的是什麼呢？CommonJS 標準規定，在每個模組內部，module 變數代表當前模組，這個變數有一個 exports 屬性，即對外的介面。因此，載入一個模組，實際就是載入該模組的 module.exprots 屬性。

下面透過一個例子來演示模組對外暴露的內容，建立模組檔案 salaryModule.js，程式如下。

➔ 程式 2.5　薪資計算模組：salaryModule.js

```
//salaryModule.js：薪資計算模組
var basicSalary = 20000;                              // 基本薪資
var allSalary = function(bonus){
    return basicSalary + bonus;                       // 薪水 = 基本薪資 + 獎金
}
module.exports.basicSalary = basicSalary;
module.exports.allSalary = allSalary;
```

在程式 2.5 中定義了一個變數 basicSalary 表示基本薪資，allSalary 變數指向計算薪水的匿名函式，該函式的作用是將傳入的獎金加上基本薪資從而得到本月的薪水；最後透過 module.exports 分別將變數和函式匯出以供其他模組使用。

模組定義好後，再建立一個 getSalary.js 檔案用於讀取餘區塊的內容，程式如下。

➔ 程式 2.6　獲取薪資模組的內容：getSalary.js

```
//getSalary.js 用於獲取模組的內容
var salaryModule = require('./salaryModule.js');       // 引入模組
console.log(" 基本薪資："+ salaryModule.basicSalary);   //20000
console.log(" 本月薪水："+ salaryModule.allSalary(30000)); //50000
```

在上面的程式中，透過 require 命令引入 salaryModule 模組，並分別存取模組暴露出的變數和方法。在 Visual Studio Code 終端中透過 node getSalary 命令執行檔案，可以看到獲得了模組內暴露的 basicSalary 和 allSalary 的值，結果如圖 2.4 所示。

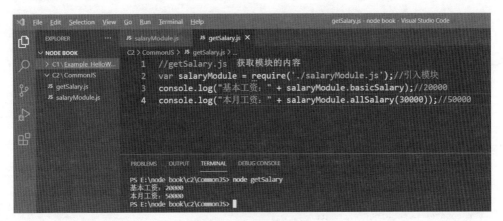

▲ 圖 2.4 獲取模組的內容

從上面的範例中可以看出，require 命令的基本功能是讀取並執行一個 JavaScript 檔案，然後傳回該模組的 exports 物件。

接下來深入研究 CommonJS 模組的載入機制，在模組被載入後，模組內部對變數的操作是否會影響匯出的變數值呢？來看下面的例子。建立計數器模組 counter.js 檔案，程式如下。

➔ 程式 2.7 計數器模組：counter.js

```
//counter.js
var counter = 1;                              // 計數器初始值為 1
function add(){
    counter++;                                // 計數器自動增加
    console.log("add 後的 counter 值："+ counter)
}
//function getCounter(){                       // 獲取模組內的值
//return counter;
//}
```

```
module.exports = {                                          // 匯出模組
    counter:counter,
    add:add,
}
```

在模組中建立一個計數器 counter 並初始化為 1；同時定義一個 add 方法，在函式內對計數器自動增加並列印；最後分別將 counter 和 add 匯出供外部模組呼叫。

建立 getCounter.js 檔案，透過 require 引入 counter 模組，先列印模組內的 counter 值；接著呼叫 add 方法使模組內的 counter 自動增加；然後列印匯出模組的 counter 的值，觀察值的變化情況。

➜ 程式 2.8　呼叫計數器模組：getCounter.js

```
//getCounter.js
var counter = require('./counter');
console.log(counter.counter);//1
counter.add();//2
console.log(counter.counter);                    //1 獲取的是模組匯出值的備份
//console.log(counter.getCounter());             //2// 得到模組內的值
```

透過 node 命令執行 getCounter.js 檔案，輸出結果如圖 2.5 所示。

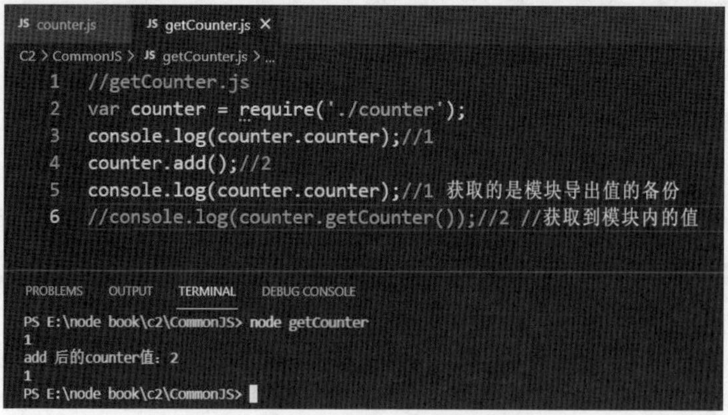

▲ 圖 2.5　計數器的執行結果

從執行結果中可以看到 counter 的初始輸出值為 1；接著呼叫模組內的 add 方法，在方法內列印 counter 為 2；再次列印 counter 的值依然為 1。可以看出，呼叫 add 方法後，只是改變了模組內部的 counter 值，並沒有影響模組匯出的 counter 的值。

這是為什麼呢？這就是 CommonJS 模組的載入機制，require 引入的是被匯出值的備份，如果在模組內輸出一個值，則模組內部的變化也不會影響這個值。可以透過模組暴露的函式獲取模組內部變化後的值，將 counter 模組的 getCounter 方法取消註釋，在 getCounter 中呼叫該方法即可獲取模組內部發生變化的值，這一點與 ES 6 的模組化有重大差異。

2.1.4 ES 6 模組化標準

【本節範例參考：\ 原始程式碼 \C2\ES6】

ES 6 於 2015 年 6 月發佈，它是 JavaScript 的官方標準，雖然它的誕生比 Node.js 晚了很多，但是 Node.js 畢竟是採用 JavaScript 語言撰寫的程式，因此隨著發展，Node.js 也支援 ES 6 標準的模組。

ES 6 模組基本語法：

匯出模組：export 變數 / 函式 / 類別宣告。透過 export 關鍵字將部分程式公開給其他模組。

引入模組：import{ 識別字 }from 模組名稱。import 敘述由兩部分組成，一是需要匯入的識別字，二是需要匯入的模組檔案。import 之後的大括號指明從給定模組匯入對應的內容，from 關鍵字指明需要匯入的模組檔案。

將 2.1.3 節中的範例用 ES 6 的模組進行實現，建立 ES 6 目錄並建立模組檔案 salaryModule.js，程式如下。

➔ 程式 2.9 計算薪資模組：salaryModule.js

```
//salaryModule.js：ES 6 版本的模組匯出
export var basicSalary = 20000;                    // 基本薪資，支援宣告時匯出
export function allSalary(bonus){                   // 具名函式
    return basicSalary + bonus;                     // 月薪水 = 基本薪資 + 獎金
}
var yearendBonus=80000;                             // 年終獎
export{yearendBonus};                               // 支援先聲明再集中匯出
```

在上面的程式中：定義一個變數 basicSalary 表示基本薪資；定義一個 allSalary 具名函式用於計算薪水，該函式的作用是將傳入的獎金加上基本薪資得到本月的薪水；定義 yearendBonus 變數表示年終獎。basicSalary 變數和 allSalary 函式在宣告時透過 export 關鍵字匯出，yearendBonus 變數先聲明再透過 export 匯出。這裡分別演示了匯出模組的兩種方式。

    🖉 **注意**：對比之前的 **CommonJS** 版本會發現，**ES 6** 版本不支援直接透過 **export** 匯出匿名函式，除非使用 **default** 關鍵字。

模組定義好之後，再建立一個 getSalary.js 檔案用於讀取模組的內容，程式如下。

➔ 程式 2.10 獲取薪資模組的內容：getSalary.js

```
//getSalary.js：ES 6 版本的模組匯入
// 匯入模組
import{basicSalary,allSalary,yearendBonus}from"./salaryModule.js";
console.log(" 基本薪資："+ basicSalary);              //20000
console.log(" 本月薪水："+ allSalary(30000));         //50000
console.log(" 年終獎："+ yearendBonus);              //80000
```

在上面的程式中透過 import 關鍵字匯入 salaryModule 模組，並分別存取模組暴露出的變數和方法。在 Visual Studio Code 終端中，切換到檔案對應的目錄，透過 node getSalary 命令執行檔案，發現顯示出錯資訊如圖 2.6 所示。

▲ 圖 2.6 獲取模組內容

根據提示訊息，在檔案目錄下新建 package.json 檔案並指定 type 類型為 module，程式如下。

→ 程式 2.11 設定檔內容：package.json

```
{
    "type":"module"
}
```

再次在終端中執行 node getSalary 命令，可以正確得到模組裡的值，如圖 2.7 所示。

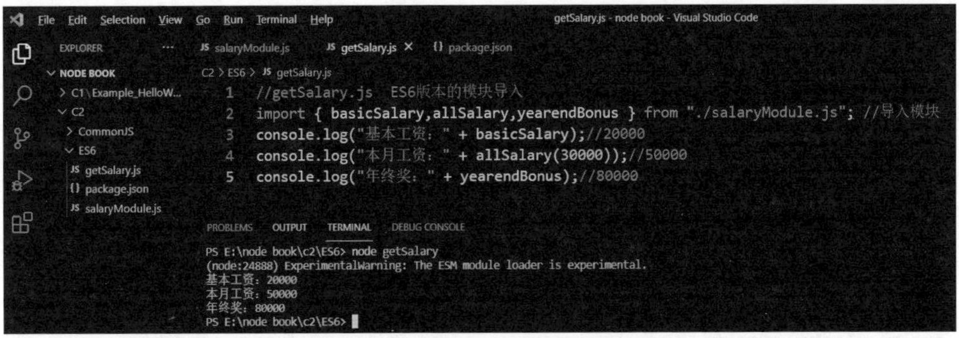

▲ 圖 2.7 ES 6 模組輸出結果

從上面的範例中可以看出，ES 6 模組透過 export 關鍵字匯出模組，並在新模組中透過 import 關鍵字匯入模組內容，這樣就能成功存取模組匯出的內容了。

ES 6 除了 import、export 和 from 關鍵字外，還有兩個常用的關鍵字，即 as 和 default。as 關鍵字可以用於在匯入或匯出時指定別名；default 關鍵字用於設置預設匯出的內容，可以匯出匿名函式，每個檔案只能有一個 default 關鍵字。

2.1.3 節提到 CommonJS 模組的載入機制與 ES 6 不同，接下來採用之前的計數器例子，使用 ES 6 模組匯出，分析其不同之處。建立計數器模組 counter.js 檔案，內容如下。

➡ 程式 2.12　計數器模組：counter.js

```
//counter.js
var counter = 1;                                    // 計數器初始值為 1
function add(){
    counter++;                                      // 計數器自動增加
    console.log("add 後的 counter 值："+ counter)
}
export{counter,add}
```

在模組中建立一個計數器 counter 並初始化為 1；同時定義一個 add 方法，在方法內對計數器自動增加並列印；最後透過 export 分別將 counter 和 add 匯出供外部模組呼叫。

建立 getCounter.js 檔案，透過 import 引入 counter 模組，先列印模組內的 counter 值；接著呼叫 add 方法使模組內的 counter 自動增加；然後列印匯出模組的 counter 的值，觀察值的變化情況。

➡ 程式 2.13　呼叫計數器模組：getCounter.js

```
//getCounter.js
import{counter,add}from"./counter.js";             // 自訂模組需要寫入檔案副檔名
console.log(counter);                              //1
add();                                             //2
console.log(counter);                              //2// 注意與 CommonJS 區別
```

透過 node 命令執行 getCounter.js 檔案，輸出結果如圖 2.8 所示。

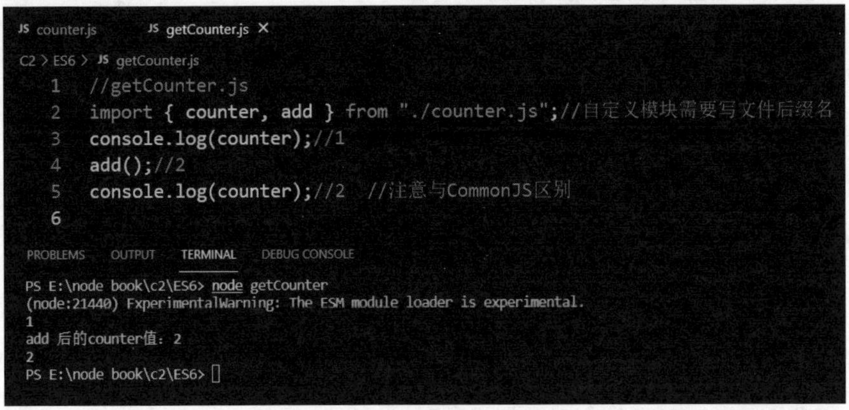

```
JS counter.js        JS getCounter.js  ×

C2 > ES6 > JS getCounter.js
   1   //getCounter.js
   2   import { counter, add } from "./counter.js";//自定义模块需要写文件后缀名
   3   console.log(counter);//1
   4   add();//2
   5   console.log(counter);//2   //注意与CommonJS区别
   6

PROBLEMS     OUTPUT     TERMINAL     DEBUG CONSOLE

PS E:\node book\c2\ES6> node getCounter
(node:21440) ExperimentalWarning: The ESM module loader is experimental.
1
add 后的counter值: 2
2
PS E:\node book\c2\ES6> []
```

▲ 圖 2.8 計數器的執行結果

從執行結果中可以看到：counter 初始輸出的值為 1；接著呼叫了模組內的 add 方法，在方法內列印 counter 為 2；再次列印 counter 的值為 2。對比 CommonJS 模組，在這裡可以看出二者的不同，這一點與 CommonJS 的模組化有重大差異。

2.2 Node.js 模組分類

Node.js 模組可以分為：核心模組、自訂模組和第三方模組。Node.js 自身提供的模組稱為核心模組；在 NPM 倉庫中有很多功能強大的第三方模組，這些模組可以極大提高開發效率；開發者也可以按照模組標準封裝自訂模組。

2.2.1 核心模組

核心模組是 Node.js 為開發者提供的底層功能，包括一些常用的全域變數和 API。核心模組部分在 Node.js 原始程式編譯過程中被編譯為二進位執行檔案，當 Node.js 啟動時，核心模組被直接載入記憶體，因此當這部分模組被引用時，載入速度非常快。

🖉 **注意**：API 隨著 **Node.js** 版本的發佈而變更，不同版本的 **API** 不完全一致，使用時需要考慮這一點。

　　全域變數是無須進行引入，任何時候都可以存取的變數。需要注意的是，在 Node.js 中可以全域存取的變數不一定都是全域變數，全域可以存取的物件實際上包含幾個部分，分別是 JavaScript 本身內建的物件、Node.js 的全域物件、Node.js 部分作用在模組作用域的變數（exports、module、__dirname、__filename、require 方法）。

　　Node.js 提供了一系列全域變數和模組，部分內容如表 2.2 所示。

▼ 表 2.2　Node.js 的部分全域變數和模組

變數或模組	功能說明
console	console 是 Node.js 提供的簡單主控台模組，類似於瀏覽器提供的 JavaScript 主控台，其提供了 log、error 和 warn 等方法，方便偵錯
global	global 全域命名空間物件
process	處理程序物件，提供當前 Node.js 的處理程序資訊並能實現控制
timer 模組	timer 模組定義了 Immediate 類別、Timeout 類別用於實現計時器，常用於排程計時器和取消計時器的方法有 setTimeout、clearTimeout、setInterval 和 clearInterval

　　除了上面的全域變數，Node.js 還提供了一系列核心模組，這些模組需要透過 require 關鍵字匯入檔案中進行使用，常用的模組如下：

- fs 檔案系統模組：用於與檔案系統互動。

- path 路徑模組：用於處理檔案和目錄的路徑。

- net 網路模組：提供非同步網路 API，用於建立基於串流的 TCP 或 IPC 伺服器和使用者端。

- HTTP 模組：用於建立 HTTP 伺服器和使用者端。

- events 事件觸發器模組：用於事件處理，Node.js 的大部分重要的 API 都是圍繞非同步事件驅動架構建構的。

- TLS 安全傳輸層模組：提供基於 OpenSSL 建構的安全傳輸層協定（TLS）和安全通訊端層（SSL）協定實現。

除了以上核心模組之外，還有一些重要的模組如 Buffer、dgram 和 DNS 等，這部分內容將在第 4 章詳細介紹。

> ✎ 注意：更多核心模組，可參閱 Node.js 官方的 API 文件，網址為 https://nodejs.org/en/download/releases/。需要注意，不同版本的 API 不同，在上述頁面中需要根據使用的版本，選擇對應的文件進行查看。

2.2.2 自訂模組

【本節範例參考：\ 原始程式碼 \C2\CustomModule】

如果把所有程式都寫在一個檔案中，那麼後期維護將變得非常困難，因此應該根據業務功能將檔案進行拆分，這些被拆分的檔案就是使用者自訂模組。自訂模組可以採用 2.1 節中講解的 CommonJS 標準，也可以採用 ES 6 的模組標準。

自訂模組可以匯出變數、函式、物件，接下來演示採用 CommonJS 標準自訂模組的過程。建立 CustomMode 目錄，新建檔案 customModule.js 檔案，程式如下。

➔ 程式 2.14 自訂模組：customModule.js

```javascript
// 自訂模組
var fileInfo = ' 這是一個自訂模組 ';
function showFileInfo(){
    return this.fileInfo
};
class authorInfo{
    constructor(){
        this.name = ' 黑馬騰雲 ';
        this.age = '18';
```

```
    }
    sayHello(){
        return `您好！我是 ${this.name}`;
    }
}
module.exports = {                                      // 可簡寫為 exports
    fileInfo,
    showFileInfo,
    authorInfo
};
```

在自訂模組中定義變數 fileInfo、函式 showFileInfo 和類別 authorInfo，然後透過 module.exports 匯出模組供外部呼叫。其中，module.exports 可以簡寫為 exports。

　　🖉 **注意**：在上述程式中定義類別採用了 **class** 關鍵字，這是 **ES 6** 新增的語法，如果讀者對 **JavaScript** 及 **ES 6** 不太熟悉，可以參考第 **3** 章的內容。

　　模組定義好之後，新建 useCustomModule.js 檔案，在檔案中使用模組，程式如下。

➔ 程式 2.15　自訂模組：customModule.js

```
// 使用自訂模組
// 模組檔案副檔名 .js 可以省略；./ 不可省略
var customModule = require('./customModule.js');
console.log(customModule.fileInfo);                     // 使用匯出的變數
console.log(customModule.showFileInfo());               // 呼叫匯出的函式
var author = new customModule.authorInfo();
console.log(author.sayHello());
```

在上述程式中透過 require 關鍵字匯入自訂模組，參數為模組路徑，副檔名可以省略不寫。在終端中執行程式，執行結果如圖 2.9 所示。

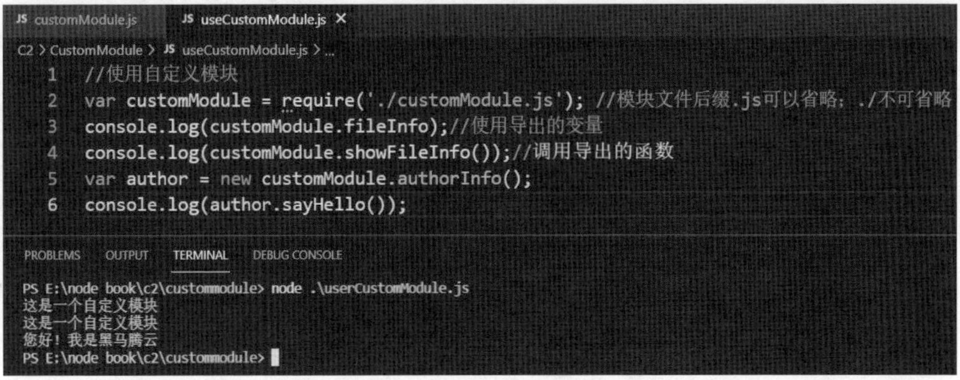
JS customModule.js
JS useCustomModule.js ×
C2 > CustomModule > JS useCustomModule.js > ...
1 //使用自定义模块
2 var customModule = require('./customModule.js'); //模块文件后缀.js可以省略；./不可省略
3 console.log(customModule.fileInfo);//使用导出的变量
4 console.log(customModule.showFileInfo());//调用导出的函数
5 var author = new customModule.authorInfo();
6 console.log(author.sayHello());
PROBLEMS
OUTPUT
TERMINAL
DEBUG CONSOLE
PS E:\node book\c2\custommodule> node .\userCustomModule.js
这是一个自定义模块
这是一个自定义模块
您好！我是黑马腾云
PS E:\node book\c2\custommodule>

▲ 圖 2.9 使用自訂模組

可以看到模組執行成功了，說明模組可以匯出變數、函式和類別。在實際自訂模組時需要根據自身業務進行拆分，拆分的原則是模組之間應該「高內聚、低耦合」。

2.2.3 第三方模組

NPM 倉庫中有非常多優秀的模組，如 Moment 和 Marked 等，這些模組可以透過 npm install 命令安裝到專案中，這些模組的使用非常簡單，只需要按照對應的文件即可輕易呼叫對應的功能。

> **注意**：**套件**是在模組基礎上的進一步封裝，這些第三方模組也稱為套件，**NPM 則是 Node.js 提供的管理這些套件的工具。**

Moment 是一個 JavaScript 日期處理類別庫，官網網址為 https://momentjs.com/。透過 Moment 可以很方便地實現日期格式化。

Marked 是一個用 JavaScript 撰寫的 Markdown 解析和編譯器，最初只能在 Node.js 中使用，目前已完全相容使用者端瀏覽器，其官網網址為 https://marked.js.org/。

2.3 NPM 套件管理器

NPM（Node Package Manager）是隨同 Node.js 一起安裝的套件管理工具，也是 Node.js 官方推出的預設的套件管理工具，用於管理模組的安裝、卸載和相依性。NPM 倉庫中有非常多功能成熟的模組和資源，對於模組重複使用非常便利，極大地提高了開發效率。隨著 Node.js 的熱門，以 Google 和 Facebook 為首的幾家公司一起開發了一款性能更高的套件管理工具 YARN。雖然 YARN 的性能更高，但是它並沒有完全取代 NPM，Node.js 也支援使用 YARN 對模組進行管理。

2.3.1 NPM 簡介

NPM 是一個採用 JavaScirpt 撰寫的 JavaScript 模組管理工具，遵循 CommonJS 標準，簡單理解，NPM 就是一個遠端軟體倉庫。需要注意的是，NPM 並不是由 Node.js 的作者 Ryan Dahl 開發的，他在 2009 年開發出 Node.js 之後，發現還缺少一個套件管理器，碰巧的是，當時 NPM 的作者 Isaac Z.Schlueter 在推廣 NPM 時遇到瓶頸，於是給當時很熱門的 jQuery、Bootstrap、Underscore 等作者發了郵件，希望他們能將這些框架放到倉庫中，但均沒得到回應。

天下英雄總是惺惺相惜，Ryan Dahl 和 Isaac Z.Schlueter 二人一拍即合，決定抱團取暖，後來 Node.js 內建了 NPM。隨著 Node.js 成為熱門，大家都開始使用 NPM 來共用 JavaScript 程式了，於是 jQuery 作者也將 jQuery 放到了 NPM 中，採用 NPM 來分享程式已成為前端標準配備。有趣的是，Node.js 得到 Joyent 公司贊助後，Ryan Dahl 與 Issac Z.Schlueter 成為同事，兩年後，Ryan Dahl 離職，Issac Z.Schlueter 成為第二任 Gatekeeper，Ryan Dahl 目前在 Google 從事 AI 研究方面的工作。

> 🖉 **注意**：程式倉庫的概念相信大家並不陌生，其實 **NPM** 的實現想法與 **Maven**、**Gradle**、**GitHub**、**DockerHub** 等還是相通的。

NPM 的官網網址為 https://www.npmjs.com/，開發者可以在其官網上下載和上傳模組。NPM 是隨 Node.js 一起安裝的，因此可以透過 npm-v 命令查看其版本，如圖 2.10 所示。

NPM 實際由三部分組成，即網站（官網）、登錄檔（Registry）和命令列工具（CLI）。透過官網可以對套件進行查詢和管理；登錄檔記錄儲存了所有的套件資訊；命令列工具透過命令列或終端執行，開發者透過命令列工具與 NPM 進行互動。

▲ 圖 2.10 查看 NPM 版本

2.3.2 使用 NPM 管理模組

本節講解 NPM 的常用命令，並透過實際案例演示這些命令的使用方法。

1·NPM 的常用命令

要使用 NPM 管理模組，就得先熟悉 NPM 的相關命令，這些命令可以在 CLI 中執行，完成與 NPM 的互動，常見的命令如表 2.3 所示。

▼ 表 2.3 NPM 的常用命令

命令	說明
npm help(npm-h)	查看 NPM 説明資訊
npm version（npm-v）	查看 NPM 版本資訊
npm init	引導建立 package.json 檔案
npm install（npm-i）	安裝模組，可以透過 npm install–help 命令查看參數

命令	說明
npm ls	查看已安裝的模組
npm config	管理 NPM 設定檔。子命令有 set/get/delete/list/edit, 可以透過幫助命令 npm config--help 進行查看
npm cache	管理模組快取，子命令有 add/clean/verify, 可以透過幫助命令 npm cache–help 進行查看
npm adduser	增加使用者
npm publish	發佈模組
npm start	啟動模組
npm test	測試模組
npm update（npm-up）	更新模組
npm root	線上 NPM 根目錄
npm access	設置模組的存取等級，子命令可以透過幫助命令查看：npm access–help

✐ **注意**：命令不需要死記，忘記時可以透過幫助命令進行查看。**npm help** 命令可以查看所有的命令，「**npm 命令 help**」可以查看具體命令的使用。

2 · 案例：使用 NPM 安裝第三方套件

【本節範例參考：\ 原始程式碼 \C2\thirdModule 】

學習完 NPM 命令後，下面來看如何使用 2.2.3 節中提到的第三方模組 Moment。

（1）在 C2 目錄下新建 thirdModule 目錄，在終端中透過命令 cd thirdModule 切換到該目錄，執行 **npm init** 命令，按提示輸入相應資訊（也可以一直按 Enter 鍵 保持預設值），等待初始化完成，如圖 2.11 所示。

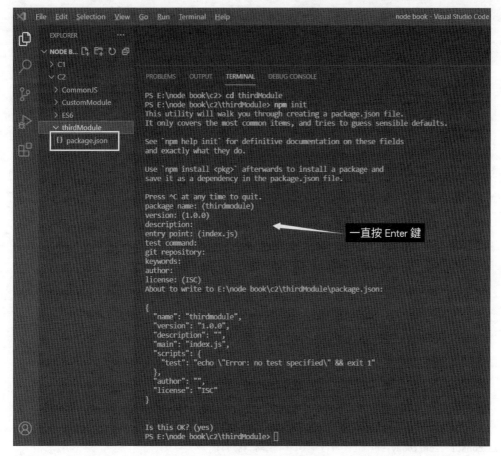

▲ 圖 2.11 初始化目錄

初始化完成後，可以看到目錄下新增了一個 package.json 檔案，此檔案的內容稍後再進行分析。

（2）執行 npm install moment--save 命令，安裝 Moment 模組，安裝完成後如圖 2.12 所示。

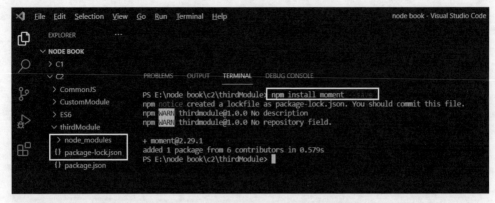

▲ 圖 2.12　安裝 Moment 外掛程式模組

安裝完成後，可以看到專案目錄下新加了一個 package-lock.json 檔案及 node_modules 目錄。

（3）使用 Moment 模組新建 useMoment.js 檔案，程式如下。

➜ 程式 2.16　自訂模組：useMoment.js

```
// 使用第三方模組 Moment
var moment = require("moment");  // 引入模組
var today = moment();            // 透過 Moment 提供的方法獲取當前時間
// 透過 Moment 提供的格式化方法將日期格式化輸出
console.log(today.format('YYYY-MM-DD HH:mm:ss'));
```

在程式中透過 require 函式匯入剛才安裝的 Moment 模組，採用 Moment 提供的方法獲取當前日期，並透過 format 函式進行格式化輸出，結果如圖 2.13 所示。

▲ 圖 2.13　Moment 外掛程式的使用

　　這樣就可以非常簡便地使用第三方模組的功能了，避免重複造輪子，從而極大提高了工作效率。在範例中透過命令 npm init 生成了 package.json 檔案；透過 npm install 命令生成了 package-lock.json 檔案和 node_modules 目錄，接下來進行分析。

3 · package.json 檔案及套件結構分析

　　package.json 檔案是透過 npm init 命令建立（當然也可以手動建立）的，NPM 會在建立過程中進行引導，開發者根據提示填寫相應資訊，一步步按 Enter 鍵即可完成檔案的建立。該檔案中包含專案的中繼資料資訊（名稱、版本、作者、許可證等），也包含模組之間的相依關係。上例中最終的 package.json 檔案內容如下。

➡ 程式 2.17　package.json 檔案

```
{
  "name":"thirdmodule",
  "version":"1.0.0",
  "description":"",
  "main":"index.js",
  "scripts":{
    "test":"echo\"Error:no test specified\"&&exit 1"
  },
  "author":"",
  "license":"ISC",
  "dependencies":{
    "moment":"^2.29.1"
  }
}
```

　　🖉 **注意**：檔案中的 dependencies 節點在建立時是不存在的，只有安裝了 **Moment** 模組後才會自動將該相依記錄到 package.json 檔案中。

　　package.json 檔案中各個欄位的含義如表 2.4 所示。

▼ 表 2.4　package.json 檔案中的常見欄位及其含義

欄位名稱	含義
Name	模組名稱
Version	模組版本編號
Description	模組描述
Scripts	可用於執行的指令碼命令
Author	作者
License	許可證
Dependencies	正常執行時期所需的模組

在安裝 Moment 的過程中還生成了 package-lock.json 檔案，細心的讀者可能已經發現此檔案的內容與 package.json 相似。既然如此，為何還要生成此檔案呢？

實際上，package-lock.json 檔案是用來做模組版本相容處理的，它記錄了當前狀態下安裝的所有模組資訊，防止模組套件不一致，確保在下載時間、開發者、下載來源、機器都不同的情況下也能得到完全一樣的模組套件。

在安裝 Moment 的過程中還會生成 node_modules 目錄，並在其下生成 moment 目錄。node_modules 目錄為套件目錄，以後安裝的所有套件都會自動儲存到此目錄下。moment 目錄則儲存了 moment 套件的內容，透過該目錄可以大概了解 Node.js 的 NPM 套件的基本組成部分。由於不同的套件採用的模組標準可能不同，所以套件結構可能會有一些差異。

完全符合 CommonJS 標準的模組應該包含以下幾個檔案：

- package.json：模組的描述檔案。

- bin：存放可執行的二進位檔案。

- lib：存放 JavaScript 程式。

- doc：存放文件。

- test：存放單元測試用例。

🖉 **注意**：有的套件不一定完全遵從此標準，但至少應該包含 **package.json** 檔案。

2.3.3 使用 YARN 管理模組

YARN 是 Facebook、Google 等聯合推出的新的 JavaScript 套件管理工具，主要是為了彌補 NPM 的一些缺陷。與 NPM 相比，YARN 的速度更快、更安全、更可靠。YARN 的官網網址為 https://yarnpkg.com/。

1．YARN 的安裝及其常用命令

由於 YARN 沒包含在 Node.js 中，因此需要單獨進行安裝。安裝 YARN 可以透過 NPM 進行安裝，在終端中執行以下命令即可，其中 -g 表示全域安裝。

```
npm install yarn-g
```

安裝完成後可以透過命令 yarn-v 查看版本編號。

```
yarn-v
```

安裝成功後如圖 2.14 所示。

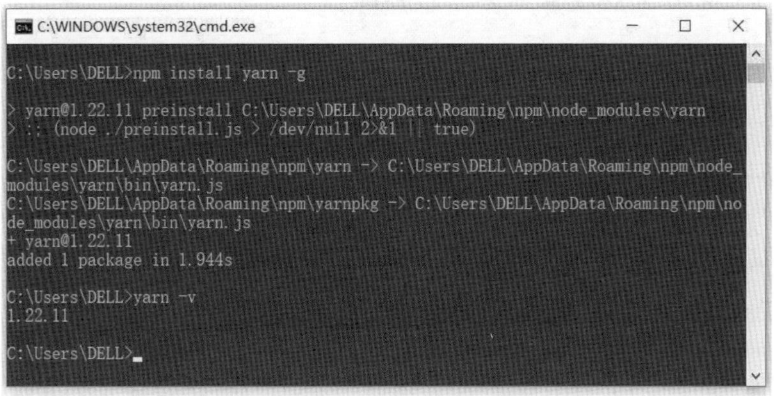

▲ 圖 2.14 在 Windows 10 中安裝 YARN

> 🖉 **注意**：本書講的所有操作都是在 **Windows 10** 中完成的，如果讀者的作業
> 系統是 **macOS** 則需要參考官方文件。

YARN 的常用命令與 NPM 類似，如表 2.5 所示。

▼ 表 2.5　NPM 與 YARN 的常用命令對比

NPM	YARN	說明
npm init	Yarn init	初始化套件的開發環境
npm install	Yarn install	安裝 package 檔案裡定義的所有相依
npm install xxx–save	Yarn add xxx	安裝某個相依，預設儲存到 package 中
npm uninstall xxx–save	Yarn remove xxx	移除某個相依專案
npm install xxx–save-dev	Yarn add xxx–dev	安裝某個開發環境的相依專案
npm update xxx–save	Yarn upgrade xxx	更新某個相依專案
npm install xxx–global	Yarn global add xxx	安裝某個全域相依專案
npm run/test	Yarn run/test	執行命令

2．案例：使用 YARN 安裝第三方套件

【本節範例參考：\ 原始程式碼 \C2\Yarn 】

了解 YARN 命令後，我們將 2.3.2 節中使用 NPM 安裝 Moment，改為透過 YARN 來安裝。

（1）在 C2 目錄下新建 Yarn 目錄，在終端中透過命令 cd Yarn 切換到該目錄，執行 yarn init 命令，按提示輸入相應資訊（也可以一直按 Enter 鍵，保持預設值），等待初始化完成，如圖 2.15 所示。

初始化完成後，同樣可以看到目錄下新增了一個 package.json 檔案，檔案內容與前面透過 NPM 生成內容稍有不同。

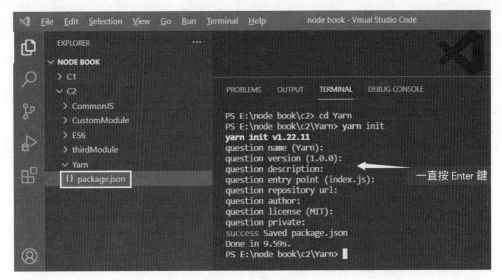

▲ 圖 2.15 初始化目錄

（2）執行 yarn add moment 命令，安裝 Moment 模組，安裝完成後如圖 2.16所示。

▲ 圖 2.16 安裝 Moment 外掛程式模組

安裝完成後，可以看到專案目錄下新加了一個 yarn.lock 檔案及 node_modules 目錄。

（3）此步與 2.3.2 節中完全一致，直接將 useMoment.js 檔案複製過來，程式如下。

➜ 程式 2.18　自訂模組：useMoment.js

```
// 使用 Moment 第三方模組
var moment = require("moment");              // 引入模組
var today = moment();                        // 透過 Moment 提供的方法獲取當前的時間
// 透過 Moment 提供的格式化方法將日期格式化輸出
console.log(today.format('YYYY-MM-DD HH:mm:ss'));
```

透過 node 命令執行檔案，結果如圖 2.17 所示。

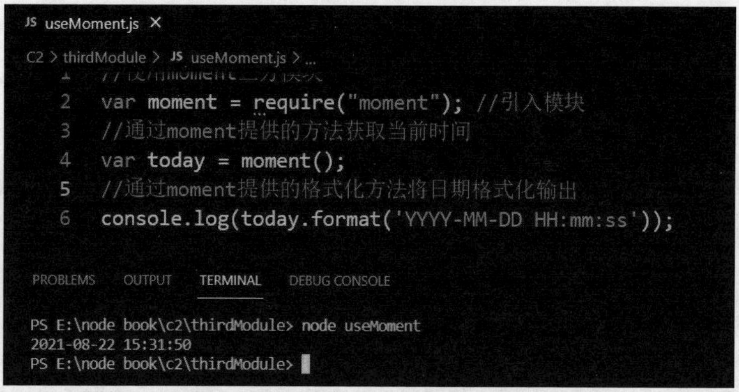

▲ 圖 2.17　Moment 外掛程式使用

從上在的例子中可以看出，**NPM** 與 **YARN** 在使用上基本一致，僅是命令不同而已。在具體開發過程中，讀者可以根據實際情況任選其一即可。

2.4 本章小結

　　本章先介紹了 JavaScript 模組化的發展歷史，詳細介紹了 CommonJS 模組標準和 ES 6 的模組標準；接著介紹了 Node.js 的 3 種模組類型，即內建模組、自訂模組和第三方模組，為後續章節介紹 Node.js 核心模組打下基礎；最後分別介紹了 NPM和 YARN 套件管理器及它們的常用命令，並且透過安裝和使用 Moment 外掛程式演示了它們的用法。

　　透過本章的學習，讀者可以了解 Node.js 模組化程式設計思想，了解 Node.js常見的內建模組以及如何使用 NPM 或 YARN 來管理三方模組。

　　由於 Node.js 採用 JavaScript 進行程式設計，在具體介紹 Node.js 核心模組之前，第 3 章將詳細介紹 JavaScript 的基礎語法以及 ES 6 的標準，如果讀者已經掌握了此部分內容，可以直接進入第 4 章的學習。

MEMO

3

JavaScript 基礎知識

　　JavaScript（簡稱 JS）是一種輕量級、直譯型或即時編譯型的指令稿程式語言，支援物件導向、函式式程式設計，雖然它是作為 Web 頁面指令碼語言而出名的，但是它已被廣泛應用到很多非瀏覽器的環境中。Node.js 平臺就是採用 JavaScript 語言進行開發的，因此需要讀者掌握 JavaScript 的相關知識。

　　本章詳細介紹 JavaScript 的執行原理、語法知識、程式控制結構、函式的定義和使用、常用的內建物件以及 ES 6 標準新增的內容。學完本章內容，讀者應該熟練使用 JavaScript 語言，如果讀者已掌握本章知識，可跳過本章，直接進入第 4 章。

本章涉及的主要基礎知識如下：

- 熟練使用變數、運算子和運算式，掌握 JavaScript 的資料型態；

- 熟練使用 JavaScript 的分支結構和迴圈結構；

- 熟練使用函式，掌握函式封裝思想；

- 熟練使用 Array、Math、Date、String 等常用的內建物件；

- 熟練使用 ES 6 新增的資料型態、箭頭函式、類別及非同步處理方法。

  ✎ **注意**：JavaScript 的 **DOM** 和 **BOM** 部分不適用於 **Node.js** 平臺，因此本章不予介紹。

3.1　JavaScript 語法基礎

【**本節範例參考：\ 原始程式碼 \C3\grammar**】

本節重點介紹 JavaScript 的基本語法，包括變數的定義和使用、資料型態轉化、運算子、運算式及敘述，只有掌握這些語法知識，才能熟練使用 JavaScript 進行程式設計開發。

3.1.1　JavaScript 簡介

JavaScript 最初由 Netscape 的 Brendan Eich 設計，Netscape 最初將該指令碼語言命名為 LiveScript，後來 Netscape 在與 Sun 合作之後將其改名為 JavaScript。JavaScript 最初是受 Java 啟發而開始設計的，目的之一就是「看上去像 Java」，因此在語法上和 Java 類似之處，一些名稱和命名標準也源自 Java，但 JavaScript 的主要設計原則源自 Self 和 Scheme。

JavaScript 與 Java 名稱上的近似，是當時 Netscape 為了行銷考慮與 Sun 微系統達成協議的結果。微軟同時期也推出了 JScript 來迎戰 JavaScript 指令碼語言。在發展初期，JavaScript 的標準並未確定，同期有 Netscape 的 JavaScript，微軟的 JScript 和 CEnvi 的 ScriptEase「三足鼎立」。

缺乏標準，對開發者來說就表示需要做更多的相容性操作，這也不利於技術的發展。因此，Netscape 將 JavaScript 提交給 ECMA 國際（前身為歐洲電腦製造商協會），希望其能制定標準。1997 年，ECMA 以 JavaScript 為基礎建立了 ECMA-262 標準（ECMAScript，通常簡稱為 ES），用於統一和標準各大廠商的指令碼語言。在 ECMA 的協調下，由 NetScape、Sun、微軟、Borland 組成的工作群組確定統一標準 ECMA-262，該標準規定完整的 JavaScript 實現包含三部分內容：ECMAScript、DOM（文件物件模型）、BOM（瀏覽器物件模型）。

ECMA-262 標準從 1997 年發佈第一版，到 2020 年是第 11 版，通常稱為 ES 11。ECMAScript 作為標準的實現，從 2015 年開始每年發佈一個版本，通常以年號或版本編號作為簡稱。例如 2015 年發佈了 ECMAScript 6，通常簡稱為 ES 2015 或 ES 6。

JavaScript 具有以下特點：

- 簡單易學：採用弱類型定義變數，未對資料型態進行嚴格要求。

- 跨平臺：不相依於作業系統。

- 指令碼語言：在程式執行過程中逐行解釋執行。

- 基於物件：JavaScript 是一門物件導向的語言。

- 動態性：採用事件驅動完成互動。

3.1.2 變數與資料型態

電腦程式的本質就是處理資料，因此需要將各種資料儲存在一個地方，然後進行處理。JavaScript 變數是儲存資料值的容器，所有變數必須以唯一的名稱標識，這些唯一的名稱為識別字（變數名稱）。

1·變數的定義和賦值

變數即變化的量，在 JavaScript 中，變數是鬆散類型的，可以用來儲存任何資料型態，在定義變數時，用 var 操作符號，後面跟變數名稱。

　　宣告變數的語法格式：var 變數名稱 = 變數值。可以只定義變數名稱不賦值；一次可以定義多個變數，用逗點隔開。新建 useVariable.js 檔案，程式如下。

➔ 程式 3.1　變數的使用：useVariable.js

```
//useVariable.js：變數的使用
var noValue;                        // 宣告變數不賦值
console.log(noValue);               //undefined
var myName = " 黑馬騰雲 ";           // 宣告變數並賦值，name 變數用於儲存字串
var age = 18;                       //age 變數用於儲存數字 18
console.log(myName,age);            // 黑馬騰雲，18
var num1 = 10,num2 = 5,num3;        // 一次定義多個變數，用逗點分隔
console.log(num1,num2,num3);        //10 5 undefined
```

　　此檔案定義了變數 noValue 並未賦值，檔案執行後，可以在主控台看到其值為 undefined；接著定義了 myName 和 age 兩個變數，分別用於儲存字串和數值，說明 JavaScript 是弱類型語言，變數類型在初始化賦值時指定；接著在同一行定義 num1、num2、num3 這 3 個變數並用逗點隔開。

　　🖉 **注意**：如無特別說明，本章涉及的執行檔案均指直接在終端中透過「node 檔案名稱」執行。

宣告變數需要遵守的命名標準如下：

- 變數名稱由字母 (A～Z 和 a～z)、數字（0～9）、美金符號（$）組成，如 userName，_name；

- 嚴格區分大小寫，如 var age 和 var Age 是兩個不同的變數；

- 不能以數字開頭，如錯誤的命名 18year；

- 不能是關鍵字、保留字，這類關鍵字由 JavaScript 使用或保留，使用者定義的名稱不能與之相同，如 var、for、while 等。

2·資料型態

JavaScript 是一種弱類型的語言，在定義變數時不需要指定類型，一個變數可以儲存任何類型的值，具體類型在賦值時決定。JavaScript 將資料型態分為基底資料型態和引用資料型態。

基底資料型態又分為 5 種：字串類別（String）、數字類型（Number）、布林類型（Boolean）、null 類型（null）和 undefined 類型（undefined）；引用資料型態包括物件、陣列和函式等。接下來分別介紹這幾種類型。

1）Number 類型

建立檔案 number.js，程式如下。

→ 程式 3.2　數值型態：number.js

```
// 數值型態 number.js
var a = 10;
var b = 0;
console.log(a/b);                        //Infinity，超出範圍
console.log(isFinite(a/b));              // 判斷是否在 JavaScript 的數值範圍內，false
var notNumber = 'i am not a number';
console.log(isNaN(notNumber));           // 判斷是否為非數字，true
var number = '10.01';
console.log(Number(number));             //10.01，字串轉數值
console.log(parseInt(number));           //10，轉整數
console.log(parseFloat(number));         //10.01，轉浮點型
```

在程式中定義數值型態變數 a、b 分別為 10 和 0，a/b 的輸出值為 Infinity，表示超出 JavaScript 的數值範圍；如果 a 為負數，則輸出值為 -Infinity，因此在計算時可以透過 isFinite 函式判斷數值是否在 JavaScript 數值範圍內。可以透過 isNaN 函式判斷一個變數是否為數值型態，NaN（not a number）表示不是一個數值型態。此外，JavaScript 還提供了 3 個函式用於將非數值轉為數值，分別是：Number、parseInt 和 parseFloat。

2）String 類型

String 類型由零或多個 16 位元 Unicode 字元組成的字元序列，字串變數在賦值時需要用雙引號或單引號括起來。建立檔案 string.js，程式如下。

➜ 程式 3.3　字串類型：string.js

```
// 字串類型 string.js
var myName = "heimatengyun";          // 雙引號
var myMoney = '1.8 億 ';              // 單引號
console.log(myName,myName.length);    //12，英文佔一個字元
console.log(myMoney,myMoney.length);  //4，中文也佔一個字元
console.log("\"");                    // 引號有特殊含義，如果要輸出需要用跳脫符號
```

從例子中可以看出，可以透過 length 屬性獲取字串的長度，並且中英文均佔一個字元長度。有些符號有特殊含義，如果要輸出它們則需要使用跳脫字元（用反斜線表示），這些特殊符號包括斜線、單引號和雙引號等。

3）Boolean 類型

布林類型比較簡單，只有 true 和 false 兩個值，需要注意的是，在 JavaScript 中是嚴格區分大小寫的，寫法不能改變，如果寫成 TRUE 或 True 均不再表示布林類型。

4）undefined 類型和 Null 類型

undefined 表示未定義，如果在使用 var 操作符號定義一個變數時沒有對其賦值，則此時變數的值為 undefined；null 表示空值。二者的區別在於是否初始化，舉例如下。

➜ 程式 3.4　undefined 和 null 的區別：number.js

```
//undefined 和 null 的區別
var a;              // 未初始化
var b = null;       // 初始化
console.log(a);     //undefined
console.log(b);     //null
```

從範例中可以看出，如果變數宣告未初始化則值為 undefined；如果顯式對變數賦值為 null，則物件的值為 null。

5）Object 物件

JavaScript 物件是擁有屬性和方法的複合資料結構，物件也是一個變數，但物件可以包含多個變數，是鍵值對的容器，通常寫成「鍵：值」的形式，中間用冒號分隔。鍵值對通常稱為物件屬性。

簡單的物件使用如 object.js 所示。

➡ 程式 3.5 物件的使用：object.js

```javascript
// 物件類型 object.js
var person = {
    name:' 黑馬騰雲 ',
    age:18,
    sayHello:function(){
        return"hello, 我是黑馬騰雲 ";
    }
}
console.log(person.name);
console.log(person.sayHello())
```

在上面的檔案中演示了如何建立物件，如何為物件定義屬性和方法。透過大括號建立匿名物件並賦值給 person，物件裡建立了 name 和 age 兩個屬性，同時定義了 sayHello 方法，分別透過點進行呼叫並列印。

🖊 **注意**：ES 6 引入了 class 來定義類別，具體將在 3.5 節講解。

3.1.3 運算子

透過運算子才能實現變數之間的比較、賦值和運算等操作，JavaScript 的運算子分為設定運算子、比較運算子、算術運算子、邏輯運算子和條件運算子等。

1・設定運算子

　　設定運算子主要用於變數值的計算，假設有變數 a 和 b，分別用不同的設定運算子對 b 賦值，如表 3.1 所示。

▼ 表 3.1　設定運算子

運算符號	例子	等價形式
=	b=a	
+=	b+=a	b=b+a
-=	b-=a	b=b-a
*=	b*=a	b=b*a
/=	b/=a	b=b/a
%=	b%=a	b=b%a

　　下面簡單演示算術運算子的操作，建立 assignment.js，程式如下。

→ 程式 3.6　設定運算子的操作：assignment.js

```javascript
// 設定運算子的操作：assignment.js
var a = 10,b = 10;
console.log(`初始值：a=${a},b=${b}`);
console.log("a+=b:",(a += b));
console.log(`運算後：a=${a},b=${b}`);
console.log("a-=b:",(a-= b));
console.log(`運算後：a=${a},b=${b}`);
```

　　在上面的程式中建立變數 a 和 b，分別進行算數運算後，執行結果如下：

```
初始值：a=10,b=10
a+=b:20
運算後：a=20,b=10
a-=b:10
運算後：a=10,b=10
```

2．比較運算子

比較運算子又稱為關係運算子，其計算結果只有兩個值：true 或 false。比較運算子的範例如表 3.2 所示。

▼ 表 3.2 比較運算子

運算符號	例子	結果
>	1 > 2	false
<	1 < 2	true
> =	1 > =2	false
< =	1 < =2	true
!=	1!=2	true
==	1==2	false
===	1===2	false

🖊 注意：== 和 === 之間的區別，== 用於比較兩個數的值是否相等；=== 不僅比較兩個數的值，而且還要比較兩個數的類型，只有兩者都相等才傳回 true。

下面透過範例來演示比較運算子的用法，程式如下。

➡ 程式 3.7 比較運算子的操作：comparison.js

```javascript
// 比較運算子的操作：comparison.js
var a = 8;
var b = 6;
var c = 6;
var d = "6";
console.log("a > b = "+ (a > b));          //true
console.log("a >= b = "+ (a >= b));        //true
console.log("b == c = "+ (b == c));        //true
console.log("b === c = "+ (b === c));      //true
console.log("b == d = "+ (b == d));        //true// 只比較值
console.log("b === d = "+ (b === d));      //false// 比較值和類型
```

在以上程式中，變數 c 是數值型態，變數 d 是字串類型，雖然二者的值相等但是類型不同，所以 b===d 得出的結果為 false，執行結果如下：

```
a > b = true
a >= b = true
b == c = true
b === c = true
b == d = true
b === d = false
```

3・算術運算子

算術運算子用於對變數進行算數運算，如表 3.3 所示。

▼ 表 3.3 算術運算子

運算符號	例子
+	加
-	減
*	乘
/	除
%	求餘數（保留整數）
++	累加
--	遞減

下面建立 arithmetic.js 檔案用於演示算術運算子的使用，程式如下。

➡ 程式 3.8 算術運算子的操作：arithmetic.js

```
// 算術運算子的操作：arithmetic.js
var a = 1,b = 2,c = '3',d = 4,e = 5;
console.log(a + b);                      //3
console.log(a + c);                      //13，字串拼接
console.log(a + Number(c));              //4
```

```
console.log(e/b);                      //2.5
console.log(d%b);                      //0
var f = a++;
console.log(a,f);                      // 先賦值再自動增加
var h = ++b;
console.log(b,h);                      // 先自動增加再賦值
```

在程式中對 a+c 進行運算，由於 c 是字串，因此最終的結果為字串拼接，如果希望得到正確的數值，需要透過 Number 函式將 c 強制轉為數值類型。對於 a++ 自動增加運算，先將 a 的值賦給 f，然後 a 再自動增加；對於 ++b 則是先對 b 自動增加，然後對 h 賦值。程式執行結果如下：

```
3
13
4
2.5
0
2 1
3 3
```

4 · 邏輯運算子

邏輯運算子是對兩個布林類型進行運算，計算後的結果仍為布林值，如表 3.4 所示。

▼ 表 3.4 邏輯運算子

運算符號	例子	結果
&&(與)	true&&false	false
|| （或）	true || false	true
!（非）	!true	false

下面建立 logic.js 檔案用於演示邏輯運算子操作，程式如下。

➜ **程式 3.9　邏輯運算子的操作：logic.js**

```
// 邏輯運算子的操作：logic.js
var a = b = true,c = d = false;
//&& 運算子全真為真
console.log("a&&b = "+ (a&&b));                    //true
console.log("a&&c = "+ (a&&c));                    //false
//|| 運算子全假為假
console.log("c || d = "+ (c || d));                //false
console.log("a || d = "+ (a || d));                //true
//! 反轉
console.log("!a = "+!a);               //false
```

從程式執行結果可以得出，「**&&**」運算子只有運算元全為 true 時，結果才為 true；「**||**」運算子只有運算元全為 false 時，結果才為 false。程式執行結果如下：

```
a&&b = true
a&&c = false
c || d = false
a || d = true
!a = false
```

5 · 條件運算子

條件運算子也稱為三元運算子或三目運算子，是目前 JavaScirpt 中僅有的有 3 個運算元的運算子。其語法格式為「布林運算式？條件為真的值：條件為假的值」。

下面建立 condition.js 檔案用於演示條件運算子的使用，程式如下。

➜ **程式 3.10　條件運算子的操作：condition.js**

```
// 條件運算子的操作：condition.js
var a = 18,b = 8,c = 88;
//a、b 中最大值
var maxOfTwo = a > b?a:b;
console.log(maxOfTwo);                             //18
```

```
//a、b、c 中最大值
var maxOfThree = (a > b?a:b)> c?(a > b?a:b):c;
console.log(maxOfThree);                                    //88
```

範例中透過三元操作符號 a>b?a:b 找出 a 和 b 中的較大值。類似方法可以找到 3 個數中的最大值,先取出 a 和 b 的較大值再和 c 比較,取較大者即為 3 個數中的最大值。

3.1.4 運算式及敘述

運算式(expression)可以產生一個值,可能是運算、函式呼叫或字面量,運算式可以放在任何需要值的地方。敘述(statement)通常由運算式組成,可以視為一個行為,分支敘述、迴圈敘述就是典型的敘述。一個程式由很多敘述組成,一般情況下,敘述由逗點分隔。

敘述以分號結尾,一個分號表示一個敘述結束,多個敘述可以放在一行內。常見的設定陳述式如下:

```
var sum=1+2;
```

程式中定義的變數 sum 用於儲存運算式 1+2 的值。JavaScript 程式的執行單位為行,一般情況下,一行就是一個敘述。

3.2 程式控制結構

【本節範例參考:\ 原始程式碼 \C3\structure】

程式由敘述組成,透過程式控制結構可以有效地組織敘述,完成特定的功能。常見的程式結構有順序結構、分支結構和迴圈結構。本節重點介紹 if 條件控制敘述、switch 條件控制敘述、for 迴圈結構、while 和 do…while 迴圈控制結構。

3.2.1　分支結構

通常在寫程式時需要根據不同的條件執行不同的動作，在程式中就要用到分支敘述。JavaScript 中的分支控制結構和其他語言類似，也包括：if、if⋯else、if⋯else 巢狀結構及 switch 敘述。

1 · if 敘述

簡單的 if 敘述是只有當條件為 true 時，括號內的敘述才會執行，簡單的 if 敘述的語法格式如下：

```
if( 條件 ){
  條件為 true 時執行的程式 ;
}
```

    🖉 **注意**：使用小寫的 if，JavaScript 嚴格區分大小寫。

if⋯else 敘述，當條件為 true 時執行 if 之後的程式，否則執行 else 之後的程式。語法格式如下：

```
if( 條件 ){
  條件為 true 時執行的程式 ;
}else{
  條件為 false 時執行的程式 ;
}
```

if⋯else if⋯else 敘述可以根據多個條件執行不同的程式，其中，else if 敘述可以有多個。語法格式如下：

```
if( 條件 1){
  條件 1 為 true 時執行的程式區塊 1;
}else if( 條件 2){
  條件 2 為 true 時執行的程式 2;
}else{
  以上條件都不滿足時執行的程式 ;
}
```

下面建立 if.js 檔案，在程式中透過 if 分支結構判斷成績，根據不同的分數得出不同的等級，程式如下。

➔ 程式 3.11　if 敘述：if.js

```
//if 分支結構：if.js
var score = 88;                            // 分數
if(score < 60){
    console.log(" 差 ");
}else if(score < 80){
    console.log(" 良 ");
}else{
    console.log(" 優 ")
}
```

如果分數為 58，則滿足第一個 if 條件，允許程式輸出「差」，如果分數是 88，則兩個 if 條件都不滿足，輸出「優」。

2 · switch 敘述

switch 敘述與 if 敘述類似，基於不同條件來執行不同的動作。與 if 敘述不同的是，switch 敘述不僅可以判斷布林值，還可以判斷其他類型的值。語法格式如下：

```
switch(n){
  case 1:
    敘述 1;
    break;
  case 2:
    敘述 2;
    break;
  default:
    敘述 3;
}
```

工作原理：設置運算式 n（通常是一個變數），將 n 的值與每個 case 敘述的值進行比較，如果相等則對應 case 內的敘述被執行，隨後使用 break 跳出迴圈。

下面建立 switch.js 檔案，根據當前日期獲取對應日期是星期幾，程式如下。

➡ 程式 3.12　switch 敘述：switch.js

```
//switch 分支結構：switch.js
var day = new Date().getDay();                    // 獲取星期
var tips;                                         // 提示訊息
switch(day){
    case 0:
        tips = "Sunday";
        break;
    case 1:
        tips = "Monday";
        break;
    case 2:
        tips = "Tuesday";
        break;
    case 3:
        tips = "Wednesday";
        break;
    case 4:
        tips = "Thrusday";
        break;
    case 5:
        tips = "Friday";
        break;
    case 6:
        tips = "Saturday";
        break;
};
console.log(tips);
```

透過內建的日期物件 Date 的 getDay 函式獲取當前日期是一周中的第幾天，該函式傳回 0 ～ 6 的數值（0 表示星期天），對應週日到週六。執行程式後可以看到，主控台正確輸出了當前日期是星期幾。從上述程式中可以看到 default 不是必須存在的。

　　✎ **注意**：如果 **switch** 敘述中沒有 **break** 敘述，則程式會繼續判斷其後的 **case** 敘述。

3.2.2 迴圈結構

迴圈結構通常用於處理一些重複執行的動作，常見的迴圈結構包括 for 迴圈、while 迴圈和 do…while 迴圈。

1．for 迴圈

for 迴圈很常用，根據條件進行迴圈，條件不滿足時終止迴圈。語法格式如下：

```
for( 敘述 1; 敘述 2; 敘述 3){
    執行程式區塊 ;
}
```

敘述 1 在迴圈開始前執行，通常用於設置迴圈控制條件的初始值；敘述 2 是判斷程式是否繼續迴圈執行的條件；敘述 3 在迴圈本體中的程式區塊執行之後執行，通常用於修改程式控制條件的值，以便判斷下次是否繼續執行迴圈。

下面建立 for.js 檔案，透過 for 迴圈求 1 ～ 100 的數之和，程式如下。

➜ 程式 3.13　for 敘述求和：for.js

```
// 透過 for 迴圈實現 1 ～ 100 的數之和：for.js
var sum=0;                                          // 和
for(var i = 1;i <= 100;i++){
    sum+=i;
}
console.log(sum);                                   //5050
```

在 for 迴圈結構中，變數 i 稱為迴圈控制變數，初始值為 0，每次迴圈時取出當前值與中間變數 sum 累加，在第 100 次迴圈執行完畢後，i 自動增加變為 101，此時進行條件判斷，101<=100 不滿足，程式結束，計算完成後輸出累加值 5050。

2．while 迴圈

while 迴圈會在指定條件為 true 時迴圈執行程式區塊。只要條件為 true，迴圈就會一直執行。語法格式如下：

```
while( 條件 ){
    程式區塊 ;
}
```

　　while 迴圈也能完成 for 迴圈的功能，下面建立檔案 while，使用 while 迴圈計算 1 ～ 100 的數之和，程式如下。

➔ 程式 3.14　while 敘述求和：while.js

```
//while 迴圈實現 1～ 100 的數之和 while.js
var sum = 0;                                        // 和
var n = 1;
while(n < 101){
    sum += n;
    n++;
}
console.log(sum);                                   //5050
```

　　執行程式後，主控台輸出 5050，與上例的 for 迴圈的結果一致。可以看出，while 迴圈與 for 迴圈的區別在於 while 迴圈將迴圈控制條件的修改放在了函式本體中。

3 · do…while 迴圈

　　do…while 迴圈結構是 while 迴圈的變形，區別在於該迴圈會先執行一次程式，然後再檢測條件是否為真，如果為真就會繼續執行迴圈本體。語法格式如下：

```
do{
    程式區塊 ;
}while( 條件 );
```

　　下例採用 do…while 結構實現 1 ～ 100 的數求和，程式如下。

➔ 程式 3.15　do…while 敘述求和：dowhile.js

```
//do…while 實現 1～ 100 的數求和：doWhile.js
var sum = 0;
var n = 1;
```

```
do{
    sum += n;
    n++;
}while(n < 101);
console.log(sum);                                    //5050
```

執行程式，和樣獲得了正確的結果。do…while 迴圈與 while 迴圈的差別在於，程式先執行了一次求和，再判斷條件是否滿足。

✎ **注意**：do…while 迴圈不管條件是否為真，都會先執行一次。

4・break 與 continue 敘述

從前面的範例中可以看出，break 可以跳出 switch 結構。除此之外，break 敘述還可以跳出當前的迴圈敘述，程式如下。

➜ 程式 3.16　break 敘述：break.js

```
//break 跳出當前迴圈：break.js
for(var i = 0;i < 5;i++){
    if(i == 2)break;
    console.log(i);
}
```

在上面的程式中，當 i==2 時便終止迴圈，不會繼續執行。因此執行程式後，可以看到輸出結果為 0 和 1。

```
0
1
```

與 break 敘述不同，continue 敘述用於終止本次迴圈，但是還會繼續執行下一次迴圈。範例如下。

➜ 程式 3.17　continue 敘述：break.js

```
//continue 終止本次迴圈，繼續下一次迴圈：break.js
for(var i = 0;i < 5;i++){
    if(i == 2)continue;
```

```
        console.log(i);
    }
```

在上面的程式中，當 i==2 時執行 continue 敘述，執行結果如下：

```
0
1
3
4
```

可以看到，當 i=2 時沒有輸出，但繼續往後執行了，並沒有終止後續的迴圈。

3.3　函式的定義與使用

【本節範例參考：\ 原始程式碼 \C3\function 】

透過 3.2 節學習的程式控制結構，將敘述組織起來已經可以完成大部分功能了，但是針對一些反覆使用的功能，應該透過函式將其封裝起來以便重複使用。函式在 JavaScript 語言中具有非常重要的地位，本節將學習函式的定義和呼叫、函式的參數與傳回值等相關內容。

3.3.1　函式的宣告與呼叫

函式是一段可以反覆呼叫的程式區塊，透過程式區塊可以實現大量程式的重複使用。在 JavaScript 語言中，函式是「頭等公民」，它可以像其他任何物件一樣具有屬性和方法，函式的類型為 Function，其與其他物件的區別是可以被呼叫。

函式的宣告有 3 種方式，分別是具名函式、函式運算式和 Function 建構函式。函式宣告的語法格式如下：

```
//1‧函式宣告（具名函式）
function 函式名稱 (){
    函式本體；
}
//2‧函式運算式（匿名函式）
```

```
var 變數名稱 =function(){
    函式本體；
}
//3 · Function 建構函式
var 變數名稱 =new Function(' 參數 1',' 參數 2',' 參數 n',' 函式本體 ')
```

函式的呼叫非常簡單，透過函式名稱後跟小括號的形式進行呼叫。

下面建立 function.js 檔案，演示以 3 種方法建立函式並呼叫，程式如下。

➡ 程式 3.18 函式宣告及其呼叫：function.js

```
// 函式宣告及其呼叫：funciton.js
//1 · 具名函式宣告及其呼叫
function sayHello(){
    console.log("hello")
}
sayHello();
//2 · 匿名函式宣告及其呼叫
var sayHi = function(){
    console.log("Hi");
}
sayHi();
//3 · Function 建構函式
var sayYes = new Function('console.log("yes")');
// 等價於
//function sayYes(){
//console.log("yes");
//}
sayYes();
```

在上面的範例程式中分別用 3 種方式宣告函式並進行呼叫，其中，Function 建構函式方式不常使用，僅了解即可。程式的執行結果如下：

```
hello
Hi
yes
```

3.3.2 函式的參數

函式在宣告時可以指定參數（稱為形參），當實際呼叫時才傳入具體的值（稱為實際參數）。定義一個求和函式 sum，用於計算傳入的變數之和，程式如下。

➡ **程式 3.19 函式參數：parameter.js**

```
// 函式參數：parameter.js
function sum(a,b){                          // 形參
    return a + b;
}
var result = sum(1,2);                      // 實際參數
console.log(result);                        //3
```

以上程式定義了一個包含形參 a 和 b 的 sum 函式，當呼叫該函式時，將 1 和 2 的值分別傳遞給 a 和 b，然後傳回 a+b 的值，最終的輸出結果為 3。

1 · 數值型態和參考類型

JavaScript 的所有參數都按值傳遞，不存在按引用傳遞。如果實際參數是數值型態，則在傳遞時會複製一個數值型態的副本給函式，不會影響原來傳遞給參數的數值型態變數；如果實際參數是參考類型，則傳遞的只是一個參考類型的位址值，在函式內部指令引數對應的引用物件，會影響傳遞的參數。下面演示實際參數為數值型態和參考類型的區別，程式如下。

➡ **程式 3.20 實際參數為數值型態：valuePara.js**

```
// 數值型態傳遞：valuePara.js
var age = 18;
function changeAge(age){
    age = 19;                               // 在函式體內修改 age 值
    console.log(age);                       //19
}
changeAge(age);
console.log(age);                           //18
```

執行以上程式，在主控台依次輸出 19、18。在函式外部定義 age 變數並賦值為 18，呼叫 changeAge 函式時將 age 的值修改為 19，此時列印 age 的值為 19；函式執行結束後，在外部再次列印 age，發現值沒有改變。

➡ 程式 3.21 實際參數為參考類型：parameter.js

```
// 參考類型傳遞：parameter.js
var person = {                              // 定義 person 物件
    age:18
}
function changeAge(p){
    p.age = 19;
    console.log(p.age);                     //19
}
changeAge(person);                          // 將 person 物件作為參數傳入函式
console.log(person.age);                    //19
```

執行以上程式發現兩次輸出都是 19。在程式中定義 person 物件並將其作為參數傳遞給函式，在函式內部對變數進行修改，函式執行結束後，在函式外部輸出物件，發現其值已經被修改。這就是數值型態和參考類型作為參數的區別。

> 🖉 **注意**：不管參數是數值型態還是參考類型，傳遞都是按值傳遞。只不過針對參考類型傳遞的是物件的記憶體位址值，只要位址值相同就指向同一個記憶體位址，因此在函式內實際修改的是同一記憶體位址對應的物件。

2 · 參數獲取

JavaScript 提供了 arguments 物件用於接收參數，它是一個類別陣列，透過它可以實現函式多載功能（JavaScript 目前沒有從語法層面支援函式多載）。arguments 的使用如下。

➡ 程式 3.22 arguments 獲取參數：arguments.js

```
// 透過 arguments 獲取參數
function sum(a){
    console.log("arguments 物件："+arguments);        // 類別陣列
```

```
    // 獲取第一個參數，等於直接使用參數 a
    console.log("arguments[0]= "+arguments[0]);
    console.log("a= "+a);
    console.log("arguments.length= "+arguments.length);     // 參數個數
}
sum(1,2);                                                    // 傳 2 個參數
sum(1,2,3);                                                  // 傳 3 個參數
```

從程式中可以看到，可以透過形參 a 接收實際參數，也可以透過 arguments 接收參數。如果透過 arguments 接收就可以不限定參數個數，即使形參個數為 0，也可以接收到所有參數的值，由於 arguments 是一個類別陣列，所以可以用下標獲取參數值。以上程式的執行結果如下：

```
arguments 物件：[object Arguments]
arguments[0]= 1
a= 1
arguments.length= 2
arguments 物件：[object Arguments]
arguments[0]= 1
a= 1
arguments.length= 3
```

　　🖉 **注意**：函式的參數可以是任意類型，但參數是函式時稱為回呼函式，
　　　JavaScript 是單執行緒基於事件的，因此可以看到回呼函式的大量使用。

3 · 預設參數

在定義函式時，為參數定義預設值可以提高程式的健壯性。在 ES 6 之前，可以透過參數判斷、三元運算子、短路運算子對函式參數設置預設值，ES 6 提供了預設參數設置的語法支援，可以直接在形參後透過等號設置預設值。預設參數設置如下。

➜ 程式 3.23　預設參數：defaultPara.js

```
// 預設參數：defaultPara.js
function sum(a = 0,b = 0){
    return a + b;
```

```
}
console.log(sum());                    //0// 如果不傳參數則用預設值
console.log(sum(1));                   //1
console.log(sum(1,2));                 //3
```

在上述程式中，設置形參 a、b 的預設值為 0，但函式呼叫時沒有傳入實際參數，因此採用預設值。

3.3.3 函式的傳回值

函式使用 return 關鍵字設置傳回值，如前面所講的 sum 函式，透過 return 傳回兩數之和。需要注意的是，return 之後的敘述不會執行。如果函式沒有顯式宣告 return 或 return 關鍵字後沒有具體值，則傳回 undefined。

➜ 程式 3.24 函式傳回值：noReturn.js

```
// 函式無傳回值：noReturn.js
function sayHello(){};
function sayHi(){return;}
console.log(sayHello());                       //undefined
console.log(sayHi());                          //undefined
```

sayHello 函式內部沒有 return 敘述，sayHi 函式內有 return 敘述但是沒有傳回具體值，因此都傳回 undefined。

3.3.4 函式的註釋

在 JavaScript 中可以為程式增加註釋，被註釋的內容不會解釋執行，僅是為了提高可讀性。可以採用單行註釋（//）也可以採用多行註釋（/**/）。

由於函式是對特定功能的封裝，有時候需要提供給他人使用，因此應該採用註釋描述清除函式的功能、需要傳遞什麼參數、傳回什麼值等。函式註釋的使用如下。

➔ 程式 3.25 函式註釋：note.js

```
// 函式註釋：note.js
/**
 *@method calculate 完成加、減、乘、除四則運算
 *@param{*}a 被運算元
 *@param{*}b 運算元
 *@param{*}type 運算類型（+、-、*、/）
 *@returns 計算結果
 */
function calculate(a,b,type){
    var result = 0;
    switch(type){
        case'+':
            result = a+b;
            break;
        case'-':
            result = a-b;
            break;
        case'*':
            result = a*b;
            break;
        case'/':
            result = a/b;
            break;
    };
    return result;
}
var add = calculate(1,2,"+");
console.log(add);//3
var reduce = calculate(8,2,'-');
console.log(reduce);//6
```

上面的程式中定義了一個用於四則運算的函式 caculate，透過註釋，詳細對函式功能及其參數進行了描述，以便別人在不看程式的情況下能明白此函式的作用。

🖉 **注意**：**@method** 表示函式功能，**@param** 表示參數，**@returns** 表示傳回值。

3.4 常用的內建物件

為了方便開發人員操作和管理資料，JavaScript 提供了一些內建物件，這些物件包括 Array、Math、Date 和 String 等，本節詳細介紹這些內建物件，掌握這些物件的屬性和方法可以讓開發變得更加高效。

3.4.1 陣列 Array

陣列是參考類型，因此有很多屬性和方法，在介紹屬性和方法之前，先來看看如何定義陣列。

1・陣列宣告

【本節範例參考：\ 原始程式碼 \C3\internalObject\Array\grammar 】

陣列宣告可以使用字面量或物件運算式。陣列宣告時可以指定初始值，宣告後也可以透過方法動態改變陣列的值。下面是一個陣列宣告及簡單操作的例子。

➜ 程式 3.26 預設參數：declareArray.js

```
// 陣列宣告：declareArray.js
// 陣列宣告
var arr = new Array();                    // 物件運算式
var arr2 = [];                            // 字面量運算式
var arr3 = [1,2,3,4];                     // 宣告時賦值
// 陣列存取
console.log(arr3[0]);                     //1，陣列下標從 0 開始
console.log(arr3.length);                 //4，陣列長度
console.log(arr3.length-1);               //3，陣列的最後一個元素
```

執行程式依次輸出 1、4、3。存取陣列元素可以透過下標進行存取，下標從 0 開始依次遞增；也可以透過 length 獲取陣列元素的個數（即陣列的長度）。

以上陣列為一維陣列，陣列元素的值可以是任意類型，如果一維陣列的元素值也是一個陣列，則組成二維陣列，同理可以組成多維陣列。下面建立一個二維陣列。

➜ 程式 3.27　二維陣列：twoDimension.js

```
// 定義二維陣列：twoDimension.js
// 二維陣列定義 1
var mutilArr = [[]];                          // 定義空的二維陣列
console.log(mutilArr)

var mutilArr1 = [[1,2],[4,5]];                // 定義時初始化
console.log(mutilArr1)


// 二維陣列定義 2
var twoDimension = new Array();
for(var i = 0;i < 2;i++){                      // 一維陣列長度 2
    twoDimension[i]= new Array();
    for(var j = 0;j < 2;j++){                  // 二維陣列長度 2
        twoDimension[i][j]= i + j;
    }
}
console.log(twoDimension);
```

在以上程式中，定義二維陣列的操作與一維陣列類似，執行結果如下：

```
[[]]
[[1,2],[4,5]]
[[0,1],[1,2]]
```

2・陣列的方法

【本節範例參考：\ 原始程式碼 \C3\internalObject\Array\methord】

陣列的方法較多，常用的有 push、pop、unshit、shift、splice、delete、reverse、sort 和 concat 等，常用的方法見表 3.5 所示。

▼ 表 3.5 陣列常用的方法

方法名稱	功能描述
push	在陣列末尾增加元素
pop	從陣列末尾取出元素，並傳回刪除的元素
unshift	在陣列前面增加元素，並傳回增加元素後的陣列長度
shift	刪除陣列前面的元素並傳回
splice	該方法比較靈活，根據傳入的參數可以實現增加、修改和刪除元素
delete	刪除陣列元素，刪除後其位置仍然保留，陣列長度不會變
reverse	陣列顛倒排序
sort	陣列排序，預設以字元的每一位編碼排序，可以自訂排序規則
concat	拼接陣列
join	將陣列的所有元素轉為由指定分隔符號組成的字串，不影響原陣列
toString	將陣列轉化為字串
slice	從指定位置截取陣列，傳回新陣列，不影響原陣列
isArray	判斷是否是為陣列
indexOf	查詢指定元素在陣列中第一次出現的位置，如果沒找到則傳回 -1
lastIndexOf	傳回一個指定的元素在陣列中最後出現的位置，如果沒找到則傳回 -1
find	查詢符合條件的第一個元素，如果找到則傳回此元素，否則傳回 undefined
findIndex	查詢符合條件的第一個元素的位置，如果未找到則傳回 -1

1）push 與 pop 方法

push 方法在陣列末尾增加元素，同時傳回陣列長度；pop 方法從陣列末尾刪除元素，並傳回被刪除的元素。

➔ 程式 3.28 陣列的 push 與 pop 方法：pushPop.js

```
//push 與 pop 方法的使用：pushPop.js
var arr = ['html','css','javascript'];
console.log(arr);                    //['html','css','javascript']
var length = arr.push('node');    //push 在陣列末尾增加元素，同時傳回陣列的長度
console.log(length);               //4
length = arr.push('vue','react');
console.log(length);               //6
console.log(arr);//['html','css','javascript','node','vue','react']
var last = arr.pop();              //pop 方法在陣列末尾取出元素，並傳回刪除的元素
console.log(last);
console.log(arr);
```

程式執行結果如下：

```
['html','css','javascript']
4
6
['html','css','javascript','node','vue','react']
react
['html','css','javascript','node','vue']
```

🖉 **注意**：push 和 pop 方法可以模擬堆疊的資料結構，先進後出（**FILO**）。

2）unshift 與 shift 方法

unshift 方法在陣列首部增加元素，同時傳回陣列的長度；shift 方法在陣列首部刪除元素並傳回被刪除的元素。

➔ 程式 3.29 陣列的 unshift 與 shift 方法：shiftUnshift.js

```
//shift 和 unshift 方法的使用 shiftUnshift.js
var arr = ['html','css','javascript'];
console.log(arr);                       //['html','css','javascript']
```

```
var len = arr.unshift('node');    //unshift 方法在陣列首部增加元素並傳回其長度
console.log(len);                 //4
console.log(arr);                 //['node','html','css','javascript']
var last = arr.shift();           //shift 方法在陣列首部刪除元素並傳回被刪除的元素
console.log(last);                //node
console.log(arr);                 //['html','css','javascript']
```

程式執行結果如下：

```
['html','css','javascript']
4
['node','html','css','javascript']
node
['html','css','javascript']
```

✎ **注意**：push 和 shift 方法可以模擬佇列資料結構，先進先出（FIFO）。

3）splice 方法

splice 方法比較靈活，根據傳入的參數不同可以增加、修改和刪除元素。該方法可以傳遞 3 個參數，即 splice(start,deleteCount,newVal)。

➔ 程式 3.30　陣列的 splice 方法：splice.js

```
//splice 方法的使用：splice.js
var arr = ['html','css','javascript','vue'];
console.log(arr);
//var result=arr.splice(1,1);                       // 刪除
//var result=arr.splice(1,0,'node');                // 新增
var result = arr.splice(1,1,'node');                // 替換
// 從索引 1 開始刪除一個元素並把 node 替換為被刪除的位置；傳回被刪除的元素
console.log(result)
console.log(arr)
```

程式執行結果如下：

```
['html','css','javascript','vue']
['css']
['html','node','javascript','vue']
```

如果 splice 方法只有 2 個參數則表示刪除，從第 1 個參數指定的位置開始刪除第 2 個參數指定個數的元素；如果是 3 個參數則表示修改，從第 1 個參數指定位置開始刪除第 2 個參數指定個數的元素，並在第 2 個參數的位置上放置第 3 個參數的內容（用第 3 個參數替換被刪除的元素）。

⚟ **注意**：splice 方法傳回被刪除的元素。

4）reverse、sort、concat、join、toString 和 slice 等

陣列排序、拼接和截取也比較常見，方法範例如下。

➡ 程式 3.31　陣列的排序、拼接和截取：other.js

```javascript
// 陣列的其他方法：other.js
//1·reverse 方法：顛倒排序
var arr = [1,2,3];
console.log(arr);                           //[1,2,3]
arr.reverse();                              // 對陣列逆向排列，直接影響陣列
console.log(arr);                           //[3,2,1]
//2·sort 方法：排序
var arr1 = [1,3,5,2]
console.log(arr1);                          //[1,3,5,2]
arr1.sort();                                // 預設昇冪排列，直接影響陣列
console.log(arr1);                          //[1,2,3,5]
//3·concat 方法：拼接陣列
var arr2 = [1,2,8];
var arr3 = ['h','e','l','l','o'];
var arr4 = arr2.concat(arr3);               //concat 傳回拼接後的新陣列，原陣列不變
console.log(arr4);                          //[1,2,8,'h','e','l','l','o']
console.log(arr2,arr3);                     //[1,2,8]['h','e','l','l','o']
//4·join 方法：陣列元素拼接為字串
var arr5 = arr3.join("-");// 將陣列元素按指定分隔符號分隔，傳回字串。不影響原陣列
console.log(arr5);                          //h-e-l-l-o
console.log(arr3);                          //['h','e','l','l','o']
//5·toString 方法：將陣列元素轉化為逗點分隔的字串
var arr6 = arr3.toString();
console.log(arr6);                          //h,e,l,l,o
//6·slice 方法：截取陣列
var arr7 = arr3.slice(1,2);                 // 從下標為 1 處截取 1 個陣列，不包含結束值
```

```
console.log(arr7);                      //['e']
console.log(arr3);                      //['h','e','l','l','o']
```

程式執行結果如下：

```
[1,2,3]
[3,2,1]
[1,3,5,2]
[1,2,3,5]
[1,2,8,'h','e','l','l','o']
[1,2,8]['h','e','l','l','o']
h-e-l-l-o
['h','e','l','l','o']
h,e,l,l,o
['e']
['h','e','l','l','o']
```

5）搜索陣列

陣列提供了 indexOf、lastIndexOf、find、findIndex 方法用於實現陣列元素的查詢，可以查詢元素值，也可以傳回對應的索引，範例如下。

➜ 程式 3.32 陣列查詢的相關方法：search.js

```
// 搜索陣列 search.js
//1．indexOf(searchElement,fromIndex) 方法：從前往後
var arr = ['html','css','javascript','css'];
console.log(arr.indexOf('css'));             // 傳回第一次找到的索引 1
console.log(arr.indexOf('node'))             // 如果沒找到則傳回 -1
// 第二個參數為開始搜索的位置，如果沒寫則預設為 0，這裡為 1
console.log(arr.indexOf('css',1));
console.log(arr.indexOf('css',2));           //3
//2．lastIndexOf(item,start) 方法：從後往前
console.log(arr.lastIndexOf("css"));         //3．從末尾開始搜索
console.log(arr.lastIndexOf("node"));        // 沒找到傳回 -1
// 第二個參數為開始搜索的位置，如果沒寫則預設為陣列長度
console.log(arr.lastIndexOf("css",2));
//3．find
var hasCss = arr.find(function(s){
```

```
    return s === "css"
});
console.log(hasCss);                    // 傳回找到的 css 元素
var hasNode = arr.find(function(s){
    return s === "node"
});
console.log(hasNode);                   // 找不到傳回 undefined
//4 · findIndex
var css = arr.findIndex(function(val,index){
    if(val === 'css'&&index > 1){
        return val;
    }
});
console.log(css);                       // 如果找到則傳回索引，找不到則傳回 -1，這裡為 3
```

其中，indexOf 為從前往後搜索，lastIndexOf 為從後往前搜索，如果找到則傳回第一次出現的索引，否則傳回 -1。find 和 findIndex 可以將參數作為回呼函式，可以根據業務需要自訂搜索邏輯。程式執行結果如下：

```
1
-1
1
3
3
-1
1
css
undefined
3
```

3 · 陣列遍歷

陣列遍歷可以使用 for 迴圈、for…of、for…in 以及高階函式 forEach、map、filter 等。

1）使用 for 迴圈遍歷陣列

陣列的 length 屬性工作表示陣列元素個數，因此可以使用 for 迴圈進行遍歷，範例如下。

➜ 程式 3.33 for 迴圈遍歷陣列：for.js

```javascript
//for 遍歷陣列：for.js
var arr = ['html','css','javascript'];
for(var i = 0;i < arr.length;i++){
    console.log(arr[i]);
}
// 最佳化
for(var i = 0,len = arr.length;i < len;i++){
    console.log(arr[i]);
}
```

執行程式，可以看到能成功遍歷陣列，可以在迴圈開始前獲取陣列長度，提高性能。

2）使用 for…of 遍歷陣列

for…of 遍歷陣列非常簡單，可以直接獲取元素值，無須透過下標存取。

➜ 程式 3.34 for…of 遍歷陣列：forof.js

```javascript
// 使用 for…of 遍歷陣列：forof.js
var arr = ['html','css','javascript'];
for(var item of arr){
    console.log(item);                      // 直接獲取元素
}
```

程式執行結果如下：

```
html
css
javascript
```

3）使用 for…in 遍歷陣列

使用 for…in 遍歷陣列，可以直接獲取下標，再透過下標獲取陣列元素，範例程式如下。

➜ 程式 3.35　for…in 遍歷陣列：forin.js

```
// 使用 for…in 遍歷陣列：forin.js
var arr = ['html','css','javascript'];
for(var index in arr){                          //index 表示陣列索引
    console.log(index,arr[index]);
}
```

程式執行結果如下：

```
0 html
1 css
2 javascript
```

4）高階函式遍歷陣列

如果函式的參數是一個函式，則此函式稱為高階函式（Higher-order function）。簡單理解就是高階函式可以接收回呼函式。陣列物件的 forEach、map、reduce、filter 等函式都是高階函式，附帶遍歷功能。forEach 函式的使用如下。

➜ 程式 3.36　高階函式遍歷陣列：higherOrder.js

```
// 高階函式：higherOrder.js
var arr = ['html','css','javascript'];
arr.forEach(function(value,index,arr){     // 參數依次是陣列元素、下標和原陣列
    console.log(value,index,arr);
})
arr.forEach(function(value){               // 參數可選
    console.log(value);
})
```

高階函式內部附帶迴圈效果，針對每個元素呼叫時會將參數自動傳入回呼函式，開發者可以根據自身的業務邏輯實現不同的功能。參數分別為陣列元素、陣列下標和原陣列，開發者根據自身需要設置參數個數即可。程式執行結果如下：

```
html 0['html','css','javascript']
css 1['html','css','javascript']
javascript 2['html','css','javascript']
html
css
javascript
```

3.4.2 數學物件 Math

Math 物件提供了很多數學公式計算方法,包括 max、min、floor、abs 和 random 等,常用的方法如表 3.6 所示。

▼ 表 3.6 Math 常用的方法

方法名稱	功能描述
round	四捨五入
floor	向下取整
ceil	向上取整
max	查詢參數列表中的最大值
min	查詢參數列表中的最小值
abs	求絕對值
random	生成隨機數

Math 物件常用的函式範例如下。

→ 程式 3.37 Math 物件常用的方法:commonFunction.js

```
// 常用的方法:commonFunction.js
console.log(Math.PI);                    // 圓周率
console.log(Math.round(5.5));            // 四捨五入
console.log(Math.floor(4.6));            // 向下取整數
console.log(Math.ceil(4.6));             // 向上取整數
console.log(Math.max(1,2,3,15));         // 最大值
console.log(Math.min(1,2,3,15));         // 最小值
console.log(Math.pow(2,3));              //2 的 3 次方
```

```
console.log(2**3);                          //2 的 3 次方 ES 6 新增
console.log(Math.sqrt(64));                 // 求平方根
console.log(Math.abs(-8.8));                // 求絕對值
console.log(Math.sign(-3));                 // 判斷符號（正數 , 負數 ,0）
```

其中，PI 表示圓周率，round 表示四捨五入，執行結果如下：

```
3.141592653589793
6
4
5
15
1
8
8
8
8.8
-1
```

隨機數的應用非常多，預設的 Math.random 方法會生成 0 ～ 1 的隨機數。如果想生成任意區間的隨機數，公式為 Math.random()*(大 - 小)+ 小。範例程式如下。

→ 程式 3.38 random 生成隨機數：random.js

```
// 隨機數：random.js
console.log(Math.random());                     //0 ～ 1 的隨機數
console.log(Math.random()*10);                  //0 ～ 10 的隨機小數
console.log(parseInt(Math.random()*10));        //0 ～ 9 的隨機整數，可以取 0
console.log(parseInt(0.8));                      // 不是四捨五入
console.log(Math.floor(Math.random()*10));      //0 ～ 9 的隨機整數，可以取 0
console.log(parseInt(Math.random()*10 + 1));    //1 ～ 10 的隨機整數
console.log(Math.ceil(Math.random()*10));       //1 ～ 10 的隨機整數
//18 ～ 88 的隨機整數 , 取不到 88
console.log(parseInt(Math.random()*(88-18)+ 18));
//Math.random()*( 大 - 小 )+ 小
```

由於結果是隨機生成的，所以每次的執行結果不一定一致，其中一次的執行結果如下：

```
0.40756793777251676
0.8902778876147677
1
0
4
1
6
85
```

3.4.3 日期物件 Date

幾乎每個系統都離不開日期和時間的處理，因此 JavaScript 內建了 Date 物件用於處理日期和時間，常用的方法如表 3.7 所示。

▼ 表 3.7 Date 常用的方法

方法名稱	功能描述
Date	建立日期物件
setDate	以陣列（1-31）設置日
setFullYear	設置年（可選月和日）
setHours	設置小時（0～23）
setMilliseconds	設置毫秒（0～999）
setMinutes	設置分（0～59）
setMonth	設置月（0～11）
setSeconds	設置秒（0～59）
setTime	設置時間（從 1970-1-1 至今的毫秒數）
getFullYear	以四位數字形式傳回日期年份
getMonth	以數字 0～11 傳回日期的月份
getDate	以數字 1～31 傳回日期的日
getDay	以數字 0～6 傳回日期的星期名

方法名稱	功能描述
getHours	以數字 0 ～ 23 傳回日期的小時數
getMinutes	以數字 0 ～ 59 傳回日期的分鐘數
getSeconds	以數字 0 ～ 59 傳回日期的秒數
getMilliseconds	以數字 0 ～ 999 傳回日期的毫秒數
getTime	傳回自 1970-1-1 以來的毫秒數
toString	以預設格式顯示日期字串
toDateString	將日期轉化為更易讀的格式
toLocalStrig	將日期轉為本機的日期格式
toLocalDateString	將日期轉為本機的日期格式
ToLocalTimeString	將日期轉為本機的時間格式

常用的日期處理方法範例如下。

➜ 程式 3.39　Date 物件的方法：date.js

```
// 日期格式：date.js
var date = new Date();
console.log(date.getFullYear());           // 獲取年份
console.log(date.getMonth());              // 獲取月份
console.log(date.getDate());               // 獲取日期
date.setMonth(7);                          // 設置日期
console.log(date.toLocaleDateString());    // 列印本機格式的日期
```

注意，new Date 方法獲取的是程式執行時間，因此每次執行程式的結果可能不一樣。某次的執行結果如下：

```
2021
7
31
2021-8-31
```

3.4.4 字串 String

JavaScript 字串用單引號或雙引號包裹，當包含特殊字元時需要用跳脫字元（\）進行跳脫，如單引號、雙引號、反斜線。字串有 length 長度屬性，可以像陣列一樣透過下標進行存取。字串提供了非常多的內建方法，常用的方法如表 3.8 所示。

▼ 表 3.8 字串常用的方法

方法名稱	功能描述
charAt	傳回字串中指定下標的字元
charCodeAt	傳回字串中指定索引的字元 unicode 編碼
indexOf	傳回字串中指定文字首次出現的索引
lastIndexOf	傳回指定文字在字串中最後一次出現的索引
search	搜索特定值的字串，並傳回匹配的位置
slice	提取字串的某個部分並在新字串中傳回被提取的部分
substring	與 slice 類似，但不接收負索引
substr	與 slice 類似，第二個參數規定被提取部分的長度
replace	用另一個值替換在字串中指定的值，不會改變呼叫它的字串。預設只替換首個匹配
toUpperCase	把字串轉為大寫
toLowerCase	把字串轉為小寫
concat	連接兩個或多個字串，與陣列 concat 方法類似
trim	刪除字串兩端的空白符號
split	將字串轉為陣列

字元串通常需要查詢或截取，常見的操作範例如下。

→ 程式 3.40　字串方法：string.js

```javascript
// 字串方法：string.js
var myName = "heimatenyun";
console.log(myName.charAt(0));                      // 傳回指定位置的字元
// 查詢字串
var str = "i am heimatengyun,i am heimatengyun";
console.log(str.indexOf('am'));                     // 字串首次出現的索引（從前往後）
console.log(str.indexOf("am",20));                  // 第二個參數指定開始查詢的索引
console.log(str.lastIndexOf('am'));                 // 字串最後一次出現的索引（從後往前）
//search 和 indexOf 方法的功能類似，但 search 不能設置第 2 個參數，indeOf 無法設置正
   則匹配
console.log(str.search("am"));                      // 首次找到的索引
console.log(str.toUpperCase());                     // 轉為大寫字母
console.log(str.concat(myName));                    // 字串拼接
console.log(str.replace('am','love'));              // 替換首個匹配的字串
// 截取字串
// 截取字串第一個參數為起始位置，第二個參數為結束位置
console.log(str.slice(0,4));
// 截取字串，與 slice 功能相同，但第二個參數不能為負
console.log(str.substring(0,4));
// 截取字串與 slice 功能相同，但第二個參數表示長度
console.log(str.substr(0,4));
```

程式執行結果如下：

```
h
2
20
20
2
I AM HEIMATENGYUN,I AM HEIMATENGYUN
i am heimatengyun,i am heimatengyunheimatenyun
i love heimatengyun,i am heimatengyun
i am
i am
i am
```

3.5 ES 6+ 新增的語法

ES 的全稱為 ECMAScript，是 ECMA 制定的標準化指令碼語言，目前，JavaScript 使用的 ECMAScript 版本是 ECMAScript-262。簡單說，ES 是標準，JavaScript 是該標準的具體實現。自從 2015 年 6 月發佈 ES 2015（即 ES 6）以來，ES 每年 6 月會發佈一個版本，目前最新的版本為 ES 13（ES 2022）。

每一個標準版本的發佈都是為了解決一些特定的問題或簡化程式的撰寫。例如：ES 6 新增了 Class 類別、箭頭函式、模組化；ES 8 簡化了非同步方法，新增了 Async 和 await 等。本節就對這些新標準進行講解，建議讀者撰寫程式時儘量按照新標準來書寫。

✐ **注意**：本節所講的 ES 6+ 指 ES 6 及其以後的版本（ES 6 至 ES 13）。

3.5.1 變數和常數

ES 6 新增了 let 和 const 關鍵字分別用於宣告變數和常數。let 與 var 相比更加標準，在 JavaScript 中以前使用 var 宣告變數，宣告後還可以重複宣告，這顯然是不合理的，同時，var 宣告的變數還會有變數提升問題（宣告的變數會在程式執行的預解析階段被放置到作用域的頂部），let 的誕生規範了上述問題，並且規定宣告常數採用 const 關鍵字。範例程式如下。

➡ 程式 3.41 let 和 const 關鍵字：letConst.js

```javascript
// 使用 let 和 const 宣告變數和常數：letConst.js
typeof myName;
//typeof bookName;                        // 顯示出錯，let 不存在變數提升問題
var myName = 'heimatengyun';
//var name = '123';                       // 不顯示出錯，可以重複宣告
let bookName = 'node.js 專案實戰 ';
//let bookName="123";                     // 顯示出錯，不可重複宣告
const AGE = 18;                           // 常數
//AGE = 19;                               // 顯示出錯，永遠 18 歲不可更改
```

範例程式中透過 let 關鍵字宣告 bookName 變數，在嘗試重複宣告會發現顯示出錯；並且在宣告之前透過 typeof 檢測其類型，也發現顯示出錯。這說明使用 let 關鍵字宣告的變數不存在變數提升問題。透過 const 關鍵字宣告常數，常數值在語法上規定不能修改，否則將顯示出錯。

3.5.2 解構賦值

ES 6 規定可以按照一定的模式從陣列和物件中提設定值，對變數進行賦值，這稱為解構賦值（Destructuring）。陣列解構賦值範例如下。

➜ 程式 3.42　陣列解構賦值：destructuringArray.js

```
// 陣列解構賦值 destructuringArray.js
let[x,y,z]= [1,2,3];
console.log(x,y,z);                          //1 2 3
let[a,[b],c]= [1,[2],3];
console.log(a,b,c);                          //1 2 3
let[d,e]= [1];
console.log(d,e);                            //1 undefined
let[f = 0]= [];
console.log(f);                              //0 解構不成功取預設值
```

從範例程式中可以看出，對陣列的解構賦值本質上就是模式匹配，只要等號左右兩邊的模式相同，左邊的值就會賦給右邊對應的變數。如果賦值不成功則為 undefined，針對不成功的情況可以設置預設值。程式執行結果如下：

```
1 2 3
1 2 3
1 undefined
0
```

除了對陣列解構之外，還可以對物件和字串進行解構賦值，範例如下。

➜ 程式 3.43　物件和字串解構賦值：destructuringObj.js

```
// 物件解構賦值：destructuringObj.js
let person = {
```

```
    name:'heimatengyun',
    age:18,
    job:'ceo'
}
// 解構是指定別名 myName，指定別名後就不能再使用 name 了
let{name:myName,age,job}= person;
console.log(myName,age,job)
// 字串解構賦值
let[a,b,c]= 'heimatengyun';
console.log(a,b,c);                                    //h e i
```

當對物件進行解構賦值時，可以指定別名，如在上例中將物件的 name 屬性解構時指定別名為 myName，這在前後端互動時非常有用。程式執行結果如下：

```
heimatengyun 18 ceo
h e i
```

3.5.3 擴充運算子

擴充運算子（spread）也稱為展開運算子，通常用於展開陣列，即將一個陣列轉為用逗點分隔的參數序列，而剩餘參數（rest）則是展開運算子的逆運算。

擴充運算子的應用比較廣泛，可以用於複製陣列，也可以合併陣列，範例如下。

→ 程式 3.44 擴充運算子：spread.js

```
// 擴充運算子：spread.js
console.log(...[1,2,3]);                    //1 2 3
// 複製陣列
const a1 = [8,18,28];
const a2 = [...a1];
console.log(a2);                            //[8,18,28]
// 合併陣列
const arr1 = [1,2];
const arr2 = [3,4];
console.log([...arr1,...arr2]);             //[1,2,3,4]
```

　　與擴充運算子對應的是剩餘參數，其語法格式為「⋯變數名稱」，用於獲取函式的多餘參數，這樣就可以不用使用 arguments 物件接收參數了。rest 參數搭配的變數是一個陣列，該變數將多餘的參數放入陣列中。範例如下。

➔ 程式 3.45　剩餘參數：rest.js

```
// 剩餘參數 rest.js
function show(a,b,...c){
    console.log(a,b,c);                          //1 2[3,4]
}
show(1,2,3,4);
```

　　在上面的範例中，將函式參數從 3 開始的資料都複製到 c 陣列中，這樣函式就可以接收無數參數，完成 arguments 接收參數的功能。

3.5.4　字串新增的方法

　　ES 6 新加了字串範本，並增加了一些新的方法以便提高開發效率，這些方法包括 Includes、startsWith、endsWidth、repeat 和 padStart 等，使用範例如下。

➔ 程式 3.46　字串新增的方法：string.js

```
// 字串新增的方法：string.js
// 字串範本
let myName = 'heimatengyun';
console.log(" 我是 "+ myName);                  // 我是 heimatengyun ES 5 寫法
console.log(` 我是 ${myName}`);                 // 我是 heimatengyun ES 6 寫法
//includes 字串查詢，找到傳回 ture，否則傳回 false
let str = "i love you";
console.log(str.includes('love'));             //true
//startsWith 判斷是否以 i 開頭
console.log(str.startsWith('i'));              //true
//repeat 重複指定次數
console.log(str.repeat(2));                    //i love youi love you
//padStart padEnd，補全字串長度，ES 8 新增
console.log(str.padStart(20,"*"));             //**********i love you 首部補全
console.log(str.padEnd(20,'*'));               //i love you********** 尾部補全
//trim trimStart trimEnd，去空格
```

```
let strWithSpace = "i love you";
console.log(strWithSpace);                          //i love you
console.log(strWithSpace.trimStart());              //i love you
console.log(strWithSpace.trimEnd());                //i love you
```

上面的範例分別演示了 ES 6 及其之後的版本對字串的擴充方法，執行結果如下：

```
我是 heimatengyun
我是 heimatengyun
true
true
i love youi love you
**********i love you
i love you**********
  i love you
i love you
  i love you
```

3.5.5 陣列新增的方法

陣列在 JavaScript 中是非常重要的資料結構，ES 6 及其之後的版本也增加了非常多的方法便於對陣列操作，這些方法包括 Array.of、Array.from、find、fill、includes 和 flat 等，使用範例如下。

➡ 程式 3.47 陣列新增的方法：array.js

```
// 陣列的擴充方法：array.js
//Array.of 元素轉為陣列
console.log(Array.of(1,2,3,4));                      //[1,2,3,4]
//Array.from 用於複製陣列或將類別陣列轉為陣列
let arr1 = [1,2];
console.log(Array.from(arr1));                       //[1,2]
//copyWithin 用於將指定位置的成員複製到其他位置進行替換
//[3,4,3,4,5] 將位置 2～4 上的字串取出放到 0 開始的位置進行替換
console.log([1,2,3,4,5].copyWithin(0,2,4));
//find 用於查詢第一個符合條件的元素
let arr = [8,18,28,38,48];
```

```
var findResult = arr.find(function(item,index,arr){
    return item > 20;
});
console.log(findResult);                            //28
//includes 用於判斷是否包含符合條件的元素
console.log([1,2,3,4].includes(3));                 //true
//flat 用於拉平陣列
console.log([1,2,[3,4]].flat());                    //[1,2,3,4]
var flatResult = [1,2,3].flatMap(function(x){       // 遍歷每個元素進行運算
    return x*x;
});
console.log(flatResult);                            //[1,4,9]
```

程式執行結果如下：

```
 [1,2,3,4]
[1,2]
[3,4,3,4,5]
28
true
[1,2,3,4]
[1,4,9]
```

3.5.6 物件新增的方法

JavaScript 是物件導向語言，物件導向的思想在程式設計中非常重要，因此 ES 6+ 針對物件也做了很多擴充，範例如下。

→ 程式 3.48 物件新增的方法：object.js

```
// 物件新增的方法：object.js
//1·ES 6 的物件簡寫
let age = 18;
let person = {
    name:'heimatenyun',
    //age:age,ES 5 的寫法
    age,                                    //ES 6 簡寫
    showAge:function(){                     //ES 5 的寫法
    showAge(){                             //ES 6 簡寫
```

```
        return this.age;
    }
}
console.log(person.name);
console.log(person.showAge());                    //18
//2‧Object.assign 用於合併物件
let obj1 = {
    name:'lili'
};
let obj2 = {
    age:18
};
let obj = Object.assign({},obj1,obj2);// 將其他物件合併到第一個參數的物件中
console.log(obj);                                 //{name:'lili',age:18}
//3‧擴充運算子複製物件
let obj3 = {...obj2};                             // 將 obj2 複製到 obj3 中
console.log(obj3);                                //{age:18}
```

程式執行結果如下：

```
heimatenyun
18
{name:'lili',age:18}
{age:18}
```

3.5.7 箭頭函式

ES 6 新增的箭頭函式（arrow function）用於簡化函式的定義，在函式定義時可以將 function 關鍵字和函式名稱刪掉，直接用 => 連接參數列表和函式本體。範例如下。

➔ 程式 3.49 箭頭函式：arrowFun.js

```
// 箭頭函式：arrowFun.js
//1‧函式定義
//ES 5 函式定義
function sayHello(){
    console.log('hello');
```

```
};
sayHello();                                          //hello
//ES 6 箭頭函式
sayHi = ()=> {
    console.log('hi')
}
sayHi();                                             //hi
//2 · 回呼函式
//ES 5 寫法
let result = [1,2,3].map(function(x){
    return x*x;
});
console.log(result);                                 //[1,4,9]
//ES 6 寫法
let result1 = [1,2,3].map(x => x*x);
console.log(result1);                                //[1,4,9]
```

從上面的範例程式中可以看出，使用箭頭函式可以簡化函式宣告，尤其適合在回呼函式中使用。

　　✎ **注意**：箭頭函式內部的 this 被綁定為函式定義時的 this，並且無法改變。

3.5.8 Set 和 Map

陣列元素可以重複，雖然陣列提供了很多方法，但是去重還是比較麻煩的，因此 ES 6 新增了 Set 資料結構，它類似陣列但是其元素具有唯一性。物件雖然很常用，但是屬性名稱只能是字串類型，因此 ES 6 新增了 Map，Map 類似物件但是屬性名稱可以為物件或其他類型。

Set 提供了 add、delete、has 等方法來操作集合元素，使用範例如下。

➔ 程式 3.50 Set 資料結構：set.js

```
//Set 資料結構：set.js
//1 · 使用 Set 將陣列去重
let arr = [1,2,3,1,2,3];
let set = new Set(arr);                    // 陣列轉 Set
```

```
console.log(set);                              //Set{1,2,3}
let arr1 = Array.from(set);                    //Set 轉陣列
console.log(arr1);                             //[1,2,3]
let arr2 = [...set];                           //Set 轉陣列
console.log(arr2);                             //[1,2,3]
//2．set 的基本操作
set.add(8).add(18);                            //add 函式傳回 Set 本身，因此可連寫入
console.log(set);                              //Set{1,2,3,8,18}
console.log(set.size);                         //Set 長度為 5
```

程式執行結果如下：

```
Set{1,2,3}
[1,2,3]
[1,2,3]
Set{1,2,3,8,18}
5
```

Map 提供了 set、has、forEach 等方法用來對 Map 物件操作，範例如下。

➜ 程式 3.51 Map 資料結構：map.js

```
//Map 資料結構：map.js
//1．建立 Map
let map = new Map();
map.set('name','heimatengyun');
map.set('age',18);
console.log(map);                  //Map{'name'=> 'heimatengyun','age'=> 18}
console.log(map.size);                    //2
console.log(map.has('age'));//true
//2．遍歷
map.forEach((value,key)=> {
    console.log(value,key)
})
//3．Map 與陣列互轉
let arr = [...map];                        // 利用擴充運算子將 Map 轉為陣列
console.log(arr);                 //[['name','heimatengyun'],['age',18]]
let newMap = new Set(arr);                // 陣列轉 map
console.log(newMap);     //Set{['name','heimatengyun'],['age',18]}
```

　　從上面的範例程式中可以看出，Map 提供了 forEach 方法進行遍歷，同時 Map 和陣列之間可以相互轉換，執行結果如下：

```
Map{'name'=> 'heimatengyun','age'=> 18}
2
true
heimatengyun name
18 age
[['name','heimatengyun'],['age',18]]
Set{['name','heimatengyun'],['age',18]}
```

　　🖉 **注意**：雖然 **Map** 也可以接收一個陣列用來初始化，但是跟 **Set** 不同，在 **Map** 中，該陣列的成員是一對對表示鍵值對的陣列。

3.5.9 Class 類別及其繼承

　　在 ES 5 中物件導向建立類別，通常是透過建構函式來實現，繼承還要用原型和原型鏈方式來實現。到了 ES 6，像物件導向語言（如 C++、Java 等）一樣，其語法上提供了 class 關鍵字對類別進行宣告，同時提供關鍵字 extends 來實現類別之間的繼承。

　　物件導向的三大特性是繼承、封裝和多態。接下來透過範例演示在 JavaScript 中如何實現類別繼承。

➡ 程式 3.52 class 類別繼承：class.js

```
//class 實現繼承：class.js
// 父類別
class Person{
    constructor(name){
        this.name = name;                    // 姓名
    }
    showName(){
        return this.name;
    }
}
```

```
// 子類別
class Student extends Person{
    constructor(name,grade){
        super(name);                    // 呼叫父類別建構函式傳入 name
        this.grade = grade;             // 年級，子類別自己的屬性
    }
    showGrade(){
        return this.grade;
    }
    sayHello(){
        return super.showName()+ "hello!"
    }
}
let student = new Student("heimatengyun",'grade one');
console.log(student.name);              // 呼叫父類別繼承來的屬性
console.log(student.showName());        // 呼叫父類別繼承來的方法
console.log(student.grade);             // 呼叫子類別屬性
console.log(student.showGrade());       // 呼叫子類別方法
console.log(student.sayHello());        // 呼叫子類別方法，在子類別方法中擴充父類別方法
```

在上面的程式中透過 class 定義了 Person 和 Student 兩個類別，Student 類別使用 extends 繼承父類別 Person，子類別可以繼承父類別的屬性和方法，可以直接存取。同時，子類別新增了自身的屬性 grade 和方法 showGrade，透過 super 可以呼叫父類別的方法。程式執行結果如下：

```
heimatengyun
heimatengyun
grade one
grade one
heimatengyun hello!
```

3.5.10 Promise 和 Async

ES 6 提供了兩種非同步程式設計方案：Promise 和 Generator。Promise 最早由社區提出和實現，主要用於解決回呼地獄問題，ES 6 將其寫進標準，統一用法，ES 6 原生提供了 Promise 物件。Generator 的作用主要是用於重構程式，將非同步

程式用同步的方式進行撰寫，更加方便維護；但是 Generator 是一個過渡產品，在 ES 8中，作為 Generator 的語法糖，通常使用 Async 和 await 來替代 Generator 的語法。

開發專案時可以直接使用 Promise 語法，也可以將 Promise 與 Async 搭配使用，範例如下。

→ 程式 3.53 Promise 和 Async 的使用：promise.js

```
//Promise 和 async 的使用：promise.js
// 非同步作業封裝到 Promise 物件
function costLongTime(){
    return new Promise(resolve => {
        setTimeout(()=> {resolve('long long ago'),1000});// 模擬耗時操作
    })
}
//Promise 方式
costLongTime().then(res => console.log(res))
//Async 方式
async function testAsync(){
    const time = await costLongTime();
    console.log(time)
}
testAsync();
```

在上面的範例程式中，在 costLongTime 方法中定義了一個 Promise 物件，並透過 setTimeout 計時器方法模擬耗時操作，將在 1s 後傳回成功狀態。使用封裝的 Promise 物件有兩種方法，可以直接透過 Promise 的 then 函式呼叫得到傳回資料，也可以透過 Async 和 await 將非同步的方法寫為同步的形式。程式執行結果如下：

```
long long ago
long long ago
```

3.6 本章小結

本章詳細介紹了 JavaScript 語言的知識及物件導向的特性。首先介紹了變數、資料型態、運算子、運算式和敘述等基礎語法；接著介紹了分支、迴圈程式控制結構，函式的定義及使用，以及 String、Array、Math 和 Date 等內建物件；最後重點介紹了 ES 6+ 語法知識。

透過本章的學習，讀者可以了解 JavaScript 物件導向程式語言的特點，熟練掌握常用內建物件的屬性和方法，熟練使用結構賦值和擴充運算子，能夠使用 class 關鍵字完成類別的封裝和繼承，熟練使用 Promoise 和 Async 進行非同步程式設計。

本章透過大量範例演示了 JavaScript 的各種語法應用，只有熟練掌握才能更進一步地進行 Node.js 程式開發，第 4 章將正式開始 Node.js 核心程式設計模組的學習。

MEMO

4

Node.js 的內建模組

　　Node.js 提供了非常多的底層內建模組，這些模組涉及處理程序相關的控制、檔案系統相關的操作、網路相關的操作（TCP、UDP、HTTP、HTTPS 等）。模組，簡單理解就是 API，Node.js 將常用的功能封裝為 API 並提供給開發者使用，這些模組是日常工作中建構應用系統常用的功能，透過這些 API 的綜合使用，能快速建構應用程式。本章針對這些核心模組介紹。

本章涉及的主要基礎知識如下：

- 了解 Node.js 內建的各類核心模組；

- 熟練使用 Buffer 模組進行資料存取；

- 熟練使用 child_press 模組管理子處理程序；

- 熟練使用 events 模組對事件進行管理；

- 熟練使用 timmers 計時器模組；

- 掌握 path 模組和 fs 檔案系統模組；

- 熟練使用 net 模組、dgram 模組完成 TCP 和 UDP 程式製作；

- 熟練掌握 HTTP 模組建立 HTTP 伺服器。

🖉 **注意**：不同版本的 **Node.js** 對應的模組有所不同。

4.1 Node.js 模組

　　Node.js 程式開發的過程就是將內建的 API 結合業務需求進行整合的過程，熟練掌握內建模組，便於提高程式開發的效率。本節內容包括：使用 module 模組查看 Node.js 所有的內建模組、在所有模組中都可以使用的全域變數、程式在執行過程中可能會出現的四類錯誤。了解這些內容，可以為後續學習各個模組的使用打下基礎。

4.1.1 module 模組

【本節範例參考：\ 原始程式碼 \C4\module 】

　　在 2.2 節中介紹過 Node.js 模組分為核心模組、自訂模組和第三方模組。核心模組是基石，是 Node.js 對底層功能的封裝和抽象。Node.js 模組同時支援 CommonJS 模組和 ES 6 標準的模組，二者在模組的匯入和匯出方式上有所不同，使用區別可參考 2.1 節。

Node.js 提供了內建的 module 模組並公開了 module 變數，可以透過 import 或 require 匯入進行存取。module 變數包括 builtinModules 屬性，用於顯示所有內建模組的名稱清單，用於驗證模組是否是由第三方維護。範例如下。

➔ 程式 4.1 module 模組：module.js

```
//module 模組：module.js
//CommonJS 標準
//const builtinModules = require('module')
//console.log(builtinModules)
//ES 6 標準
import{builtinModules as builtin}from'module';
console.log(builtin)
```

Node.js 預設採用 CommonJS 標準引入模組，如果使用 require 引入模組則透過 Node.js 命令執行即可查看模組清單。如果要採用 ES 6 標準，則需要增加 package.json 檔案，並在此檔案中指定 type 類型為 module，檔案內容如下。

package.json

```
{
    "type":"module"
}
```

執行檔案 node module.js，執行結果如下：

```
[
  '_http_agent','_http_client','_http_common',
  '_http_incoming','_http_outgoing','_http_server',
  '_stream_duplex','_stream_passthrough','_stream_readable',
  '_stream_transform','_stream_wrap','_stream_writable',
  '_tls_common','_tls_wrap','assert',
  'async_hooks','buffer','child_process',
  'cluster','console','constants',
  'crypto','dgram','dns',
  'domain','events','fs',
  'http','http2','https',
  'inspector','module','net',
```

```
'os','path','perf_hooks',
'process','punycode','querystring',
'readline','repl','stream',
'string_decoder','sys','timers',
'tls','trace_events','tty',
'url','util','v8',
'vm','worker_threads','zlib'
]
```

🖉 **注意**：以上內建模組的匯入直接透過 require(＇模組名稱＇) 即可。

4.1.2 global 全域變數

在 Node.js 中可以全域存取的變數包括：JavaScript 本身的內建物件和 Node.js 特定的全域變數。Node.js 提供了一些全域變數，這些變數在所有模組中可以直接使用。全域可以存取的變數如表 4.1 所示。

▼ 表 4.1 Node.js 全域可以存取的變數

變數、方法或類別	功能說明
Buffer 類別	用於處理二進位資料
__dirname	當前模組的目錄名稱。此變數可能看起來是作用於全域的，但實際上不是
__filename	當前模組的檔案名稱。此變數可能看起來是作用於全域的，但實際上不是
clearImmediate 方法	取消由 setImmediate 方法建立的 Immediate 物件
clearInterval 方法	取消由 setInterval 方法建立的 Timeout 物件
clearTimeout 方法	取消由 setTimeout 方法建立的 Timeout 物件
setImmediate 方法	在 I/O 事件回呼之後排程 callback「立即」執行
setInterval 方法	每延遲時間數毫秒排程重複執行 callback
setTimeout 方法	在延遲時間數毫秒後排程單次的 callback 執行

變數、方法或類別	功能說明
console	用於列印到標準輸出和標準錯誤
exports	對 module.exports 的引用，其輸入更短。此變數可能看起來是作用於全域的，但實際上不是
global	全域的命名空間物件。在瀏覽器中，頂層的作用域是全域作用域。這表示在瀏覽器中，var something 將定義新的全域變數。在 Node.js 中這是不同的。頂層作用域不是全域作用域；Node.js 模組內的 var something 用於定義該模組的本地變數
module	對當前模組的引用。此變數可能看起來是全域變數，但實際上不是
performance	perf_hooks.performance 物件
process	處理程序物件。process 物件提供了有關當前 Node.js 處理程序的資訊並進行控制。雖然它全域可用，但是建議透過 require 或 import 顯式地存取
require 方法	用於匯入模組、JSON 和本地檔案。此變數可能看起來是作用於全域的，但實際上不是
TextDecoder	WHATWG 編碼標準 TextDecoder API 的實現
TextEncoder	WHATWG 編碼標準 TextEncoder API 的實現。TextEncoder 的所有實例僅支援 UTF-8 編碼
URL	瀏覽器相容的 URL 類別，按照 WHATWG 網址標準實現。解析網址的範例可以在標準本身中找到。URL 類別也在全域物件上可用
URLSearchParams	URLSearchParams API 提供對 URL 查詢的讀寫存取，為網址查詢字串而設計

✏ **注意**：表 4.1 中的 __dirname、__filename、exports、module 和 require 方法看起來像作用於全域，但實際上它們只存在於模組的作用域中。

4.1.3　Console 主控台

【本節範例參考：\ 原始程式碼 \C4\global】

從程式 4.1 的執行結果中可以看到 Console 也是 Node.js 內建的模組，提供了一個簡單的偵錯主控台，類似於網路瀏覽器提供的 JavaScript 主控台機制。Console 模組匯出兩個特定元件：Console 類別和全域的 console 實例。

Console 類別包括 console.log、console.error 和 console.warn 等方法，可用於寫入任何的 Node.js 串流；全域的 console 實例配置為寫入 process.stdout 和 process.stderr。全域的 console 無須呼叫 require('console') 就可以使用。

1．全域的 console 實例

全域的 console 實例可以透過 log、error 和 warn 方法將資訊列印到標準輸出，範例如下。

➜ 程式 4.2　全域的 console 實例：console.js

```
// 全域的 console 實例
const myName = 'heimatengyun';
console.log(myName);                          // 列印內容到標準輸出
console.log('hi%s',myName);
console.error(new Error('your code has bug!!!')); // 列印錯誤訊息和堆疊追蹤資訊
console.warn(`hi ${myName}!i love you!`);     // 列印資訊
```

程式執行結果如下：

```
heimatengyun
hi heimatengyun
Error:your code has bug!!!
    at file:///E:/node%20book/c4/global/console.js:5:15
    at ModuleJob.run(internal/modules/esm/module_job.js:137:37)
    at async Loader.import(internal/modules/esm/loader.js:179:24)
hi heimatengyun!i love you!
```

2 · Console 類別

Console 類別可用於建立具有可配置輸出串流的簡單記錄器，可使用 console. Console 進行存取。Console 類別建構函式可以接收一個物件，其中的部分可選配置項有 stdout 和 stderr。stdout 是用於列印日誌或資訊輸出的寫入串流，stderr 用於警告或錯誤輸出。如果未提供 stderr，則 stdout 用於 stderr。

下面透過建立 Console 類別實例，將輸出資訊列印到檔案中，範例如下。

➜ 程式 4.3 Console 類別的使用：consoleClass.js

```
//Console 類別
const fs = require('fs');                              // 引入 fs 模組
// 在目前的目錄下生成記錄檔
const output = fs.createWriteStream('./stdout.log');
const errorOutput = fs.createWriteStream('./stderr.log');
const logger = new console.Console({stdout:output,stderr:
errorOutput});                                        // 自訂的簡單記錄器
const myName = 'heimatengyun';
const age = 18;
logger.log(`i'm ${myName}`);                           // 像主控台一樣使用
logger.log('age:%d',age);
```

在程式中先引入 fs 檔案系統模組，然後建立兩個檔案流 output 和 errorOutput，分別用於儲存標準輸出和錯誤輸出。將檔案流作為 Console 建構函式的參數實例化 logger 物件，透過物件的 log 方法將輸出資訊輸出到檔案流中。

執行程式，發現在目前的目錄下生成了 stdout.log 和 stderr.log 檔案，stdout.log 檔案內容如下：

```
i'm heimatengyun
age:18
```

✐ **注意**：fs 是 **Node.js** 內建的模組，後文會詳細介紹。

4.1.4　Errors 錯誤模組

【本節範例參考：\ 原始程式碼 \C4\error】

在 Node.js 中執行的應用程式通常會遇到以下 4 類錯誤：

- 標準的 JavaScript 錯誤，如 <EvalError>、<SyntaxError>、<TypeError>、<RangeError>、<ReferenceError> 和 <URIError>；

- 由底層作業系統約束觸發的系統錯誤，如嘗試開啟不存在的檔案或嘗試透過關閉的通訊端發送資料；

- 由應用程式碼觸發的使用者指定的錯誤；

- AssertionError 是特殊的錯誤類別，當 Node.js 檢測到異常邏輯時會觸發，這些通常由 assert 模組引發。

Node.js 引發的所有 JavaScript 和系統錯誤都繼承自標準的 JavaScript <Error> 類別（或其實例），並且保證至少提供該類別上可用的屬性。

1．錯誤的傳播和攔截

Node.js 支援多種機制來傳播和處理應用程式執行時期發生的錯誤。如何報告和處理這些錯誤完全取決於 Error 的類型和呼叫的 API 的風格。所有的 JavaScript 錯誤都作為異常處理，使用標準的 JavaScript throw 機制可立即生成並拋出錯誤，這由 JavaScript 提供的 try…catch 敘述來處理。

透過 try…catch 敘述捕捉程式異常範例如下。

➡ 程式 4.4　捕捉異常：tryCatch.js

```
//Error 錯誤處理
try{
    const a = 1;
    const b = a + c;          //c 未定義
}catch(err){                  // 由於 c 未定義，因此拋出 ReferenceError
    console.log(err.name);    // 處理異常後，後續程式繼續執行
```

```
}
console.log("do something");        // 如不捕捉異常，Node.js 直接退出，無法執行到此處
```

　　任何使用 JavaScript throw 機制的程式都會引發異常，必須使用 try…catch 處理，否則 Node.js 處理程序將立即退出。在上面的範例程式中由於 c 未定義，所以會引發異常，但透過 catch 進行捕捉，所以後續程式仍然會執行。執行結果如下：

```
ReferenceError
do something
```

　　除了少數例外，同步的 API 都使用 throw 來報告錯誤。非同步的 API 中發生的錯誤可以以多種方式報告，下面具體介紹。

　　1）非同步的 API 方法透過其回呼函式接收錯誤資訊

　　大多數情況下，非同步方法透過其 callback 函式的第一個參數來接收 Error 物件。如果第一個參數不是 null 並且是 Error 的實例，則表示發生了應該處理的錯誤，範例如下。

➡ 程式 4.5 非同步方法透過回呼傳遞異常：callbackError.js

```
// 非同步方法透過回呼函式傳遞異常
const fs = require('fs');
// 透過回呼函式的第一個參數傳遞異常
fs.readFile('a file that does not exist',(err,data)=> {
    if(err){                        // 檔案不存在，捕捉到了異常
        console.error('error!',err);
        return;
    }
    // 讀取檔案內容
});
console.log('go on');               //readFile 是非同步方法，因此會先繼續執行後面的程式
```

　　由於檔案模組的 readFile 是非同步方法，所以無法在外部透過 try…catch 進行捕捉，透過回呼函式的第一個參數進行判斷是否發生異常。在程式中讀取一個不存在的檔案，透過第一個參數 err 捕捉到異常。程式執行結果如下：

```
go on
error![Error:ENOENT:no such file or directory,open'E:\node book\c4\
error\a file that does not exist']{
  errno:-4058,
  code:'ENOENT',
  syscall:'open',
  path:'E:\\node book\\c4\\error\\a file that does not exist'
}
```

Node.js 核心 API 公開的大多數非同步方法都遵循稱為錯誤優先回呼的慣用模式。使用這種模式，回呼函式作為參數傳給方法。當操作完成或出現錯誤時，回呼函式將使用 Error 物件（如果有）作為第一個參數傳入。如果沒有出現錯誤，則第一個參數將作為 null 傳入。

2）EventEmitter 物件的 error 事件

當在 EventEmitter 物件上呼叫非同步方法時，錯誤可以路由到該物件的 'error' 事件。以網路模組為例，當無法連接時則向串流中增加異常。

➔ **程式 4.6　事件觸發器物件異常捕捉：eventError.js**

```
// 事件觸發器異常捕捉
const net = require('net');
const connection = net.connect('localhost');
connection.on('error',(err)=> {  // 向串流中增加 'error' 事件控制碼:
    // 如果連接被伺服器重置或根本無法連接，或連接遇到任意類型的錯誤，則將錯誤發送到
      這裡
    console.error(err);
});
connection.pipe(process.stdout);
```

範例中透過 net 模組嘗試建立到本機伺服器的連接，由於本地無可用伺服器，所以會發生異常，此異常透過串流增加到物件的 error 事件裡。程式執行結果如下：

```
Error:connect ENOENT localhost
    at PipeConnectWrap.afterConnect[as oncomplete](net.js:1141:16){
  errno:'ENOENT',
  code:'ENOENT',
```

```
    syscall:'connect',
    address:'localhost'
}
```

'error' 事件機制的使用常見於基於串流和事件觸發器的 API，其本身代表一系列隨時間演進的非同步作業（而非單一操作可能透過或失敗）。對於所有 EventEmitter 物件，如果未提供 'error' 事件控制碼，則將拋出錯誤，導致 Node.js 處理程序報告未捕捉的異常並崩潰，除非 domain 模組使用得當或已為 'uncaughtException' 事件註冊控制碼。

EventEmitter 物件的 error 事件控制碼範例如下。

➜ 程式 4.7 EventEmitter 物件異常控制碼：eventEmitterError.js

```
//EventEmitter 物件的 error 事件控制碼
const EventEmitter = require('events');
const ee = new EventEmitter();
setImmediate(()=> {
    ee.emit('error',new Error('This will crash'));
});
ee.on('error',err => {              // 增加 'error' 事件控制碼，如果不增加則導致處理程序崩潰
    console.log("got some err:",err)
})
```

在上面的範例中，如果不提供定義的 ee 變數的 error 事件控制碼，則程式將崩潰。程式執行結果如下：

```
ot some err:Error:This will crash
    at Immediate._onImmediate(E:\node book\c4\error\test.js:7:22)
    at processImmediate(internal/timers.js:456:21)
```

3）使用 throw 機制報告異常

Node.js API 中的一些典型的非同步方法可能仍然會使用 throw 機制來引發，因此必須使用 try…catch 處理異常。

✎ **注意**：這類方法沒有完整的列表，請參閱每種方法的文件以確定所需的錯誤處理機制。

2．錯誤相關的類別

通用的 JavaScript <Error> 物件不包含發生錯誤的具體資訊。Error 物件包含捕捉的異常的「堆疊追蹤」，其提供了對錯誤的文字描述。Node.js 生成的所有錯誤包括所有系統和 JavaScript 錯誤都是 Error 類別的實例或繼承自 Error 類別。

與錯誤相關的類別如表 4.2 所示。

▼ 表 4.2　Node.js 中與錯誤相關的類別

類別	功能說明
Error	通用的 JavaScript <Error> 物件，不表示發生錯誤的任何具體情況
AssertionError	表示斷言的失敗。assert 模組拋出的所有錯誤都是 AssertionError 類別的實例
RangeError	表示提供的參數不在函式可接收值的集合或範圍內
ReferenceError	表示正在嘗試存取未定義的變數。此類錯誤通常表示程式中存在拼寫錯誤或程式損壞。雖然使用者端程式可能會產生和傳播這些錯誤，但是實際上只有 Chrome V8 會這樣做
SyntaxError	表示程式不是有效的 JavaScript。這些錯誤只能作為程式評估的結果生成和傳播
SystemError	Node.js 在其執行時期環境中發生異常時會生成系統錯誤。這些通常發生在應用程式違反作業系統約束時
TypeError	表示提供的參數不是允許的類型。舉例來説，將函式傳給期望字串為 TypeError 的參數

4.2　Buffer 緩衝區

【本節範例參考：\ 原始程式碼 \C4\buffer 】

早期的 JavaScript 沒有提供讀取和操作二進位資料流的機制，因為 JavaScript 最初被設計用於處理字串組成的 HTML 網頁文件。隨著 Web 技術的發展，Node.js 需要處理檔案上傳、資料庫、影像、音視訊檔案等複雜的操作，為此 Node.js 引入了 Buffer 類別，用於在 TCP 串流、檔案系統操作和其他上下文中與八位元組流進行互動。

4.2.1 緩衝區與 TypeArray

早期的 JavaScript 沒有二進位資料流處理機制，剛開始的時候，Node.js 透過將每個位元組編碼為文字字元的方式來處理二進位資料，但這種方式速度較慢。後來，Node.js 引入了 Buffer 類別來處理八位元組流，2015 年 ES 6 發佈，使 JavaScript 原生對二進位的處理有了質的改善。ES 6 定義了 TypedArray，期望提供一種更加高效的機制來存取和處理二進位資料。

TypeArray 物件描述了基礎二進位資料緩衝區的類別陣列視圖，常見的 TypeArray 包 括 Int8Array、Uint8Array、Int16Array、Uint16Array、Int32Array、Uint32Array 等。

基於 TypedArray，Buffer 類別將以更最佳化和適合 Node.js 的方式來實現 Uint8Array API。Buffer 物件用於表示固定長度的位元組序列，許多 Node.js API 都支援 Buffer。Buffer 類別是 JavaScript 的 Uint8Array 和 TypedArray 的子類別，並使用涵蓋額外用例的方法對其進行擴充，所有的 TypedArray 方法都可在 Buffer 類別中使用。

Buffer 類別和 TypeArray 的使用範例如下。

→ 程式 4.8 Buffer 和 TypeArray 的使用：typeArray.js

```js
//Buffer 和 TypeArray 的使用
// 透過建構函式建立 TypeArray
const typeArray = new Int8Array(4);
typeArray[0]= 8;
console.log(typeArray)
// 透過 Buffer 建立 TypeArray
const buf = Buffer.from([1,2,3,4]);
console.log(buf);
const uint8array = new Uint8Array(buf);
console.log(uint8array);
```

TypeArray 是各種類型陣列的統稱，在上面的範例中建立了整數 8 位元陣列，並對第一個元素賦值為 8。也可以透過 Buffer 物件建立 TypeArray，使用 Buffer. from 方法將陣列轉為 Buffer 物件，再將其傳入 TypeArray 的建構函式中。程式執行結果如下：

```
Int8Array(4)[8,0,0,0]
<Buffer 01 02 03 04>
Uint8Array(4)[1,18,3,4]
```

4.2.2　Buffer 類別

　　Buffer 類別是直接處理二進位資料的全域類型，它可以使用多種方式建構。Buffer 類別是基於 Uint8Array 的，因此可以簡單將 Buffer 理解為陣列結構。Buffer 類別的常用方法如表 4.3 所示。

▼ 表 4.3　Buffer 類別的常用方法

方法名稱	功能說明
Buffer.from(array)	使用 0 ～ 255 範圍內的位元組 array 建立新的 Buffer
Buffer.from(arrayBuffer[,byteOffset[,length]])	建立 ArrayBuffer 的視圖，無須再複製底層記憶體。新建立的 Buffer 將與 TypedArray 的底層 ArrayBuffer 共用相同的分配記憶體
Buffer.from(buffer)	將傳入的 Buffer 資料複製到新的 Buffer 實例上
Buffer.from(string[,encoding])	建立包含 string 的新 Buffer。encoding 參數用於標識將 string 轉為位元組時要使用的字元編碼
Buffer.alloc(size[,fill[,encoding]])	分配 size 個位元組的新 Buffer。如果 fill 為 undefined，則 Buffer 將以零填充。此方法比 Buffer.allocUnsafe(size) 慢，但可以保證新建立的 Buffer 實例永遠不會包含敏感的舊資料
Buffer.allocUnsafe(size)	分配 size 個位元組的新 Buffer。由於緩衝區未初始化，所以可能包含敏感的舊資料。如果 size 小於或等於 Buffer.poolSize 的一半，則傳回的緩衝區實例可以從共用內部的記憶體池中分配

方法名稱	功能說明
Buffer.allocUnsafeSlow(size)	傳回實例不適用記憶體池
buf.slice([start[,end]])	傳回新的 Buffer，其引用與原始緩衝區相同的記憶體，但由 start 和 end 索引進行偏移和裁剪
Buffer.concat(list[,totalLength])	傳回新的 Buffer，它是將 list 中的所有 Buffer 實例連接在一起的結果
Buffer.compare(buf1,buf2)	比較 buf1 和 buf2，通常用於對 Buffer 實例的陣列進行排序

🖉 **注意：Buffer** 類別提供了很多 **API**，此處僅列出部分常用的方法。

1 · 初始化緩衝區

接下來依次演示上述方法的用法。初始化緩衝區通常使用 Buffer.from、Buffer. alloc 和 Buffer.allocUnsafe 方法，範例如下。

➡ 程式 4.9 建立緩衝區：createBuffer.js

```
// 初始化緩衝區的不同方法
//1 · Buffer.from(arr) 傳回新物件
const arr = [0x62,0x75,0x66,0x66,0x65,0x72];
console.log(arr)                       //[98,117,102,102,101,114]
const buf = Buffer.from(arr);          // 傳回新的 Buffer，只是把 arr 的值複製過來
console.log(buf);                      //<Buffer 62 75 66 66 65 72>
arr[0]= 0x63;
console.log(buf);//<Buffer 62 75 66 66 65 72> // 修改原陣列的值，不影響 buf
console.log(arr)             //[99,117,102,102,101,114]
//2 · Buffer.from(arr.buffer) 傳回物件的共用記憶體
const arr1 = new Uint16Array(2);
arr1[0]= 5000;
arr1[1]= 4000;
console.log(arr1);                     //Uint16Array(2)[5000,4000]
const buf1 = Buffer.from(arr1.buffer); // 與 arr1 共用記憶體
console.log(buf1);                     //<Buffer 88 13 a0 0f>
arr1[1]= 6000;
console.log(buf1);//<Buffer 88 13 70 17> 更改原始的 Uint16Array 也會更改緩衝區
```

```
//3 · Buffer.from(buffer) 傳回新物件
const buf2 = Buffer.from('buffer');
const buf3 = Buffer.from(buf2);
buf2[0]= 0x61;
console.log(buf2.toString());              //auffer
console.log(buf3.toString());              //buffer 改變 buf2 不會影響 buf3
//4 · Buffer.from(string[,encoding]) 字串轉不同編碼
const buf4 = Buffer.from('this is a tést');
const buf5 = Buffer.from('7468697320697320612074c3a97374','hex');
console.log(buf4.toString());              //this is a tést
// 輸出十六進位的編碼值 7468697320697320612074c3a97374
console.log(buf4.toString('hex'));
//dGhpcyBpcyBhIHTDqXN0 轉成 Base64 編碼
console.log(buf4.toString('base64'));
console.log(buf5.toString());              // 輸出結果為 this is a tést
//5 · Buffer.alloc(size[,fill[,encoding]]) 建立新物件
const buf6 = Buffer.alloc(5);
console.log(buf6);                         //<Buffer 00 00 00 00 00>
//6 · Buffer.allocUnsafe(size) 可能包含舊資料
const buf7 = Buffer.allocUnsafe(10);
// 列印（內容可能會有所不同）:<Buffer 40 c6 4e 4f 44 02 00 00 00 00>
console.log(buf7);
buf7.fill(0);                              // 清理舊資料
console.log(buf7);        // 列印 :<Buffer 00 00 00 00 00 00 00 00 00 00>
```

　　上面的範例演示了建立緩衝區的不和方法及各自的差別，讀者在具體使用時需要根據實際情況進行選擇。程式執行結果如下：

```
[98,117,102,102,101,114]
<Buffer 62 75 66 66 65 72>
<Buffer 62 75 66 66 65 72>
[99,117,102,102,101,114]
Uint16Array(2)[5000,4000]
<Buffer 88 13 a0 0f>
<Buffer 88 13 70 17>
auffer
buffer
this is a tést
```

74686973320697320612074c3a97374

dGhpcyBpcyBhIHTDqXN0

```
this is a tést
<Buffer 00 00 00 00 00>
<Buffer 00 00 00 00 00 00 00 00 d0 7f>
<Buffer 00 00 00 00 00 00 00 00 00 00>
```

2 · 連接緩衝區

Buffer.concat(list[,totalLength]) 方法可以連接多個緩衝區並傳回新的緩衝區，其有 2 個參數，其中，list<Buffer[]>|<Uint8Array[]> 為連接的 Buffer 或 Uint8Array 實例的串列；第二個參數表示連接時 list 中 Buffer 實例的總長度。

傳回新的 Buffer，它是將 list 中的所有 Buffer 實例連接在一起的結果。如果列表沒有專案或 totalLength 為 0，則傳回新的零長度 Buffer。如果未提供 totalLength，則從 list 的 Buffer 實例中透過相加每個元素的長度進行計算。如果提供了 totalLength，則將傳回值長度強制設為不附帶正負號的整數。如果 list 中的 Buffer 的組合長度超過 totalLength，則結果截斷為 totalLength。Buffer.concat() 也像 Buffer.allocUnsafe() 一樣使用內部的 Buffer 池。

連接緩衝區範例如下。

➡ 程式 4.10 連接緩衝區：concat.js

```
// 連接緩衝區
// 透過 3 個 Buffer 實例的串列建立單一 Buffer
const buf1 = Buffer.alloc(1);
const buf2 = Buffer.alloc(2);
const buf3 = Buffer.alloc(3);
const totalLength = buf1.length + buf2.length + buf3.length;
console.log(totalLength);                        //6
const bufA = Buffer.concat([buf1,buf2,buf3],totalLength);
console.log(bufA);                               //<Buffer 00 00 00 00 00 00>
console.log(bufA.length);                        //6
```

在上面的範例中,透過 concat 方法將 3 個 Buffer 拼接,執行結果如下:

```
6
<Buffer 00 00 00 00 00 00>
6
```

3 · 比較緩衝區

Buffer.compare(buf1,buf2) 比較 buf1 和 buf2,通常用於對 Buffer 實例的陣列進行排序。這相當於呼叫 buf1.compare(buf2),基於緩衝區中的實際位元組序列進行比較,根據比較結果傳回 0、1 或 -1,表示 buf1 排序順序在 buf2 之前還是之後,或二者相等。當 buf1 等於 buf2 時傳回 0;當 buf2 排在 buf1 之前時傳回 1,否則傳回 -1。

緩衝區排序比較範例如下。

➜ 程式 4.11 緩衝區排序比較:compare.js

```
// 緩衝區比較
const buf1 = Buffer.from('1234');
const buf2 = Buffer.from('0123');
console.log(Buffer.compare(buf1,buf2));     //buf2 排在 buf1 之前,因此傳回 1
console.log(buf1.compare(buf2));            // 傳回 1
// 用於對 Buffer 物件排序
const arr = [buf1,buf2];
console.log(arr);                          //[<Buffer 31 32 33 34>,<Buffer 30 31 32 33> ]
arr.sort(Buffer.compare);                  // 陣列排序
console.log(arr);                          //[<Buffer 30 31 32 33>,<Buffer 31 32 33 34> ]
const arr2 = [buf2,buf1];                  //ES 6 結構賦值,相當於使用 arr.sort 進行排序
console.log(arr2);                         //[<Buffer 30 31 32 33>,<Buffer 31 32 33 34> ]
```

範例中建立了 buf1 和 buf2 兩個緩衝區,透過 compare 方法比較排序的位置,得出 buf2 排在 buf1 之前,並可以將 compare 方法用於陣列排序。程式執行結果如下:

```
1
1
[<Buffer 31 32 33 34>,<Buffer 30 31 32 33> ]
```

```
[<Buffer 30 31 32 33>,<Buffer 31 32 33 34> ]
[<Buffer 30 31 32 33>,<Buffer 31 32 33 34> ]
```

4・緩衝區切片

buf.slice([start[,end]]) 方法傳回新的 Buffer，其引用與原始緩衝區相同的記憶體，但由 start 和 end 索引進行偏移和裁剪。start 表示新的 Buffer 的開始位置，預設值為 0；end 表示新的 Buffer 的結束位置，預設值為 buf.length。範例如下。

➜ 程式 4.12 切分緩衝區：slice.js

```
// 切分緩衝區
const buf = Buffer.from([97,98,99,100,101,102,103,104,105,106,
107]);                          //abcdefghijk，字母 a 的 ASCII 值為 97（十進位）
console.log(buf);               // 預設輸出為十六進位格式
console.log(buf.toString());    //abcdefghijk
const buf1 = buf.slice(0,4);
console.log(buf1.toString());   //abcd，從 0 開始截取 4 個字元
```

範例中新建了一個 buf 物件，初始值為 a 到 k 的字母，然後透過 slice 對其進行截取，從 0 開始截取 4 個字元，得到 abcd。程式執行結果如下：

```
<Buffer 61 62 63 64 65 66 67 68 69 6a 6b>
abcdefghijk
abcd
```

🖉 **注意**：字母採用 **ASCII** 碼表示，字母 a 的 **ASCII** 值為 **97**。通常書寫程式預設是十進位，緩衝區預設顯示是十六進位，可以透過 **toString** 方法對傳入的不同進制進行轉換。

4.3　child_process 子處理程序

【本節範例參考：\ 原始程式碼 \C4\childProcess】

　　Node.js 採用單執行緒和事件迴圈機制高效處理網路請求，在 I/O 密集型的系統中表現相當出色；但針對 CPU 密集型的任務，這可能會導致處理程序阻塞，降低應用程式的性能。為此 Node.js 提供了 child_process 模組來管理子處理程序，針對 CPU 密集型任務，可以建立新的子處理程序進行處理。本節主要介紹如何建立子處理程序，以及父處理程序和子處理程序之間的通訊機制。

4.3.1　建立子處理程序

　　由於 Node.js 可以跨平臺執行在不同的作業系統上，所以有一些差別。本節主要介紹如何使用 exec、execFile 和 spawn 方法建立子處理程序，這 3 個方法都是非同步的，同時 Node.js 也提供了對應的同步版本（execSync、execFileSync、spawnSync）。

1．exec 方法

　　exec 方法的原型為 child_process.exec(command[,options][,callback])，command 參數表示要執行的命令，options 是選型封裝物件，callback 表示當處理程序終止時使用的回呼函式，該方法傳回 ChildProcess 物件。該方法衍生 Shell，然後在該 shell 中執行 command，緩衝任何生成的輸出。exec 方法的使用範例如下。

➜ 程式 4.13　使用 exec 建立子處理程序：exec.js

```
// 使用 exec 建立子處理程序
const{exec}= require('child_process');
// 在子處理程序中透過 node-v 命令查看版本編號
exec('node-v',(error,stdout,stderr)=> {
    console.log('child process');
    if(error){
        console.error(`發生錯誤 ${error}`);
        return;
    }
```

```
    console.log(`stdout:${stdout}`);
    console.log(`stderr:${stderr}`);
})
console.log('main process');
```

在範例程式中將 node-v 命令傳入 exec 方法，在子處理程序中查看 Node.js 的版本編號。如果執行成功，則回呼函的 error 為 null，否則 error 為 Error 的實例；dtdout 和 stderr 參數包含子處理程序的輸出資訊和錯誤資訊。程式執行結果如下：

```
main process
child process
stdout:v12.18.2
stderr:
```

2 · execFile 方法

execFile 方法的原型為 child_process.execFile(file[,args][,options][,callback])，與 exec 方法類似，不同之處在於它預設不衍生 Shell，而是透過指定的可執行檔 file 直接作為新處理程序衍生，使其比 exec 方法的效率略高。由於未衍生 Shell，因此其不支援 I/O 重定向和檔案通配等行為。execFile 方法的使用範例如下。

➜ 程式 4.14 使用 execFile 建立子處理程序：execFile.js

```
// 使用 execFile 建立子處理程序
const{execFile}= require('child_process');
const child = execFile('node',['--version'],(error,stdout,stderr)=> {
    if(error){
        throw error;
    }
    console.log(stdout);                        // 輸出 Node.js 的版本編號
});
```

程式執行後，在主控台可以看到列印出了 Node.js 的版本編號。

3・spawn 方法

　　spawn 方法使用給定的 command 和 args 中的命令列參數衍生新處理程序，原型為 child_process.spawn(command[,args][,options])，其中，command 表示要執行的命令，args 為字串參數清單，options 為可選配置項，函式傳回 ChildProcess 物件，範例如下。

➡ 程式 4.15 使用 spawn 建立子處理程序：spawn.js

```
// 使用 spawn 建立子處理程序
const{spawn}= require('child_process');
const child = spawn('node',['-v']);                    // 建立子處理程序
child.stdout.on('data',data => {                       // 捕捉輸出
    console.log(`stdout:${data}`);
})
child.on('close',code => {                             // 捕捉退出碼
    console.log(`child exit:${code}`);
})
```

　　在範例程式中透過 spawn 方法執行 node-v 命令，並捕捉輸出和退出碼，程式執行結果如下：

```
stdout:v12.18.2
child exit:0
```

4.3.2 父處理程序和子處理程序間的通訊

　　child_process 模組提供的 spawn、exec 和 execFile 等方法傳回 ChildProcess 物件，該類別物件都是 EventEmitter，表示衍生的子處理程序。child_process 模組可以對子處理程序的啟動、終止和互動進行控制。

　　在一個處理程序中建立子處理程序，Node.js 就會建立一個雙向通訊的通道，這兩個處理程序可以利用這條通道相互收發字串形式的資料；父處理程序還可以向子處理程序發送訊號或終止子處理程序。

預設情況下，stdin、stdout 和 stderr 的管道在父處理程序和子處理程序之間建立，所有的子處理程序控制碼都有一個 stdout 屬性，以串流的形式表示子處理程序的標準輸出資訊，然後在這個串流上綁定事件。當子處理程序將資料輸出到其標準輸出時，父處理程序就會得到通知並將其列印到主控台上。

父處理程序向子處理程序發送訊息的範例如下。

➡ 程式 4.16 父處理程序和子處理程序通訊：communication.js

```
// 父處理程序和子處理程序通訊
const{fork}= require('child_process');
const main = fork(`${__dirname}/child.js`);          // 執行模組
main.on('message',m => {
    // 父處理程序從子處理程序中接收訊息
    console.log(`main process received msg from child:${m}`);
});
main.send('i am main process');                      // 父處理程序向子處理程序發送訊息
```

在上面的範例中，透過 child_process 模組提供的 fork 方法允許自訂模組 child.js 建立子處理程序，然後監聽 message 事件，如果子處理程序發送訊息則父處理程序可以透過此事件接收訊息。接著透過 send 方法向子處理程序發送訊息。子處理程序的模組檔案為 child.js，程式如下。

➡ 程式 4.17 子處理程序模組檔案：child.js

```
// 子處理程序
process.on('message',m => {
    console.log(`child received from mian:${m}`); // 子處理程序接收父處理程序的訊息
});
process.send('i am child!')
```

在子處理程序模組中透過 message 事件監聽父處理程序發送的訊息，同時透過 send 方法與父處理程序通訊。在主控台執行 node communication，結果如下：

```
child received from mian:i am main process
main process received msg from child:i am child!
```

4.4 events 事件觸發器

【本節範例參考：\ 原始程式碼 \C4\events 】

　　Node.js 是單執行緒應用程式，但由於 Chrome V8 引擎提供了非同步執行回呼介面，透過這些介面，可以處理大量併發請求。這種非同步事件驅動機制使得 Node.js 的性能非常高。本節主要介紹事件及與之相關的 EventEmitter 類別對應的方法。

4.4.1 事件迴圈

　　在 1.1.2 節提到過 Node.js 的事件驅動機制，所有事件機制都是用設計模式中的觀察者模式實現的。Node.js 單執行緒類似進入一個 while（true）的事件迴圈，直到沒有事件觀察者才退出，每個事件都生成一個事件觀察者，如果有事件發生就呼叫該回呼函式。Node.js 的事件驅動模型如圖 4.1 所示。

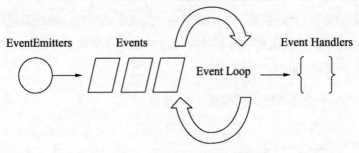

▲ 圖 4.1 Node.js 的事件驅動模型

　　Node.js 使用事件驅動模型，當 Web Server 接收到請求時，就關閉當前請求並進行處理，然後繼續服務下一個 Web 請求。當前的請求處理完成後，其被放回處理結果佇列中，當資源空閒時，Node.js 將結果佇列中最前面的結果取出傳回給使用者。

　　事件驅動模型非常高效，可擴充性非常強，因為 Web Server 一直接收請求而不等待任何讀寫入操作（這也稱為非阻塞式 I/O 或事件驅動 I/O）。在事件驅動模型中會生成一個主迴圈來監聽事件，如果檢測到事件則會觸發回呼函式。整個事件驅動的流程就是這樣實現的，非常簡潔，類似於觀察者模式，事件相當於一個主題（Subject），而所有註冊到這個事件中的處理函式相當於觀察者（Observer）。

在 Node.js 事件機制中主要有 3 類角色：事件（Event）、事件發生器（EventEmitter）、事件監聽器（Event Listener）。

Node.js 的大部分核心 API 都是圍繞慣用的非同步事件驅動架構建構的，在該架構中，某些類型的物件（稱為觸發器）觸發命名事件，使 Function 物件（監聽器）被呼叫。例如：net.Server 物件在每次有連接時觸發事件；fs.ReadStream 在開啟檔案時觸發事件；串流在每當有資料可供讀取時觸發事件。

所有觸發事件的物件都是 EventEmitter 類別的實例，假設物件名稱為 eventEmitter。這些物件暴露了 eventEmitter.on 方法，允許將一個或多個函式綁定到物件觸發的命名事件中。當 EventEmitter 物件觸發事件時，所有綁定到該特定事件的函式都會被同步地呼叫。

下面透過 EventEmitter 實例綁定事件監聽器，程式如下。

➜ 程式 4.18 EventEmitter 的簡單使用：eventEmitter.js

```
//EventEmitter 的簡單使用
const EventEmitter = require('events');
class MyEmitter extends EventEmitter{}
const myEmitter = new MyEmitter();
myEmitter.on('event',()=> {                        // 註冊監聽器
    console.log(' 事件發生 !');                      // 事件發生
});
myEmitter.emit('event');                           // 觸發事件
```

在上面的範例中自訂 MyEmitter 繼承 EventEmitter 類別，並使用 on 方法註冊監聽器，然後透過 emit 方法觸發事件。執行程式後可以在主控台看到事件觸發，列印出了相關資訊。

4.4.2 EventEmitter 類別

EventEmitter 類別由 events 模組定義和暴露，透過引入 events 模組獲取該類別。獲取方式如下：

```
const EventEmitter = require('events');
```

EventEmitter 類別定義的部分方法如表 4.4 所示。

▼ 表 4.4 Buffer 類別的常用方法

方法名稱	功能說明
emitter.on(eventName,listener)	將 listener 函式增加到名為 eventName 的事件監聽器陣列的末尾
emitter.once(eventName,listener)	為名為 eventName 的事件增加單次的 listener 函式。下次觸發 eventName 時將移除此監聽器再呼叫
emitter.eventNames()	傳回事件陣列，陣列中的元素包含觸發器註冊的監聽器
emitter.listeners(eventName)	傳回名為 eventName 的事件監聽器陣列的副本
emitter.prependListener(eventName,listener)	將 listener 函式增加到名為 eventName 的事件監聽器陣列的開頭
emitter.removeListener(eventName,listener)	從名為 eventName 的事件監聽器陣列中移除指定的 listener
emitter.removeAllListeners([eventName])	刪除所有的監聽器，或指定 eventName 的監聽器
emitter.listenerCount(eventName)	傳回監聽名為 eventName 的事件監聽器的數量

1 · 註冊事件監聽器

從程式 4.18 中可以看到，使用 emitter.on 方法註冊監聽器時，監聽器會在每次觸發命名事件時被呼叫。使用 emitter.once 方法註冊最多可以呼叫一次監聽器，當事件被觸發時，監聽器會被登出，然後再呼叫。

on 和 once 方法的區別見下面的範例。

➜ 程式 4.19 註冊監聽器 on 和 once 的區別：registerEvent.js

```javascript
// 使用 on 和 once 方法綁定事件的區別
const EventEmitter = require('events');
class MyEventEmitter extends EventEmitter{}
const myEmitter = new MyEventEmitter();
let count = 0;
// 事件名稱可以自訂
myEmitter.on('add',()=> {            // 使用 on 方法註冊監聽器，可以呼叫任意次
    count++;
    console.log(count);
})
myEmitter.emit('add');          //1
myEmitter.emit('add');          //2
myEmitter.once('reduce',()=> {    // 使用 once 方法註冊監聽器，最多只能呼叫一次
    count--;
    console.log(count);
});
myEmitter.emit('reduce');          //1
myEmitter.emit('reduce');             // 無輸出，說明監聽器沒被觸發
```

在上面的範例中透過 on 註冊事件 add 的監聽器，每當觸發 add 事件時就呼叫監聽器；而使用 once 註冊事件 reduce 的監聽器時，發現只能呼叫一次就不會呼叫了。程式執行結果如下：

```
1
2
1
```

2．監聽器的參數和 this

　　eventEmitter.emit 方法可以觸發事件，將參數傳遞給監聽器函式，當監聽器函式被呼叫時，this 指向監聽器綁定的 EventEmitter 實例。監聽器函式中的參數傳遞和 this 指向見下面的範例。

➜　程式 4.20　監聽器參數：eventParamenter.js

```
// 監聽器參數
const EventEmitter = require('events');    //EventEmitter 的名稱可以自訂
class MyEmitter extends EventEmitter{};
const myEmitter = new MyEmitter();
myEmitter.on('es5function',function(x,y){ //ES 5 的普通函式
    console.log(x,y);
    console.log(this);
    console.log(this === myEmitter);       //this 指向 myEmitter 實例自己
});
myEmitter.emit('es5function',1,2);
myEmitter.on('es6arrow',(x,y)=> {          //ES 6 的箭頭函式
    console.log(x,y);
    console.log(this);                     //{}
    console.log(this === myEmitter);       //false
});
myEmitter.emit('es6arrow',1,2);
```

　　在上面的範例程式中，監聽器函式無論為 ES 5 的普通函式還是 ES 6 的箭頭函式都可以傳遞參數，但是 this 指向存在重大差異。在普通函式中，this 指向當前實例，而在 ES 6 的箭頭函式中，this 為空白物件。程式執行結果如下：

```
1 2
MyEmitter{
  _events:[Object:null prototype]{es5function:[Function]},
  _eventsCount:1,
  _maxListeners:undefined,
  [Symbol(kCapture)]:false
}
true
1 2
```

```
{}
false
```

3‧事件類型

　　Node.js 中的事件類型由字串表示。在上面的程式中自訂了兩個事件，即 es5function 和 es6arrow，可以看出，事件名稱是可以任意取的。一般預設事件類型由不包含空格的小寫單字組成。

　　事件類型可以靈活定義，但有一部分事件為 Node.js 內建的，如 newListener 事件、removeListener 事件和 error 事件。當 EventEmitter 類別實例新增監聽器時，會觸發 newListener 事件，當移除已存在的監聽器時，則會觸發 removeListener 事件。

　　當 EventEmitter 實例出錯時，會觸發 error 事件。如果沒有為 error 事件註冊監聽器，當 error 事件觸發時，則會拋出錯誤並退出 Node.js 程式。為了防止出現這類錯誤，應該始終為 error 事件註冊監聽器。

➔ 程式 4.21　error 事件監聽器：errorEvent.js

```
// 為 error 事件註冊監聽器
const EventEmitter = require('events');
class MyEmitter extends EventEmitter{};
const myEmitter = new MyEmitter();
myEmitter.on('error',err => {                    // 為 error 事件註冊監聽器
    console.log(`發生錯誤 :${err}`);
});
myEmitter.emit('error',new Error('err info'));    // 模擬觸發 error 事件
```

　　在上面的範例中為 error 事件註冊監聽器，然後模擬發生 error 事件，可以看到程式捕捉到了異常。如果不註冊 error 事件監聽器則程式直接崩潰。

4‧增加監聽器

　　註冊監聽器預設是增加到監聽器陣列的末尾，可以透過 prependListener 方法將事件監聽器增加到監聽器陣列的開始位置。

➜ 程式 4.22　增加監聽器：addEvent.js

```
// 事件的增加和移除等操作
//1．註冊事件
const EventEmitter = require('events');
class MyEmitter extends EventEmitter{};
const myEmitter = new MyEmitter();
myEmitter.on('add',()=> {
    console.log('first add');
});
myEmitter.on('add',()=> {// 預設增加到監聽器陣列的末尾；名稱相同監聽器可以重複增加
    console.log('second add');
});
myEmitter.prependListener('add',()=> {      // 增加到監聽器陣列的開始位置
    console.log('third add');
})
myEmitter.emit('add');                      //third add,first add,second add
myEmitter.on('update',()=> {                // 再次綁定 update 監聽器
    console.log('update');
})
//2．獲取所有已註冊的事件名稱
console.log(myEmitter.eventNames());        //['add','update']
//3．獲取監聽器陣列副本
console.log(myEmitter.listeners('add'));//[[Function],[Function],[Function]]
myEmitter.listeners('add')[0]();            //third add
```

在上面的範例程式中透過 on 方法增加 add 事件的監聽器函式，發現預設是增加到監聽器陣列的末尾，如果使用 prependListener 方法則是增加到監聽器陣列的頭部。可以透過 eventNames 方法獲取已註冊的所有事件的名稱，透過 listeners 方法根據事件名稱獲取監聽器函式。程式執行結果如下：

```
third add
first add
second add
['add','update']
[[Function],[Function],[Function]]
third add
```

5.移除監聽器

當需要移除監聽器時，可以採用 removeListener 方法移除一個監聽器，而使用 removeAllListener 方法移除所有的監聽器。

➜ 程式 4.23 移除監聽器：removeEvent.js

```
// 移除監聽器
const EventEmitter = require('events');
class MyEmitter extends EventEmitter{};
const myEmitter = new MyEmitter();
let sayHello = function(){
    console.log("hello");
}
myEmitter.on('hi',sayHello);
myEmitter.on('hi',sayHello);
myEmitter.on('hi',sayHello);
myEmitter.emit('hi');
console.log(myEmitter.listenerCount('hi'));        //3
myEmitter.removeListener('hi',sayHello);           // 移除一個監聽器
console.log(myEmitter.listenerCount('hi'));        //2
myEmitter.removeAllListeners('hi');                // 移除所有的監聽器
console.log(myEmitter.listenerCount('hi'));        //0
```

在上面的範例中透過 on 方法增加了 3 個監聽器，然後透過 removeListener 方法移除了一個監聽器，最後透過 removeAllListeners 方法移除所有的監聽器方法。程式執行結果如下：

```
hello
hello
hello
3
2
0
```

4.5　timmers 計時器

【本節範例參考：\ 原始程式碼 \C4\timmer】

timer 模組暴露了一個全域在未來某個時間點呼叫的排程函式的 API。因為計時器函式是全域的，所以不需要呼叫 require('timers') 來使用該 API。Node.js 中的計時器函式實現了與網路瀏覽器提供的計時器 API 類似的功能，但它使用了不同的內部實現方式，它是基於 Node.js 事件迴圈建構的。

4.5.1　Node.js 中的計時器

Node.js 中定義了兩個與計時器相關的類別，即 Immediate 類別和 Timeout 類別。

Immediate 物件由 setImmediate 方法內部建立並傳回，可以將它傳遞給 clearTimmediate 方法以取消排程行動。預設情況下，當立即排程時，只要立即處於活動狀態，則 Node.js 事件迴圈就會繼續執行。setImmediate 方法傳回的 Immedidate 物件匯出可用於控制此預設行為的 immediate.ref 和 immediate.unref 方法。

Timeout 物件是在 setTimeout 和 setInterval 方法內部建立並傳回的，可以將它傳遞給 clearTimeout 或 clearInterval 方法以取消排程行動。預設情況下，當使用 setTimeout 或 setInterval 方法排程計時器時，只要計時器處於活動狀態，則 Node.js 事件迴圈就會繼續執行。將這些方法傳回的所有 Timeout 物件都匯出，可用於控制此預設行為的 timeout.ref 和 timeout.unref 方法。

4.5.2　排程計時器

Node.js 中的計時器是一種會在一段時間後呼叫給定函式的內部機制。計時器函式的呼叫時間取決於建立計時器的方法及 Node.js 事件迴圈正在執行的其他工作。排程計時器的方法有 setImmediate、setInterval、setTimeout。在 Node.js V15.0 中還提供了計時器的 Promise API。

在 Node.js V15.0 之前，util 模組提供了可以用於定義 Promise 自訂變形的方法 util.promisify，其使用範例如下。

→ 程式 4.24 setImmediate 計時器排程：setImmediate.js

```
//setImmediate 排程計時器
const util = require('util');
const setImmediatePromise = util.promisify(setImmediate);
setImmediatePromise('foobar').then((value)=> {
    console.log(value);                         // 傳遞可選的參數
    console.log('i/o work finished!');          // 所有 I/O 完成後回呼
});
async function timerExample(){                   // 使用非同步功能
    console.log('Before I/O callbacks');
    await setImmediatePromise();
    console.log('After I/O callbacks');
}
timerExample();
```

在上面的範例程式中，使用 util 模組提供的 promisify 方法將 setImmediate 方法非同步化，模擬耗時的 I/O 操作，操作完成後列印資訊。透過 Async 和 await 同步呼叫非同步方法，可以看到非同步方法的結果傳回後才會繼續執行後續的程式。程式執行結果如下：

```
Before I/O callbacks
foobar
i/o work finished!
After I/O callbacks
```

除了可以使用 setImmediate 方法排程計時器，還可以使用 setInterval 和 setTimeout 方法，範例如下。

→ 程式 4.25 setInterval 和 setTimeout 的區別：setInterval.js

```
//setInterval 和 setTimeout 的區別
const util = require('util');
const setTimeoutPromise = util.promisify(setTimeout);
const setIntervalPromise = util.promisify(setInterval);
```

```
setTimeoutPromise(1000,'timeout').then((value)=> {          //1s 後只呼叫 1 次
    console.log(value);
});
// 每隔 1s 呼叫 1 次 doSomething 方法
setIntervalPromise(doSomething,1000,'interval');
function doSomething(){
    console.log('i am working');
}
```

從執行結果中可以看出，setTimeout 只會在指定時間後呼叫 1 次，而 Interval 則會迴圈一直呼叫。

　　🖉 **注意**：在上面的範例程式中，透過 **Promise** 變形產生的計時器無法取消。

與排程計時器方法對應，取消計時器也有 3 個方法分別是 clearImmediate、clearInterval 和 clearTimeout。取消計時器的範例如下。

➔ 程式 4.26　clearInterval 清除計時器：clearInterval.js

```
// 清除計時器
let timer=setInterval(()=> {
    console.log('i am working');
    clearInterval(timer);                                    // 清除計時器
},1000);
```

透過 clearInterval 方法清除計時器後，以上計時器只會執行一次。

　　🖉 **注意**：在新版本的 **Node.js** 中，還提供了對應的非同步 **API**，有興趣的讀者可以自行查閱官方介面文件。

4.6 path 路徑

　　【本節範例參考：\ 原始程式碼 \C4\path】

path 模組提供了用於處理檔案和目錄路徑的工具程式，通常透過路徑來定位檔案，可以使用 const path = require('path') 來存取。

由於 Node.js 具有跨平臺的特性，所以可以執行在 Windows 和類 UNIX 系統上，大多數 UNIX 系統都實現了 POSIX（Portable Operating System Interface）標準。path 模組的預設操作因執行 Node.js 應用程式的作業系統而異，當在 Windows 作業系統上執行時期，path 模組將使用 Windows 風格的路徑；而在 POSIX 上執行 Node.js 時，部分介面將得到不一樣的結果。

> ✎ **注意**：**POSIX** 是指可移植作業系統介面，而 **X** 則表明其對 **UNIX API** 的傳承。**POSIX** 標準定義了作業系統（很多時候針對的是類 **UNIX** 作業系統）應該為應用程式提供的介面標準，從而保證了應用程式在原始程式層次的可攜性。目前主流的 **Linux** 系統都做到了相容 **POSIX** 標準。

以 basename 方法為例，演示程式執行在 Windows 和 Linux 系統上的區別。

➜ 程式 4.27 path 模組在不同系統上的差別：pathOnDiffOs.js

```
//path 模組在 Windows 上和 Posix 上的區別
const path = require('path');
// 不同平臺 basename 傳回不同的結果
// 在 Windows 中傳回 myfile.html，在 Linux 中傳回 c:\temp\myfile.html
console.log(path.basename('c:\\temp\\myfile.html'));
//Windows 風格路徑，反斜線
//windows 和 linux 都傳回 myfile.html
console.log(path.win32.basename('C:\\temp\\myfile.html'));
//Linux Posix 風格路徑，正斜線
//windows 和 linux 都傳回 myfile.html
console.log(path.posix.basename('/tmp/myfile.html'));
```

以上程式在 Windows 中的執行結果如下：

```
myfile.html
myfile.html
myfile.html
```

在 Linux（Centos7）中的執行結果如下：

```
c:\temp\myfile.html
myfile.html
myfile.html
```

從執行結果中可以看到，在不同平臺上執行 basename 得到的結果不一樣，因此需要特別注意。當使用 Windows 檔案路徑（反斜線表示）時，如果要在任何作業系統上獲得一致的結果，則使用 path.win32；當使用 POSIX 檔案路徑時，如果要在任何作業系統上獲得一致的結果，則使用 path.posix。

由於系統差異，路徑表示方法不一致，因此會產生上述差異。delimiter、format、isAbsolute、normalize、parse、relative 和 sep 等方法在不同平臺上執行也會得到不一樣的結果，在使用時需要注意。

以下範例演示了 path 模組的基本操作。

➔ 程式 4.28 path 模組的基本操作：path.js

```
const path = require('path');
const filePath = '/c4/path/path.js';
//1．使用 basename 方法傳回 path 的最後一部分
console.log(path.basename(filePath));           //path.js
console.log(path.basename(filePath,'.js'));     //path
//2．使用 dirname 方法傳回 path 的目錄名稱
console.log(path.dirname(filePath));            ///c4/path
//3．使用 extname 方法傳回 path 的副檔名
console.log(path.extname(filePath));            //.js
//4．使用 join 方法拼接路徑
console.log(path.join('/c4','path'));//windows 上：\c4\path，linux 上：
/c4/path
```

在上面的範例程式中分別採用了不同的方法獲取檔案路徑、檔案副檔名和目錄名稱。程式在 Windows 上的執行結果如下：

```
path.js
path
/c4/path
.js
\c4\path
```

4.7 fs 檔案系統

【本節範例參考：\ 原始程式碼 \C4\fs 】

　　檔案的本質是儲存資料，因此幾乎所有的程式都會涉及檔案操作。Node.js 透過 fs 模組提供與檔案相關的操作 API，這些方法包含同步和非同步版本，用於模仿標準 UNIX（POSIX）函式的方式與檔案系統互動。

4.7.1 fs 模組簡介

　　fs 模組支援以標準 POSIX 函式建模的方式與檔案系統進行互動。該模組主要引用檔案操作 API（同步 API、回呼 API、非同步 API）和常用的檔案處理類別（Dir 類別、ReadStream 類別、WriteStream 類別）。

　　使用 fs 模組，需要先引入該模組，語法為 const fs=require（'fs'）;，所有檔案系統都具有同步、回呼、promise 的形式，可以使用 CommonJS 語法和 ES 6 的模組進行存取。

　　🖉 **注意**：在 **Node.js V14.0** 之前基於 **promise** 的 **API** 引入方式為 **const fs = require（'fs'）.promises;**，在 **Node.js V14.0** 中基於 **Promise** 的操作暴露在 **fs.promise** 模組中，透過 **const fs=require（'fs/promises'）;** 引入。這裡使用的 **Node.js** 版本為 **12.18.2**。

1．同步 API

　　同步操作 API 會立即傳回結果，如果發生異常可以立即捕捉，也可以允許反昇。下面以檔案刪除操作為例，演示同步方法的使用。

➜ 程式 4.29　同步 API：synchronousApi.js

```
// 同步 API
const fs = require('fs');
try{
    fs.unlinkSync('hello');                          // 同步方法，會立即傳回結果
    console.log('successfully deleted hello');
```

```
}catch(err){
    console.log(err);
}
console.log('end');                              // 最後輸出
```

在上面的範例程式中，透過 unlinkSync 同步方法刪除目前的目錄下的 hello 檔案，在目前的目錄下新建 hello 檔案，執行程式會提示刪除成功；檔案刪除成功後再次執行時期則會捕捉到異常資訊。同步方法函式名稱以 Sync 結尾。

2·回呼 API

所有檔案系統操作都有同步和非同步形式，非同步形式總是將完成回呼作為最後一個參數。傳遞完成回呼的參數取決於具體方法，但第一個參數始終預留用於異常處理，如果操作成功則第一個參數為 null 或 undefined。

將程式 4.29 採用回呼方式實現如下。

➜ 程式 4.30　回呼 API：callbackApi.js

```
// 非同步回呼
const fs = require('fs');
fs.unlink('hello',(err)=> {
    if(err)throw err;
    console.log('successfully deleted hello');
});
console.log('end');                          // 先輸出
```

在上面的範例程式中透過 unlink 方法刪除 hello 檔案，但此方法是非同步的，執行程式可以看到先輸出 end 資訊，然後輸出檔案刪除成功或失敗的資訊。

雖然部分介面可以省略回呼函式，但是不建議省略，否則一旦發生異常容易引起程式崩潰。

3·Promise API

Node.js 提供了基於 Promise 的 API 版本，功能與回呼一樣，但透過 Promise 可以使程式減少巢狀結構。下面將程式 4.30 改為 Promise 版本如下。

➜ 程式 4.31 Promise API：promiseApi.js

```
// 基於 Promise 的 API
const fs = require('fs').promises;
(async function(path){
    try{
        await fs.unlink(path);
        console.log(`successfully deleted ${path}`);
    }catch(error){
        console.error('there was an error:',error.message);
    }
})('hello');
console.log('end');                          // 先輸出資訊
```

在上面的範例程式中透過 require（'fs'）.promises 得到基於 Promise 版本的 fs 模組 API，接著使用 Async 和 await 語法呼叫非同步方法。此處使用兩個括號將函式括起來，使用了立即執行函式的語法，表示立即呼叫非同步方法。執行結果與程式 4.30 一致。

🖉 **說明：**立即執行函式 IIFE（Imdiately Invoked Function Expression）是一個在定義的時候就立即執行的 JavaScript 函式。

雖然 Node.js 提供了同步版本，但是建議操作檔案採用非同步 API，否則可能會引起處理程序堵塞。無論哪一類 API 操作檔案，都需要對操作的檔案進行標識，作業系統對檔案標識採用「檔案描述符號」的形式。

4 · 檔案描述符號

在 POSIX 系統中，對於每個處理檔案和資源的處理程序，核心為其提供了一個當前開啟的檔案和資源表。每一個開啟的檔案都分配了一個簡單的數字識別碼符號，稱為檔案描述符號。在 POSIX 系統中，使用檔案描述符號來辨識和追蹤每個特定的檔案。Windows 系統使用與 POSIX 相似的機制來追蹤資源。為了方便使用者，Node.js 抽象了作業系統之間的差異，並為所有開啟的檔案分配了一個數字檔案描述符號。

　　基於回呼的 fs.open 和同步 fs.openSync 方法開啟一個檔案並分配一個新的檔案描述符號。檔案描述符號可用於從檔案中讀取資料、向檔案寫入資料或請求有關檔案的資訊。

　　基於回呼的操作範例如下。

➔ 程式 4.32　基於回呼的檔案操作：closeFileCallback.js

```js
// 基於回呼的檔案操作
const fs = require('fs');
function closeFd(fd){
    fs.close(fd,(err)=> {                           // 關閉檔案
        if(err)throw err;
    });
}
fs.open('hello','r',(err,fd)=> {                    // 開啟檔案
    if(err)throw err;
    try{
        fs.fstat(fd,(err,stat)=> {                  // 使用檔案
            if(err){
                closeFd(fd);
                throw err;
            }
            // 檔案操作
            closeFd(fd);
        });
    }catch(err){
        closeFd(fd);
        throw err;
    }
});
```

　　在目前的目錄下建立 hello 檔案並執行程式。範例中透過 open 方法開啟檔案，使用 fstat 對檔案操作，操作檔案透過 close 關閉檔案。如果在操作過程中發生異常則需要關閉檔案。

　　🖉 **說明：**作業系統限制了在任何給定時間內可以開啟的檔案描述符號的數量，因此在操作完成後關閉描述符號至關重要，否則將導致記憶體洩露，最終導致應用程式崩潰。

基於 Promise 的操作範例如下。

➜ 程式 4.33　基於 Promise 的檔案操作：closeFilePromise.js

```
// 基於 Promise 的檔案操作
const fs = require('fs').promises;
let file;                                  // 檔案描述符號
(async function(){
    try{
        file = await fs.open('hello','r');
        const stat = await file.stat();
        // 使用檔案
    }finally{
        await file.close();
    }
})()
```

　　基於 Promise 的 API 使用 <FileHandle> 物件代替數字檔案描述符號。這些物件由系統更進一步地管理，以確保資源不洩露，但仍然需要在操作完成時關閉它們。

4.7.2　檔案的基本操作

　　對於檔案的操作包括檔案開啟、修改和刪除等。檔案操作需要先定位檔案，可以透過檔案路徑進行定位。大多數 fs 操作可以接收以字串、<Buffer> 或使用 file: 協定的 <URL> 物件的形式指定的檔案路徑。

1 · 檔案路徑

　　字串形式的路徑被解釋為標識絕對或相對檔案名稱的 UTF-8 字元序列；對於大多數 fs 模組函式，path 或 filename 參數可以作為使用 file: 協定的 <URL> 物件傳入；使用 <Buffer> 指定的路徑主要用於將檔案路徑視為不透明位元組序列的某些 POSIX 作業系統。在此類系統上，單一檔案路徑可能包含使用多種字元編碼的子序列。與字串路徑一樣，<Buffer> 路徑可以是相對路徑或絕對路徑。

2 · 檔案系統標識

對檔案開啟操作需要提供操作模式，檔案系統標識採用字串的描述如表 4.5 所示。

▼ 表 4.5　檔案系統標識

標識	說明
a	開啟檔案進行追加。如果檔案不存在，則建立該檔案
ax	類似於 'a'，如果路徑存在則失敗
a+	開啟檔案進行讀取和追加。如果檔案不存在，則建立該檔案
ax+	類似於 'a+'，如果路徑存在則失敗
as	以同步模式開啟檔案進行追加。如果檔案不存在，則建立該檔案
as+	以同步模式開啟檔案進行讀取和追加。如果檔案不存在，則建立該檔案
r	開啟檔案進行讀取。如果檔案不存在，則會發生異常
r+	開啟檔案進行讀寫。如果檔案不存在，則會發生異常
rs+	以同步模式開啟檔案進行讀寫。指示作業系統繞過本地檔案系統快取
w	開啟檔案進行寫入。建立（如果它不存在）或截斷（如果它存在）該檔案
wx	類似於 'w' 但如果路徑存在則失敗
w+	開啟檔案進行讀寫。建立（如果它不存在）或截斷（如果它存在）該檔案
wx+	類似於 'w+'，如果路徑存在則失敗

3 · 檔案讀取

檔案操作 API 分為同步、回呼和基於 Promise，本節以回呼方式為例進行演示。以回呼方式讀取檔案回呼 API 如表 4.6 所示。

▼ 表 4.6 讀取檔案回呼 API

方法名稱	說明
fs.read	非同步地從指定的檔案中讀取資料
fs.readdir	非同步地讀取檔案中的內容
fs.readFile	非同步地讀取檔案的全部內容

　　Node.js 也為以上方法提供了對應的同步方法，如 fs.readSync 等。read 方法的原型為 fs.read(fd,buffer,offset,length,position,callback)，fd 表示檔案描述符號，buffer 表示將資料寫入緩衝區，offset 表示要寫入資料的緩衝區的位置，length 表示讀取的位元組數，position 表示檔案讀取的開始位置。

　　在程式 4.32 的基礎上透過 read 方法讀取檔案內容。

➔ 程式 4.34　使用 read 讀取檔案：read.js

```
// 使用 read 讀取檔案
const fs = require('fs');
function closeFd(fd){
    fs.close(fd,(err)=> {                          // 關閉檔案
        if(err)throw err;
    });
}
fs.open('read.txt','r',(err,fd)=> {               // 開啟檔案
    if(err)throw err;
    try{
        var buf = Buffer.alloc(255);
        // 透過檔案描述符號操作檔案
        //err 標識錯誤資訊，length 標識讀取內容位元組數，buffer 標識讀取內容
        fs.read(fd,buf,0,255,0,(err,length,buffer)=> {
            if(err){
                closeFd(fd);
                throw err;
            };
            console.log(length,buffer.toString());
            closeFd(fd);
        })
    }
```

```
    }catch(err){
        closeFd(fd);
        throw err;
    }
});
```

在上面的範例程式中透過 open 方法開啟檔案，在其回呼中獲取檔案描述符號，再透過 read 方法讀取檔案的內容，當發生異常或檔案使用完成時需要關閉檔案。在目前的目錄下建立 read.txt 檔案並輸入一些內容，執行程式，輸出結果如下：

43 白駒過隙韶光短　黑馬騰雲碧空寬

還可以使用 readFile 方法讀取檔案內容，原型為 fs.readFile(path[,options],call-back)，path 表示檔案路徑，options 用於設置讀取編碼的格式及模式，callback 表示回呼函式，範例如下。

➔ 程式 4.35　透過 readFile 讀取檔案：readFile.js

```
// 透過 readFile 讀取檔案
const fs = require('fs');
fs.readFile('read.txt','utf-8',(err,data)=> {
    if(err){
        throw err;
    }
    console.log(data);
})
```

在程式中透過 readFile 方法讀取 read.txt 檔案的內容，執行程式，同樣可以輸出結果。

除此之外，還可以透過 readdir 方法獲取目錄內容，方法原型為 fs.readdir(path[,options],callback)，回呼有兩個參數 (err,files)，其中，files 是目錄中檔案名稱的陣列，不包括 '.' 和 '..'，範例如下。

➜ 程式 4.36 透過 readdir 讀取檔案：readdir.js

```javascript
// 透過 readdir 讀取目錄內容
const fs = require('fs');
fs.readdir('.',(err,files)=> {          //files 為目錄下的檔案名稱陣列
    if(err){
        throw err;
    }
    files.forEach(file => {             // 遍歷檔案名稱陣列
        console.log(file);
    })
})
```

執行程式，可以看到成功輸出了目前的目錄下所有的檔案名稱。

4 · 檔案寫入

寫入檔案可以使用 write 和 writeFile 方法，二者的參數略有不同。write 方法根據不同的的參數可以分別將字串和 Buffer 內容寫入檔案。

當使用 write 方法寫入字串時，原型為 fs.write(fd,string[,position[,encoding]], callback)，表示將 string 寫入 fd 指定的檔案。position 指資料從檔案開頭應被寫入的偏移量，encoding 是預期的字串編碼，回呼將接收參數 (err,written,string)，其中，written 指定傳入的字串需要被寫入的位元組數，寫入的位元組數不一定與寫入的字串字元數相同。寫入字串的範例如下。

➜ 程式 4.37 write 將字串寫入檔案：write.js

```javascript
// 透過 write 方法寫入檔案
const fs = require('fs');
fs.open('write.txt','w',(err,fd)=> {        //w 表示檔案不存在就新建，否則覆蓋
    if(err){
        throw err;
    }
    let content = ' 白駒過隙韶光短 黑馬騰雲碧空寬 ';  // 待寫入的內容
    fs.write(fd,content,0,'utf-8',(err,length,buf)=> {
        if(err){
            throw err;
```

```
    }
    console.log(length);                      // 寫入的位元組數
    fs.close(fd,err => {
        if(err)
            throw err;
    })
  })
})
```

在上面的範例程式中，透過 open 方法建立或開啟檔案並透過 write 方法寫入字串。如果 write.txt 不存在則建立，否則覆蓋檔案的內容。

write 方法也接收向檔案中寫入 Buffer 的內容，原型為 fs.write(fd,buffer[,offset[,length[,position]]],callback)，表示將 Buffer 寫入 fd 指定的檔案。如果 Buffer 是普通物件，則它必須具有自有的 toString 函式屬性。offset 確定要寫入的緩衝區部分，length 是整數，指定要寫入的位元組數；position 指從檔案開頭部分應被寫入的資料偏移量；回呼提供了 3 個參數 (err,bytesWritten,buffer)，其中，bytesWritten 指定從 Buffer 寫入的位元組數。

下面將程式 4.37 修改為向檔案寫入 Buffer，範例如下。

➡ 程式 4.38　write 將 Buffer 寫入檔案：writeBuffer.js

```
// 透過 write 將 Buffer 寫入檔案
const fs = require('fs');
//w 表示檔案不存在則新建，否則覆蓋
fs.open('write-buffer.txt','w',(err,fd)=> {
    if(err){
        throw err;
    }
    let buffer = Buffer.from(' 白駒過隙韶光短 黑馬騰雲碧空寬 ');// 待寫入內容
    fs.write(fd,buffer,0,buffer.length,0,(err,length,buf)=> {
        if(err){
            throw err;
        }
        console.log(length,buffer.toString());            // 列印寫入位元組數和內容
        fs.close(fd,err => {
            if(err)
```

```
            throw err;
        })
    })
})
```

　　在上面的範例程式中，透過 Buffer.from 方法將字串轉化為 Buffer，然後將其寫入檔案。為了簡化程式，Node.js 提供了 writeFile 方法，此方法能接收字串或 Buffer 參數，原型為 fs.writeFile(file,data[,options],callback)，當 file 是檔案名稱時，將資料非同步地寫入檔案，如果檔案已存在則替換該檔案。data 可以是字串或緩衝區，如果 options 是字串，則它指定編碼。

　　writeFile 方法範例如程式 4.39 所示。

➔ 程式 4.39 使用 writeFile 寫入檔案：writeFile.js

```
// 透過 writeFile 寫入檔案
const fs = require('fs');
let content = ' 白駒過隙韶光短 黑馬騰雲碧空寬 ';
fs.writeFile('write-file.txt',content,'utf-8',err => {
    if(err){
        throw err;
    }
    console.log(' 寫入成功 ');
})
```

　　執行程式可以看到，同樣成功地向 write-file.txt 檔案寫入內容。

　　🖉 **注意**：由於篇幅所限，還有很多檔案相關的 **API** 請查閱官方文件。查閱 **API** 時注意版本編號，不同的版本有一些差異。

4.8 NET 網路

【本節範例參考：\ 原始程式碼 \C4\net 】

隨著網際網路的普及，幾乎所有程式都是基於網路的，Node.js 提供了 net 模組，包含一系列非同步的網路 API，用於建立基於串流的 TCP（Transmission Control Protocal）或 IPC 伺服器和使用者端。本節介紹 TCP 伺服器的建立及通訊操作。

4.8.1 net 模組簡介

TCP 在網路程式設計中的應用非常廣泛，很多應用都是基於 TCP 建構，如 IM 即時聊天工具等。TCP 是連線導向的，提供點對點可靠的資料流程傳輸協定。Socket 通訊端是在網路上執行的兩個程式之間的雙向通訊鏈路的端點，兩端分別綁定通訊鏈路的通訊埠編號，使 TCP 層可以標識資料最終會被發送到哪個應用程式中。

net 模組主要提供了對 TCP 和 ICP 非同步 API 的封裝，主要類別包括：Server 和 Socket 類別等。Server 類別繼承自 EventEmitter，用於建立 TCP 或 IPC 伺服器；Socket 類別繼承自 stream.Duplex，也是 EventEmitter。

Server 實例透過 net.createServer 方法建立，建立之後就可以呼叫對應的方法完成相應的功能。Server 類別常用的事件或方法如表 4.7 所示。

▼ 表 4.7　Server 類別常用的方法

事件或方法	說明
close 事件	伺服器關閉時觸發。如果連接存在，則在所有連接結束之前不會觸發此事件
connection 事件	建立新連接時觸發，觸發後獲取 Socket 物件。socket 是 Socket 類別的實例。獲取 Socket 實例後，可以透過 write 方法發送資料，同時透過監聽 data 事件獲取資料

事件或方法	說明
error 事件	發生錯誤時觸發。與 Socket 類別不同，除非手動呼叫 server. close 方法，否則 close 事件不會在此事件之後直接觸發
listening 事件	在呼叫 server.listen 方法後綁定伺服器時觸發
listen 方法	啟動一個服務監聽連接
close 方法	關閉整個 TCP 伺服器。Socket 實例提供的 end 方法可以終止 Socket 物件，從而終止使用者端的連接

4.8.2 TCP 伺服器

本節透過 Node.js 提供的 Server 類別和 Socket 類別完成 TCP 伺服器端的建立，然後使用 Windows 附帶的 Telnet 工具作為使用者端進行通訊，如圖 4.2 所示。

▲ 圖 4.2 TCP Server 與 Telnet Client 通訊

1 · TCP 伺服器端

使用 net 模組建立伺服器端，見範例程式 4.40 所示。

➜ 程式 4.40 TCP 伺服器端：tcpServer.js

```javascript
// 建立 Tcp Server
const net = require('net');
const tcpServer = net.createServer();
// 監聽 error 事件
tcpServer.on('error',err => {
    console.log(`TCP 伺服器監聽到錯誤：${err}`);
    throw err;
```

```
});
// 監聽 close 事件
tcpServer.on('close',()=> {
    console.log('TCP 伺服器接收到 close 事件');
});
// 監聽 listening 事件
tcpServer.on('listening',()=> {
    console.log('TCP 伺服器接收到了 listening 事件');
});
// 監聽 connection 事件，獲取 Socket 物件
tcpServer.on('connection',socket => {
    console.log('TCP 伺服器接收到 connection 事件');
    socket.setEncoding('utf8');                              // 設置字元編碼
    socket.write('wellcome!now you can send me msg:\n');     // 換行 \n
    // 監聽資料
    socket.on('data',msg => {
        console.log(`TCP 伺服器接收到訊息：${msg}`);
        if(msg == 'q'){
            socket.write('see you!');
            socket.end();                                    // 關閉 sokcet
        }else{
            socket.write(msg);
        }
    })
})
// 啟動監聽，綁定通訊埠
tcpServer.listen(8899,()=> {
    console.log(`TCP 伺服器啟動了，通訊埠為 8899`);
});
```

　　在上面的範例程式中，透過 net.createServer 方法建立 TCP Server 並監聽事件。在 connection 事件中監聽使用者端的連接，一旦由使用者端連接上來便可以透過 Socket 物件進行通訊。透過 Socket 的 write 方法可以將資訊發送給使用者端，當接收到字母 q 時，關閉客服端連接。透過 listen 綁定 8899 通訊埠，啟動伺服器監聽。程式執行結果如下：

TCP 伺服器接收到了 listening 事件
TCP 伺服器啟動了，通訊埠為 8899

　　此時便可以透過任何一個使用者端工具在本地連接 127.0.0.1 8899 上進行通訊。接下來演示透過 Windows 10 附帶的 Telnet 作為使用者端進行通訊的過程。

2·Telnet 使用者端

　　執行 cmd，在終端輸入命令 telnet 127.0.0.1 8899 進入 Telnet 工具介面，在其中可以看到 TCP Server 發送的歡迎資訊，如圖 4.3 所示。

▲ 圖 4.3 TCP Server 與 Telnet Client 發送的訊息

　　在終端輸入資訊，伺服器端收到了資訊。當輸入 q 時，使用者端連接被關閉並退出。

　　🖊 📋 **說明**：此處使用的是 **Windows 10** 附帶的 **Telnet** 工具，讀者也可以使用 **Linux** 中的遠端工具。**Windows 10** 的 **Telnet** 工具預設未開啟，需要在「主控台」中選擇「程式」|「程式和功能」|「開啟或關閉 **Windows** 功能」，在彈出的「**Windows** 功能」對話方塊中勾選「**Telnet** 使用者端」即可。

4.9　dgram 資料套件

【本節範例參考：\ 原始程式碼 \C4\dgram 】

UDP 是使用者資料封包通訊協定，在網路中它與 TCP 一樣用於處理資料封包，是一種連線協定，它在 OSI 模型中處於第四層傳輸層，位於 IP 的上一層。Node.js 提供了 dgram 模組對 UDP 程式設計提供支援，使用 dgram.Socket 類別來對 UDP 端點進行抽象。

4.9.1　dgram 模組簡介

UDP（User Datagram Protocol，使用者資料封包通訊協定）與 TCP 一樣都屬於傳輸層協定。UDP 的主要作用是將網路資料流量壓縮成資料封包的形式，一個電信的資料封包就是一個二進位資料的傳輸單位。資料封包的前 8 個位元組用來包含封包標頭資訊，剩餘位元組則用來包含具體傳輸的資料內容。

UDP 與 TCP 的區別如下：

- TCP 需要建立連接，而 UDP 則不需要。

- TCP 提供可靠的資料傳輸，資料不遺失，不重複，按順序達到；而 UDP 則不能保證其可靠性。

- UDP 具有較好的即時性，工作效率比 TCP 高，適用於對高速傳輸和即時性有較高要求的通訊或廣播通訊。

- 每一條 TCP 都是點對點的連接，而 UDP 支援一對一、一對多、多對多等對話模式。

dgram 模組主要提供 dgram.createSocket 方法和 dgram.Socket 類別。dgram.Socket 類別的常用 API 如表 4.8 所示。

▼ 表 4.8 dgram.Socket 類別的常用方法

事件或方法	說明
close 事件	伺服器關閉時觸發
connect 事件	建立新連接時觸發
error 事件	發生錯誤時觸發
listening 事件	只要通訊端開始監聽資料封包訊息，就會發出 listening 事件
message 事件	當有新的資料封包被 Socket 接收時，事件被觸發。回呼函式參數包括 msg 和 rinfo；msg 表示訊息內容；rinfo 表示遠端位址資訊，address 表示位址，family 表示 IPv4 或 IPv6；prot 表示通訊埠；size 表示訊息大小
bind 方法	啟動 UDP 伺服器監聽，可以指定通訊埠、位址和回呼函式
send 方法	發送資料
close 方法	關閉通訊端，觸發 close 事件

4.9.2 UDP 伺服器

本節透過 Node.js 提供的 dgram.createSocket 方法建立 dgram.Socket 實例（分別建立伺服器端和使用者端實例），並監聽此實例的 message 事件接收資料，然後透過 send 方法進行通訊，示意圖如圖 4.4 所示。

▲ 圖 4.4 UDP Server 與 UDP Client 通訊

1．UDP 伺服器端

　　使用 dgram.createSocket 方法建立伺服器端並監聽資料請求，收到資訊並向使用者端發送資料。

➜ 程式 4.41　UDP 服務端：udpServer.js

```javascript
//UDP 伺服器
const dgram = require('dgram');
const udpServer = dgram.createSocket('udp4');// 建立基於 IPV4 的 UDP 伺服器端
// 監聽 error 事件
udpServer.on('error',err => {
    console.log(`伺服器錯誤：${err.stack}`);
    udpServer.close();
});
// 監聽 close 事件
udpServer.on('close',()=> {
    console.log(' 伺服器觸發 close 事件 ');
});
// 監聽 connect 事件
udpServer.on('connect',()=> {
    console.log(' 伺服器觸發 connect 事件 ');
});
// 監聽 message 事件，接收資訊
udpServer.on('message',(msg,rinfo)=> {
    console.log(`伺服器收到使用者端 ${rinfo.address}:${rinfo.port} 的訊息：
${msg}`);
    // 從回呼函式獲取訊息內容和使用者端資訊
    console.log(`使用者端網址類別型時：${rinfo.family}, 訊息大小為：${rinfo.size}`);
    // 向使用者端發送訊息
    udpServer.send(`${msg},too!`,rinfo.port,rinfo.address);
});
// 監聽 listening 事件，bind 方法觸發
udpServer.on('listening',()=> {
    console.log(`伺服器監聽 ${udpServer.address().address}:
${udpServer.address().port}`);
});
// 啟動監聽
udpServer.bind(41444);                                  // 指定監聽通訊埠，觸發 listening 事件
```

在上面的範例程式中，建立 udpServer 並透過 bind 方法綁定 41444 通訊埠，監聽 message 事件，一旦收到訊息就列印訊息並向使用者端發送訊息。

2·UDP 使用者端

與建立伺服器端一致，使用 dgram.createSocket 方法建立 dgram.Socket 的實例並監聽 message 事件，透過 send 方法與伺服器端通訊。

→ 程式 4.42 UDP 使用者端：udpClient.js

```
//UDP 使用者端
const dgram = require('dgram');
const msg = Buffer.from('i want you');
const udpClient = dgram.createSocket('udp4');        // 建立 IPv4 的 UDP 使用者端
// 監聽 message 事件，接收伺服器端資訊
udpClient.on('message',(msg,rinfo)=> {
    console.log(` 使用者端從伺服器端：${rinfo.address}:${rinfo.port} 收到訊息：
${msg}`);
});
// 每隔 1s 向伺服器發送資訊
setInterval(()=> {
    udpClient.send(msg,41444,'0.0.0.0');             // 指定伺服器通訊埠
},1000);
```

在上面的範例程式中，透過計時器方法 setInterval 定時向伺服器端發送訊息，分別執行伺服器端和使用者端，可以看到通訊成功，如圖 4.5 所示。

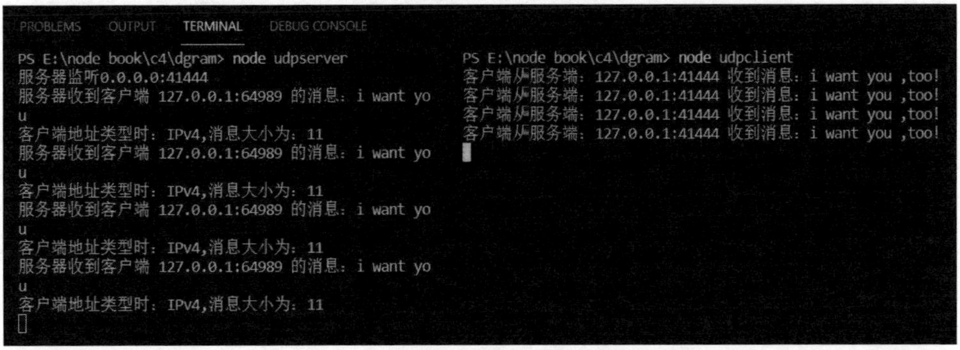

▲ 圖 4.5 UDP 通訊

4.10 超文字傳輸協定模組

【本節範例參考：\ 原始程式碼 \C4\http 】

　　HTTP 是隨著 WWW 而產生的超文字傳輸協定，用於將 Web 伺服器文字傳輸到本地瀏覽器上。日常生活中時刻都在使用該協定，HTTP 底層是基於 TCP 的。Node.js 提供了 HTTP 模組，用於輕鬆建立 HTTP 伺服器，本節針對 HTTP 模組介紹。

4.10.1 HTTP 模組簡介

　　HTTP 模組主要用於建立 HTTP 伺服器，該模組提供了 http.request 和 http.get 方法，以及 http.Server、http.ClientRequest 和 http.ServerResponse 等。HTTP 模組常用的 API 如表 4.9 所示。

▼ 表 4.9 HTTP 模組常用的 API

方法或類別	說明
http.createServer 方法	建立 HTTP 伺服器，傳回 http.Server 實例
http.request 方法	處理 HTTP 的 get、post、delete、put 等請求，內部建立 http.ClientRequest 類別物件
http.Server 類別	繼承自 net.Server，透過 http.createServer 建立，使用 listen 綁定通訊埠
http.ClientRequest 類別	該類別從 http.request 方法內部建立並傳回，表示正在進行的請求，其標頭已加入佇列，繼承自 Steam 類別
http.ServerResponse 類別	該類別由 HTTP 伺服器內部建立，而非由使用者建立。它作為第二個參數傳給 request 事件，繼承自 Steam 類別

　　在前後端分離的 Web 應用中，系統劃分為 Web 前端和後端 API 介面兩個部分。前端一般採用 HTML+CSS+JavaScript 完成介面的製作，並透過 AJAX 技術與後端進行互動；而後端通常採用 PHP、Spring Boot 等語言開發 RESTfull 風格的 API 介面為前端提供服務。Node.js 將 JavaScript 語言推廣到伺服器端執行，因此提供了 HTTP 模組，透過它也能撰寫 RESTfull 風格的高性能 API 介面。

4.10.2 HTTP 伺服器

透過 HTTP 模組的 createServer 方法建立 HTTP 伺服器，在其回呼函式中監聽請求，根據請求類型即可完成不同的操作。

1 · RESTfull API

在下面的範例中提供了用於管理待辦清單的 API，post、put 和 delete 用於完成待辦任務的增加、修改和刪除，待辦清單透過陣列儲存於記憶體中。

➜ 程式 4.43 HTTP 伺服器：httpServer.js

```javascript
// 建立 RESTfull API
const http = require('http');
const hostName = '127.0.0.1';
const port = 8099;
let todoList = new Array();                          // 待辦清單
let todoItem;                                        // 待辦事項
const httpServer = http.createServer((request,response)=> {
    // 獲取請求資訊
    request.setEncoding('utf-8');                    // 設置字元編碼
    request.on('data',data => {
        todoItem = data;
        console.log(`接收到請求類型：${request.method},資料為：${data}`);
        switch(request.method){
            case'POST':
                todoList.push(todoItem);
                break;
            case'PUT':
                for(let i = 0,len = todoList.length;i < len;i++){
                    if(todoItem == todoList[i]){
                        todoList.splice(i,1,'修改 ');       // 修改
                        break;
                    }
                }
                break;
            case'DELETE':
                for(let i = 0,len = todoList.length;i < len;i++){
                    if(todoItem == todoList[i]){
                        todoList.splice(i,1);              // 刪除
```

```
                            break;
                    }
                }
                break;
        }
        // 設置回應資訊
        response.statusCode = 200;
        response.setHeader('Content-Type','text/plain');
        response.end(JSON.stringify(todoList));              // 傳回結果
    });
});
httpServer.listen(port,hostName,()=> {
    console.log(`http 伺服器執行在 http://${hostName}:${port}`);
})
```

在上面的程式中透過 http.createServer 建立 http.Server 實例，並透過 listen 方法監聽本機的 8099 通訊埠。程式執行結果如下：

```
http 伺服器執行在 http://127.0.0.1:8099
```

2・測試使用者端

RESTfull API 使用者端偵錯工具很多，可以使用 postman，該工具可以下載安裝，也可以安裝 Chrome 外掛程式。這裡使用瀏覽器外掛程式測試 POST 方法，如圖 4.6 所示。

▲ 圖 4.6 使用 postman 瀏覽器外掛程式偵錯 RESTfull API

其他介面的測試方法類似，不再贅述。至此，就完成了 HTTP 模組提供的 API
介面服務。

4.11 本章小結

本章詳細介紹了 Node.js 的內建模組，這些模組是 Node.js 平臺的基石。首先
介紹了 module 模組及 Node.js 暴露的全域變數，這些變數在全域中都可以直接使
用；接著介紹了 Buffer 緩衝區模組，無論檔案操作還是網路傳輸都需要用到緩衝區；
由於 Node.js 是單執行緒的，但有的特殊場景需要開關新執行緒來處理業務，因此
就用到了 child_process 子處理程序模組；Node.js 是基於事件的，因此很多物件都
是 EventEmitter 類別的子類別，需要深入理解 events 模組的機制；對於定時觸發的
任務則需要用到 timmers 計時器模組。

然後介紹了 fs 模組，該模組封裝了大量對檔案的操作，包含同步和非同步方
法。最後介紹了與網路相關的模組，net 模組主要用於建立 TCP 服務，dgram 模組
主要用於建立 UDP 服務。HTTP 模組是最常用的模組，在前後端分離的專案中可
以透過此模組建立 RESTfull 風格的 API 介面。

本章透過大量的範例對各個模組進行了演示，希望讀者能舉一反三，融會貫
通，為後續的開發打下堅實的基礎。第 5 章將介紹 Node.js 對資料庫的操作。

MEMO

5

資料庫操作

　　電腦程式的本質是處理資料，業務系統輸入的原始資料經過業務計算處理後，最終需要持久化儲存到資料庫中。資料庫根據類型劃分為關聯式資料庫（SQL 資料庫）、非關聯式資料庫（NoSQL）和新型態資料庫（NewSQL），本章介紹如何在 Node.js 中使用關聯式資料庫 MySQL、非關聯式資料庫 MongoDB 和 Redis 資料庫。

本章涉及的主要基礎知識如下:

- MySQL 資料庫的安裝及基本命令使用;

- MongoDB 資料庫安裝及基本命令使用;

- Redis 資料庫的安裝及命令使用;

- 在 Node.js 中透過對應模組操作 MySQL、MongoDB 和 Redis 資料庫。

🖉 **注意**:資料庫理論不是本章的重點,本章主要介紹如何在 **Node.js** 中使用
以上資料庫。

5.1 Node.js 操作 MySQL

　　MySQL 資料庫是深受歡迎的開放原始碼、免費的關聯式資料庫軟體之一,採
用 C++ 語言撰寫。本節介紹如何安裝 MySQL,以及如何使用官方提供的使用者
端和基本命令對資料庫操作,掌握這些內容是 MySQL 資料庫操作的基礎。掌握
MySQL 的基礎後,接著介紹如何在 Node.js 中使用 MySQL。

5.1.1 安裝 MySQL

　　MySQL 是廣受歡迎的關聯式資料庫,這一點從 DB-Engines 官網的排名統計
中可以看出,如圖 5.1 所示(排名位址為 https://db-engines.com/en/ranking)。

Rank			DBMS	Database Model	Score		
Feb 2024	Jan 2024	Feb 2023			Feb 2024	Jan 2024	Feb 2023
1.	1.	1.	Oracle ➕	Relational, Multi-model 🛈	1241.45	-6.05	-6.08
2.	2.	2.	MySQL ➕	Relational, Multi-model 🛈	1106.67	-16.79	-88.78
3.	3.	3.	Microsoft SQL Server ➕	Relational, Multi-model 🛈	853.57	-23.03	-75.52
4.	4.	4.	PostgreSQL ➕	Relational, Multi-model 🛈	629.41	-19.55	+12.90
5.	5.	5.	MongoDB ➕	Document, Multi-model 🛈	420.36	+2.88	-32.41
6.	6.	6.	Redis ➕	Key-value, Multi-model 🛈	160.71	+1.33	-13.12
7.	7.	↑8.	Elasticsearch	Search engine, Multi-model 🛈	135.74	-0.33	-2.86
8.	8.	↓7.	IBM Db2	Relational, Multi-model 🛈	132.23	-0.18	-10.74
9.	9.	↑12.	Snowflake ➕	Relational	127.45	+1.53	+11.80
10.	↑11.	↓9.	SQLite ➕	Relational	117.28	+2.08	-15.38

▲ 圖 5.1 2024 年 2 月資料庫使用排名 Top10

1・MySQL 簡介

MySQL 是一個關聯式資料庫管理系統，在 Web 中應用廣泛，它由瑞典 MySQL AB 公司開發，目前屬於 Oracle 公司。MySQL 是一種連結資料庫管理系統，連結資料庫將資料儲存在不同的資料表中，而非將所有資料放在一個大倉庫內，這樣就增加了資料庫的處理速度和靈活性。

MySQL 主要有以下特點：

- 開放原始碼，目前隸屬於 Oracle 旗下產品；

- 支援大型的資料庫，可以處理擁有上千萬筆記錄的大型態資料庫；

- 使用標準的 SQL 語言；

- 跨平臺（Linux、Windows）且支援多種程式語言（如 C、C++、Java、Python 等）；

- 採用 GPL 協定，可以透過修改原始程式訂製 MySQL。

    🖉 **注意**：**MySQL 支援 5000 萬筆記錄的資料，32 位元系統資料表檔案最大支援 4GB，64 位元系統資料表檔案最大支援 8TB。**

2・在 Windows 系統中安裝 MySQL

Windows 系統中安裝 MySQL 非常簡單，需要下載社區版本，以下為操作步驟。

（1）下載安裝套件。

官網下載網址為 https://dev.mysql.com/downloads/mysql/，該頁面會自動匹配當前作業系統的類型，選擇對應的 MySQL 版本後按一下 Download 按鈕，如圖 5.2 所示。

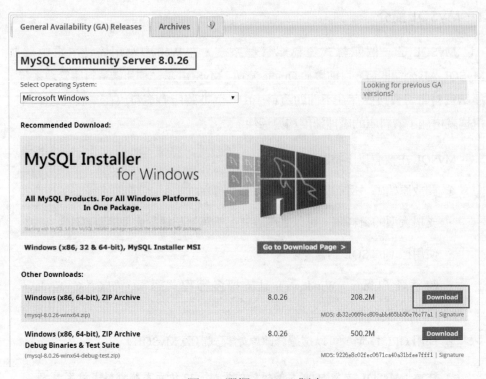

▲ 圖 5.2 選擇 MySQL 版本

🖉 **注意**：下載頁面會自動匹配當前作業系統的類型，並且預設下載最新的 **MySQL** 版本，如果需要下載不同作業系統的不同版本，可以選擇 **Archives** 標籤，然後根據自身需求選擇即可。筆者的作業系統為 **Windows 10 64** 位元，因此下載 **64** 位元的 **MySQL 8.0** 版本。還可以在該頁面的選擇作業系統處下拉，選擇下載原始程式碼。

　　在新彈出的頁面中選擇 No thanks,just start my download 後，即可下載，如圖 5.3 所示。下載完成後壓縮檔檔案名為 mysql-8.0.26-winx64.zip。

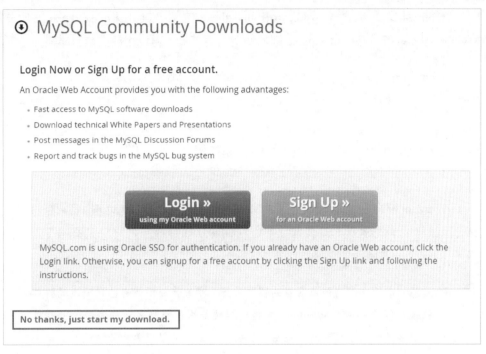

▲ 圖 5.3 直接下載 MySQL

（2）安裝 MySQL。

解壓 mysql-8.0.26-winx64.zip 到希望安裝 MySQL 的目錄下，得到目錄 mysql-8.0.26-winx64，進入該目錄（筆者的安裝目錄為 D:\softwareInstall\mysql\mysql-8.0.26-winx64），可以看到目錄結構如圖 5.4 所示。

bin	2021/7/1 17:03
docs	2021/7/1 16:59
include	2021/7/1 16:59
lib	2021/7/1 17:03
share	2021/7/1 16:59
LICENSE	2021/7/1 15:53
README	2021/7/1 15:53

▲ 圖 5.4 MySQL 8 解壓後的目錄

在 bin 目錄下包含 mysqld.exe 和 mysql.exe 檔案，其中，mysqld.exe 用於對 MySQL 服務進行管理，mysql.exe 則是使用者端工具，可以用於對資料庫操作。

在 bin 目錄下新建 my.ini 檔案（該檔案為安裝 MySQL 的設定檔），輸入以下內容：

```
[mysqld]
basedir=D:\\softwareInstall\\mysql\\mysql-8.0.26-winx64
datadir=D:\\softwareInstall\\mysql\\mysql-8.0.26-winx64\\data
```

在 my.ini 檔案中，basedir 指定了 MySQL 的安裝目錄，datadir 指定資料目錄。data 目錄無須事先建立，安裝過程中會自動建立該目錄並將資料表資訊存入此目錄。

🖉 **注意**：本例中的路徑為筆者的解壓目錄，讀者需要根據自己實際情況對目錄進行修改。由於 **Windows** 風格的路徑是用反斜線表示的字串，可能包含需要跳脫的字元，所以採用雙反斜線的寫法可以避免特殊情況下出錯。

在 bin 目錄（筆者為 D:\softwareInstall\mysql\mysql-8.0.26-winx64\bin）下執行 cmd 終端，並執行以下初始化命令：

```
mysqld--defaults-file=D:\softwareInstall\mysql\mysql-8.0.26-winx64\
my.ini--initialize--console
```

出現以下結果，表示安裝成功，如圖 5.5 所示。

▲ 圖 5.5 MySQL 初始化安裝

提示安裝成功後，預設的使用者名為 root 並生成了一個預設密碼，該密碼可以在後續透過命令進行修改。

安裝成功後 MySQL 預設是未啟動的，因此需要先啟動 MySQL 服務。

（3）啟動 MySQL 服務。

MySQL 服務的啟動使用官方提供的 mysqld 工具，執行以下命令即可啟動。

```
mysqld-console
```

--console 表示將 MySQL 服務的啟動資訊輸出到主控台。執行上面的命令，如果看到輸出以下資訊則表示啟動成功，如圖 5.6 所示。

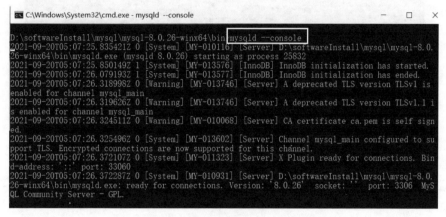

▲ 圖 5.6 啟動 MySQL 服務

從圖 5.6 中可以看出，MySQL 服務預設執行在 3306 通訊埠上。

✏ **注意**：同一台電腦可以安裝不同版本的 **MySQL** 服務，但需要修改啟動通訊埠。

MySQL 服務啟動後，可以透過官方提供的使用者端工具進行測試和操作。

（4）使用者端操作。

服務啟動後，在 bin 目錄下執行 cmd 終端，使用前面生成的使用者名稱和密碼登入 MySQL 服務，登入命令如下：

```
mysql-u root-p
```

其中，-u 表示使用者名稱，-p 表示輸入的密碼。執行上述命令並輸入正確的密碼後，登入成功的介面如圖 5.7 所示。

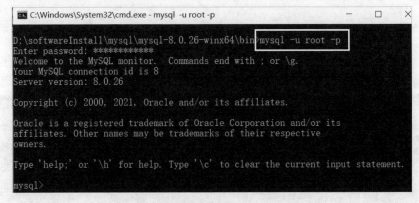

▲ 圖 5.7 使用者端連接 MySQL 服務

可以透過 alter 敘述修改 root 密碼，為了方便演示，修改密碼為 root，修改敘述如下：

```
alter user'root'@'localhost'identified by'root';
```

操作完成後，當退出使用者端時輸入 exit 命令即可，下次再登入時使用新密碼即可登入成功。

🖉 📖 **說明**：在生產環境中，root 帳號的密碼應設置得複雜一些，提高安全性。

（5）關閉 MySQL 服務。

當需要停止 MySQL 服務時，可以直接在第（3）步的服務執行視窗中按 Ctrl+C 鍵終止服務；也可以在其他視窗中使用以下命令終止服務：

```
mysqladmin-u root-p shutdown
```

執行上面的命令後，輸入密碼，如果密碼正確則執行 shutdown 命令關閉 MySQL 服務。關閉後再次連接，則提示無法連接成功，如圖 5.8 所示。

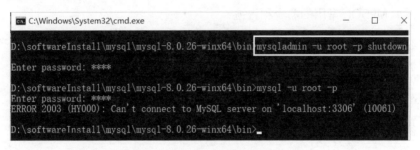

▲ 圖 5.8 關閉 MySQL 服務

3·在 Linux 系統中安裝 MySQL

在 Linux 系統中安裝 MySQL 大概分為兩步：執行 mysqld 命令對資料庫進行初始化，初始化完成後就可以透過 MySQL 命令對資料庫操作了。大致的安裝想法與 Windows 一致，由於系統不同，使用的命令也不同，這涉及 Linux 常用的命令，超出了本書的範圍，所以這裡不進行詳細介紹，有興趣的讀者可以與筆者進行交流。

    📝 🗐 說明：企業裡一般是運行維護人員負責架設環境。

5.1.2 MySQL 的基本命令

MySQL 儲存資料涉及幾個概念：資料庫、資料表、行和列。一個資料庫可以包含很多資料表，每個資料表又由很多行和列組成，行和列組成資料儲存格，資料就儲存在儲存格內，這類似於 Excel 的工作表與工作表格的關係。

為此 MySQL 提供了資料庫、表格的操作命令和敘述，常用的命令和敘述如表 5.1 所示。

▼ 表 5.1 MySQL 常用的命令和敘述

命令和敘述	功能說明
show databases	顯示已有資料庫
create database	建立資料庫，格式為 create databse 資料庫名稱
use	使用資料庫，格式為 use 資料庫名稱
create table	建立資料表，格式為 create table 資料表名稱 (列名稱資料型態，列名稱資料型態…)
show tables	查看資料表
insert into	向資料表增加資料，格式為 insert into 資料表名稱（列名稱，列名稱）values（值，值）
select	查詢表格資料，格式為 select*from 資料表名
update	更新資料表資料，格式為 update 資料表名稱 set 列名稱 = 值，…
delete	刪除資料表資料，格式為 delete from 資料表名稱 where 列名稱 = 值

✎ **注意**：敘述必須用分號結尾。

1・操作資料庫

透過 show databases 命令查看資料庫資訊，透過 create databasc 命令建立資料庫，下面演示建立資料庫 student 的操作，如圖 5.9 所示。

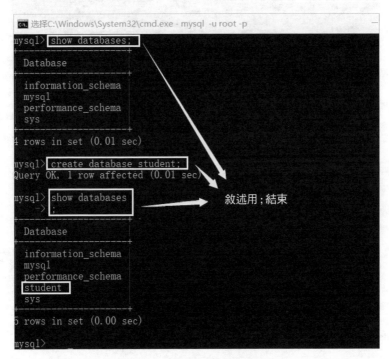

▲ 圖 5.9 透過命令操作資料庫

透過以上演示可以看到，預設情況下已有 4 個資料庫，感興趣的讀者可以自行演示每個資料庫的作用。

2・操作資料表

有了 student 資料庫，接下來就是在資料庫中建立資料表用於存放資料。建立資料表之前需要先切換到將要操作的資料庫，如圖 5.10 所示。

▲ 圖 5.10 透過命令切換資料庫

登入後，預設是連接到 MySQL 資料庫的，如果要切換到剛才新建的 student 資料庫，則需要使用 use 命令。切換完成後，如果要查看當前是在哪個資料庫下，則可以使用 status 命令，命令如下：

```
use student;                          // 切換資料庫
status;                               // 查看當前資料庫的狀態
```

接下來在 student 資料庫中建立 stu 學生資料表，該資料表包含 2 列，其中，stu_id 表示學生 ID，stu_name 表示學生姓名。命令如下：

```
show tables;                          // 顯示資料表
create table stu(stu_id bigint not null,stu_name varchar(20));// 建立資料表
```

透過命令操作資料表的過程如圖 5.11 所示。

建立 stu 資料表後，還可以透過 describe 命令查看資料表的詳細資訊。接下來就是在資料表中操作資料。

3．操作資料

建立資料表之後可以透過 select 敘述查詢資料表資訊，也可以透過 insert 敘述向資料表增加資料；可以透過 update 敘述修改資料表資訊，也透過 delete 敘述根據條件刪除資料表資料。

1）insert 敘述的使用

使用 insert 敘述向 stu 學生資料表增加資料資訊，如圖 5.12 所示。

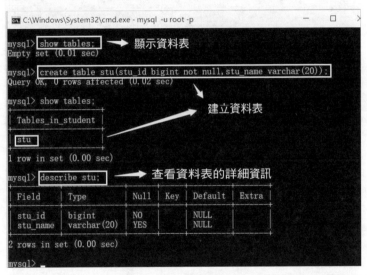

▲ 圖 5.11　建立 stu 資料表

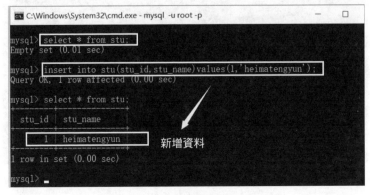

▲ 圖 5.12　向資料表增加資料

2）update 敘述的使用

透過 update 敘述修改資料，如圖 5.13 所示。

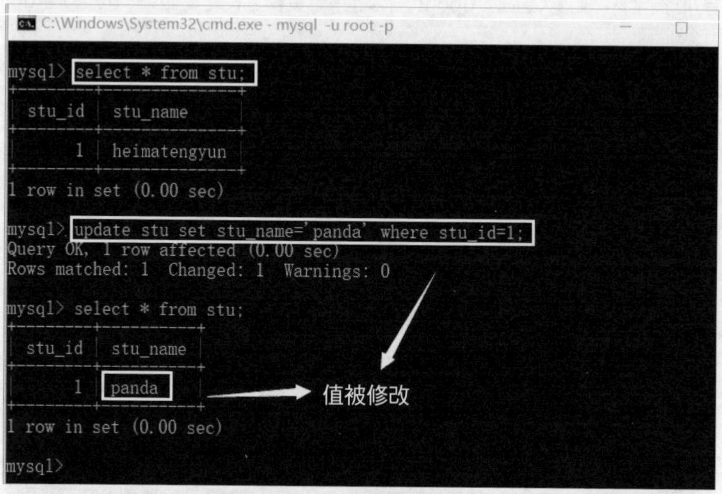

▲ 圖 5.13 修改資料表資料

範例中透過 update 敘述將 stu_name 欄位的值進行了修改。

3）delete 敘述的使用

當資料有誤或不需要時，可以透過 delete 敘述將其刪除，如圖 5.14 所示。

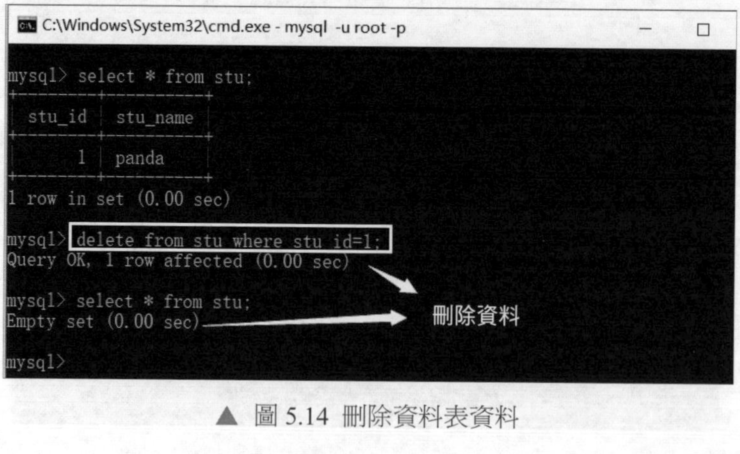

▲ 圖 5.14 刪除資料表資料

範例中透過 delete 敘述刪除了之前透過 insert 敘述插入的資料。

🖉 **注意**：刪除資料一定要增加 where 條件，否則將刪除整個資料表中的資料。

以上操作都是在 MySQL 官方提供的使用者端工具中完成的，接下來演示如何在 Node.js 中完成同樣的功能。

5.1.3 在 Node.js 中使用 MySQL

【本節範例參考：\ 原始程式碼 \C5\mysqlDemo】

操作 MySQL 資料庫，需要安裝 MySQL 驅動，在 Node.js 中使用最多的是 MySQL 模組，它是一個開放原始碼的、原生 JavaScript 撰寫的 MySQL 驅動。本節演示該模組的使用方法，該模組的專案位址為 https://github.com/mysqljs/mysql。

MySQL 模組提供了非常多的功能，包括資料庫連接的建立，資料庫的增、刪、改、查操作，以執行緒池方式操作資料庫等。MySQL 模組提供了 createConnection 方法用於建立一個資料庫連線物件，透過該物件提供的 connnect 方法完成與資料庫的連接。連接成功後，透過 query 方法執行資料庫的增、刪、改、查操作，操作完成後，透過連線物件的 end 方法關閉連接。

下面透過範例演示在 Node.js 中如何使用 MySQL 模組完成對資料庫的操作。

1．建立專案

由於 MySQL 模組不是 Node.js 的內建模組，是第三方開發的，所以需要建立專案並對相依進行管理。先在專案目錄下（筆者的目錄為 C5/mysqlDemo）執行 npm init 命令對專案進行初始化，初始化的目的是生成 package.json 設定檔。

執行 npm init 命令之後,根據提示填寫專案即可,如圖 5.15 所示。

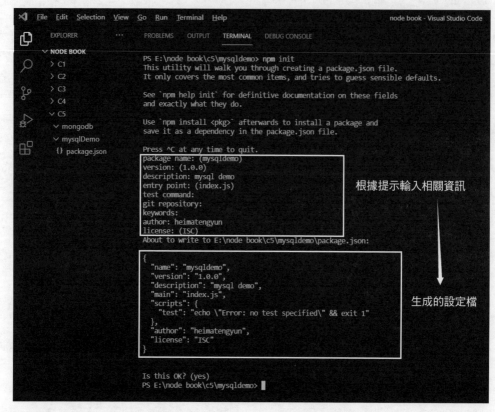

▲ 圖 5.15 執行 npm init 命令初始化專案

命令執行完成後,在專案目錄下生成 package.json 設定檔。

2 · 安裝 MySQL 模組

專案初始化後,透過 npm 命令安裝 MySQL 模組,命令如下:

```
npm install mysql
```

執行命令安裝 MySQL 模組，安裝完成後目錄下會新增一個 node_modules 目錄和 package-lock.json 設定檔，並會在 package.json 檔案中記錄安裝的 MySQL 模組資訊，如圖 5.16 所示。

▲ 圖 5.16 安裝 MySQL 模組

> 🖉 注意：專案目錄的名稱不能與第三方模組名稱相同，如此處專案名稱不能命名為 MySQL，否則在安裝 MySQL 模組時會顯示出錯。

3·透過 MySQL 模組操作資料庫

安裝 MySQL 模組後，就可以透過 MySQL 模組提供的功能連接並操作 MySQL 資料庫了。資料庫的查詢操作範例如下。

→ 程式 5.1　查詢功能：mysqlDemo.js

```javascript
// 透過 MySQL 模組操作資料庫
const mysql = require('mysql');
// 配置連接資訊
const config = {
    host:'localhost',
    user:'root',
    password:'root',
    database:'student'
}
const connection = mysql.createConnection(config);
// 建立連接
connection.connect();
// 執行操作
const sql = 'select*from stu';
connection.query(sql,(err,results,fields)=> {
    if(err){
        throw err;
    }
    // 獲取查詢結果
    console.log(results);
});
// 關閉連接
connection.end();
```

　　在上面的範例程式中，透過模組的 createConnection 方法建立資料庫連線物件，之後透過連線物件 connect 方法連接資料庫，連接之後就可以透過 query 方法執行查詢操作了，操作完成之後透過 end 方法關閉與資料庫的連接。

　　如果直接執行上述程式，會得到錯誤資訊 Client does not support authentication protocol requested by server，如圖 5.17 所示。

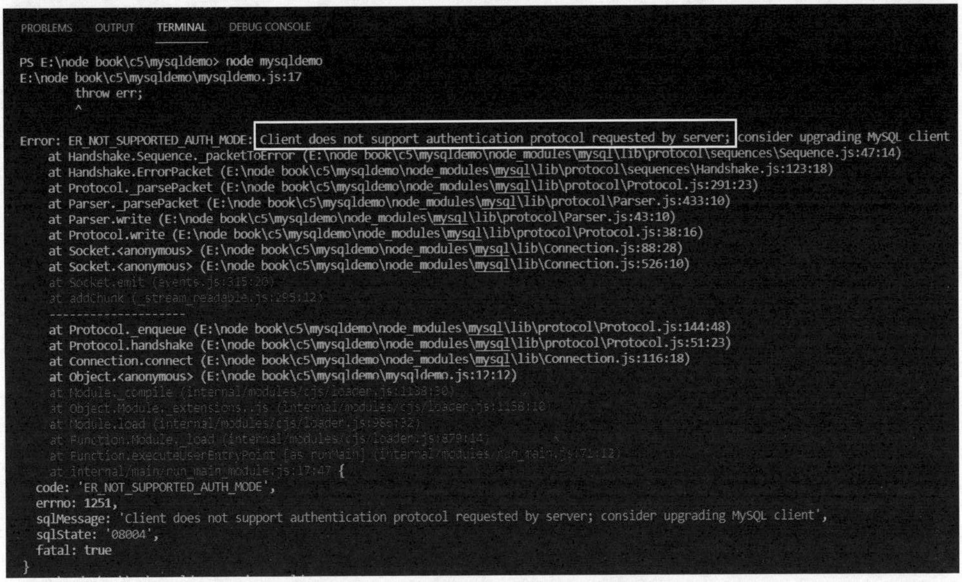

▲ 圖 5.17 MySQL 認證錯誤資訊

　　造成這個錯誤的原因是 MySQL 8 採用預設的 caching_sha2_password 加密方式，而引入的 MySQL 模組暫時未完全支援該種加密方式，將來或許 MySQL 模組會對其支援。目前的解決方法是透過 alter 命令修改 root 帳號的密碼，並指定 MySQL 模組能夠支援的加密方式，如 msyql_native_password，命令如下：

```
alter user'root'@'localhost'identified with mysql_native_password by
'root';
```

　　在 MySQL 使用者端執行上面的命令，修改 root 帳號後，透過 MySQL 命令向 student 資料庫的 stu 資料表增加一行資料，增加資料的命令為 insert into stu(stu_id,stu_name)values(1,'panda');。

　　再次透過 node 命令執行範例程式，可以查看 stu 資料表的資訊如下：

```
[RowDataPacket{stu_id:1,stu_name:'panda'}]
```

　　可以看到，傳回的是一個陣列，如此就獲得了剛才新加入的資料資訊。

下面是資料庫增加操作範例。

➜ 程式 5.2　增加功能：insert.js

```javascript
// 向資料庫增加資料
const mysql = require('mysql');
// 配置連接資訊
const config = {
    host:'localhost',
    user:'root',
    password:'root',
    database:'student'
}
const connection = mysql.createConnection(config);
// 建立連接
connection.connect();
// 查詢
const sqlSelect = 'select*from stu';
select(connection,sqlSelect);
// 增加
const sqlInsert = 'insert into stu set?';              // 用預留位置？接收物件
const insertData = {
    stu_id:2,
    stu_name:' 黑馬騰雲 '
}
connection.query(sqlInsert,insertData,(err,results,fields)=> {
    if(err){
        throw err;
    }
    // 獲取查詢結果
    console.log(" 增加結果："+ results);
})
select(connection,sqlSelect);
// 關閉連接
connection.end();
// 查詢方法
function select(con,sql){
    con.query(sql,(err,results,fields)=> {
        if(err){
            throw err;
```

```
        }
        // 獲取查詢結果
        console.log(results);
    });
};
```

在上面的範例中，將查詢方法進行封裝，方便在增加資料前後進行查詢。資料庫增加使用 query 方法，在增加資料的 SQL 敘述中可以使用問號進行佔位，在呼叫時傳入資料物件。程式執行結果如下：

```
[RowDataPacket{stu_id:1,stu_name:'panda'}]
OkPacket{
  fieldCount:0,
  affectedRows:1,
  insertId:0,
  serverStatus:2,
  warningCount:0,
  message:'',
  protocol41:true,
  changedRows:0
}
[
  RowDataPacket{stu_id:1,stu_name:'panda'},
  RowDataPacket{stu_id:2,stu_name:'黑馬騰雲'}
]
```

下面是資料庫的修改範例。

➡ 程式 5.3 修改功能：update.js

```
// 修改資料庫中的資料
const mysql = require('mysql');
// 配置連接資訊
const config = {
    host:'localhost',
    user:'root',
    password:'root',
    database:'student'
}
```

```
const connection = mysql.createConnection(config);
// 建立連接
connection.connect();
// 查詢
const sqlSelect = 'select*from stu';
select(connection,sqlSelect);
// 修改
const sqlUpdate = 'update stu set stu_name= ?where stu_id= ?';//? 預留位置
const updateData = [' 哥老關 ',2];                          // 以陣列形式傳遞
connection.query(sqlUpdate,updateData,(err,results,fields)=> {
    if(err){
        throw err;
    }
    // 獲取查詢結果
    console.log(results);
})
select(connection,sqlSelect);
// 關閉連接
connection.end();
// 查詢方法
function select(con,sql){
    con.query(sql,(err,results,fields)=> {
        if(err){
            throw err;
        }
        // 獲取查詢結果
        console.log(results);
    });
};
```

在上面的範例中，依然透過 query 方法修改資料，修改資料的 SQL 敘述中依然使用問號作為預留位置，將要修改的內容作為陣列進行傳遞。執行程式，結果如下：

```
[
  RowDataPacket{stu_id:1,stu_name:'panda'},
  RowDataPacket{stu_id:2,stu_name:' 黑馬騰雲 '}
]
OkPacket{
```

```
  fieldCount:0,
  affectedRows:1,
  insertId:0,
  serverStatus:34,
  warningCount:0,
  message:'(Rows matched:1  Changed:1  Warnings:0',
  protocol41:true,
  changedRows:1
}
[
  RowDataPacket{stu_id:1,stu_name:'panda'},
  RowDataPacket{stu_id:2,stu_name:'哥老關'}
]
```

下面是刪除資料庫資料的範例。

➔ 程式 5.4　刪除功能：delete.js

```
// 刪除資料庫中的資料
const mysql = require('mysql');
// 配置連接資訊
const config = {
    host:'localhost',
    user:'root',
    password:'root',
    database:'student'
}
const connection = mysql.createConnection(config);
// 建立連接
connection.connect();
// 查詢
const sqlSelect = 'select*from stu';
select(connection,sqlSelect);
// 刪除
const sqlDelete = 'delete from stu where stu_id = ?';
const deleteId = 2;
connection.query(sqlDelete,deleteId,(err,results,fields)=> {
    if(err){
        throw err;
    }
```

```
    // 獲取刪除結果
    console.log(results);
})
select(connection,sqlSelect);
// 關閉連接
connection.end();
// 查詢方法
function select(con,sql){
    con.query(sql,(err,results,fields)=> {
        if(err){
            throw err;
        }
        // 獲取查詢結果
        console.log(results);
    });
};
```

在上面的範例程式中，依然透過 query 方法進行刪除，在刪除資料的 SQL 敘述中使用問號作為預留位置，程式執行結果如下：

```
[
  RowDataPacket{stu_id:1,stu_name:'panda'},
  RowDataPacket{stu_id:2,stu_name:' 哥老闆 '}
]
OkPacket{
  fieldCount:0,
  affectedRows:1,
  insertId:0,
  serverStatus:34,
  warningCount:0,
  message:'',
  protocol41:true,
  changedRows:0
}
[RowDataPacket{stu_id:1,stu_name:'panda'}]
```

   🖉 **注意**：在開發時，可以將資料庫操作的相關功能封裝到一個類別中使用，
     以減少程式容錯。

5.2 Node.js 操作 MongoDB

MongoDB 是強大的非關聯式資料庫，是一個基於分散式檔案儲存的資料庫，採用 C++ 撰寫，旨在為 Web 應用提供可擴充的高性能資料儲存方案。本節先介紹如何安裝 MongoDB，以及如何使用附帶的使用者端工具和命令對文件操作，掌握這些內容是 MongoDB 資料庫操作的基礎。掌握 MongoDB 的基本使用後，接著介紹如何在 Node.js 中使用 MongoDB。

5.2.1 安裝 MongoDB

MongoDB 是介於關聯式資料庫和非關聯式資料庫之間的產品，它在非關聯式資料庫中功能最豐富也最像關聯式資料庫。它支援的資料結構非常鬆散，是類似 JSON 的 bjson 格式，因此可以儲存比較複雜的資料型態。

1・MongoDB 簡介

MongoDB 由 10gen 團隊（後改名為 MongoDB）於 2007 年 10 月開發，並於 2009 年 2 月首度推出。MongoDB 具有以下特點：

- 面向文件儲存，操作簡單。

- 可以設置任何屬性的索引來實現更快的排序。

- 支援豐富的查詢運算式。

- 允許在伺服器端執行指令稿，可以用 JavaScript 撰寫某個函式直接在伺服器端執行，也可以把函式定義儲存在伺服器端，以便下次直接呼叫。

- 支援多種程式語言（如 C#、C++、PHP、Java、Python 等）。

- 高可用，提供自動容錯移轉和資料容錯功能。

- 橫向擴充，可以將資料分片到一組電腦叢集上。

- 支援多個儲存引擎並提供外掛程式式儲存引擎 API，允許第三方開發訂製。

2 · 在 **Windows** 系統中安裝 **MongoDB**

MongoDB 的安裝非常簡單，其官方提供了社區版和企業版，社區版可免費使用。截至寫作時 MongoDB 最新版本為 7.0.6，官網下載網址為 https://www.mongodb.com/try/download/community。

（1）下載安裝套件。

MongoDB 的官方下載頁面會自動根據系統匹配下載版本，筆者的作業系統為 Windows 10 64bit，因此下載 Windows 版本的 msi 檔案，下載介面如圖 5.18 所示。

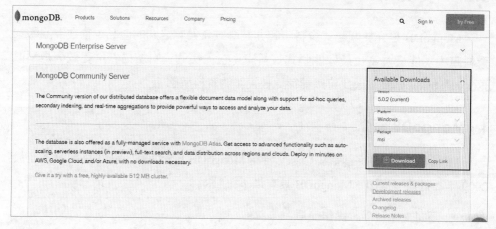

▲ 圖 5.18　MongoDB 官網下載頁面

下載後得到的檔案為 mongodb-windows-x86_64-5.0.2-signed.msi。

🖉 📋 **說明**：在圖 **5.18** 所示的平臺選擇下拉式選單中可以下載原始程式碼。

（2）安裝 MongoDB。

按兩下安裝檔案，彈出安裝對話方塊，如圖 5.19 所示。

▲ 圖 5.19 彈出 MongoDB 安裝對話方塊

按一下 Next 按鈕進入下一步，如圖 5.20 所示。

勾選同意協定後，按一下 Next 按鈕進入下一步，如圖 5.21 所示。

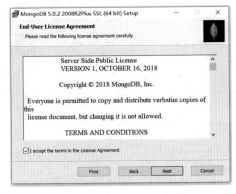

▲ 圖 5.20 MongoDB 安裝協定

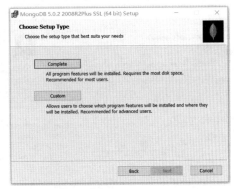

▲ 圖 5.21 MongoDB 安裝模式

按一下 Custom 按鈕自訂安裝，如圖 5.22 所示。

在彈出的自訂安裝對話方塊中選擇安裝目錄，按一下 Next 按鈕進入配置介面，如圖 5.23 所示。

▲ 圖 5.22 MongoDB 自訂安裝

▲ 圖 5.23 MongoDB 服務配置

保持預設設置，按一下 Next 按鈕進入下一步，如圖 5.24 所示。

保持預設設置，按一下 Next 按鈕進入下一步，如圖 5.25 所示。

▲ 圖 5.24 安裝 MongoDB Compass

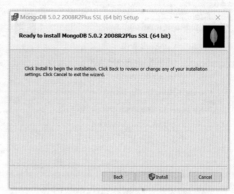

▲ 圖 5.25 準備安裝 MongoDB

按一下 Install 按鈕進行安裝，在彈出的對話方塊中可以看到安裝進度，如圖 5.26 所示。

大概需要 3min，即可安裝完成，如圖 5.27 所示。

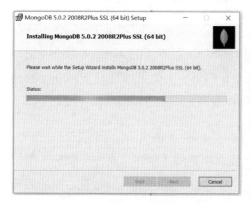

▲ 圖 5.26 MongoDB 的安裝進度

▲ 圖 5.27 MongoDB 安裝完成

安裝完成的同時會彈出 Compass 主介面，如圖 5.28 所示。

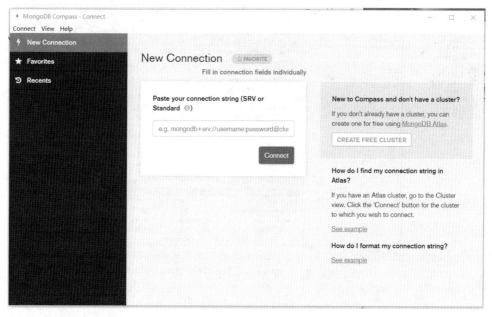

▲ 圖 5.28 MongoDB Compass 主介面

至此，MongoDB 在 Windows 上安裝成功。

（3）啟動 MongoDB 服務。

MongoDB 安裝成功後，MongoDB 服務就會被安裝到 Windows 中，而且會自動啟動 MongoDB 服務。

MongoDB 服務啟動可以直接用官方提供的 bin 目錄下的 mongod 命令（使用非常簡單，直接在該目錄下執行 mongod 命令即可）；也可以透過 Windows 服務進行管理，啟動、關閉、重新啟動 MongoDB 服務，或設置開機啟動。接下來演示如何透過 Windows 的服務來管理 MongoDB。

按右鍵「此電腦」，在彈出的快顯功能表中選擇「管理」命令，彈出「電腦管理」視窗，在左側的「服務和應用程式」中選擇「服務」，即可在右側的服務介面中找到 MongoDB 服務，如圖 5.29 所示。

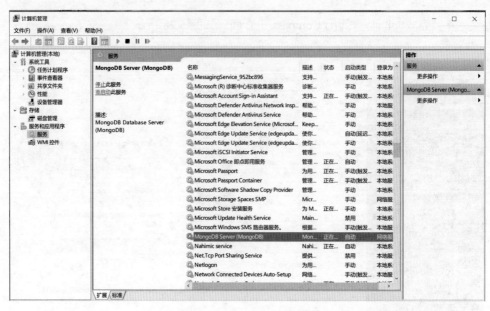

▲ 圖 5.29 MongoDB 服務管理

按兩下 MongoDB 服務，彈出服務管理對話方塊，如圖 5.30 所示。

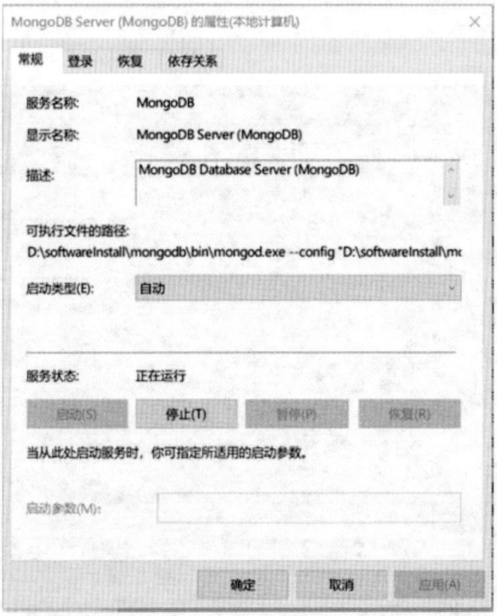

▲ 圖 5.30 MongoDB 服務管理對話方塊

在其中可以對服務進行啟動、停止和重新啟動等管理。

（4）使用者端連接 MongoDB 服務。

MongoDB 服務啟動後，就可以存取 MongoDB 服務了。MongoDB 的預設通訊埠是 27017，因此可以直接在瀏覽器中輸入 http://localhost:27017 來驗證服務是否啟動。如果瀏覽器輸出以下資訊，則表示 MongoDB 服務已啟動，如圖 5.31 所示。

▲ 圖 5.31 使用者端連接 MongoDB

除此之外，還可以使用官方提供的 mongo.exe 使用者端工具對 MongoDB 進行 CURD 操作。接下來演示使用者端工具如何連接 MongoDB 服務。

切換到 MongoDB 安裝目錄的 bin 目錄，允許終端，輸入 mongo 命令，得到以下資訊表示連接成功，如圖 5.32 所示。

▲ 圖 5.32 使用者端連接 MongoDB

至此，MongoDB 安裝並連接成功。

3・在 Linux 系統中安裝 MongoDB

在 Linux 系統中安裝 MongoDB 比較簡單，只需要將安裝套件解壓，然後執行 mongod 命令即可執行 MongoDB 服務，但這裡涉及 Linux 常用的命令，超出了本書範圍，因此不作詳細介紹，有興趣的讀者可以與筆者進行交流。

5.2.2 MongoDB 的基本命令

MongoDB 是非關係型態資料，因此一些概念與 MySQL 不同。在 MongoDB 中依然有資料庫的概念，但是沒有資料表的概念，關聯式資料庫中的資料表在 MongoDB 中稱為「集合」，關聯式資料庫中的記錄在 MongoDB 中稱為「文件」。相關的概念對應關係如表 5.2 所示。

▼ 表 5.2 MySQL 與 MongoDB 中的概念對比

MySQL	MongoDB	說明
database	database	資料庫
table	Collection	資料庫資料表、集合
row	Document	資料庫記錄行、文件
column	Field	資料屬性、欄位
index	index	索引
primary key	primary key	主鍵，MongoDB 將 _id 作為主鍵

MongoDB 中提供了一系列命令用於對 MongoDB 操作，如表 5.3 所示。

▼ 表 5.3 MongoDB 的常用命令

命令或函式	功能描述
db	顯示當前連接的資料庫
db.getName 函式	查看當前使用的資料庫名稱
show dbs	查看所有的資料庫
use	使用資料庫，格式為 use 資料庫名稱。當資料庫不存在時自動建立資料庫
exit	退出使用者端
Db.createCollection 函式	建立集合
show collections	查看集合，相當於 MySQL 中的查看資料表

命令或函式	功能描述
db. 集合 .drop 函式	刪除集合
db. 集合 .insertOne 函式	插入單一文件，如果集合不存在則自動建立
db. 集合 .insertMany 函式	插入多個文件
db. 集合 .find 函式	查詢文件
db. 集合 .updateOne 函式	修改單一文件，使用 $set 操作符號修改欄位值只會修改查詢到的第一筆資料
db. 集合 .updateMany 函式	修改多個文件
db. 集合 .replaceOne 函式	替換單一文件，只會替換查詢到的第一筆資料
db. 集合 .deleteOne 函式	刪除單一文件，只會刪除查詢到的第一筆資料
db. 集合 .deleteMany 函式	刪除多個文件

> 注意：**MongoDB** 還有非常多的功能，由於篇幅所限，更多內容請讀者查看其官網。

1‧資料庫的操作

MongoDB 在安裝時預設建立了一個 test 資料庫，當連接使用者端時預設是連接該資料庫。可以透過 db 命令查看當前連接的資料庫，透過 show dbs 命令查看所有的資料庫，使用或建立資料庫使用 use 命令。建立學生資料庫 student，如圖 5.33 所示。

student 資料庫建立成功，接下來可以向該資料庫中增加集合和文件。

> 注意：**MongoDB** 命令不像 **MySQL** 一樣必須要用逗點分隔。

2‧集合的操作

集合相當於資料表，可以透過 db.createCollection 建立，透過 show collections 命令進行查看。同時，透過 insertOne 或 insertMany 向不存在的集合增加資料時也會自動建立集合。集合的操作如圖 5.34 所示。

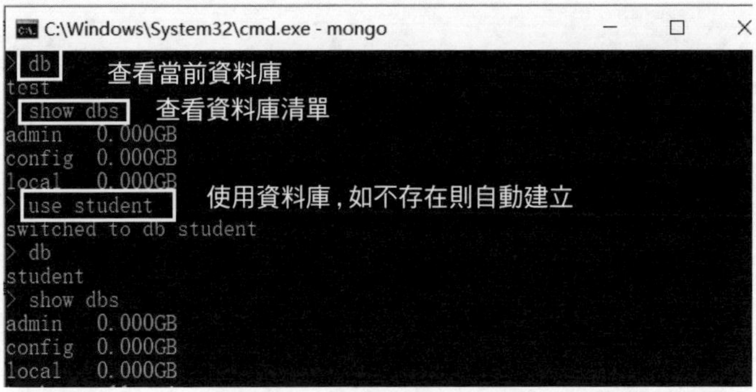

▲ 圖 5.33　建立資料庫

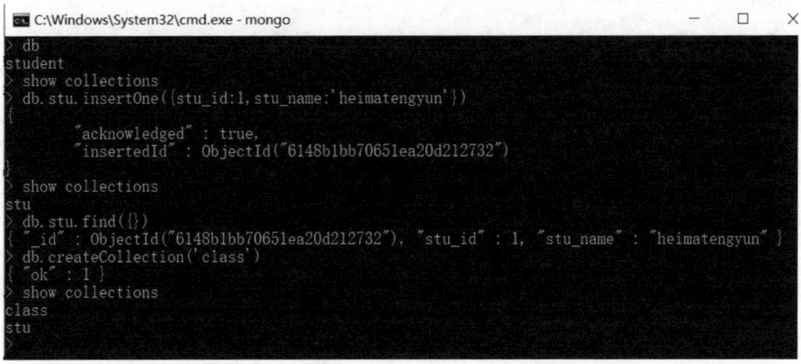

▲ 圖 5.34　以 MongoDB 命令方式操作集合

　　在上面的範例中，透過 insertOne 方法和 db.createCollection 方法都可以建立集合，透過命令 show collections 可以查看所有集合。find 方法用於查看集合中的文件資料。

3．文件的操作

　　1）增加文件

　　圖 5.34 演示的是透過 insertOne 方法增加單一文件，還可以使用 insertMany 方法向集合中增加多個文件。

```
> show collections
class
```

```
stu
> db.stu.insertMany([{stu_id:2,stu_name:'licy'},{stu_id:3,stu_name:
'lilei'}])
{
        "acknowledged":true,
        "insertedIds":[
                ObjectId("6148b58c70651ea20d212733"),
                ObjectId("6148b58c70651ea20d212734")
        ]
}
> db.stu.find({})
{"_id":ObjectId("6148b1bb70651ea20d212732"),"stu_id":1,"stu_name":
"heimatengyun"}
{"_id":ObjectId("6148b58c70651ea20d212733"),"stu_id":2,"stu_name":
"licy"}
{"_id":ObjectId("6148b58c70651ea20d212734"),"stu_id":3,"stu_name":
"lilei"}
>
```

　　🖉 **注意**：以上是在 **MonGO** 使用者端中執行的命令及結果，後文都採用此
　　　種方式，不再截圖。

　　以上範例透過 insertMany 方法向 stu 集合增加多筆資料，從傳回結果中可以看
出，MongoDB 自動生成了 _id 欄位，其類型為 ObjectId。

　　2）查詢文件

　　查詢文件使用 find 方法，上面的範例對其進行了簡單演示。類似 MySQL 的查
詢敘述可以設置 where 條件，find 方法參數也支援多種查詢方式，範例如下：

```
> db.stu.find({})
{"_id":ObjectId("6148b1bb70651ea20d212732"),"stu_id":1,"stu_name":
"heimatengyun"}
{"_id":ObjectId("6148b58c70651ea20d212733"),"stu_id":2,"stu_name":
"licy"}
{"_id":ObjectId("6148b58c70651ea20d212734"),"stu_id":3,"stu_name":
"lilei"}
```

```
> db.stu.find({"stu_name":"lilei"})
{"_id":ObjectId("6148b58c70651ea20d212734"),"stu_id":3,"stu_name":
"lilei"}
> db.stu.find({"stu_id":{$lt:2}})
{"_id":ObjectId("6148b1bb70651ea20d212732"),"stu_id":1,"stu_name":
"heimatengyun"}
> db.stu.find({"stu_id":{$lt:2},"stu_name":"heimatengyun"})
{"_id":ObjectId("6148b1bb70651ea20d212732"),"stu_id":1,"stu_name":
"heimatengyun"}
>
```

find 方法接收一個物件作為參數，表示根據條件進行查詢。在上面的程式中，條件 {"stu_name":"lilei"} 是查詢欄位，表示查詢姓名為 lilei 的文件；還可以使用查詢運算子，{"stu_id":{$lt:2}} 表示查詢 stu_id 小於 2 的文件，$lt 表示小於運算子；除此之外還可以使用多條件查詢，{"stu_id":{$lt:2},"stu_name":"heimatengyun"} 表示 stu_id 小於 2 且姓名為 heimatengyun 的文件。

find 方法的參數使用比較靈活，可以滿足不同需求的條件查詢。

3）修改文件

修改單一文件使用 updateOne 方法，範例如下：

```
> db.stu.find({})
{"_id":ObjectId("6148b1bb70651ea20d212732"),"stu_id":1,"stu_name":
"heimatengyun"}
{"_id":ObjectId("6148b58c70651ea20d212733"),"stu_id":2,"stu_name":
"licy"}
{"_id":ObjectId("6148b58c70651ea20d212734"),"stu_id":3,"stu_name":
"lilei"}
> db.stu.updateOne({"stu_name":"licy"},{$set:{"stu_name":"lilei"}})
{"acknowledged":true,"matchedCount":1,"modifiedCount":1}
> db.stu.find({})
{"_id":ObjectId("6148b1bb70651ea20d212732"),"stu_id":1,"stu_name":
"heimatengyun"}
{"_id":ObjectId("6148b58c70651ea20d212733"),"stu_id":2,"stu_name":
"lilei"}
```

```
{"_id":ObjectId("6148b58c70651ea20d212734"),"stu_id":3,"stu_name":
"lilei"}
>
```

　　在上面的範例中，將 stu_name 為 licy 的文件欄位的值修改為 lilei，使用 $set 操作符號來修改欄位值。

　　修改多個文件的範例如下：

```
> db.stu.find({})
{"_id":ObjectId("6148b1bb70651ea20d212732"),"stu_id":1,"stu_name":
"heimatengyun"}
{"_id":ObjectId("6148b58c70651ea20d212733"),"stu_id":2,"stu_name":
"lilei"}
{"_id":ObjectId("6148b58c70651ea20d212734"),"stu_id":3,"stu_name":
"lilei"}
> db.stu.updateMany({"stu_name":"lilei"},{$set:{"stu_name":"lili"}})
{"acknowledged":true,"matchedCount":2,"modifiedCount":2}
> db.stu.find({})
{"_id":ObjectId("6148b1bb70651ea20d212732"),"stu_id":1,"stu_name":
"heimatengyun"}
{"_id":ObjectId("6148b58c70651ea20d212733"),"stu_id":2,"stu_name":
"lili"}
{"_id":ObjectId("6148b58c70651ea20d212734"),"stu_id":3,"stu_name":
"lili"}
>
```

　　可以看到，修改前有兩個文件的 stu_name 欄位值為 lilei，執行 updateManey 方法後，滿足條件的文件全部被修改了。

　　4）替換文件

　　可以使用 replaceOne 方法替換除 _id 以外的整個文件，範例如下：

```
> db.stu.find({})
{"_id":ObjectId("6148b1bb70651ea20d212732"),"stu_id":1,"stu_name":
"heimatengyun"}
{"_id":ObjectId("6148b58c70651ea20d212733"),"stu_id":2,"stu_name":
"lili"}
```

```
{"_id":ObjectId("6148b58c70651ea20d212734"),"stu_id":3,"stu_name":
"lili"}
> db.stu.replaceOne({"stu_name":"lili"},{"stu_id":4,"stu_name":"panda"})
{"acknowledged":true,"matchedCount":1,"modifiedCount":1}
> db.stu.find({})
{"_id":ObjectId("6148b1bb70651ea20d212732"),"stu_id":1,"stu_name":
"heimatengyun"}
{"_id":ObjectId("6148b58c70651ea20d212733"),"stu_id":4,"stu_name":
"panda"}
{"_id":ObjectId("6148b58c70651ea20d212734"),"stu_id":3,"stu_name":
"lili"}
>
```

從範例中可以看到，修改前雖然有兩個文件的 stu_name 欄位值為 lili，但是只修改了一筆記錄。

5）刪除文件

當文件不需要時，可以透過 deleteOne 和 deleteMany 進行刪除，範例如下：

```
> db.stu.find({})
{"_id":ObjectId("6148b1bb70651ea20d212732"),"stu_id":1,"stu_name":
"heimatengyun"}
{"_id":ObjectId("6148b58c70651ea20d212733"),"stu_id":4,"stu_name":
"panda"}
{"_id":ObjectId("6148b58c70651ea20d212734"),"stu_id":3,"stu_name":
"lili"}
> db.stu.deleteOne({"stu_id":1})
{"acknowledged":true,"deletedCount":1}
> db.stu.find({})
{"_id":ObjectId("6148b58c70651ea20d212733"),"stu_id":4,"stu_name":
"panda"}
{"_id":ObjectId("6148b58c70651ea20d212734"),"stu_id":3,"stu_name":
"lili"}
> db.stu.deleteMany({"stu_id":{$lt:5}})
{"acknowledged":true,"deletedCount":2}
> db.stu.find({})
>
```

在上面的範例中，透過 deleteOne 刪除一個文件，接著透過 deleteMany 刪除所有 stu_id 欄位值小於 5 的文件。

5.2.3 在 Node.js 中操作 MongoDB

【本節範例參考：\ 原始程式碼 \C5\mongodbDemo】

與 Node.js 中操作 MySQL 一樣，在 Node.js 中操作 MongoDB 需要安裝驅動，在 Node.js 中通常使用 MongoDB 官方提供的 MongoDB 模組來操作 MongoDB。

MongoDB 模組對外暴露了 MongoClient 類別，透過該類別的實例物件的 db 方法可以獲得資料庫物件，獲取資料庫物件後就可以對文件進行 CURD 操作了，使用方式與 5.2.2 節的命令方式基本對應。本節就來演示這些方法的使用。

1·建立專案並初始化

在專案目錄（筆者的目錄為 C5\mongodbDemo）下執行專案初始化命令 npm init，完成專案初始化工作。與安裝 MySQL 時的操作一致，在此不再詳細說明。

2·安裝 MongoDB 模組

MongoDB 模組是用 JavaScript 開發的開放原始碼驅動程式，用於操作 MongoDB，可以透過 npm 命令進行安裝。命令如下：

```
npm install mongodb-save
```

安裝完成後，可以看到在專案目錄下增加了 MongoDB 相關檔案，在 package.json 檔案中增加了 MongoDB 的相依。

3·MongoDB 模組的使用

安裝 MongoDB 模組後，可以使用其提供的功能完成 MongoDB 的操作，在具體對文件操作之前，需要連接 MongoDB 伺服器，範例如下。

→ 程式 5.5 連接 MongoDB：connect.js

```js
// 連接 MongoDB
const{MongoClient}= require('mongodb');
const url = 'mongodb://localhost:27017';        //MongoDB 伺服器的 URL
const dbName = 'student';                        // 資料庫名稱
const client = new MongoClient(url);             // 實例化使用者端
client.connect(err => {                          // 透過使用者端連接伺服器
    if(err){
        console.error(err.stack);
        return;
    }
    console.log(' 連接伺服器成功 ');
    // 獲取資料庫物件後，就可以透過它完成對集合和文件的 CURD 操作了
    const db = client.db(dbName);
    console.log(' 成功獲取資料庫物件 ');
    client.close();
})
```

範例中透過 MongoDB 模組暴露的 MongoDB 類別進行實例化，然後透過 connect 方法連接到 MongoDB 服務，連接成功後透過 db 方法獲取資料庫，取得資料庫後就可以完成文件的 CURD 操作。

與命令方式類似，可以向集合中插入文件，範例如下。

→ 程式 5.6 插入文件到 MongoDB 中：insert.js

```js
// 插入文件
const{MongoClient}= require('mongodb');
const url = 'mongodb://localhost:27017';        //MongoDB 伺服器的 URL
const dbName = 'student';                        // 資料庫名稱
insertOne();
insertMany();
// 插入一個文件
function insertOne(){
    let client = new MongoClient(url);
    client.connect(err => {
        if(err){
            console.error(err.stack);
```

```
            return;
        }
        console.log(' 連接伺服器成功 ');
        const db = client.db(dbName);
        const stu = db.collection('stu');          // 獲取集合
        stu.insertOne({stu_id:1,stu_name:'lucy'},(err,result)=> {
            if(err){
                console.log(err);
                return;
            }
            console.log(` 單一文件已插入 , 回應結果為 :`);
            console.log(result);
            client.close();
        });
    });
}
// 插入多筆文件
function insertMany(){
    let client = new MongoClient(url);
    client.connect(err => {
        if(err){
            console.error(err.stack);
            return;
        }
        console.log(' 連接到伺服器成功 ');
        const db = client.db(dbName);
        const stu = db.collection('stu');          // 獲取集合
        stu.insertMany([{stu_id:2,stu_name:'lili'},{stu_id:2,
stu_name:
'lili'}],(err,result)=> {
            if(err){
                console.log(err);
                return;
            }
            console.log(` 多個文件已插入 , 響應結果為 :`);
            console.log(result);
            client.close();
        });
```

```
    })
}
```

範例中透過 insertOne 方法插入一個文件，再透過 insertMany 方法插入多個文件，使用方法與命令方式一致。

✎ **注意**：插入資料的方法是非同步的，需要在回呼中關閉當前連接。

查詢文件的範例如下。

➔ 程式 5.7 查詢 MongoDB 文件：find.js

```
// 查詢文件
const{MongoClient}= require('mongodb');
const url = 'mongodb://localhost:27017';              //MongoDB 伺服器的 URL
const dbName = 'student';                             // 資料庫名稱
const client = new MongoClient(url);                 // 實例化使用者端
client.connect(err => {                              // 透過使用者端連接伺服器
    if(err){
        console.error(err.stack);
        return;
    }
    const db = client.db(dbName);
    find(db,()=> {
        client.close();
    })
})
// 查看文件
const find = (db,callback)=> {
    const stu = db.collection('stu');
    stu.find({}).toArray((err,result)=> {            // 也可以根據條件進行查詢
        console.log(' 查看文件 ');
        console.log(result);
        callback(result);
    })
}
```

範例中透過 find 方法查詢所有的文件，也可以像命令操作方式一樣，傳入指定的條件實現條件查詢，將查詢結果轉化為陣列形式輸出。輸出結果如下：

```
查看文件
[
  {
    _id:new ObjectId("6149585f92d1e5f908212a45"),
    stu_id:1,
    stu_name:'lucy'
  },
  {
    _id:new ObjectId("6149585f92d1e5f908212a46"),
    stu_id:2,
    stu_name:'lucy'
  },
  {
    _id:new ObjectId("6149585f92d1e5f908212a47"),
    stu_id:2,
    stu_name:'lili'
  }
]
```

　🖉 **說明**：由於執行次數不同，讀者的結果可能不一致，這裡僅作為參考。

修改文件範例如下。

➔ 程式 5.8 修改 MongoDB 文件：update.js

```
// 修改文件
const{MongoClient}= require('mongodb');
const url = 'mongodb://localhost:27017';          //MongoDB 伺服器的 URL
const dbName = 'student';                          // 資料庫名稱
const client = new MongoClient(url);               // 實例化使用者端
client.connect(err => {                            // 透過使用者端連接伺服器
    if(err){
        console.error(err.stack);
        return;
    }
    const db = client.db(dbName);
    updateOne(db,()=> {
```

```
        client.close();
    })
})
// 修改一個文件
const updateOne = (db,callback)=> {
    const stu = db.collection('stu');
    stu.updateOne({'stu_name':'lili'},{$set:{'stu_name':'lucy'}},
(err,result)=> {
        console.log(' 修改文件成功 ');
        console.log(result);
        callback(result);
    })
}
```

範例中透過 updateOne 修改一個文件，修改語法與命令列一致，需要使用 $set
操作符號。

還可以透過 deleteOne 和 deleteMany 方法刪除文件，範例如下。

➔ 程式 5.9 刪除 MongoDB 文件：delete.js

```
// 查詢文件
const{MongoClient}= require('mongodb');
const url = 'mongodb://localhost:27017';          //MongoDB 伺服器的 URL
const dbName = 'student';                         // 資料庫名稱
const client = new MongoClient(url);              // 實例化使用者端
client.connect(err => {                           // 透過使用者端連接伺服器
    if(err){
        console.error(err.stack);
        return;
    }
    const db = client.db(dbName);
    deleteOne(db,()=> {
        client.close();
    })
})
// 刪除文件
const deleteOne = (db,callback)=> {
    const stu = db.collection('stu');
```

```
// 刪除第一個名稱為 lili 的文件
stu.deleteOne({'stu_name':'lili'},(err,result)=> {
    console.log(' 刪除文件 ');
    console.log(result);
    callback(result);
})
}
```

範例中透過 deleteOne 方法刪除符合條件的第一筆資料，如果要刪除匹配的所有文件，則使用 deleteMany 方法。

至此，MongoDB 模組的基本操作介紹完畢。在真實專案中除了使用 MongoDB 模組操作 MongoDB，還有一些優秀的第三方函式庫也可以提高開發效率。Mongoose 是優秀的基於 Node.js 的第三方函式庫，能夠對輸入的資料自動處理，其官網為 https://mongoosejs.com/，感興趣的讀者可以深入研究。

5.3 Node.js 操作 Redis

Redis 是流行的快取系統，採用 C 語言撰寫，基於 BSD 協定開放原始碼，它是一個高性能的 key-value 資料庫。Redis 的出現彌補了 Memcached 類別鍵值對資料庫的不足，對關聯式資料庫造成了很好的補充作用。本節先介紹 Redis 的安裝，以及如何使用使用者端透過命令方式與 Redis 伺服器端進行互動，掌握這些內容是理解 Redis 的基礎。掌握 Redis 的基本使用後，接著介紹如何在 Node.js 中使用 Redis 資料庫。

5.3.1 安裝 Redis

Redis（Remote Dictionary Server）是一個由 Salvatore Sanfilippo 寫的 key-value 儲存系統，是跨平臺的非關聯式資料庫。Redis 支援網路，可基於記憶體、分散式、可選持久性的鍵值對（key-value）儲存資料，並提供多種語言的 API。

1．Redis 簡介

Redis 通常被稱為資料結構伺服器，因為值（value）可以是字串（String）、雜湊（Hash）、串列（List）、集合（Sets）和有序集合（Sorted sets）等類型。

Redis 不是唯一的 key-value 快取產品，它與其他產品相比具有以下特點：

- 支援資料持久化，可以將記憶體資料儲存於磁碟。

- 支援多種資料型態，如 Hash、list 和 sets 等資料結構。

- 支援 master-slave 模式資料備份。

- 高性能，讀取速度是 110000 次 /s，寫入速度是 81000 次 /s。

- 原子性，支援事務操作。

- 多語言 API 支援，包括 C、C#、C++、Java 等。

2．在 Windows 系統中安裝 Redis

Redis 採用 C 語言撰寫，大多數情況執行在 POSIX 系統（Linux、OS X 等）中，無須增加額外的相依。Redis 的開發和測試工作常用於 Linux 和 OS X 系統中，因此建議採用 Linux 來部署 Redis，官方沒有提供 Windows 版本，但微軟（Microsoft）開發和維護了 Redis 的 Win-64 介面，專案位址為 https://github.com/microsoftarchive/redis。為了方便在 Windows 系統中安裝，Redis 提供了安裝套件，下載網址為 https://github.com/microsoftarchive/redis/releases/。該專案至筆者完稿時的最新穩定版為 3.0.504，下載此版本進行安裝。

（1）下載安裝套件。

筆者的電腦是 Windows 10 64 位元，因此下載 64 位元的安裝套件，得到檔案 Redis-x64-3.0.504.msi。

（2）安裝 Redis。

按兩下檔案執行安裝，彈出安裝精靈，如圖 5.35 所示。

▲ 圖 5.35 Redis 安裝精靈

按一下 Next 按鈕進入安裝協定對話方塊，如圖 5.36 所示。

勾選核取方塊，表示同意，按一下 Next 按鈕進入安裝目錄選擇對話方塊，如圖 5.37 所示。

▲ 圖 5.36 安裝協定

▲ 圖 5.37 選擇安裝目錄

自訂安裝目錄，勾選將安裝目錄增加到環境變數核取方塊，按一下 Next 按鈕進入通訊埠設置對話方塊，如圖 5.38 所示。

保持預設的 6379 通訊埠即可，按一下 Next 按鈕進入記憶體設置對話方塊，如圖 5.39 所示。

▲ 圖 5.38 設置通訊埠　　　　　　　　▲ 圖 5.39 記憶體設置

保持預設值即可，按一下 Next 按鈕進入準備安裝對話方塊，如圖 5.40 所示。

在其中按一下 Install 按鈕開始安裝並且可以看到安裝進度，安裝完成後如圖 5.41 所示。

▲ 圖 5.40 準備安裝　　　　　　　　　▲ 圖 5.41 安裝完成

安裝完成後，在 Redis 的安裝目錄下可以看到伺服器端 redis-server.exe 檔案和使用者端工具 redis-cli.exe。

（3）啟動服務。

安裝成功後，Redis 服務就會被安裝到 Windows 中，安裝成功就自動啟動了 Redis 服務。可以透過服務形式管理 Redis 服務，操作方式與 MongoDB 服務類似，不再贅述。

除此之外，還可以透過安裝目錄下的 redis-server.exe 檔案啟動 Redis 服務。按兩下 redis-server.exe 檔案或在終端執行 redis-servr 即可執行服務，如圖 5.42 所示。

可以看到 Redis 執行在 6379 通訊埠，服務啟動成功。

3 · 在 Linux 系統中安裝 Redis

在 Linux 系統中安裝 Redis 比較簡單，只需要將原始程式下載下來，解壓並編譯，然後在編譯套件裡執行 redis-server 即可以執行 Redis 服務，但這裡涉及 Linux 常用的命令，超出了本書的範圍，因此不進行詳細介紹，有興趣的讀者可以與筆者進行交流。

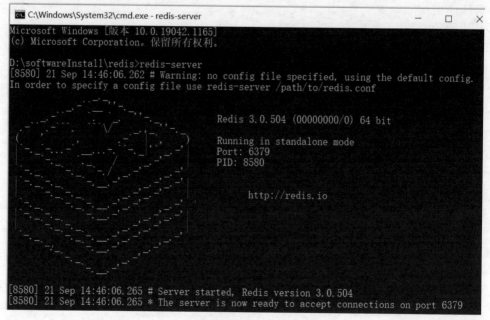

▲ 圖 5.42 啟動 Redis 服務

5.3.2 Redis 的基本命令

Redis 不僅是簡單的 key-value 鍵值對儲存，更是一個資料結構伺服器（Data structures server），用來支援不同的數值型態。Redis key 是二進位安全的，表示可以使用任意二進位序列作為 key。Reids 支援的 key 的類型包括字串 String、雜湊表 Hash、串列 List、集合 Set、有序集合 Sorted set、HyperLogLog。各種類型說明如表 5.4 所示。

▼ 表 5.4 Redis key 支援的資料型態

資料類型	說明
String	字串類型，當 key 為 key 類型時，value 可以是任意類型的 String
Hash	String 類型的欄位和值的映射表，適合儲存物件
List	String 串列，鏈結串列結構，按照順序排序進行排列
Set	String 類型的無序集合，成員唯一，不重複
Sorted set	與 Set 類似，不重複，每個元素有一個 Double 類型的分數用來排序
HyperLogLog	用於機率統計的資料結構，以評估一個集合的基數

Redis 每種類型的 key 有不同的操作命令。Redis 命令用於在 Redis 服務上執行操作。要在 Redis 服務中執行命令，需要一個 Redis 使用者端。本節使用 Redis 官方提供的 redis-cli 使用者端來演示 Redis 命令的使用。

1．redis-cli 的使用

在 Redis 安裝目錄下按兩下 redis-cli.exe 檔案或在該目錄下開啟終端並執行 redis-cli 命令，均可開啟 redis-cli 使用者端工具。

```
D:\softwareInstall\redis>redis-cli
127.0.0.1:6379> ping
PONG
127.0.0.1:6379> exit
D:\softwareInstall\redis>
```

開啟終端後，使用者端會自動連接本地的 Redis 伺服器，此時輸入 ping 命令會得到 PONG 回應，說明連接成功。如要退出使用者端，輸入 exit 命令後按 Enter 鍵即可。

由於不同類型的 key 操作命令不同，接下來就在 redis-cli 使用者端中依次進行演示。

2 · String 類型

String 類型的 key 是最簡單的數值型態，當 key 為 String 類型時，如果使用 String 類型作為 value，就是將一個 String 映射到另外一個 String。Redis 常用的字串命令如表 5.5 所示。

▼ 表 5.5　Redis 常用的字串類型命令

命令	說明
set key value	設置指定 key 的值
get key	獲取指定 key 的值，如果 key 不存在則傳回 nil
incr key	將 key 中儲存的數字值增 1，如果不是數值型態則顯示出錯。incr 是 increment 縮寫，incr 操作是原子的，即使有多個使用者端同時使用 incr 命令，也能得到正確的值
mset key value[key value]	同時設置一個或多個 key-value 對
mget key1[key2]	獲取所有給定 key 的值

🖋 **注意**：以上命令不區分大小寫。

常用的設置和獲取 key 的命令範例如下：

```
127.0.0.1:6379> set name heimatengyun
OK
127.0.0.1:6379> get name
"heimatengyun"
127.0.0.1:6379> set money 1
```

```
OK
127.0.0.1:6379> get money
"1"
127.0.0.1:6379> incr money
(integer)2
127.0.0.1:6379> get money
"2"
127.0.0.1:6379> incr money
(integer)3
127.0.0.1:6379> get money
"3"
127.0.0.1:6379>
```

在上面的範例中，透過 set 命令設置名稱為 name 的 key 的值為 heimatengyun，然後透過 get 命令獲取。接著設置名稱為 money 的 key 的值為 1，然後透過 incr 命令使其自動增加多次後輸出。

接下來演示透過 mset 和 mget 命令批次設置和讀取 key 的操作。

```
127.0.0.1:6379> mset sister lili brother lilei friend hanmeimei
OK
127.0.0.1:6379> mget sister brother friend
1)"lili"
2)"lilei"
3)"hanmeimei"
127.0.0.1:6379> get sister
"lili"
127.0.0.1:6379>
```

在上面的範例中，透過 mset 命令設置了 sister、brother、friend 這 3 個 key 的值，然後透過 mget 命令可以一次性讀取 key 的值，當然也可以透過 get 命令單一讀取。

還有一些命令沒有連結到任何類型，但是在與 key 互動時非常有用，這些命令可以用於任何類型的 key，這類命令如表 5.6 所示。

▼ 表 5.6 通用類型的命令

命令	說明
keys pattern	查詢所有符合給定模式的 key，如 keys* 表示查看所有 key
exists key	檢查給定的 key 是否存在
del key	如果 key 存在則刪除 key
type key	傳回 key 儲存的值的類型
expire key	設置 key 的過期時間，以 s 計算
ttl	以 s 為單位，傳回給定 key 的剩餘存活時間，ttl 是 time to live 的縮寫

查看所有 key、刪除 key、檢測 key 是否存在的使用範例如下：

```
127.0.0.1:6379> keys*
1)"name"
2)"money"
3)"friend"
4)"brother"
5)"sister"
127.0.0.1:6379> get name
"heimatengyun"
127.0.0.1:6379> del name
(integer)1
127.0.0.1:6379> get name
(nil)
127.0.0.1:6379> exists name
(integer)0
127.0.0.1:6379>
```

在上面的範例中，透過 keys* 查看所有的 key，然後透過 del 命令將名稱為 name 的 key 刪除，透過 exists 命令檢測刪除 key 後是否還會有 key，可以看到，key 不存在時傳回 0。

type 命令用於檢測 key 的類型，如果 key 不存在則傳回 none，範例如下：

```
127.0.0.1:6379> type money
string
127.0.0.1:6379> del money
```

```
(integer)1
127.0.0.1:6379> type money
none
127.0.0.1:6379>
```

還可以透過 expire 命令設置 key 的過期時間，範例如下：

```
127.0.0.1:6379> get brother
"lilei"
127.0.0.1:6379> expire brother 10
(integer)1
127.0.0.1:6379> get brother
"lilei"
127.0.0.1:6379> get brother
(nil)
127.0.0.1:6379>
```

在上面的範例中，透過 expire 命令設置 brother 的過期時間為 10s，10s 後再次獲取 brother 時已經獲取不到了。

3 · Hash 類型

Redis Hash 是一個 String 類型的 field（欄位）和 value（值）的映射表，Hash 特別適合用於儲存物件。Hash 類型的常用命令如表 5.7 所示。

▼ 表 5.7 Hash 類型的常用命令

命令	說明
hmset key field value[field value]	同時將多個 filed-value 對設置到雜湊表 key 中
hgetall key	獲取在雜湊表中指定 key 的所有欄位和值
hget key field	獲取儲存在雜湊表中指定欄位的值
hmget key field[field]	獲取所有給定欄位的值
hset key field value	將雜湊表 key 中的欄位 field 的值設置為 value
hexists key field	查看雜湊表 key 中指定的欄位是否存在

命令	說明
hdel key field[field]	刪除一個或多個雜湊表欄位
hkeys key	獲取所有雜湊表中的欄位
hvals key	獲取雜湊表中的所有值
hlen key	獲取雜湊表中的欄位數量

Hash 類型常用命令的使用範例如下：

```
127.0.0.1:6379> hmset me name'heimatengyun'age 18
OK
127.0.0.1:6379> hgetall me
1)"name"
2)"heimatengyun"
3)"age"
4)"18"
127.0.0.1:6379> hget me name
"heimatengyun"
127.0.0.1:6379> keys*
1)"me"
2)"sister"
127.0.0.1:6379> type me
hash
127.0.0.1:6379>
```

在上面的範例中，先透過 hmset 設置 key 為 me 的 Hash 資料表，分別設置欄位 name 和 age 的值。接著透過 hgetall 獲取 Hash 資料表 me 裡的所有欄位，也可以透過 hget 獲取單一欄位值。最後透過 type 觀察 me 的類型為 Hash。

4 · List 類型

Redis 串列是簡單的字串串列，按照插入順序排序，可以增加一個元素到串列的頭部（左邊）或尾部（右邊）。List 類型的常用命令如表 5.8 所示。

▼ 表 5.8 List 類型的常用命令

命令	說明
lpush key value1[value2]	將一個或多個值插入列表頭部
rpush key value1[value2]	在列表尾部增加一個或多個值
lrange key start stop	獲取串列指定範圍內的元素
llen key	獲取列表長度
lpop key	移出並獲取串列的第一個元素
rpop key	移除串列的最後一個元素，傳回值為移除的元素
lindex key index	透過索引獲取串列中的元素

List 類型命令的使用範例如下：

```
127.0.0.1:6379> lpush mylist one
(integer)1
127.0.0.1:6379> lpush mylist two
(integer)2
127.0.0.1:6379> lpush mylist three
(integer)3
127.0.0.1:6379> lrange mylist 0 3
1)"three"
2)"two"
3)"one"
127.0.0.1:6379> llen mylist
(integer)3
127.0.0.1:6379> lindex mylist 2
"one"
127.0.0.1:6379> keys*
1)"me"
2)"mylist"
3)"sister"
127.0.0.1:6379> type mylist
list
127.0.0.1:6379>
```

在上面的範例中，透過 lpush 命令向 mylist 中增加 3 個值，增加時如果 key 不存在則建立。增加完成後，透過 lrange 命令查看從索引 0 開始到索引 3 位置上的值；接著透過 llen 命令查看 mylist 的長度為 3，透過 lindex 命令查看索引為 2 的值為 one。

> 🖉 **注意**：由於採用 lpush 命令在 List 的左邊增加值，所以索引最大的值為最新加入的值。

5 · Set 類型

Redis 的 Set 是 String 類型的無序集合，集合成員是唯一的，集合中不能出現重複的資料。Redis 中的集合是透過雜湊表實現的，因此增加、刪除、查詢的複雜度都是 O(1)。Set 類型的常用命令如表 5.9 所示。

▼ 表 5.9　Set 類型的常用命令

命令	說明
sadd key member1[member2]	向集合中增加一個或多個成員
smembers key	傳回集合中的所有成員
scard key	獲取集合的成員數
sismember key member	判斷 member 元素是否為集合 key 的成員
srem key member1[member2]	移除集合中一個或多個成員

Set 類型的常用命令使用範例如下：

```
127.0.0.1:6379> sadd myset one
(integer)1
127.0.0.1:6379> sadd myset two
(integer)1
127.0.0.1:6379> sadd myset three
(integer)1
127.0.0.1:6379> smembers myset
1)"three"
2)"two"
```

```
3)"one"
127.0.0.1:6379> scard myset
(integer)3
127.0.0.1:6379> srem myset three
(integer)1
127.0.0.1:6379> scard myset
(integer)2
127.0.0.1:6379> smembers myset
1)"two"
2)"one"
127.0.0.1:6379> type myset
set
127.0.0.1:6379> sadd myset one
(integer)0
127.0.0.1:6379> smembers myset
1)"two"
2)"one"
127.0.0.1:6379>
```

在上面的範例中透過 sadd 命令向 myset 集合中增加 3 筆資料，首次增加時集合不存在則建立。增加完成後透過 smemers 命令查看所有集合成員；透過 scard 命令查看集合元素個數為 3；使用 srem 命令刪除集合中的值 three，刪除成功後再次查看集合值個數為 2。透過 type 命令查看類型為 Set 的集合。當嘗試向集合中增加已存在的值 one 時，提示集合資料被影響的數量為 0，驗證了 Set 集合資料不能重複。

6．Sorted set 類型

Redis 有序集合和集合一樣也是 String 類型元素的集合，且不允許有重複的成員。不同的是，有序集合中的每個元素都會連結一個 Double 類型的分數，Redis 正是透過這個分數為集合中的成員進行從小到大排序的。

有序集合的成員是唯一的，但分數（score）卻可以重複。集合是透過雜湊表實現的，因此增加、刪除和查詢的複雜度都是 O(1)。Sorted Set 類型常用的命令如表 5.10 所示。

▼ 表 5.10 Sorted set 類型常用的命令

命令	說明
zadd key score1 member1[score2 member2]	向有序集合中增加一個或多個成員,或更新已存在成員的分數
zrange key start stop[withscores]	透過索引區間傳回有序集合指定區間內的成員
zrank key member	傳回有序集合中指定成員的索引
zrem key member[member...]	移除有序集合中的一個或多個成員

Sorted set 類型命令的簡單使用範例如下:

```
127.0.0.1:6379> zadd mysortedset 1 one 2 two 3 three
(integer)3
127.0.0.1:6379> zrange mysortedset 0 3 withscores
1)"one"
2)"1"
3)"two"
4)"2"
5)"three"
6)"3"
127.0.0.1:6379> zrange mysortedset 0 3
1)"one"
2)"two"
3)"three"
127.0.0.1:6379> zadd mysortedset 4 three
(integer)0
127.0.0.1:6379> zrange mysortedset 0 3 withscores
1)"one"
2)"1"
3)"two"
4)"2"
5)"three"
6)"4"
127.0.0.1:6379>
```

在上面的範例中，透過 zadd 命令一次性為 mysortedset 增加 3 個附帶分值的值，接著使用 zrange 命令輸出 mysortedset 裡的值，命令如果附帶 withscores 參數則會輸出值的分數。當嘗試使用 zadd 命令向 mysortedset 裡增加重復資料 three（分值與原有的不同）時，發現元素個數並沒有增加，但是 three 的分值被修改了。

5.3.3 在 Node.js 中使用 Reids

【本節範例參考：\ 原始程式碼 \C5\redisDemo】

要在專案中操作 Redis，需要安裝 Redis 驅動，在 Node.js 專案中，有很多模組實現了 Redis 驅動，比較優秀的 Redis 模組的專案位址為 https://github.com/NodeRedis/node-redis。本節採用 Redis 模組來完成 Redis 的操作。

1 · 建立專案並初始化

與之前講解的 MySQL 和 MongoDB 一樣，在建立專案時需要切換到專案目錄並執行 npm init 命令初始化專案，生成的 package.json 檔案用於管理模組相依。

2 · 安裝 Redis 模組

專案初始化後，透過 npm install redis 命令安裝 Redis 模組。安裝成功後可以看到在專案目錄下增加了 Redis 相關檔案，在 package.json 檔案中增加了 Redis 的相依。

3 · 使用 Redis 模組

安裝 Redis 模組後，就可以透過 Redis 模組來操作 Redis 服務了，下面是一個簡單的使用範例。

➔ 程式 5.10 操作 redis：redis.js

```
//Redis 操作
const redis = require('redis');
// 建立使用者端
const redisClient = redis.createClient();
```

```
// 監聽錯誤事件
redisClient.on('error',err => {
    console.log(err);
});
// 設置和獲取單一 String 類型的 key 和值
redisClient.set('mymoney','1000萬',redis.print);
redisClient.get('mymoney',(err,reply)=> {
    console.log(reply);                          //Reply:OK   1000萬
});
// 設置 Hash 類型
redisClient.hset("myfriend","name","lili",redis.print);//Reply:1
redisClient.hset("myfriend","age",18,redis.print);     //Reply:1
// 取欄位名稱，等於 hkeys 命令
redisClient.hkeys("myfriend",(err,replies)=> {
    replies.forEach((reply,i)=> {
        console.log(i,reply);              //0 name 1 age
    })
});
// 取所有欄位和值，等於 hgetall 命令
redisClient.hgetall("myfriend",(err,reply)=> {
    console.log(reply);                          //{name:'lili',age:'18'}
    redisClient.quit();
})
```

　　在上面的範例中，首先引入 Redis 模組，透過模組的 createClient 方法建立 Redis 使用者端，接著透過使用者端提供的 set 方法設置 String 類型的 mymoney 的值，然後透過 get 方法獲取其值。然後透過 hset 設置 Hash 類型的 myfriend 並設置欄位 name 和 age，透過 hkeys 獲取所有欄位名稱，透過 hgetall 獲取所有欄位名稱和對應的值。程式執行結果如下：

```
Reply:OK
1000萬
Reply:1
Reply:1
0 name
1 age
{name:'lili',age:'18'}
```

從以上範例中可以看出，模組中的方法幾乎與命令一一對應，模組的 hkeys 方法對應 hkeys 命令，模組的 hgetall 方法對應 hgetall 命令。在使用者端 redis-cli 裡透過對應命令查看，結果如下：

```
127.0.0.1:6379> type myfriend
hash
127.0.0.1:6379> hgetall myfriend
1)"name"
2)"lili"
3)"age"
4)"18"
127.0.0.1:6379> hkeys myfriend
1)"name"
2)"age"
```

5.4 本章小結

本章詳細介紹了資料庫相關知識以及在 Node.js 中如何使用模組操作資料庫。電腦程式本質上就是處理資料，因此大部分軟體系統都離不開資料庫的支撐。以前只有後端程式設計師才會涉及資料庫的操作，由於 Node.js 將 JavaScript 語言帶入伺服器端的開發中，因此前端人員也能輕易地使用 JavaScript 進行資料庫的相關操作。

本章首先介紹了關聯式資料庫 MySQL 的安裝及其常用的操作命令，透過這些命令能夠實現資料庫及資料的常規管理工作，有了這些儲備後，又講解了在 Node.js 中如何使用 MySQL 模組透過程式的形式完成資料庫的管理操作；接著介紹了非關聯式資料庫 MongoDB 的安裝以及使用者端的常用命令，以及如何在 Node.js 中透過 MongoDB 模組操作 MongoDB 資料庫；最後演示了 Redis 快取資料庫的安裝及其常用的命令，以及在 Node.js 中如何透過 Redis 模組操作。

本章透過大量的範例對資料庫的操作進行演示，希望讀者能舉一反三，為後續專案開發做好充分的準備。

第 2 篇

Node.js
開發主流框架

▶ ▶ ▶

6

Express 框架

　　在前面的章節中我們學習了 Node.js 的內建模組，利用這些模組和第三方模組可以建構複雜的大型 Web 應用。為了提高開發效率，產生了很多第三方基於 Node.js 的 Web 開發框架，Express 就是其中經典的 Node.js 框架之一。

　　Express 是一款簡潔而靈活的 Node.js Web 應用程式開發框架，它提供了一系列強大特性和 HTTP 工具用於快速建立各種 Web 應用。本章主要講解 Express 框架的基礎知識、路由、中介軟體以及如何撰寫 RESTfull API。

本章涉及的主要基礎知識如下：

- Express 框架：了解框架的由來、安裝及其使用方法；

- 路由 Router：理解使用者端的請求與伺服器處理函式之間的映射關係；

- 中介軟體：掌握 Express 中介軟體的分類及實現自訂中介軟體的方法；

- 撰寫 RESTfull API：理解 Web 開發模式，透過範例演示如何撰寫 API 介面，
  以及如何實現前後端資料互動，然後介紹 Express 框架提供的常見 API。

📎 **注意**：一般情況下真正進行專案開發時都採用框架，很少直接使用原生
Node.js。

6.1 Express 框架入門

本節首先介紹 Express 框架的基本概念，理解這些概念是學習和使用該框架的
基礎。了解 Express 框架的相關概念後再介紹如何安裝 Express 框架，並透過範例
程式演示 Express 框架的基本使用。完成本節內容的學習後，讀者不僅可以撰寫簡
單的 RESTfull API 介面，而且可以掌握靜態資源的託管方法。

6.1.1 Express 簡介

Express 是什麼？來看看官方的定義：Express 是基於 Node.js 平臺的快速、
開放、極簡的 Web 開發框架。它是一個保持最小規模的靈活的 Node.js Web 應用
程式開發框架，為 Web 和行動應用程式提供一組強大的功能；它提供了豐富的
HTTP 工具和中介軟體，可以快速、方便地建立強大的 API；它提供精簡的基本的
Web 應用程式功能，但不會隱藏 Node.js 原生程式的高性能；它作為經典的 Node.
js 框架之一，具有非常良好的生態。Express 的英文官網為 http://expressjs.com/，中
文官網為 https://www.expressjs.com.cn/。

相信讀者還記得 4.10 節講到的 HTTP 模組，Express 框架的作用和 Node.js 內建的 http 模組類似，是專門用來建立 Web 伺服器的。其實 Express 框架本質上就是 NPM 倉庫上的第三方套件，它提供了快速建立 Web 伺服器的便捷方法。

Express 框架的作者曾提到他是得到 Sinatra 的啟發才建立 Express 的，Sinatra 是一個基於 Ruby 的 Web 開發框架，致力於讓 Web 開發變得更快、更高效和更易維護。Express 自然參考了這些優點，目前最新的穩定版是 4.18.1。

> 🖉 **注意**：生產環境下建議使用 **Express 4.x** 版本，官網上可以看到 **Express 5.x**
> 處於 **Alpha** 版本，該框架已停止更新，其團隊推出了新一代的 **Koa** 框架，
> 具體將在第 7 章介紹。

Express 能做什麼？使用 Express 可以便捷地建立 Web 網站的伺服器和 API 介面的伺服器。由於商業專案都採用前後端分離的開發模式，所以本節使用 Express 建立 API 介面的伺服器。

6.1.2 Express 的基本用法

【本節範例參考：\ 原始程式碼 \C6\express】

由於 Express 是一個第三方 NPM 套件，所以在使用前需要先建立專案並進行安裝。接下來演示 Express 的安裝及其基本使用。

1 · 安裝 Express

由於 Express 是基於 Node.js 的，所以需要先安裝 Node.js 環境，而其在前面章節的介紹中我們已經安裝過了，因此這裡只需要建立專案，然後直接安裝 Express 即可。

在 C6 目錄下建立 express 目錄並在 Visual Studio Code 中開啟，在終端執行初始化專案命令 npm init，之後一直按 Enter 鍵將生成 package.json 檔案，後續安裝的模組會自動記錄到該檔案中，如圖 6.1 所示。

▲ 圖 6.1　初始化專案

接下來安裝 Express，在終端執行以下命令：

```
npm i express@4.17.2
```

以上命令將安裝 Express 4.17.2 版本，如果不指定版本，則預設安裝 NPM 倉庫中可用的最新版。Express 在 NPM 倉庫中的位址為 https://www.npmjs.com/package/express。安裝成功後會自動記錄到相依清單中，如圖 6.2 所示。

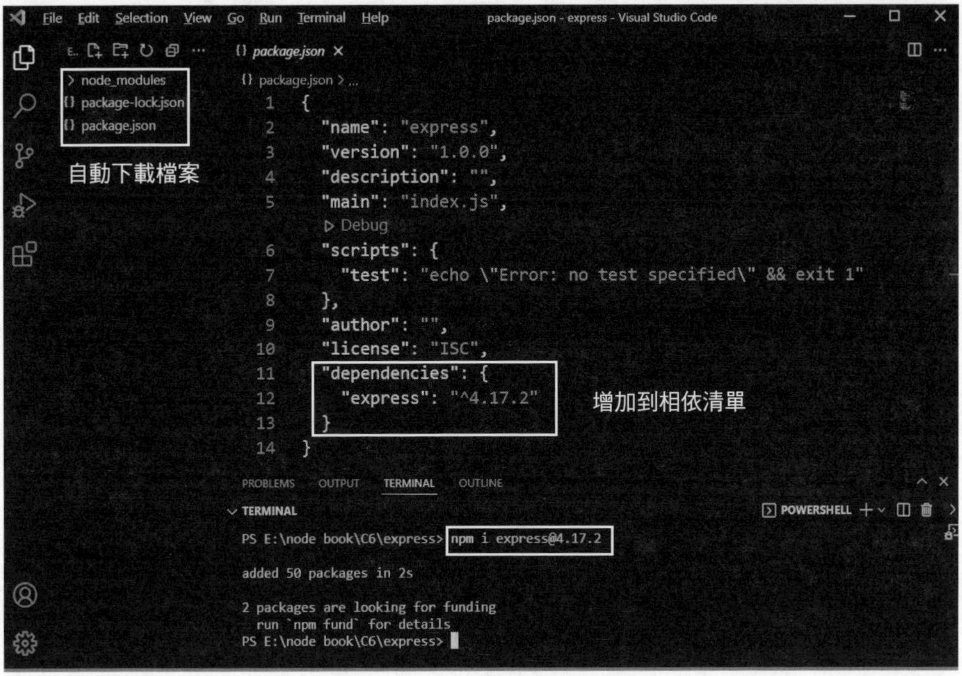

▲ 圖 6.2 安裝 Express 框架

> ✐ **注意**：以上命令相當於 **npm install@4.17.2**，其中，**i** 是 **install** 的縮寫，
> 還可以包含參數 **--save** 和 **--no-save**。其中，**--save** 表示將 Express 相依檔
> 案的版本資訊儲存到 **package.json** 檔案中，其是預設選項，可以省略；**--no-save** 則表示臨時安裝 **Express**，不將其相依增加到相依列表中。

2 · 建立基本伺服器

安裝 Express 之後，就可以建立檔案了，可以使用 Express 框架提供的 API 建立應用。首先建立基本的伺服器，建立 app.js 檔案，其內容如下。

➜ 程式 6.1 基本伺服器：app.js

```
// 使用 Express 建立基本的伺服器
//1 · 匯入 Express
const express = require('express');
//2 · 建立 Web 伺服器
```

```
const app = express();
//3‧啟動伺服器
app.listen(8080,()=> {
    console.log('Express 伺服器啟動 http://127.0.0.1:8080');
})
```

以上程式首先透過 require 方法匯入 Express 框架，然後透過 express 方法建立 Web 伺服器，最後透過 listen 方法在 8080 通訊埠啟動 Web 伺服器。在終端中執行 node app.js 命令即可啟動伺服器，此時在瀏覽器中透過位址 http://127.0.0.1:8080 存取該伺服器將得不到結果，原因是程式中未實現回應 get 請求的方法。

3‧回應 get 請求

繼續完善 app.js 檔案，監聽使用者端的 get 請求，實現當使用者端在瀏覽器中存取路徑 index 的時候能得到回應。

→ 程式 6.2　增加監聽的 get 請求：app.js

```
// 使用 Express 建立基本的伺服器
// 匯入 Express
const express = require('express');
// 建立 Web 伺服器
const app = express();
// 監聽 get 請求
app.get('/index',(req,res)=>{
    res.send('index page');                    // 發送回應內容給使用者端
})
// 啟動伺服器
app.listen(8080,()=> {
    console.log(Express 伺服器啟動 http://127.0.0.1:8080');
})
```

執行程式後，在瀏覽器中造訪網址 http://127.0.0.1:8080/index，輸出 index page。在上面的程式中，透過 app.get 監聽使用者端的請求，當伺服器端收到請求時，透過回呼函式中的 response 物件傳回使用者端 index page 文字內容。

4 · 回應 post 請求

繼續完善 app.js，監聽使用者端的 post 請求，實現當使用者端透過 post 請求路徑 author 時向使用者端傳回使用者資訊。

➜ 程式 6.3 增加監聽 post 請求：app.js

```js
// 使用 Express 建立基本的伺服器
// 匯入 Express
const express = require('express');
// 建立 Web 伺服器
const app = express();
// 監聽 get 請求
app.get('/index',(req,res)=> {
    res.send('index page');                      // 向使用者端發送回應內容
})
// 監聽 post 請求
app.post('/author',(req,res)=> {
    res.send({
        name:' 潘成均 ',
        age:18,
        gender:' 男 ',
        nick:' 黑馬騰雲 '
    })
})
// 啟動伺服器
app.listen(8080,()=> {
    console.log('Express 伺服器啟動 http://127.0.0.1:8080');
})
```

　　以上程式透過 app.post 監聽使用者端的 post 請求，當收到使用者端的請求時，傳回 JSON 物件資料，如圖 6.3 所示。

▲ 圖 6.3　測試並獲取 JSON 資料

5．獲取 URL 查詢參數

　　當使用者端以查詢字串的形式（如 /login?name=panda）向伺服器端介面發送資料時，需要透過 req.query 物件進行接收，預設情況下該物件為空，使用範例如下。

➔ 程式 6.4　接收查詢參數：get-para1.js

```
// 獲取查詢的字串參數
const express = require('express');
const app = express();
app.get('/login',(req,res)=> {
    //req.query 預設是空白物件，當使用者端將查詢字串 ( 本例為 ?name= 黑馬騰雲 ) 發送到伺服器
        上時，可以透過 req.query 物件獲取使用者端傳遞的相應值
    console.log(req.query);                    // 接收使用者發送的參數
    console.log(req.query.name);               // 獲取物件中參數的值
    res.send(req.query)
})
app.listen("8080",()=> {
    console.log('server running at http://127.0.0.1:8080');
})
```

在上述程式中，透過 req.query 接收來自使用者端的請求並獲取查詢參數中的值，當透過瀏覽器存取介面位址 http://127.0.0.1/login?name=panda 或透過 postman 工具進行測試時，可以看到 req.query 物件包含參選字串中的參數值。注意，在使用 postman 工具進行測試時，查詢參數透過 Params 進行指定，如圖 6.4 所示。

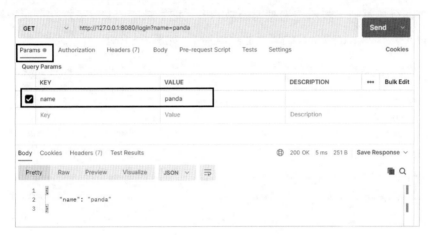

▲ 圖 6.4 測試獲取 URL 參數

6 · 獲取 URL 動態參數

當使用者端以動態參數的形式（如 /user/:id）向伺服器端介面發送資料時，需要透過 req.params 物件進行接收，預設情況下該物件為空。

➜ 程式 6.5 接收動態參數：get-para2.js

```
// 獲取動態參數
const express = require('express');
const app = express();
// 在 URL 位址中，可以透過（:參數名稱）的形式匹配動態參數的值
app.get('/userinfo/:id',(req,res)=> {
    //req.params 預設是一個空白物件，當使用者端以動態參數形式傳值時，可以透過此物件設定值
    console.log(req.params);
    console.log(req.params.id);
    res.send(req.params);
})
app.listen('8080',()=> {
```

```
    console.log('server runnin at http://127.0.0.1:8080');
})
```

在上述程式中，透過 req.params 物件獲取使用者端以動態參數的形式發送到伺服器端的資料。當在瀏覽器中造訪 http://127.0.0.1:8080/userinfo/1 或在 postman 工具中進行測試時，表示透過動態參數的形式把 1 賦值給 id，這樣在伺服器端就會將 id 參數作為 req.params 的屬性並賦值為 1，如圖 6.5 所示。

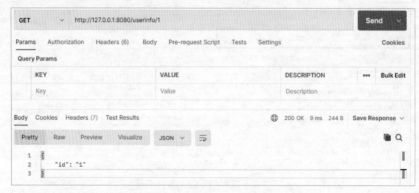

▲ 圖 6.5　測試獲取 URL 動態參數

6.1.3　託管靜態資源

6.1.2 節使用 Express 框架實現了簡單的 Web 請求處理，實際上，Express 也可以只作為 Web 伺服器託管撰寫好的靜態 HTML 網頁資源。

在 express 目錄下新建 html 目錄，並準備一個簡單的 HTML 檔案用於測試 Express 託管靜態資源。HTML 檔案很簡單，其內容如下。

➜ 程式 6.6　託管靜態頁面：index.html

```
<!DOCTYPE html>
<html lang="en">
<head>
    <meta charset="UTF-8">
    <meta http-equiv="X-UA-Compatible"content="IE=edge">
    <meta name="viewport"content="width=device-width,initial-scale=1.0">
    <title>靜態網頁 </title>
```

```
</head>
<body>
    這是一個靜態網頁
</body>
</html>
```

此時執行範例 6.6 的 app.js 檔案，在瀏覽器中造訪網址 http://127.0.0.1:8080/ 或 http://127.0.0.1:8080/html/index.html 發現無法存取。如果希望能正常存取 index. html，則需要透過 express.static 方法來託管靜態的 HTML 頁面。修改 app.js 檔案如下。

➔ 程式 6.7 託管靜態資源：app.js

```
// 使用 Express 建立基本的伺服器
// 匯入 Express
const express = require('express');
// 建立 Web 伺服器
const app = express();
// 託管靜態資源
app.use(express.static('html'))
// 監聽 get 請求
app.get('/index',(req,res)=> {
    res.send('index page');                    // 回應內容給使用者端
})
// 監聽 post 請求
app.post('/author',(req,res)=> {
    res.send({
        name:' 潘成均 ',
        age:18,
        gender:' 男 ',
        nick:' 黑馬騰雲 '
    })
})
// 啟動伺服器
app.listen(8080,()=> {
    console.log('express 伺服器啟動 http://127.0.0.1:8080');
})
```

此時重新執行 node app 命令，再次造訪 http://127.0.0.1:8080 就可以正常開啟 index.html 檔案了，如圖 6.6 所示。

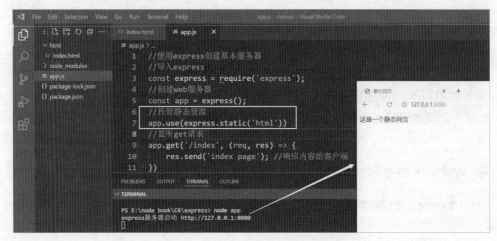

▲ 圖 6.6 靜態資源託管

如果希望改變造訪網址，如希望造訪 http://127.0.0.1:8080/html，則需要在託管靜態資源時指定存取首碼，命令如下：

```
app.use('/html',express.static('html'))
```

如果要託管多個目錄下的靜態資源，則多次呼叫 express.static 方法即可。當存取靜態資源檔時，會根據目錄的增加順序查詢所需的檔案。

📎 **注意**：透過 **Node.js** 執行程式時，在修改程式後，需要手動停止 **Node. js** 程式，然後重新開機，修改才會生效。為了減少麻煩，可以安裝 **nodemon** 外掛程式，每當程式修改後該外掛程式會自動重新啟動程式。透過 **npm i-g nodemon** 命令可以進行全域安裝，使用 **nodemon** 命令可以代替 **node** 命令。舉例來說，執行 **nodemon app** 命令，在程式修改後，無須再手動重新啟動程式即可生效。

6.2 Express 路由

前面講解了 Express 回應 post 或 get 請求的方法，存取不同的介面需要得到不同的資料，這就需要指定使用者端的請求與伺服器處理函式之間的映射關係，這個映射關係稱為路由。本節先講解路由的基本概念，然後演示如何在 Express 中使用路由模組。

6.2.1 路由簡介

路由從廣義上講就是映射關係。舉例來說，在現實生活中撥打客服電話，按鍵與服務之間的映射關係就是一種路由；在 Express 中，路由指使用者端的請求與伺服器處理函式之間的映射關係。如程式 6.2 中的 get 請求就是一種路由，它包含 3 個組成部分，即請求類型、請求的 URL 位址和處理函式，格式如下：

```
app.METHOD(PATH,HANDLER)
```

其中，METHOD 指各種 HTTP 方法，如 get、post 等；PATH 指請求路徑；HANDLER 指事件處理函式。這裡在前面的範例基礎上繼續完善 app.js 檔案，增加一個 /login 路由。

➔ 程式 6.8 繼續增加路由：app.js

```
// 使用 Express 建立基本的伺服器
// 匯入 Express
const express = require('express');
// 建立 Web 伺服器
const app = express();
// 託管靜態資源
app.use(express.static('html'));
// 增加登入路由
app.get('/login',(req,res)=> {
    res.send(' 登入成功！ ');
})
// 監聽 get 請求
app.get('/index',(req,res)=> {
```

```
    res.send('index page');                    // 回應內容給使用者端
})
// 監聽 post 請求
app.post('/author',(req,res)=> {
    res.send({
        name:' 潘成均 ',
        age:18,
        gender:' 男 ',
        nick:' 黑馬騰雲 '
    })
})
// 啟動伺服器
app.listen(8080,()=> {
    console.log('express 伺服器啟動 http://127.0.0.1:8080');
})
```

透過 nodemon app 命令執行程式後，在瀏覽器中透過「/login」和「/index」可以存取不同的頁面，這就是路由，如圖 6.7 所示。

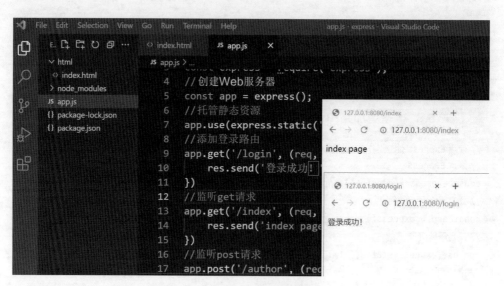

▲ 圖 6.7　路由的使用

在瀏覽器中存取不同的路徑時，如何做到自動匹配不同的處理函式呢？每當一個請求到達伺服器時，需要先經過路由匹配，只有匹配成功才會呼叫對應的處理函式。在進行匹配時，會按照路由的順序來匹配，如果請求類型和請求的 URL 同時匹配成功，則 Express 會將這次請求轉交給對應的 function 函式進行處理，如圖 6.8 所示。

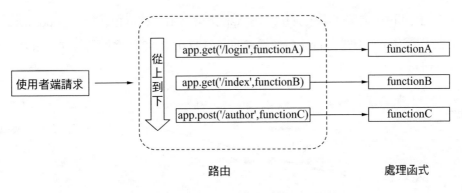

▲ 圖 6.8 Express 路由匹配原理

6.2.2 路由的用法

前面介紹了路由的基本使用，為了簡化說明，本節新建一個檔案 routerdemo.js 進行演示，分別演示路由的簡單用法和模組化路由。

1‧簡單用法

在 Express 中使用路由最簡單的方式就是像之前的範例一樣，透過 app.get 或 post 等形式將路由掛載到 App 上，範例如下。

➡ 程式 6.9 簡單路由：routerdemo.js

```
const express = require('express');
const app = express();
// 直接掛載路由
app.get('/',(req,res)=> {
    res.send('get 請求 ');
})
```

```
app.post('/',(req,res)=> {
    res.send('post 請求 ')
})
app.listen(8080,()=>{
    console.log('server running at http://127.0.0.1:8080');
})
```

在上面的範例程式中，直接透過 App 掛載路由。執行程式後，在 postman 工具中分別透過 get 方式和 post 方式請求 http://127.0.0.1:8080 會得到不同的結果，如圖 6.9 所示。

▲ 圖 6.9 路由的基本使用

上面這種方法有個弊端，現代軟體系統的業務複雜，對外提供了非常多的介面，這種情況下如果將全部介面直接掛載到 App 上，將導致程式非常臃腫，難以維護。正如第 2 章講解 Node.js 模組化一樣，也可以將路由進行模組化。

2·模組化路由

為了方便對路由進行模組化管理，Express 不建議將路由直接掛載到 App 上，而是推薦將路由抽離為單獨的模組。將路由模組化需要兩步：

（1）建立單獨的 JS 檔案，透過 express.Router 函式建立路由物件，並在該路由物件上掛載具體的路由，最後透過 module.exports 將路由物件暴露出來供外部共用使用。

（2）在主程式中透過 app.use 函式註冊路由模組。

接下來透過模組化的方法改造程式 6.9，先建立單獨的路由模組檔案 router.js，其程式如下。

→ 程式 6.10 路由模組：router.js

```javascript
const express = require('express');
const router = express.Router();                    // 建立路由物件
router.get('/',(req,res)=> {                         // 掛載路由
    res.send('get 請求 ')
})
router.post('/',(req,res)=> {                        // 掛載路由
    res.send('post 請求 ')
})
module.exports = router;
```

在以上程式中先匯入 Express 框架，然後呼叫其 Router 函式建立路由物件，透過路由物件掛載路由後將路由物件匯出。接下來使用路由模組建立 routerapp.js 檔案，其程式如下。

→ 程式 6.11 使用路由模組：routerapp.js

```javascript
const express = require('express');
const app = express();
//1．匯入路由模組
const router = require('./router.js');              // 副檔名可以不寫，但路徑要正
確
//2．註冊路由模組
app.use(router);
// 支援增加首碼，造訪網址為 http://127.0.0.1:8080/api
//app.use('/api',router);
app.listen('8080',()=> {
    console.log("server running at http://127.0.0.1:8080");
})
```

上述程式先透過 reuire 匯入自訂的路由模組，接著透過 app.use 函式註冊路由模組，透過 nodemon routerapp 命令啟動應用後，測試效果與程式 6.9 一樣。由於將路由封裝到了路由模組，使得主程式更加簡潔、明了，便於維護。

✎ **注意**：app.use 函式還支援增加首碼，如 **app.use(**'/api'**,router)** 存取介面的位址為 **http://127.0.0.1:8080/api**。

6.3 Express 中介軟體

在 6.1.3 節的範例中，其實我們已經使用了 express.static 中介軟體，那麼究竟什麼是中介軟體？中介軟體有哪些分類？如何自訂實現中介軟體？本節主要闡述 Express 框架中的中介軟體概念及中介軟體的使用。

6.3.1　中介軟體簡介

中介軟體（Middleware）特指業務流程的中間處理環節。中介軟體是一種功能封裝方式，簡單理解就是封裝在程式中處理 HTTP 請求的功能，其表現形式就是函式，只不過此函式需要一個 next 函式作為參數。

1．理解中介軟體

舉一個現實生活中的例子。城市處理污水系統一般有多個處理環節，經過多次處理以確保最終的廢水達到排放標準，如圖 6.10 所示。

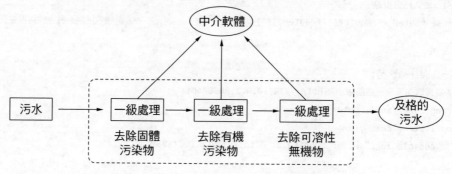

▲ 圖 6.10 Express 中介軟體的原理

在圖 6.10 中，處理污水的這 3 個中間處理環節就叫作中介軟體。對中介軟體來說，輸入是污水，經過一系列處理後輸出為達到排放標準的污水，可以看到，每一步得到的污水都是上一個環節處理過的，也就是儲存或延續了上一個環節處理的結果和特性。

Express 中的中介軟體與此類似，當一個請求達到 Express 的伺服器後，可以連續呼叫多個中介軟體，從而對這次請求進行前置處理。Express 中介軟體的呼叫流程如圖 6.11 所示。

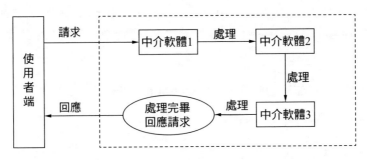

▲ 圖 6.11 Express 中介軟體的呼叫流程

當請求依次經過多個中介軟體處理後，將最終結果響應給使用者端。當一個中介軟體處理完業務時，怎麼通知下一個中介軟體執行任務呢？這就需要一個機制用於在中介軟體之間傳遞通知訊息，這就是 next 函式。

Express 的中介軟體本質上就是一個 function 處理函式，只不過此函式與普通的 JavaScript 函式有一些區別，中介軟體函式的形參列表中必須包含 next 參數，形如：

```
function(parm1,parm2,…,next){ 函式本體 }
```

在 6.2 節中講解路由時曾提到，路由本質上就是使用者端請求路徑與伺服器端處理函式的映射關係，但是程式 6.9 中的路由處理函式不能稱為中介軟體，只能稱為路由處理函式，因為在該處理函式中未包含 next 參數。只需要在程式 6.9 基礎上在處理函式中增加 next 參數並呼叫，即可改造為中介軟體。

🖉 **注意**：中介軟體函式的形參列表中必須包含 **next** 參數，而路由處理函式中只包含 **req** 和 **res**。

next 函式的作用是什麼呢？它是實現多個中介軟體連續呼叫的關鍵，表示把流轉關係交給下一個中介軟體或路由。正是因為這樣，圖 6.11 中的中介軟體才能依次執行並將最終資料回應給使用者端。

2・全域生效的中介軟體

　　全域生效的中介軟體是指使用者端發起的任何請求到達伺服器後都會觸發的中介軟體。透過呼叫 app.use（中介軟體函式）即可定義一個全域生效的中介軟體，範例如下。

➡ 程式 6.12　全域生效的中介軟體：global-middleware.js

```
const express = require('express');
const app = express();
//1・定義中介軟體函式
const mw = function(req,res,next){
    console.log(' 這是一個簡單的中介軟體函式 ');
    next();                                      // 把流轉關係轉交給下一個中介軟體或路由
};
//2・註冊全域生效的中介軟體
app.use(mw);
//3・定義路由
app.get('/',(req,res)=> {
    console.log(' 呼叫了 / 路由 ');
    res.send(' 首頁 ');
})
app.get('/login',(req,res)=> {
    console.log(' 呼叫了 /login 路由 ');
    res.send(' 登入頁面 ');
})
app.listen('8080',()=> {
    console.log("server running at http://127.0.0.1:8080");
})
```

　　上述程式中先定義了一個名為 mw 的中介軟體，在中介軟體函式中在主控台列印呼叫資訊，接著呼叫 next 函式將流轉關係轉交給下一個中介軟體或路由，然後定了 2 個路由。程式執行後，在瀏覽器中分別造訪 http://127.0.0.1:8080 和 http://127.0.0.1:8080/login，從主控台輸出的資訊中可以看到，無論存取哪個路由都會先執行中介軟體函式，接著才執行對應的路由處理函式，這就是全域生效的中介軟體。程式執行結果如下：

```
這是一個簡單的中介軟體函式
呼叫了 / 路由
這是一個簡單的中介軟體函式
呼叫了 /login 路由
```

在定義全域中介軟體函式時，也可以一步完成，直接將匿名中介軟體函式作為參數傳給 app.use 函式，程式如下：

```
// 全域中介軟體的簡化寫法
app.use((req,res,next)=> {
    console.log(' 這是一個簡單的中介軟體函式 ');
    next();                              // 把流轉關係轉交給下一個中介軟體或路由
})
```

當定義多個全域中介軟體時，執行順序是怎樣的呢？可以使用 app.use 函式連續定義多個全域中介軟體，使用者端請求到達伺服器之後，會按照中介軟體定義的先後順序依次呼叫，讀者可以自行嘗試。

掌握如何定義全域中介軟體後，再來研究中介軟體究竟有什麼作用。實際上，網路請求和回應可以看作一個管道，當使用者透過管道發送請求時，根據業務需要，管道中可以有多個中介軟體對資料依次進行處理，處理完成後再回應給使用者端。當多個中介軟體處理各自的業務時，就需要資料共用。實際上，請求物件和回應物件在同一個請求和回應之間是共用的，這樣就可以在前面的流程中為這些物件設置屬性，在後續的流程中取出屬性值，達到資料共用的目的。

在日常開發中，我們需要知道伺服器的回應時間，接下來透過例子演示如何透過中介軟體來記錄每個請求到達伺服器的時間。

➔ 程式 6.13 記錄伺服器的回應時間：get-receivetime.js

```
const express = require('express');
const app = express();
app.use((req,res,next)=> {
```

```
        const time = Date.now();      // 獲取請求到達伺服器的時間
        req.startTime = time;         // 將請求到達時間作為自訂屬性 startTime 掛載到
                                         req 物件中，從而把時間共用給後面的所有路由
        next();                       // 轉交給下一個流程
    })
    app.get('/',(req,res)=> {
        // 獲取中介軟體函式中設置的時間
        res.send('首頁，伺服器接收到的時間為：'+ req.startTime);
    })
    app.listen('8080',()=> {
        console.log('server running at http://127.0.0.1:8080');
    })
```

在上述程式中，透過 app.use 函式註冊了一個全域中介軟體，在該中介軟體函式中記錄了當前請求到達伺服器的時間並將其作為 req 物件的自訂屬性 startTime 記錄下來，這樣在後續的路由中，就可以直接透過 req 物件獲取到該值，從而實現資料的共用。當在瀏覽器中存取路徑時，就可以看到每次伺服器接收到該請求的時間戳記。

3・局部生效的中介軟體

不使用 app.use 函式註冊的中介軟體，叫作局部生效的中介軟體，使用時直接在需要的地方作為參數傳入即可，範例如下。

➜ 程式 6.14　局部中介軟體：local-middleware.js

```
const express = require('express');
const app = express();
//1・定義局部中介軟體函式
const mw = function(req,res,next){
    console.log('這是中介軟體函式');
    next();
}
//2・使用中介軟體
//mw 這個中介軟體只在當前路由中生效，這就是局部生效的中介軟體
app.get('/',mw,(req,res)=> {
    res.send('首頁')
})
```

```
app.get('/login',(req,res)=> {                    //mw 這個中介軟體不會影響此路由
    res.send(' 登入頁 ')
})
app.listen('8080',()=> {
    console.log('server running at http://127.0.0.1:8080');
})
```

上述程式中定義了一個 mw 中介軟體並在首頁的存取路由中註冊使用，在登入頁的路由中未註冊使用，因此存取首頁時可以看到執行了中介軟體，而存取登入頁時並未執行中介軟體。

4．注意事項

在使用 Express 中介軟體時，需要注意以下幾點：

- 一定要在路由之前註冊中介軟體；

- 使用者端發送過來的請求可以連續呼叫多個中介軟體進行處理；

- 執行完中介軟體的業務程式之後，不要忘記呼叫 next 函式；

- 當連續呼叫多個中介軟體時，多個中介軟體之間共用 req 和 res 物件；

- 為了防止程式邏輯混亂，在呼叫 next 函式之後不要再寫其他程式。

6.3.2　中介軟體的分類

【本節範例參考：\ 原始程式碼 \C6\express\ 分類】

為了方便讀者理解和記憶中介軟體的使用，Express 官方把常見的中介軟體分成了 5 類，接下來依次進行講解。

1．應用等級的中介軟體

透過 app.use、app.get 或 app.post 函式綁定到 App 實例上的中介軟體叫作應用等級的中介軟體，範例如下。

➜　程式 6.15　應用等級的中介軟體：app-mw.js

```javascript
const express = require('express');
const app = express();
//1‧應用等級的中介軟體（全域中介軟體）
app.use((req,res,next)=> {
    console.log('應用等級的全域中介軟體');
    next();
})
//2‧應用等級的中介軟體（局部中介軟體）
const mw = function(req,res,next){
    console.log('中介軟體');
    next()
}
app.get('/',mw,(req,res)=> {                          // 局部中介軟體
    res.send('首頁')
})
app.listen('8080',()=> {
    console.log('server running at http://127.0.0.1:8080');
})
```

在上述程式中透過 app.use 和 app.get 註冊使用了兩個中介軟體，當程式執行時期，在瀏覽器中造訪網址，發現主控台執行了兩個中介軟體。

2‧路由等級的中介軟體

綁定到 express.Router 函式路由實例上的中介軟體叫作路由等級的中介軟體。它的用法和應用等級的中介軟體沒有任何區別，只不過應用等級的中介軟體是綁定到 App 實例上，而路由等級中介軟體是綁定到 router 實例上，範例如下。

➜ 程式 6.16　路由等級的中介軟體：router-mw.js

```javascript
const express = require('express');
const app = express();
const router = express.Router();
// 定義路由等級的中介軟體
//1‧全域路由生效
router.use((req,res,next)=> {
    console.log('路由中介軟體');
    next();
})
```

```
router.get('/',(req,res)=> {                    // 會執行中介軟體
    res.send(' 首頁 ')
})
router.get('/login',(req,res)=> {               // 會執行中介軟體
    res.send(' 登入頁 ')
})
//2 · 局部路由
//const mw = (req,res,next)=> {
//console.log(' 路由中介軟體 ');
//next();
//}
//router.get('/',mw,(req,res)=> {                //mw 中介軟體生效
//res.send(' 首頁 ')
//})
//router.get('/login',(req,res)=>{               //mw 中介軟體不生效
//res.send(' 登入頁 ')
//})
app.use(router);
app.listen('8080',()=> {
    console.log('server running at http://127.0.0.1:8080');
})
```

在上面的程式中，將中介軟體綁定到 router 實例上，則為路由等級的中介軟體。如果綁定到 router 物件上則所有的路由生效，如果綁定到 router 物件的具體方法上，則只有指定的路由才生效。例如上述程式中的註釋部分，只有首頁的路由綁定了 mw 中介軟體才會生效，登入路由不會執行中介軟體。

3 · 錯誤等級的中介軟體

錯誤等級的中介軟體是專門用來捕捉整個專案中發生的異常錯誤，從而防止專案發生異常崩潰。錯誤等級的中介軟體要遵守固定格式，在其 function 處理函式中，必須包含 4 個形參，順序從前到後分別為 err、req、res 和 next，範例程式如 6-17 所示。

→ 程式 6.17 錯誤等級中介軟體：err-mw.js

```
const express = require('express');
```

```
const app = express();
//1 · 定義路由
app.get('/',(req,res)=> {
    throw new Error(' 模擬伺服器內部發生了錯誤 ');
    res.send(' 首頁 ');
})
//2 · 定義錯誤等級的中介軟體
app.use((err,req,res,next)=> {
    console.log(` 捕捉到程式發生了錯誤，錯誤資訊為：${err.message}`);
    res.send(` 發生錯誤 :${err.message}`);
})
app.listen('8080',()=> {
    console.log('server running at http://127.0.0.1:8080');
})
```

上述程式在路由中模擬拋出了一個例外錯誤，接著定義一個錯誤等級的中介軟體用於捕捉程式執行錯誤，在錯誤中介軟體中，當程式崩潰時進行一些必要的處理。執行程式後存取服務，可以看到主控台捕捉到了錯誤資訊。

　　🖉 **注意**：錯誤等級的中介軟體必須註冊在所有路由之後。

4 · Express 內建的中介軟體

在 Express 4.0 之前的版本中捆綁了 Connet，它包含大部分常用的中介軟體，如 body-parser，這些中介軟體就像 Express 的一部分，使用起來非常簡單，透過 app.use(express.bodyParser) 就可以直接使用 body-parser 中介軟體。雖然這些外掛程式使用簡單，但是維護卻相當麻煩，因為要維護這些外掛程式的相依項，所以在 Express 4.0 之後的版本中這些中介軟體被抽離出來成為單獨的專案，甚至可以獨立於 Express 框架進行發展。

自 Express 4.16.0 版本開始，Express 只有 3 個常用的內建中介軟體，這極大地提高了 Express 專案的開發效率和體驗，它們分別是：

- express.static：用於快速託管靜態資源（HTML 檔案、圖片、CSS 樣式等），所有版本可用；

- express.json：用於解析 JSON 格式的請求本體資料，僅在 Express 4.16.0 及之後的版本中可用；

- express.urlencoded：用於解析 URL-encoded 格式的請求本體資料，僅在 Express 4.16.0 及之後的版本中可用。

在程式 6.7 中，我們使用了 express.static 方法來託管靜態的頁面，這些內建中介軟體的使用非常簡單，直接透過 app.use 使用即可。接下來演示內建的 express. json 中介軟體的使用。

➔ 程式 6.18　內建中介軟體 json：json-mw.js

```javascript
const express = require('express');
const app = express();
// 透過配置 express.json 中介軟體解析表單中的 JSON 格式資料
app.use(express.json())
app.post('/login',(req,res)=> {
    // 在伺服器上可以使用 req.body 接收使用者端發送的請求資料
    // 預設情況下，如果不配置解析表單資料的中介軟體，則 req.body 預設等於 undefined
    console.log(`接收到使用者端資料：${req.body}`);
    console.log(req.body.name);              // 列印接收到的物件的屬性值
    res.send(req.body);                      // 將接收到的資料傳回至使用者端
})
app.listen('8080',()=> {
    console.log('server running at http://127.0.0.1:8080');
})
```

程式中透過 app.use(express.json) 來全域註冊內建的 JSON 中介軟體，接著定義一個 login 路由，在路由處理函式中透過 req.body 接收使用者端發送過來的 JSON 資料並解析。執行程式後，在 postman 工具中請求該路由並發送 JSON 格式的資料，如圖 6.12 所示。

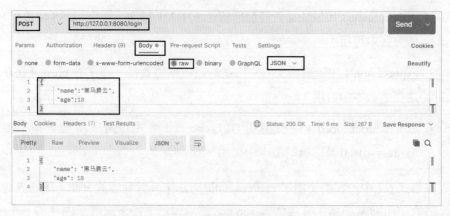

▲ 圖 6.12　Express 內建中介軟體 express.json 的使用

　　此時觀察主控台可以看到其接收到了 postman 發送過來的資料並成功解析。這裡不難分析出 express.json 中介軟體的作用，該中介軟體用於將使用者端發來的資料解析後掛載到 req 物件的 body 屬性上，後續的路由或中介軟體就可以取出該值進行處理。這就是中介軟體存在的價值。

　　✍ **注意**：如果未註冊該中介軟體，則 **req.body** 為 **undefined**。

　　從上面的範例中可以看到，透過中介軟體處理後，req.body 可以接收 JSON 格式的資料，如果是 url-encoded 格式的資料呢？直接執行上述程式，然後在 postman 工具中傳遞 url-encode 格式的資料，如圖 6.13 所示，執行後可以看到後端 req.body 無法接收。

▲ 圖 6.13　url-encoded 格式資料無法使用 express.json 中介軟體接收資料

對於 url-encoded 格式的資料，這時候就需要內建的 express.urlencoded 中介軟體了，只需要透過 app.use(express.urlencoded({extended:false})) 引入即可，範例如下。

→ 程式 6.19　內建的中介軟體 urlencoded：urlencoded-mw.js

```javascript
const express = require('express');
const app = express();
// 用於解析表單中 JSON 格式的資料
app.use(express.json());
// 用於解析表單中 url-encoded 格式的資料
app.use(express.urlencoded({extended:false}))
app.post('/login',(req,res)=> {
    console.log(req.body);//req.body 可以接收 JSON 格式和 url-encoded 格式的資料
    console.log(req.body.name);
    res.send(req.body)
})
app.listen('8080',()=> {
    console.log('server running at http://127.0.0.1:8080');
})
```

引入 urlencoded 中介軟體後，再次在 postman 中傳遞 url-encoded 格式的資料，就可以透過 req.body 接收了。

5・第三方中介軟體

Express 官方為了提高框架的靈活性和可維護性，允許第三方開發中介軟體來擴充程式功能，滿足自身的業務需要。這些非官方內建的中介軟體叫作第三方中介軟體。在實際專案開發中，可以隨選下載並配置第三方中介軟體，從而提高專案的開發效率。

前面提到，express.urlencoded 中介軟體是在 Expess 4.16.0 之後才增加的，因此在此之前的版本中要解析 url-encoded 格式的資料，可以使用第三方中介軟體 body-parser。接下來就使用該中介軟體來實現程式 6.17 的功能，範例如下。

　　🖉 **注意**：如果採用的是 **Express 4.16.0** 之後的版本，建議使用內建的 **url-encoded** 中介軟體，此例僅是演示第三方中介軟體的使用方法。

body-parser 中介軟體的使用流程以下（其他第三方中介軟體亦是如此）：

（1）透過 npm install body-parser 命令安裝中介軟體。

（2）使用 require 匯入中介軟體。

（3）透過 app.use 函式註冊並使用中介軟體。

➡ 程式 6.20　第三方中介軟體 body-parser：body-parser.js

```
const express = require('express');
const app = express();
//1 . 匯入 body-parser 解析表單資料
// 用此中介軟體代替前面範例中內建的中介軟體 url-encoded
const parser=require('body-parser');
//2 . 註冊中介軟體
app.use(parser.urlencoded({extended:false}));
app.post('/login',(req,res)=> {
    console.log(req.body);//req.body 可以接收 json 格式和 url-encoded 格式的資料
    console.log(req.body.name);
    res.send(req.body)
})
app.listen('8080',()=> {
    console.log('server running at http://127.0.0.1:8080');
})
```

　　程式 6.17 與程式 6.18 實現了相同的功能，可以看出，如果要使用第三方中介軟體則需要先安裝。實際上 express.Urlencoded 中介軟體就是基於 body-parser 這個第三方中介軟體進一步封裝的。

6.3.3　自訂中介軟體

　　Express 框架透過中介軟體來實現靈活的擴充功能，當內建的中介軟體或第三方的中介軟體不能滿足需求時，需要自訂中介軟體。不同的中介軟體完成的功能不同，但定義步驟大致相同。前面的例子分別演示了 express.json 和 express.urlencode 中介軟體，本節透過自訂中介軟體實現解析 post 提交到伺服器的表單資料的功能，步驟如下：

（1）定義中介軟體。

（2）監聽 req 物件的 data 事件。

（3）監聽 req 物件的 end 事件。

（4）使用 Node.js 的原生 querystring 模組解析請求本體資料。

（5）將解析出來的資料物件掛載為 req.body。

（6）將自訂中介軟體封裝為模組。

定義中介軟體，完成資料的接收，範例程式如下：

```
const express = require('express');
const app = express();
// 定義中介軟體
app.use((req,res,next)=> {
    let str = '';
    // 監聽 data 事件接收資料
    req.on('data',(block)=> {
        str += block;
    });
    // 監聽 end 事件，資料接收完畢
    req.on('end',()=> {
        console.log(str);                // 查詢字串，形如 name=heimatengyun&age=18
        req.body=str;
        next();
    })
})
// 定義路由
app.post('/login',(req,res)=> {
    res.send(req.body)
})
app.listen('8080',()=> {
    console.log('server running at http://127.0.0.1:8080');
})
```

　　在上述程式中，透過監聽 req 物件的 data 事件來獲取使用者端發送到伺服器的資料。如果資料量比較大，無法一次性發送完畢，則使用者端會把資料切割後，分批發送給伺服器。因此 data 事件可能會觸發多次，每次觸發 data 事件時，獲取到的資料只是完整資料的一部分，需要手動對接收到的資料進行拼接。在請求本體資料接收完畢之後，會自動觸發 req 物件的 end 事件，因此可以在 end 事件中獲得完整的請求本體資料並進行處理。

　　此時使用 postman 工具向 login 路由發送 post 資料時，str 將得到一個查詢字串，形如 name=111&age=18。接下來為了將查詢字串解析為物件，就需要用到 Node.js 內建的 querystring 模組，該模組專門用於處理查詢字串，透過該模組提供的 parse 方法，可以輕鬆把查詢字串解析成物件格式。該模組的使用方法如下：

```
// 匯入 Node.js 內建的 querystring 模組
const qs=require('querystring');
// 利用 querystring 模組的 parse 方法，將查詢字串轉化為物件
const body=qs.parse(str);
```

　　上游的中介軟體和下游的中介軟體及路由之間共用同一份 req 和 res，因此，發送的資料解析為物件後，還需要掛載為 req 物件的自訂屬性並命名為 req.body 供下游使用。完整的程式如下。

➔　程式 6.21　自訂中介軟體：custom-mw.js

```
const express = require('express');
const app = express();
// 匯入 Node.js 內建的 querystring 模組
const qs=require('querystring');
// 定義中介軟體
app.use((req,res,next)=> {
    let str = '';
    // 監聽 data 事件接收資料
    req.on('data',(block)=> {
        str += block;
    });
    // 監聽 end 事件，資料接收完畢
    req.on('end',()=> {
```

```
        console.log(str);           // 查詢字串，形如 name=heimatengyun&age=18
        // 利用 querystring 模組的 parse 方法將查詢字串轉化為物件
        const body=qs.parse(str);
        req.body=body;
        next();
    })
})
// 定義路由
app.post('/login',(req,res)=> {
    res.send(req.body)
})
app.listen('8080',()=> {
    console.log('server running at http://127.0.0.1:8080');
})
```

此時經過 postman 工具測試，可以得到解析後的物件值，如圖 6.14 所示。

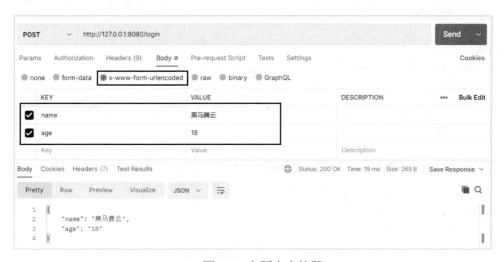

▲ 圖 6.14 自訂中介軟體

至此，自訂中介軟體的函式功能就撰寫完成了。

為了最佳化程式結構，還可以把自訂中介軟體函式封裝為獨立的模組，透過 module.exports 暴露出去，自訂中介軟體模組程式如下。

➔ 程式 6.22　自訂中介軟體模組：custom-parser.js

```javascript
// 匯入 Node.js 內建的 querystring 模組
const qs = require('querystring');
// 定義中介軟體
function myParser(req,res,next){
    let str = '';
    // 監聽 data 事件接收資料
    req.on('data',(block)=> {
        str += block;
    });
    // 監聽 end 事件，資料接收完畢
    req.on('end',()=> {
        console.log(str);                    // 查詢字串，形如 name=heimatengyun&age=18
        // 利用 querystring 模組的 parse 方法將查詢字串轉化為物件
        const body = qs.parse(str);
        req.body = body;
        next();
    })
}
module.exports = myParser;                   // 對外暴露自訂模組
```

　　在以上程式中，透過函式 **myParser** 封裝功能並透過 module.exports 對外暴露，模組定義好後將在下面使用。

➔ 程式 6.23　使用自訂中介軟體模組：use-customparser.js

```javascript
const express = require('express');
const app = express();
//1．匯入自訂中介軟體模組
// 自訂模組名稱，注意路徑要準確，否則提示找不到模組。檔案名稱可以不指定副檔名
const myParser = require('./custom-parser');
//2．使用自訂中介軟體模組
app.use(myParser);
// 定義路由
app.post('/login',(req,res)=> {
    res.send(req.body)
})
app.listen('8080',()=> {
```

```
    console.log('server running at http://127.0.0.1:8080');
})
```

在上述程式中直接引入自訂中介軟體模組並透過 app.use 定義全域使用，使得主文件程式更加簡潔。

6.4 使用 Express 撰寫介面

本節先介紹目前主流的兩種 Web 開發模式，以及 Express 如何在這兩種模式中應用；接著演示如何透過 Express 框架撰寫 RESTfull API，這在目前主流的前後端分離的開發模式中應用非常廣泛。撰寫 API 介面，必然會遇到跨域問題，本節也會講解如何解決跨域問題以及不同開發模式下的身份認證問題，這些都是撰寫 API 介面必須要考慮的因素。

6.4.1 Web 開發模式

【本節範例參考：\ 原始程式碼 \C6\express\interface】

目前主流的 Web 開發模式分為兩種：基於伺服器端著色（SSR）的 Web 開發模式和前後端分離的 Web 開發模式，它們各有優缺點，下面就對二者進行分析和比較。

1 · 伺服器端著色

伺服器端著色是指伺服器發送給使用者端的 HTML 頁面，是在伺服器端透過字串拼接動態生成的，因此不需要使用者端使用 AJAX 這樣的技術額外請求頁面資料。伺服器端著色生成靜態頁面的範例如下。

➜ 程式 6.24 伺服器端著色：ssr.js

```
const express = require('express');
const app = express();
app.get('/',(req,res)=> {
    //1 · 要著色的資料（一般從資料庫中讀取）
```

```
    const user = {name:'黑馬騰雲 ',age:18};
    //2·在伺服器端透過字串拼接動態生成 HTML 內容
    const html = `<div> 姓名 :<span style="color:blue">${user.name}</span>,
年齡：<span style="color:green">${user.age}</span></div>`;
    //3·把動態生成的頁面回應給使用者端
    res.send(html);
})
app.listen('8080',()=> {
    console.log('server running at http://127.0.0.1:8080');
})
```

執行程式後，在瀏覽器中輸入位址，可以看到直接顯示出了頁面。這種方法通常先根據業務邏輯得到頁面需要展示的資料，然後直接組裝拼接為靜態頁面傳回給使用者端。

基於伺服器端著色的開發模式有以下優點：

- 有利於 SEO。因為伺服器端回應的是完整的 HTML 頁面內容，所以使用爬蟲更容易獲取資訊。

- 前端耗時少。因為伺服器動態生成 HTML 的內容，瀏覽器只需要直接著色頁面即可。

基於服務端著色的開發模式同樣也存在缺點。

- 佔用伺服器端的資源。由於頁面內容的拼接在伺服器端完成，如果存取量大，則會對伺服器造成存取壓力。

- 開發效率低。這種方法不利於前後端分離，無法進行分工合作，尤其是針對前端複雜度高的專案，不利於專案高效、協作地開發。

2·前後端分離

前後端分離的開發模式相依於 AJAX 技術的廣泛使用，在這種開發模式下，後端只負責提供 API 介面，前端使用 AJAX 呼叫介面獲取資料並展示。目前這種開發模式是主流，前後端分離存在以下優點：

- 減輕伺服器端的著色壓力。頁面最終是在每個使用者的瀏覽器中生成的，降低了伺服器的壓力。

- 使用者體驗好。AJAX 技術的使用極大提升了使用者的體驗，無須等待頁面載入完成才顯示頁面，透過非同步技術可以輕鬆實現頁面的局部刷新。

- 開發體驗好。前後端分離使得前端人員專注於 UI 頁面的開發，後端人員專注於 API 功能的開發。

前後端分離模式的缺點是不利於 SEO。完整的 HTML 頁面需要在使用者端動態拼接完成，因此爬蟲無法爬取頁面的有效資料資訊。當然市面上也存在一些對應的解決方案，如 Vue、React 等前端框架的 SSR 技術就是用於解決這個問題的。

3 · 如何選擇

既然伺服器端著色和前後端分離都各有優缺點，那麼在實際專案開發時如何選擇呢？任何事務都具有兩面性，只有根據具體專案的業務場景進行選擇。舉例來說，管理背景的專案，互動性比較強且無須考慮 SEO，則推薦使用前後端分離的開發模式；如果是企業宣傳網站，需要有良好的 SEO 並且網頁的主要功能用於展示，沒有複雜的互動，則推薦使用伺服器端著色的開發模式。

這兩種開發模式並非二選一，有時候為了同時兼顧首頁的著色速度和前後端分離的開發效率，有的網站採用了首頁伺服器端著色 + 其他頁面前後端分離的開發模式。

6.4.2 撰寫 RESTfull API

【本節範例參考：\ 原始程式碼 \C6\express\api 】

透過前面的學習，讀者或許已經掌握了 Express 框架的基本使用。本節撰寫一個簡單的登入和獲取使用者資訊的介面來鞏固所學的基礎知識，同時引申出在真實專案開發中必然會遇到的跨域問題，為後面的學習進行鋪陳。

1 · 撰寫基本的伺服器

　　第一步：建立基本的伺服器檔案 app.js，程式如下：

```
const express = require('express');
const app = express();
//todo: 引入路由模組
app.listen('8080',()=> {
    console.log('sever running at http://127.0.0.1:8080');
})
```

2 · 建立路由模組並使用

　　第二步：建立路由模組檔案 router.js，並在路由物件上撰寫登入和獲取使用者資訊的介面，程式如下：

```
const express = require('express');
// 建立路由物件
const router = express.Router();
// 掛載路由
// 登入介面，接收 URL 路徑參數
router.get('/login',(req,res)=> {
    // 獲取使用者輸入
    const query = req.query;             // 約定使用者端透過查詢字串的方式傳遞值
    // 回應資料給使用者端
    // 在實際專案中應獲取前端傳遞的資訊並查詢資料庫，此處簡化
    let result = {
        status:0,                        // 狀態
        msg:' 伺服器收到請求 ',            // 訊息
        data:query                       // 資料
    }
    res.send(result);
});
// 獲取使用者資訊介面，接收 urlencoded 資料
router.post('/userinfo',(req,res)=> {
    // 獲取使用者輸入
    const body = req.body;         // 約定使用者端透過 url-encoded 方式傳輸值，需要配
                                   // 置 urlencoded 中介軟體，否則 body 為空白物件
    // 回應資料給使用者端
```

```
    res.send({
        status:0,
        msg:' 收到資料 ',
        data:body         // 如果 body 為空白物件，則發送的物件不會包含 data 欄位
    })


});
module.exports = router;
```

在上述程式中為了演示更多的基礎知識，約定 login 登入介面透過查詢字串的方式傳值，userinfo 介面透過 urlencoded 方式傳值。伺服器端接收到使用者端的資料後進行處理並回應。

✎ **注意**：在實際專案開發中還需要對獲取到的使用者端資料進行驗證，然後和資料庫進行互動，最終將結果回饋給呼叫者。

路由模組建立好後，將其匯入掛載到 App 上；由於 userinfo 介面採用了 urlencoded 方式傳值，所以還需要在 App 上綁定中介軟體用於解析資料，在 app.js 中增加以下程式：

```
// 配置 urlencoded 中介軟體，用於解析 urlencoded 格式的資料
app.use(express.urlencoded({extended:false}))
// 匯入路由模組
const router = require('./router');
app.use('/api',router)
```

完整的 app.js 和 router.js 程式如下。

➔ 程式 6.25 伺服器主文件：app.js

```
const express = require('express');
const app = express();
// 配置 urlencoded 中介軟體，用於解析 urlencoded 格式的資料
app.use(express.urlencoded({extended:false}))
// 匯入路由模組
const router = require('./router');
app.use('/api',router)
app.listen('8080',()=> {
```

```
        console.log('sever running at http://127.0.0.1:8080');
})
```

➔ 程式 6.26 路由模組：router.js

```
const express = require('express');
// 建立路由物件
const router = express.Router();
// 掛載路由
// 登入介面，接收 URL 路徑參數
router.get('/login',(req,res)=> {
    // 獲取使用者輸入
    console.log(req.query);
    const query = req.query;             // 約定使用者端透過查詢字串的方式傳遞值
    // 回應資料給使用者端
    // 在實際專案中應獲取前端傳遞的資訊並查詢資料庫，此處簡化
    let result = {
        status:0,                        // 狀態
        msg:' 伺服器收到請求 ',            // 訊息
        data:query                       // 資料
    }
    res.send('1');
});
// 獲取使用者資訊介面，接收 urlencoded 資料
router.post('/userinfo',(req,res)=> {
    console.log(req.body);
    // 獲取使用者輸入
    const body = req.body;        // 約定使用者端透過 url-encoded 方式傳輸值，需要配
                                  //    置 urlencoded 中介軟體，否則 body 為空白物件
    // 回應資料給使用者端
    res.send({
        status:0,
        msg:' 收到資料 ',
        data:body                 // 如果 body 為空白物件，則發送的物件不會包含 data 欄位
    })

});
module.exports = router;
```

3 · 使用工具偵錯介面

偵錯登入介面，由於 login 介面是透過 req.query 接收參數的，所以透過查詢字串的方式傳入參數，在 postman 工具中測試的回饋結果表示資料獲取成功，如圖 6.15 所示。

▲ 圖 6.15 介面偵錯

偵錯獲取使用者資訊的介面，由於 userinfo 介面是透過 req.body 接收參數的，所以透過 urlencoded 方式傳入參數，在 postman 工具中測試的回饋結果表示資料獲取成功，如圖 6.16 所示。

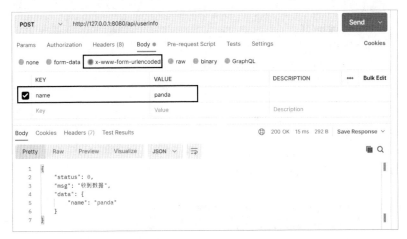

▲ 圖 6.16 介面偵錯

6.4.3 跨域問題

前面已經完成了介面撰寫並在 postman 工具中測試成功。但在實際的專案開發過程中，需要前端頁面透過程式的形式去存取以上介面，如果直接在程式中透過 AJAX 存取上述介面，則會出現跨域問題。

在解釋什麼是跨域之前，先來看一個例子。在目前的目錄下新建一個 HTML 頁面，程式如下。

➔ 程式 6.27 存取介面頁面：test-api.html

```html
<!DOCTYPE html>
<html lang="en">
<head>
    <meta charset="UTF-8">
    <meta http-equiv="X-UA-Compatible"content="IE=edge">
    <meta name="viewport"content="width=device-width,initial-scale=1.0">
    <title>測試介面</title>
    <!-- 引入 jquery-->
    <script src="http://libs.baidu.com/jquery/2.0.0/jquery.min.js"></script>
</head>
<body>
    <input type="button"value="登入"onclick="login()">
    <input type="button"value="獲取資訊"onclick="getUserinfo()">
    <script>
        // 登入
        function login(){
            $.ajax({
                url:'http://127.0.0.1:8080/api/login',
                type:'get',
                data:{
                    name:'heimatengyun'
                },
                success:function(data){
                    console.log(data);
                },
                error:function(jqXHR,textStatus,err){
                    console.log(err);
                }
            })
```

```
        }
        // 註冊
        function getUserinfo(){
            $.ajax({
                url:'http://127.0.0.1:8080/api/userinfo',
                type:'post',
                data:{
                    name:'panda'
                },
                success:function(data){
                    console.log(data);
                },
                error:function(jqXHR,textStatus,err){
                    console.log(err);
                }
            })
        }
    </script>
</body>
</html>
```

上述程式非常簡單，在 HTML 頁面中放置兩個按鈕，分別用於呼叫背景介面。本例中引入了 jQuery 框架，並透過 AJAX 方法完成與後端介面的資料互動。直接在瀏覽器中開啟 HTML 檔案，分別按一下兩個按鈕，可以看到以下顯示出錯資訊，如圖 6.17 所示。

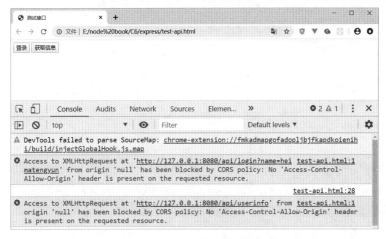

▲ 圖 6.17 跨域顯示出錯資訊

圖 6.17 所示的就是跨域錯誤，說明剛才撰寫的登入註冊的介面存在跨域請求問題。在分析具體的解決方案之前，先來看看跨域的概念。

1・什麼是跨域

上面的顯示出錯資訊說明撰寫的介面存在問題：當使用 postman 工具進行測試時一切正常，當透過網頁地址的形式進行存取時就會出現錯誤。二者的區別就在於是否使用瀏覽器，而網頁是執行在瀏覽器中的，那麼說明是瀏覽器的某種機制導致跨域顯示出錯。

這個機制就是瀏覽器的同源安全性原則，它預設會阻止網頁跨域獲取資源，這就是問題的本質。那麼瀏覽器如何判斷請求資源是否跨域呢？自然是根據存取資源的協定，登入介面就是一個網路資源，存取方式為 http://127.0.0.1:8080/api/login，在這個存取方式中，http 表示協定，127.0.0.1 表示域名或位址，8080 表示通訊埠，一個網路資源由這三部分進行定位，當以一個網路位址去存取另一個網路資源時，只要這兩個網路資源中對應的這三部分中有任何一部分不同，那麼都會存在跨域問題。

在上面的顯示出錯例子中，在瀏覽器中直接開啟網頁，其協定是 file 協定，而介面協定是 HTTP，因此屬於跨域資源存取，示意如圖 6.18 所示。

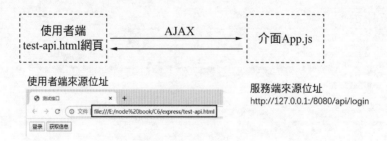

▲ 圖 6.18 跨域資源存取示意

從顯示出錯資訊中可以看到 CORS 字樣，CORS（Cross-Origin Resource Sharing）表示跨域資源分享，它由一系列的 HTTP 回應標頭組成，這些 HTTP 回應標頭決定瀏覽器是否阻止前端程式跨域獲取資源。

2 · 如何解決跨域

從前面的範例中讀者可能已經知道,跨域問題是由於瀏覽器的策略導致的,那麼就有了解決問題的大方向:不是透過一些策略告知瀏覽器是可以跨域存取的;就是就不透過 AJAX 進行存取。按照這個想法,解決跨域問題主要有兩種方案:CORS 和 JSONP。其中,CORS 是主流的解決方案,JSONP 的使用有局限性,只支援 get 請求。

方案一:CORS

由於瀏覽器預設的同源安全性原則會阻止跨域獲取資源,如果介面伺服器配置了 CORS 相關的 HTTP 回應標頭,則可以解除瀏覽器端的跨域存取限制,示意如圖 6.19 所示。

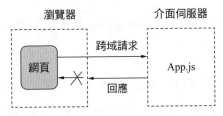
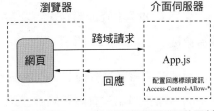

伺服器回應的資料被瀏覽器攔截,網頁無法獲取　　　伺服器端配置cors回應標頭,解除瀏覽器的限制

▲ 圖 6.19 跨域產生的原理

使用 CORS 跨域資源分享時需要注意以下事項:

- CORS 主要在伺服器端進行配置,使用者端瀏覽器無須進行任何額外的配置即可請求開啟 CORS 的介面。

- CORS 在瀏覽器中存在相容性,只有支援 XMLHttpRequest Level 2 的瀏覽器,才能正常存取開啟了 CORS 的伺服器端介面,如 IE 10+、Chrome 4+、FireFox 3.5+。

✐ **注意**:目前常用的主流瀏覽器幾乎都支援 **CORS**。

了解了跨域的原理後，接下來就使用 CORS 來解決跨域問題。在 Express 框架中可以透過第三方中介軟體 CORS 來解決這個問題，無須撰寫額外的程式，執行以下步驟即可：

（1）安裝中介軟體，命令為 npm install cors。

（2）匯入中介軟體，命令為 const cors=require（'cors'）。

（3）配置中介軟體，在路由之前呼叫 app.use(cors())。

CORS 安裝完成後，在 **App.js** 中增加以下程式即可：

```
// 透過 CORS 中介軟體解決跨域問題
const cors=require('cors');
app.use(cors());
```

使用 CORS 中介軟體後，再次按一下頁面按鈕，此時就可以成功獲取介面伺服器資料了，如圖 6.20 所示。

可能有的讀者又有疑問，CORS 是透過設置 HTTP 回應標頭來告知瀏覽器解除限制的，但我們並沒有設置回應標頭，為什麼就沒有問題了呢？我們帶著這個疑問來看下介面傳回的回應標頭資訊，如圖 6.21 所示。

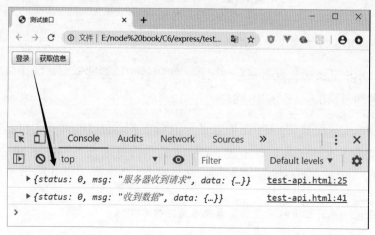

▲ 圖 6.20　使用 CORS 中介軟體解決跨域

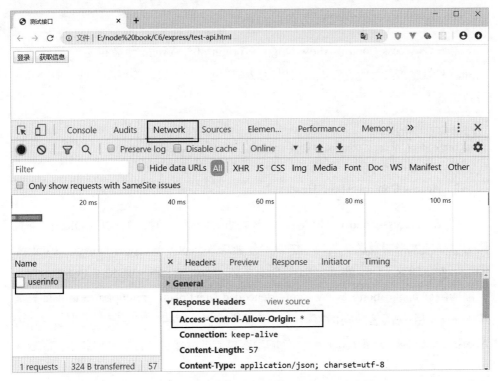

▲ 圖 6.21 使用 CORS 外掛程式後的回應標頭

可以看到，響應表頭中多了一個屬性 Access-Control-Allow-Origin。其實就是剛才安裝並使用的中介軟體 CORS 幫我們設置了 res 物件的響應表頭，告知瀏覽器解除限制。如果理解了這個原理，即使不用 CORS 中介軟體，直接在 userinfo 的介面中為 res 物件設置回應標頭也可以實現跨域，程式如下：

```
// 設置回應標頭允許跨域
res.setHeader('Access-Control-Allow-Origin','*')
```

只是這樣就需要為每個路由的 res 物件都設置回應標頭，而用 CORS 中介軟體是預設全域設置，無須自己再透過程式進行設置。

解決跨域問題後，再列出幾個 CORS（跨域資源分享）相關的 HTTP 回應標頭，在實際專案中隨選設置即可，常用的回應標頭如下。

1）Access-Control-Allow-Orign

語法：Access-Control-Allow-Orign：<origin> | *，origin 參數指定允許該資源的外域 URL，* 表示所有外域都可以存取。舉例來說，只允許百度網址存取介面，設置如下：

```
// 設置回應標頭允許跨域
res.setHeader('Access-Control-Allow-Origin','http://www.baidu.com')
```

2）Access-Control-Allow-Headers

語法：Access-Control-Allow-Headers：<headers>，預設情況下 CORS 僅支援使用者端向伺服器發送 9 個請求標頭，分別是 Accept、Accept-Language、Content-Language、DPR、Downlink、Save-Data、Viewport-Width、Width、Content-Type（值僅限於 application/x-www-form-urlencoded、text/plain、multipart/form-data 三者之一），如果使用者端向伺服器發送了額外的請求標頭，則需要在伺服器端透過 Access-Control-Allow-Headers 對額外的請求標頭進行宣告，否則將導致本次請求失敗。

下面的範例設置允許使用者端額外發送 Content-Type 請求標頭和 X-Custom-Header 請求標頭，多個請求標頭之間使用英文逗點進行分隔。

```
// 設置自訂請求標頭
res.setHeader('Access-Control-Allow-Headers','Content-Type,X-Custom-Header')
```

✎ ☎ 思考：這種方式是在伺服器端的 **res** 物件中設置允許使用者端發送的請求標頭，那麼使用者端應該和伺服器端互動幾次呢？

3）Access-Control-Allow-Methods

語法：Access-Control-Allow-Methods：<methods> | *，預設情況下 CORS 僅支援使用者端發起 get、post、head 請求。如果使用者端希望透過 put、delete 等方式請求伺服器的資源，則透過請求標頭來指明實際請求允許使用的 HTTP 方法。範例如下：

```
// 允許所有的 HTTP 請求方法
res.setHeader('Access-Control-Allow-Methods','*')
// 只允許 post、get、delete、head 請求方法
res.setHeader('Access-Control-Allow-Methods','post,get,delete,head')
```

至此，關於 CORS 的知識就介紹完了，細心的讀者可能會有疑問：在第 2）和第 3）種情況下，為什麼使用者端和伺服器端發生了二次請求？HTTP 請求是由使用者端發起、服務端回應，針對以上預設的 HTTP 回應標頭來說很容易理解，但是針對上述第 2）和 3）中的特殊情況，如回應標頭包含自訂請求標頭或以 put 等其他方式請求伺服器端資源，在這種情況下實際上使用者端和伺服器端需要進行二次互動，這就是預檢請求。也就是說使用者端在請求 CORS 介面時，根據請求方式和請求標頭的不同，可以分為簡單請求和預檢請求。只不過這些都是由瀏覽器發起，使用者無須關心，如果有興趣想深入了解的讀者，可以和筆者進行探討，在此不予更多介紹。

方案二：JSONP

什麼是 JSONP？瀏覽器透過 <script> 標籤的 src 屬性，請求伺服器上的資料，同時伺服器傳回一個函式呼叫，這種請求資料的方式就叫作 JSNOP。在使用 JSONP 方式時需要了解它的以下特性：

- JSONP 不屬於真正的 AJAX 請求，因為它沒有使用 XMLHttpRequest 這個物件。

- JSONP 僅支援 get 請求，不支援 post、put、delete 等請求。

實現 JSONP 介面大概可以分為以下 4 個步驟：

（1）獲取使用者端發送的回呼函式的名稱。

（2）根據業務邏輯得到將要透過 JSONP 形式發送給使用者端的資料。

（3）根據第（1）步得到的函式名稱和第（2）步得到的需要傳回的資料拼接出一個函式呼叫的字串。

（4）將拼接的字串回應給使用者端的 <script> 標籤進行解析執行。

接下來在 Express 中按上述 4 個步驟實現 JSONP 跨域介面，建立 jsonp.js 檔案，程式如下。

→ 程式 6.28 JSONP 跨域介面：jsonp.js

```javascript
const express = require('express');
const app = express();
// 透過 JSONP 解決跨域問題
app.get('/api/jsonp',(req,res)=> {
    // 獲取使用者端發送的回呼函式的名稱
    const fun = req.query.callback;
    // 得到需要傳回給使用者端的資料
    const data = {
        name:'panda',
        age:18
    }
    // 組裝函式呼叫的字串
    const scriptStr = `${fun}(${JSON.stringify(data)})`;
    console.log(scriptStr);
    // 將函式呼叫的字串發送給使用者端
    res.send(scriptStr);
});
app.listen('8080',()=> {
    console.log('server running at http://127.0.0.1:8080');
})
```

在上述程式中透過 req.query.callback 獲取使用者端透過查詢字串發送給伺服器的回呼函式名稱，並透過業務邏輯獲取需要回應給使用者端的資料，最終組裝成函式呼叫字串回應給使用者端，這樣使用者端拿到的不是業務資料，而是使用者端的回呼函式呼叫的字串。

/api/jsonp 介面傳回給使用者端的函式呼叫的實際參數就是背景組裝的資料，這樣在使用者端回呼函式中就能取得伺服器端的資料了。接下來撰寫使用者端程式進行測試，建立 test-jsonp.html 檔案，程式如下。

➜ 程式 6.29 測試 JSONP 跨域：test-jsonp.html

```
<!DOCTYPE html>
<html lang="en">
<head>
    <meta charset="UTF-8">
    <meta http-equiv="X-UA-Compatible"content="IE=edge">
    <meta name="viewport"content="width=device-width,initial-scale=1.0">
    <title>測試 JSONP 實現跨域 </title>
</head>
<body>
    <script>
        function getData(data){
            console.log(data);
        }
    </script>
    <!-- 方法 1 需要確保呼叫在 getData 函式宣告之後 -->
    <script src="http://127.0.0.1:8080/api/jsonp?callback=getData"></script>
    <!-- 請求完成後等於直接呼叫函式，此時的函式是後端組裝的參數，因此能直接取得
資料 -->
    <!-- 等於呼叫 getData({name:'panda',age:18})-->
</body>
</html>
```

　　在上述測試程式中先定義本地使用者端回呼函式 getData，在此函式中將得到的資料在主控台列印；接著透過 Script 標籤的 src 屬性呼叫伺服器端的 JSONP 跨域介面，並透過查詢字串的形式將本地回呼函式傳遞給參數 callback。這樣介面就可以透過 callback 接收到使用者端的回呼函式名稱，然後組裝資料並將函式呼叫轉化為字串回應給使用者端，使用者端瀏覽器可以直接執行回呼函式，從而得到資料。

　　執行 jsonp.js，然後在瀏覽器中直接開啟 test-jsonp.html 檔案，可以在瀏覽器主控台看到獲得了伺服器端介面傳回的函式，這樣就實現了跨域資源存取。JSONP 簡單理解就是利用 <script> 標籤的 src 不受瀏覽器相同來源策略約束來實現跨域資料的獲取。

以上就是 JSONP 的底層原理，上述程式在原生 JavaScipt 中手動在路徑後增加了 callback 回呼函式，而在 jQuery 中對很多原生的方法進行了封裝，在其封裝的 $.ajax 方法中指定 dataType 屬性的值為 JSONP 即可實現跨域。jQuery 封裝了很多底層細節，使用起來非常簡單，如果要理解底層原理，則需要深入閱讀原始程式。

接下來演示透過 jQuery 的 AJAX 方法指定以跨域方式獲取跨域資源，改造程式 test-api.html，在頁面中增加獲取 JSONP 的按鈕，程式如下：

```
<input type="button"value="jsonp 獲取資訊 "onclick="getUserinfoByJsonp()">
```

接下來定義函式，透過 AJAX 方法獲取後端介面，程式如下：

```
//3 · 透過 JSONP 實現跨域
    function getUserinfoByJsonp(){
        $.ajax({
            url:'http://127.0.0.1:8080/api/jsonp',
            type:'get',
            dataType:'jsonp',                 // 指定跨欄位型態
            success:function(data){
                console.log(data);
            }
        })
    }
```

完整的 test-api.html 檔案如下。

➡ 程式 6.30 測試跨域介面：test-api.html

```
<!DOCTYPE html>
<html lang="en">
<head>
    <meta charset="UTF-8">
    <meta http-equiv="X-UA-Compatible"content="IE=edge">
    <meta name="viewport"content="width=device-width,initial-scale=1.0">
    <title> 測試介面 </title>
    <!-- 引入 jQuery-->
    <script src="http://libs.baidu.com/jquery/2.0.0/jquery.min.js"></script>
```

```html
</head>
<body>
    <input type="button"value=" 登入 "onclick="login()">
    <input type="button"value=" 獲取資訊 "onclick="getUserinfo()">
    <input type="button"value="jsonp 獲取資訊 "onclick=
"getUserinfoByJsonp()">
    <script>
        //1 · 登入 get 請求
        function login(){
            $.ajax({
                url:'http://127.0.0.1:8080/api/login',
                type:'get',
                data:{
                    name:'heimatengyun'
                },
                success:function(data){
                    console.log(data);
                },
                error:function(jqXHR,textStatus,err){
                    console.log(err);
                }
            })
        }
        //2 · 註冊 post 請求
        function getUserinfo(){
            $.ajax({
                url:'http://127.0.0.1:8080/api/userinfo',
                type:'post',
                data:{
                    name:'panda'
                },
                success:function(data){
                    console.log(data);
                },
                error:function(jqXHR,textStatus,err){
                    console.log(err);
                }
            })
```

```
        }
        //3．透過 JSONP 實現跨域
        function getUserinfoByJsonp(){
            $.ajax({
                url:'http://127.0.0.1:8080/api/jsonp',
                type:'get',
                dataType:'jsonp',                              // 指定跨欄位型態
                success:function(data){
                    console.log(data);
                }
            })
        }
    </script>
</body>
</html>
```

上述程式透過在 AJAX 方法中設置 dataType：'jsonp'，實現跨域存取後端資料的介面。在瀏覽器中開啟 test-api.html 頁面，按一下「jsonp 獲取資訊」按鈕之後，可以看到在發送的網路請求中預設增加了 callback 屬性，並且 jQuery 預設生成了一個回呼函式名稱，這樣後端介面就可以接收到使用者端的回呼函式並把資料組裝後傳回，從而使使用者端可以獲得後端資料，如圖 6.22 所示。

    🖉 **注意**：要實現跨域，本質上需要伺服器端支援，如果後端不支援，即使請求時設置為 **JSONP** 方式也無法實現跨域。

至此，實現跨域的兩種方案介紹完畢。需要注意的是，如果專案中已經配置了 CORS，為了防止衝突，必須在配置 CORS 中介軟體之前宣告 JSONP 介面，否則 JSONP 介面會被處理為開啟了 CORS 的介面。

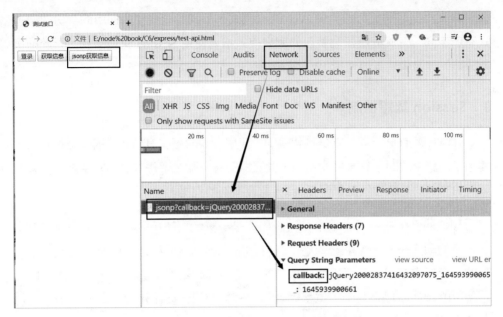

▲ 圖 6.22 使用 JSONP 解決跨域問題

6.4.4 身份認證

前面撰寫的介面只要知道介面 URL 位址的人都可以呼叫，但在實際專案中，有的介面只能有許可權的帳號才能呼叫，這就是所謂的需要身份認證。

那麼什麼是身份認證呢？身份認證（Authentication）又稱身份驗證、鑑權，是指透過一定的手段，完成對使用者身份的確認。在日常生活中，如手機密碼解鎖、銀行卡支付密碼、動車驗票乘車等都是身份認證的例子；在軟體系統中，各個網站的手機驗證碼登入、二維碼掃碼登入、帳號密碼登入等都涉及使用者身份的認證。

為什麼需要身份認證呢？身份認證的目的就是為了確認當前使用者的真實性。例如去取快遞時，要透過取件碼才能取到屬於自己的包裹。同樣，在網際網路專案開發中，如何對使用者的身份進行認證，也是一個值得深入思考的問題。例如銀行系統要透過身份認證確保某人的存款金額不會錯誤地顯示到其他人的帳戶上。

前文提到目前流行的兩種 Web 開發模式，不同的開發模式採用的身份認證方式有所不同，對於伺服器端著色的開發模式推薦使用 Session 認證機制；對於前後端分離的開發模式推薦使用 JWT 認證機制。

1．Session 認證機制

HTTP 與 TCP 不同，它是無狀態的，使用者端的每次 HTTP 請求都是獨立的，連續多個請求之間沒有直接的關係，伺服器不會主動保留每次 HTTP 請求的狀態。理解 HTTP 的無狀態性是學習 Session 認證機制的前提。

類似的例子在生活中很常見，假如你是一家大型超市的收銀員，如何知道當前結帳的顧客是不是 VIP 會員呢？或許你腦海裡第一時間想到的是「會員卡」。是的，對超市來說，為了方便收銀員在進行結算時給 VIP 顧客打折，超市可以為每個 VIP 顧客辦理會員卡，這樣顧客每次購物時只需要出示自己的會員卡，就可以確定當前顧客是不是 VIP 會員，如圖 6.23 所示。

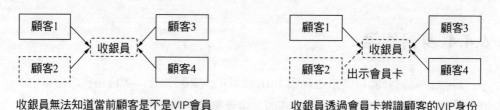

收銀員無法知道當前顧客是不是VIP會員　　　　收銀員透過會員卡辨識顧客的VIP身份

▲ 圖 6.23　會員卡認證機制

以上會員卡身份認證方式在 Web 開發中稱為 Cookie，透過 Cookie 突破 HTTP 無狀態的限制。Cookie 是儲存在使用者瀏覽器中的一段不超過 4KB 的字串，它由一個名稱（name）、一個值（value）和其他幾個用於控制 Cookie 有效期、安全性、使用存取的可選屬性組成。不同域名下的 Cookie 各自獨立，每當使用者端發起請求時，會自動把當前域名下所有未過期的 Cookie 一同發送給伺服器。

Cookie 具有自動發送、域名獨立、過期時限、4KB 限制的特性。在 Google 瀏覽器中存取百度，可以看到百度伺服器發送了相應 Cookie 資訊給瀏覽器，瀏覽器將其儲存到本地，如圖 6.24 所示。

▲ 圖 6.24 瀏覽器發送 Cookie 資訊

Cookie 資訊儲存到本地後，下次請求時瀏覽器會自動將這些資訊發送給百度伺服器，以便用於伺服器端辨識使用者身份，如圖 6.25 所示。

從這個例子中可以看出 Cookie 在身份認證中的作用，當使用者端第一次向伺服器發送請求時，伺服器透過回應標頭的形式向使用者端發送一個身份認證的 Cookie，使用者端會自動將 Cookie 儲存到瀏覽器中。之後，當使用者端瀏覽器每次向伺服器發送請求時，瀏覽器會自動將身份認證相關的 Cookie 透過請求標頭的形式發送給伺服器，伺服器即可驗證使用者端的身份。常規的使用者登入流程如圖 6.26 所示。

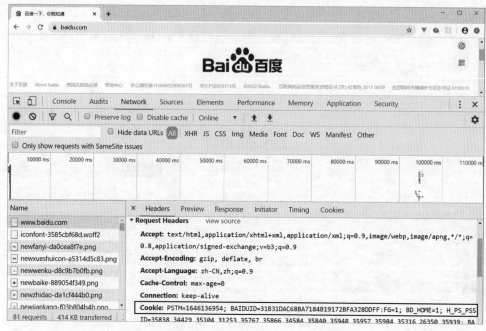

▲ 圖 6.25 瀏覽器請求攜帶 Cookie 資訊

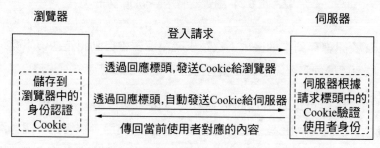

▲ 圖 6.26 使用者登入時 Cookie 在認證中的作用

在這種認證方式中，Cookie 的作用等於會員卡，但是 Cookie 是儲存在本地瀏覽器中，而且瀏覽器也提供了讀寫 Cookie 的 API，因此不具備安全性，很容易被偽造。因此不建議伺服器將重要的隱私資料透過 Cookie 形式發送給瀏覽器。

為了提高身份認證的安全性，當使用者端亮明身份，還需要在伺服器端進行驗證，這種「會員卡 + 刷卡認證」的設計理念就是 Session 的認證機制原理，如圖 6.27 所示。

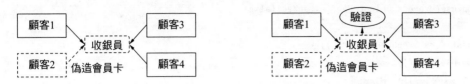

▲ 圖 6.27 會員卡的 Session 機制

Session 還是相依於 Cookie 實現的，只不過在伺服器端多了認證流程，其原理如圖 6.28 所示。

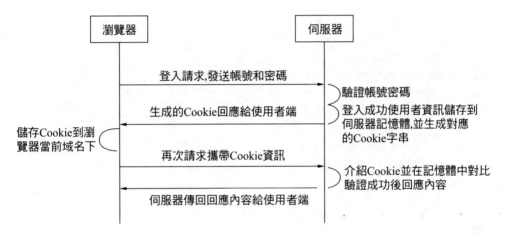

▲ 圖 6.28 Session 認證機制

在明白 Session 的認證機制後，就可以透過程式進行實現了。在 Express 框架中，可以使用 experss-session 中介軟體來簡化開發。新建 session 目錄並建立 session.js 檔案，在該檔案中建立伺服器並實現登入、註冊和登出 3 個介面，範例如下。

➜ 程式 6.31 Session 身份認證：session.js

```
const express = require('express');
const app = express();
// 託管靜態資源
app.use(express.static('pages'));            // 需要託管 pages 下的頁面保證在同一個域中
// 解析 urlencoded 資料
```

```
app.use(express.urlencoded({extended:false}));
// 跨域
const cors = require('cors');
app.use(cors());
//1 · 匯入 Session 中介軟體
const session = require('express-session');
//2 · 配置中介軟體
app.use(session({
    secret:'heimatengyun',                      // 金鑰，可以是任意字串
    resave:false,                               // 固定寫法
    saveUninitialized:true                      // 固定寫法
}));
// 登入介面，用於將使用者資訊儲存到 Session 中
app.post('/login',(req,res)=> {
    console.log(req.body);
    if(req.body.username == 'admin'&&req.body.pwd == '123456'){
        console.log(req.body);
        // 登入成功，使用者資訊存在伺服器端 Session 中
        req.session.user = req.body;            // 使用者資訊
        req.session.isLogin = true;             // 登入狀態
        res.send({status:1,msg:' 登入成功 '})
    }else{
        return res.send({status:0,msg:' 帳號密碼錯誤 , 登入失敗 '})
    }
})
// 獲取使用者資訊介面，使用者從 Session 中讀取資料
app.get('/userinfo',(req,res)=> {
    if(!req.session.isLogin){                    // 判斷使用者是否登入
        return res.send({status:0,msg:' 未登入 '})
    }
    res.send({status:1,msg:' 獲取成功 ',username:req.session.user.
username})
})
// 退出介面，用於清除 Session 資料
app.post('/logout',(req,res)=> {
    req.session.destroy();                       // 清空當前使用者端對應的 Session 資訊
    res.send({
        status:1,
        msg:' 退出成功 '
```

```
    })
})

app.listen('8080',()=> {
    console.log('server running at http://127.0.0.1:8080');
})
```

在上述程式中,使用 express-session 中介軟體透過 npm install express-session 命令安裝並使用此外掛程式後,會自動在 req 物件上掛載一個 Session 屬性,透過此屬性可以將使用者資料儲存在伺服器端,從而實現 Session 身份認證。定義 login 登入介面,接收使用者透過 urlencoded 方式發送的資料並將其儲存到 Session 中;getuserinfo 介面用於從 Session 中獲取使用者資訊並回應給使用者端;logout 介面用於清除 Session 資料。

介面撰寫完成後就可以對介面進行測試,檢驗 Session 的認證功能了。接下來使用兩種方法進行測試。

先透過 postman 工具進行測試。當未呼叫登入介面時,直接呼叫獲取使用者資訊的介面,由於此時 Session 中無內容,所以會看到無法獲取資訊,如圖 6.29 所示。

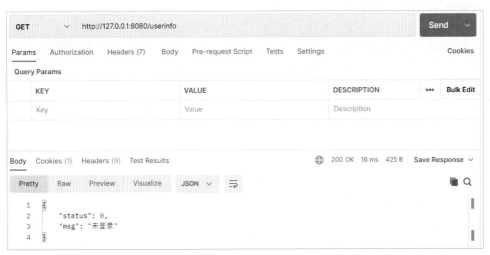

▲ 圖 6.29 未登入無法獲取資訊

呼叫登入介面並輸入正確的使用者名稱和密碼，可以得到登入成功的資訊，此時在伺服器端已經將使用者資訊儲存在 Session 中，如圖 6.30 所示。

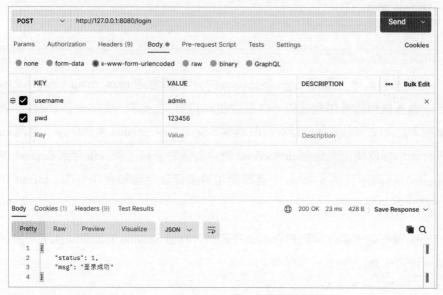

▲ 圖 6.30 登入成功

登入成功後，再測試獲取使用者介面，可以看到從 Session 中成功讀取出使用者資訊，如圖 6.31 所示。

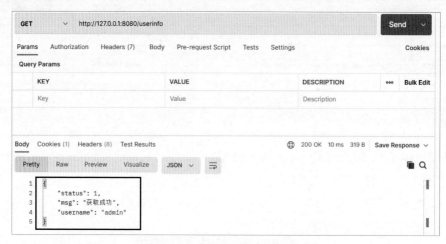

▲ 圖 6.31 登入成功獲取 Session 資訊

此時如果呼叫退出登入介面清除 Session 中儲存的資料，再次存取獲取使用者資料介面會發現獲取失敗，這充分證明了 Session 的認證機制。

接下來透過程式的形式進行驗證。在 session 目錄下新建 pages 目錄，並新建登入頁面和首頁兩個頁面，登入頁面的程式如下。

➡ 程式 6.32　登入頁面：login.html

```html
<!DOCTYPE html>
<html lang="en">
<head>
    <meta charset="UTF-8">
    <meta http-equiv="X-UA-Compatible"content="IE=edge">
    <meta name="viewport"content="width=device-width,initial-scale=1.0">
    <title> 登入 </title>
    <!-- 引入 jQuery-->
    <script src="http://libs.baidu.com/jquery/2.0.0/jquery.min.js"></script>
</head>
<body>
    <div>
        使用者名稱：<input type="text"id="username">
        密碼：<input type="password"id="pwd">
        <button onclick="login()"> 登入 </button>
    </div>
    <script>
        function login(){
            let username = $('#username').val();
            let pwd = $('#pwd').val();
            $.ajax({
                url:'http://127.0.0.1:8080/login',
                type:'post',
                data:{
                    username:username,
                    pwd:pwd
                },
                success:function(data){
                    console.log(data);
                    if(data.status === 1){                      // 登入成功調整頁面
                        window.location.href = 'index.html'
```

```
                    }else{
                        alert(data.msg)
                    }
                },
                error:function(jqXHR,textStatus,err){
                    console.log(err);
                }
            })
        }
    </script>
</body>
</html>
```

　　在登入頁面中，透過 jQuery 的 AJAX 呼叫剛才定義好的登入介面，如果登入成功則跳躍到 index.html 頁面，否則舉出提示訊息。接下來在首頁中呼叫獲取使用者資訊的介面，程式如下。

➜ 程式 6.33 首頁：index.html

```
<!DOCTYPE html>
<html lang="en">
<head>
    <meta charset="UTF-8">
    <meta http-equiv="X-UA-Compatible"content="IE=edge">
    <meta name="viewport"content="width=device-width,initial-scale=1.0">
    <title> 首頁 </title>
    <!-- 引入 jQuery-->
    <script src="http://libs.baidu.com/jquery/2.0.0/jquery.min.js"></script>
</head>
<body>
    <p> 這是首頁 </p>
    <button onclick="logout()"> 退出 </button>
    <script>
        // 退出登入
        function logout(){
            $.ajax({
                url:'http://127.0.0.1:8080/logout',
                type:'post',
                success:function(data){
```

```
                console.log(data);
            },
            error:function(jqXHR,textStatus,err){
                console.log(err);
            }
        })
    }
    // 獲取使用者資訊
    function getUserinfo(){
        $.ajax({
            url:'http://127.0.0.1:8080/userinfo',
            type:'get',
            success:function(data){
                console.log(data);
                if(data.status === 0){                      // 未登入
                    let msg = data.msg;
                    confirm(msg);                           // 彈出提示框
                    window.location.href = 'login.html';    // 跳躍到登入頁面
                }else{
                    alert(`${data.msg}, 使用者名稱：${data.username}`)
                }
            },
            error:function(jqXHR,textStatus,err){
                console.log(err);
            }
        })
    }
    window.onload = getUserinfo;
    </script>
</body>
</html>
```

在首頁的頁面中，頁面載入完成時呼叫伺服器端獲取使用者資訊的介面獲得使用者名稱，如果未獲得資訊則跳躍到登入頁面。同時頁面透過呼叫退出介面實現退出登入功能。

頁面寫好後，需要在 session.js 中將靜態資源託管出去，以便於介面和頁面的造訪網址在同一個域內。首次存取首頁會提示未登入，如圖 6.32 所示。

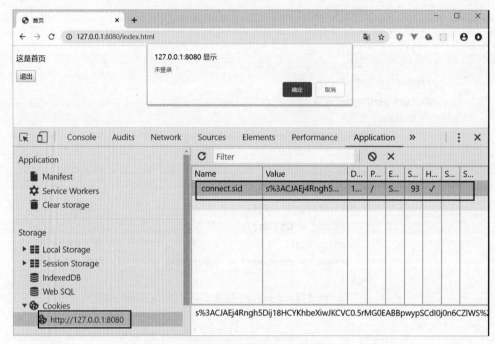

▲ 圖 6.32　伺服器端生成階段 ID 發送給使用者端

當使用者端瀏覽器首次存取伺服器資源時，伺服器端會自動生成一個階段 ID 併發送給使用者端，使用者端將其儲存在瀏覽器的 Cookies 中，伺服器端以此來標識使用者端。按一下「確定」按鈕，進入登入頁面，如圖 6.33 所示。

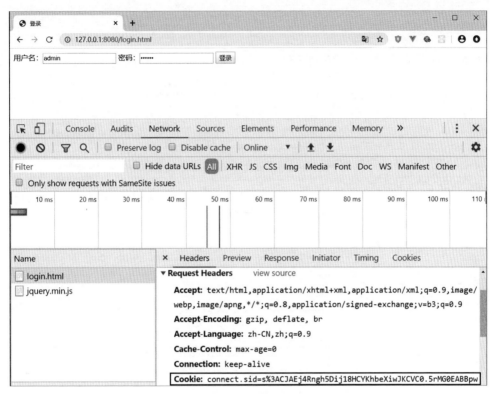

▲ 圖 6.33 在瀏覽器請求標頭中增加階段 ID

可以看到，在請求登入頁面時，瀏覽器預設在請求標頭中加上了第一次存取時的階段 ID。在登入頁面輸入正確的帳號、密碼並登入成功後，跳躍到首頁。在瀏覽器中新開一個標籤直接存取首頁地址，可以看到能成功獲取到使用者資訊，說明伺服器端成功認證了當前使用者的身份，如圖 6.34 所示。

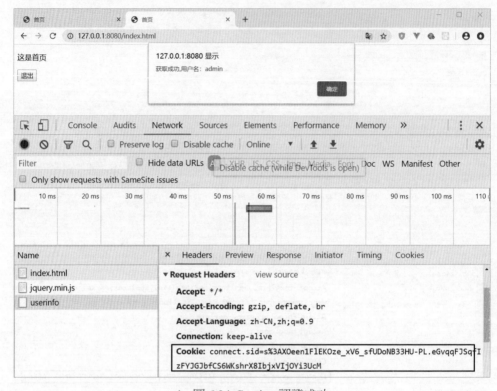

▲ 圖 6.34 Session 認證成功

此處的 Cookie 就相當於會員卡，而伺服器端的 Session 就相當於刷卡認證。透過會員卡＋刷卡認證的機制來確認使用者端使用者的身份。

> ✎ **注意**：Session 認證有個弊端，預設情況下不能跨域名進行 Session 共用。
>
> 讀者可以透過不設置託管頁面而是直接開啟頁面的形式進行驗證。

2 · JWT 認證機制

由於 Session 認證機制需要配合 Cookie 才能實現，並且 Cookie 預設不支援跨域存取，所以，當涉及前端跨域請求後端介面時，需要做很多額外的配置才能實現跨域 Session 認證。在選擇認證方案時，如果前後端互動不存在跨域問題則推薦使用 Session 認證機制，否則建議使用 JWT 認證機制。

JWT（JSON Web Token）是目前流行的跨域認證解決方案。JWT 認證機制是伺服器端生成 Token 字串發送給使用者端，使用者端將該字串儲存到本地瀏覽器中，下次請求時將其透過 HTTP 請求標頭發送給伺服器端，伺服器端還原 Token 字串來認證使用者的身份。

JWT 通常由三部分組成，分別是 Header（頭部）、Payload（有效荷載）、Signature（簽名），三者之間使用英文小數點分隔，格式如下：

```
Header.Payload.Signature
```

以下是一個具體的 JWT 字串範例：

```
// 伺服器端生成的 Token 字串
eyJhbGciOiJIUzI1NiIsInR5cCI6IkpXVCJ9.eyJ1c2VybmFtZSI6ImhlaW1hW1hdGVuZ3l1bi
IsImlhdCI6MTY0NjMxMxNTg3NywiZXhwIjoxNjQ2MzE1OTA3fQ.z3zLbUBY14FwzeTVtooz0l
GjnLlZm2_7U0AlfD2IgRQ
```

在 JWT 的三個組成部分中，Payload 部分才是真正的使用者資訊，它是使用者資訊經過加密之後生成的字串，Header 和 Signature 是安全性相關的部分，只是為了保證 Token 的安全性。

JWT 的工作原理如圖 6.35 所示。

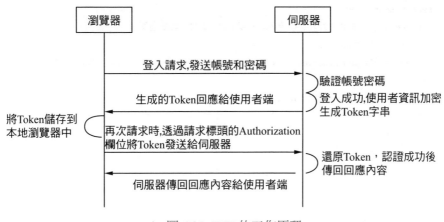

▲ 圖 6.35 JWT 的工作原理

理解了 JWT 的工作原理後，接下來就在 Express 框架中透過相關的中介軟體來實現 JWT。在 Express 中可以使用 Jsonwebtoken 和 Express-jwt 兩個中介軟體實現 JWT 認證，其中，Jsonwebtoken 用於生成 JWT 字串，Express-jwt 用於將 JWT 字串解析還原為 JSON 物件。透過以下命令安裝：

```
npm install jsonwebtoken express-jwt
```

和使用其它第三方中介軟體一樣，安裝之後在檔案中匯入對應的套件就可以使用相關功能了。新建 jwt 目錄並新建檔案 jwt.js，程式如下。

➔ 程式 6.34　JWT 認證：jwt.js

```
const express = require('express');
const app = express();
// 配置中介軟體用於接收 urlencoded 表單資料
app.use(express.urlencoded({extended:false}));
//1 · 匯入用於生成 JWT 字串的套件
const jwt = require('jsonwebtoken');
//2 · 匯入用於將使用者端發送過來的 JWT 字串，解析還原成 JSON 物件的套件
const expressJWT = require('express-jwt');
//3 · 定義金鑰 .
const secretKey = 'heimatengyun';
//4 · 註冊中介軟體
app.use(expressJWT({
    secret:secretKey,
    //Express-jwt 6.0.0 及其之後的版本需要配置此屬性，設置演算法
    algorithms:['HS256'],
    credentialsRequired:true       // 設置為 false 就不進行驗證了，遊客也可以存取
}).unless({
    // 不需要驗證的介面，即設置 JWT 認證白名單
    path:[
        '/login'                   // 可以設置多個
    ]
}));
// 登入介面
app.post('/login',(req,res)=> {
    const userinfo = req.body;     // 接收透過 url-encoded 發送的表單資料
    // 生成 JWT
```

```javascript
    const token = jwt.sign({username:userinfo.username},secretKey,
{expiresIn:'30s'});
    res.send({
        status:200,
        msg:' 登入成功 ',
        token:token
    })
})
// 獲取使用者資訊，需要許可權
app.get('/getUserInfo',(req,res)=> {
    console.log(req);
    res.send({
        status:200,
        msg:' 獲取成功 ',
        data:req.user
    })
});
// 全域錯誤處理中介軟體
app.use((err,req,res,next)=>{
    if(err.name==='UnauthorizedError'){
        return res.send({
            status:401,
            msg:' 無效的 Token'
        })
    }
    return res.send({
        status:500,
        msg:' 未知錯誤 '
    })
})
app.listen('8080',()=> {
    console.log('server running at http://127.0.0.1:8080');
})
```

🖉 **注意**：筆者使用的 **Express-jwt** 版本為 **6.1.1**，不同版本的語法稍有不同。

在程式中定義了 login 登入介面和 getUserInfo 獲取使用者資訊介面，在登入介面中獲取使用者端發送的登入資訊並透過 Jsonwebtoken 中介軟體的 sign 方法生成 JWT 字串，登入成功後將該字串發送給使用者端。這樣下次使用者端請求 getUserInfo 介面時，就需要在請求標頭中附帶上該 JWT 字串，伺服器端接收到請求後就會使用 Express-jwt 外掛程式解析，解析成功後會自動掛載到 req 物件的 user 屬性上，因此可以直接透過 req.user 獲取使用者資訊並回應給使用者端。如果該外掛程式解析失敗則可以透過錯誤中介軟體進行處理，未攜帶 JWT 字串或 JWT 字串過期，會得到 UnauthorizedError 錯誤。

執行上述程式後，在 postman 工具中進行測試，當直接存取獲取使用者資訊介面時，由於未得到 Token 值，因此得不到使用者資料，如圖 6.36 所示。

▲ 圖 6.36　未登入無 Token 資訊

接下來呼叫登入介面，輸入帳號資訊，可以看到伺服器端生成了 Token 值並傳回給使用者端，如圖 6.37 所示。

▲ 圖 6.37 獲取 Token 資訊

接下來再用此 Token 值作為請求標頭再次請求獲取使用者資訊介面，可以看到伺服器端傳回了使用者資訊，因此伺服器端解析 Token 成功，成功認證了使用者，如圖 6.38 所示。

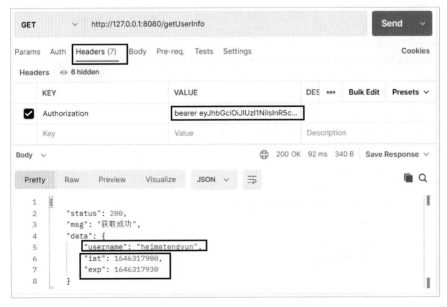

▲ 圖 6.38 透過 Token 獲取使用者資訊

需要注意的是，在 HTTP 請求標頭 Authorization 欄位中，傳輸 Token 時需要加上 Bearer 字串，並用空格與 Token 值隔開。在回應資訊中可以看到自動增加了 iat 和 exp 欄位，用於記錄 Token 的過期時間。

工具測試成功後，我們在程式裡進行測試，本次測試在跨域的情況下進行，因此改造上述 jwt.js，引入 CORS 中介軟體解決跨域問題，程式如下：

```
// 跨域支援
const cors = require('cors');
app.use(cors());
```

接下來，在頁面中放置兩個按鈕，分別用於登入和獲取使用者資訊，程式如下。

➔ 程式 6.35　JWT 認證驗證：jwt.html

```
const express = require('express');
<!DOCTYPE html>
<html lang="en">
<head>
    <meta charset="UTF-8">
    <meta http-equiv="X-UA-Compatible"content="IE=edge">
    <meta name="viewport"content="width=device-width,initial-scale=1.0">
    <title> 測試 JWT</title>
    <!-- 引入 jQuery-->
    <script src="http://libs.baidu.com/jquery/2.0.0/jquery.min.js"></script>
</head>
<body>
    <button onclick="getUserinfo()"> 獲取使用者資訊 </button>
    <button onclick="login()"> 登入 </button>
    <script>
        // 獲取使用者資訊
        function getUserinfo(){
            let token = localStorage.getItem('token');
            if(token == null){
                alert(' 請先登入 ')
                return;
            }
            let tokenStr = `Bearer ${token}`;// 需要在 Token 前增加 Bearer 標識
```

```
        $.ajax({
            url:'http://127.0.0.1:8080/getUserInfo',
            type:'get',
            beforeSend:function(xhr){ // 增加 Authorization 請求標頭
                xhr.setRequestHeader('Authorization',tokenStr)
            },
            success:function(data){
                console.log(data);
            }
        })
    }
    // 登入
    function login(){
        $.ajax({
            url:'http://127.0.0.1:8080/login',
            type:'post',
            data:{
                username:'heimatengyun',
                password:'000000'
            },
            success:function(data){
                if(data.status === 200){
                    console.log(data.token);
                    // 將 token 儲存在 localhost 中
                    localStorage.setItem('token',data.token)
                }
            }
        })
    }
</script>
</body>
</html>
```

在登入方法中呼叫伺服器端登入介面,將獲取的 JWT 字串儲存到本地 localStorage 物件中;在獲取使用者資訊介面中獲取 localStorage 中的 Token 值,接著將其攜帶到 HTTP 請求標頭的 Authorization 欄位中發送給伺服器端,伺服器介面驗證成功後傳回使用者資訊給使用者端。當使用與伺服器不同的通訊埠存取頁面時,如果可以正常使用,則說明 JWT 可以跨域使用。先按一下「登入」按鈕,再按一下「獲取使用者資訊」按鈕，可以看到將 Token 值以請求標頭形式發送給了伺服器端，如圖 6.39 所示。

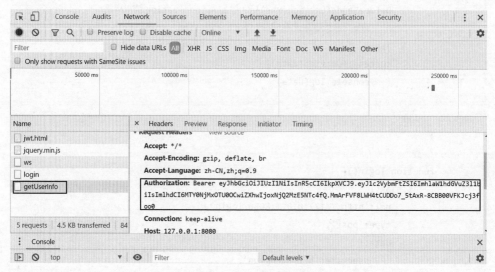

▲ 圖 6.39　JWT 跨域使用

同時，在瀏覽器本地也可以看到儲存的 Token 值，如圖 6.40 所示。

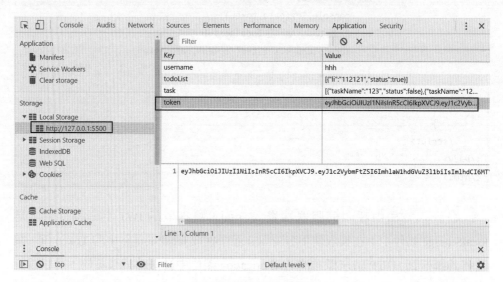

▲ 圖 6.40　JWT 認證

至此，JWT 認證的使用方法就介紹完畢。

6.5 常用的 API

正如官網定義的 Express 是基於 Node.js 平臺的快速、開放、極簡的 Web 開發框架一樣，Express 非常簡潔，僅封裝了 Web 核心功能，但開發者可以透過中介軟體的形式擴充功能，因此其使用非常靈活，能滿足各種複雜的業務場景。本節介紹 Express 框架內建的物件和常用的 API。

6.5.1 模組方法

Express 模組提供了一系列方法，這些方法本質上是中介軟體函式，呼叫方法這些可以完成很多基本功能，安裝 Express 框架並匯入套件後就可以直接呼叫這些方法了，具體包括：

- express 方法：用於建立 Express 應用程式。

- express.json 方法：基於 body-parser 中介軟體，用於解析使用者資料為 JSON 物件。

- express.Router 方法：用於建立路由物件，透過路由物件可以更進一步地對系統按模組進行管理。

- express.static 方法：用於託管靜態資源，包括 HTML 網頁檔案、樣式檔案及圖片資源等。

- express.urlencoded 方法：基於 body-parser 中介軟體，用於接收使用者表單資料。

6.5.2 Application 物件

Application 物件表示 Express 框架的實例物件，透過 express 方法建立，該物件包含一系列屬性、事件和方法，常用的方法（或函式）如下：

- app.get：用於定義 HTTP 的 get 方法，匹配到路徑後執行制定的回呼函式。

- app.listen：用於啟動伺服器。

- app.post：用於定義 HTTP 的 post 方法。

- app.use：用於將中介軟體掛載到 App 實例上。

6.5.3　Request 物件

Request 物件封裝了 HTTP 請求相關的使用者端資訊，如獲取使用者端發送的參數和請求標頭資訊等，常用的方法如下：

- req.body：用於接收使用者端發送的表單資料。

- req.params：用於接收使用者端透過動態路徑發送的參數。

- req.query：用於接收使用者端透過 URL 查詢字串形式發送的參數。

6.5.4　Response 物件

Response 物件封裝了 HTTP 回應使用者端的方法，如向使用者端發送回應資料和重定向等，常用的方法如下：

- req.send：向使用者端回應資料資訊。

- req.end：結束與使用者端的回應。

- req.render：著色視圖並將對應的 HTML 字串回應發送給使用者端。

6.5.5　Router 物件

路由中介軟體建立的路由實例封裝了 HTTP 相關的路由方法，常用的方法如下：

- router.METHOD：METHOD 包含 post、get、put 等，用於處理對應的 HTTP 請求。

- router.use：路由物件使用指定的中介軟體。

6.6 本章小結

本章詳細介紹了 Express 框架相關的基本概念。Express 框架本質上是一個基於 Node.js 的外掛程式，封裝了 HTTP 相關的方法，因此可以快速、高效率地建立 Web 程式。它除了內建的物件和 API 以外，還可以透過中介軟體的形式擴充功能，這種方式既保證了框架本身的靈活性，又能方便地根據業務需要使用中介軟體擴充功能。

本章首先透過簡單的範例演示了如何透過 Express 框架快速建立 HTTP 介面，以及如何處理常見的 post 和 get 請求及參數獲取等問題，除了介面開發，還可以透過內建的中介軟體 express.static 託管靜態資源；接著介紹了 Express 中的 Router 路由中介軟體，透過路由中介軟體，可以將複雜的業務系統按功能和路由進行模組化，然後又介紹了 Express 中常見的中介軟體分類以及如何實現自訂中介軟體，透過這些中介軟體可以快速擴充框架功能。

在 6.4 節中講解了如何透過 Express 撰寫 RESTfull 風格的 API，並仔細分析了專案開發中一定會遇到的跨域問題和身份認證問題，這是開發商業專案必須掌握的技能，因此需要讀者多加練習。本章的最後介紹了框架內建的幾個物件和常用的 API，這些也是需要讀者了解的。

本章透過大量的實例對 Express 框架相關的基礎知識進行了演示，希望讀者能在實際專案開發中靈活運用。

MEMO

7

Koa 框架

　　第 6 章詳細講解了 Express 框架及其中介軟體的使用，作為老牌的基於 Node.js 的 Web 應用程式開發框架，其一度佔據市場主流份額。但隨著 JavaScript 新版本的發佈，尤其是 ES 6 以後的版本引入了非常多的新特性（Async 和 Await 等非同步方案），Express 官方團隊發現繼續在 Express 框架上改造變得困難，因此推出了新一代基於 Node.js 的 Web 開發框架 Koa。

Koa 由 Express 原班人馬打造，致力於成為 Web 應用和 API 開發領域中一個更小、更富有表現力、更健壯的 Web 開發框架。Koa 沒有捆綁任何中介軟體，而是提供了一套優雅的方法來快速撰寫伺服器端應用程式，本章主要講解 Koa 與 Express 框架的異同以及 Koa 2 框架的具體使用。

本章涉及的主要基礎知識如下：

- Koa 的發展：了解 Koa 誕生的原因、發展過程及其與 Express 的異同；

- Context 物件：掌握 Koa 核心上下文物件及其屬性和 API；

- 路由使用：學會使用路由中介軟體解決路由匹配及傳值方法；

- 中介軟體：透過範例演示如何使用中介軟體，並深入分析 Koa 中介軟體的洋蔥模型與 Express 中介軟體模型的區別；接著介紹 koa-static 等常見第三方中介軟體的使用。

✎ **注意**：本章主要使用 **Koa 2** 框架，它支援 **Async** 和 **await**，因此 **Node.js** 版本至少在 **7.6** 以上。

7.1 Koa 簡介

本節首先介紹 Koa 的基本概念及其發展過程，理解這些概念是學習使用 Koa 的基礎。了解 Koa 的概念後，透過範例程式演示如何建立第一個 Hello World 程式，分析 Koa 與 Express 的區別，為後續更進一步地學習 Koa 打下基礎。

7.1.1 Koa 框架的發展

Web 開發一直是 Node.js 的主流方向，無論新人必學的 Express 和 Koa 框架，還是社區流行的企業級框架 Egg 和 Nest，各類框架層出不窮。現代的 Web 開發不管使用何種語言都離不開 Web 框架，Web 框架通常具有 RESTfull API、資料庫 CRUD 操作、頁面著色、身份驗證等功能，提供了高效開發 Web 程式的方式。與此同時，Web 框架也存在適用場景和規則約束問題，因此隨著技術更新和需求變化，框架也會不斷地推陳出新。

在具體介紹 Koa 框架的發展之前，先回顧整個 Node.js 框架的發展階段，可以分為 3 個階段：框架起步期、企業架構期和面向前端期。

1 · 框架起步期

2009 年 Node.js 發佈以來，2010 年 Express 框架發佈，2013 年 Koa 框架發佈，這個時期的前端工程師主要是對框架進行嘗鮮和驗證 Node.js Web 應用場景的可行性，還不敢在業務上做太多的嘗試和實作。因此，起步階段的框架主打輕量和簡潔。

經過多年的發展，現在回頭去看，這一階段框架的優點是簡單、易學，易於整合，Express 框架非常容易整合到 Nest 和 Webpack 框架中，Koa 框架容易整合到 Egg 和 Midway 框架中，生態比較繁榮；但缺點也比較明顯，即缺乏標準和應用場景，不利於團隊協作和大規模開發。

2 · 企業架構期

2014 年到 2017 年，Node.js 規模化實作，主打企業級框架和架構。與此同時，專業的 Node.js 工程師職位出現，開發講究規模化和團隊協作化。這個階段主要出現的框架有 Nest、Egg、Midway，但大多數以 Express 和 Koa 框架作為基礎框架進行封裝。這些框架的優點是大而全，功能完善，易於團隊協作，社區生態也非常活躍；缺點是由於大而全導致上手成本高，限制多，難擴充。

3 · 面向前端期

自 2016 年之後，Node.js 逐漸發展成熟、完善，前端工程師人數急速增加。這個階段主打前端框架導向的設計，簡潔和輕量，主要框架是 Next.js 和 Nuxt.js。這些框架主要來自前端全端開發，支援 Serverless 部署，容易學習；但後端功能較弱。

與此同時，Midway 作為企業級開發框架，在技術選型上採用了 TypeScript+IoC+Egg，經過架構的演進，使用雲端原生給前端賦能，使得前端開發降本增效。雲＋端的開發模式將成為主流研發模式。

從上文可以看出，Express 和 Koa 誕生於 Node.js 框架的起步期，但是經過多年的發展 Express 生態已經非常完善，而 Koa 作為新一代的 Web 框架使用量也穩步上升。截至本書完稿時，Express 周安裝量 2 200 萬次，Koa 的周安裝量大概 120 萬次，雖然 Express 安裝量依然領先於 Koa，但 Koa 作為新一代的 Web 框架，採用了 ES 6+ 新語法，在非同步處理方面具有明顯的優勢。

Koa 自發佈以來，一直緊隨 JavaScript 新版本的步伐，當前的最新版本為 2.13.4。Koa 的內部原理和 Express 很像，但是 Koa 的語法和內部結構進行了升級，Koa 使用 ES 6 撰寫，主要特點是透過 Async 函式解決回呼地獄問題。Koa 1 是基於 ES 2015（即 ES 6）的 generator 函式結合 co 模組，而 Koa 2 則完全拋棄了 generator 和 co 模組，升級為 ES 2017（ES 8）中的 Async/await 函式。

正是由於 Koa 內部基於最新的非同步處理方式，所以使用 Koa 處理異常更加簡單。Koa 沒有捆綁任何中介軟體，而是提供了一套優雅的方法，幫助開發者快速地撰寫伺服器端的應用程式。很多框架和開發工具都是基於 Koa 的，如 Egg 和 Vite 等。

7.1.2 建立 Hello World 程式

【本節範例參考：\ 原始程式碼 \C6\koa 】

由於 Koa 是一個第三方的 NPM 套件，因此在使用前需要先建立專案並進行安裝。接下來演示 Koa 的安裝及其基本使用。

1·安裝 Koa

由於 Koa 是基於 Node.js 的，所以需要先安裝 Node.js 環境，建議不要使用過早的版本，由於前面已經安裝過 Node.js 了，因此這裡只需要建立專案，然後直接安裝 Koa 即可。

在 C7 目錄下建立 koa 目錄並在 Visual Studio Code 中開啟，在終端執行初始化專案命令 npm init-y，生成 package.json 檔案，後續安裝的模組會自動配置到該檔案中。

接下來安裝 Koa，在終端中執行以下命令：

```
npm i koa
```

預設安裝最新版本的 Koa，安裝成功後會自動將相依增加到 package.json 檔案中。

✐ **注意**：安裝時一定要注意版本問題，這裡安裝的版本是 **Koa 2**。

2 · 建立基本伺服器

完成 Koa 框架的安裝後，在根目錄下建立 helloworld.js 檔案，使用 Koa 框架提供的 API 建立應用，首先建立基本的伺服器，範例如下。

➔ 程式 7.1　基本伺服器：helloworld.js

```
// 使用 Koa 建立 Hello World 程式
//1 · 引入 Koa 框架
const Koa = require('koa');
//2 · 建立 Koa 實例
const app = new Koa();
//3 · 使用中介軟體
app.use(async(ctx,next)=> {
    ctx.body = "hello world";
})
//4 · 啟動監聽
app.listen(8080,()=> {
    console.log('server running at http://127.0.0.1:8080');
})
```

以上程式首先透過 require 匯入 Koa 框架，然後透過 Koa 方法建立 Web 伺服器，透過 app.use 定義一個能響應內容的中介軟體，該中介軟體透過設置 Context 物件的 body 屬性回應使用者端內容，最後透過 listen 方法在 8080 通訊埠啟動 Web 伺服器。在終端執行 node helloworld 命令即可啟動伺服器，此時在瀏覽器中輸入位址 http://127.0.0.1:8080 存取該伺服器，可以在瀏覽器中看到 Hello World 的輸出。

對比第 6 章的程式 6.1 可以發現，Express 和 Koa 這兩個框架在撰寫程式時存在一些差異，下面將進行簡單對比。

7.1.3 Koa 與 Express 的區別

雖然 Express 和 Koa 都出自同一個團隊，但是二者在語法上存在一些差異。Express 框架歷史更久，文件完整，生態更加豐富；Koa 框架相對較新，採用了 ES 6+ 的新語法，生態還在逐漸完善，目前整體使用量不及 Express，但其是未來的發展趨勢。

整體來說 Koa 與 Express 框架有以下區別：

- 採用的 JavaScript 版本不同，Express 的語法較老，Koa 採用 ES 6+ 版本的新語法。

- 啟動方式不同，在 Express 中採用函式形式建立應用，而在 Koa 中透過 new Koa 方式建立應用。

- 中介軟體機制不同，Express 中介軟體採用「管線式」從上一個中介軟體到下一個中介軟體依次呼叫，Koa 則採用洋蔥模型，中介軟體從外到內，再從內到外進行呼叫。

- Koa 沒有回呼，Express 有回呼。Express 和 Koa 最明顯的差別就是 Handler 的處理方法，一個是普通的回呼函式，一個是利用生成器函式（Generator Function）來作為回應器。換句話說就是 Express 是在同一個執行緒上完成當前處理程序的所有 HTTP 請求，而 Koa 利用 co 模組作為底層執行框架，利用 Generator 的特性，實現「程式碼協同回應」。

雖然 Koa 與 Express 框架在語法上存在一些差異，但是二者的整體想法還是大同小異的，在後續內容中將對 Koa 框架的知識進行具體介紹。

7.2 Context 上下文物件

7.1 節透過 Koa 框架建立了一個最簡單的 Web 程式並向瀏覽器輸出資訊，與 Express 框架不同，Koa 透過設置 Context 物件的 body 屬性來指定傳回的內容。Context 物件是框架的核心，封裝了很多相關的屬性和 API，本節將介紹 Context 上下文物件常見的屬性和 API。

7.2.1 Context 上下文

Context 是 Koa 封裝的上下文物件，將原生 Node.js 的 Request 和 Response 物件封裝到單獨的物件中，並為撰寫 Web 應用和 API 提供了許多方法。每個請求都將建立一個 Context，並在中介軟體中作為接收器引用，範例如下：

```
app.use(async ctx => {
    ctx;                        // 這是 Context
    ctx.request;                // 這是 Koa Request
    ctx.response;               // 這是 Koa Response
});
```

Context 上下文物件常見的 API 如表 7.1 所示。

▼ 表 7.1 Context 上下文物件常見的 API

API	功能說明
ctx.req	Node.js 的 Request 物件
ctx.res	Node.js 的 Response 物件，繞過 Koa 的 Response 是不被支援的
ctx.request	Koa 的 Request 物件
ctx.response	Koa 的 Response 物件
ctx.app	應用程式實例引用
ctx.cookies.get	獲取 Cookie

API	功能說明
ctx.cookies.set	設置 Cookie
ctx.throw	用來拋出一個包含 .status 屬性錯誤的幫助方法，其預設值為 500，這樣 Koa 就可以適當地給予回應

為方便起見，許多上下文的存取器和方法直接委託給 ctx.request 或 ctx. response。舉例來說，ctx.type 和 ctx.length 委託給 Response 物件，ctx.path 和 ctx. method 委託給 Request 物件。也就是說 ctx.path 等於 ctx.request.path，詳見 Koa 官網。

7.2.2 Request 物件

Koa Request 物件是在 Node.js 的原生請求物件之上的抽象，提供了諸多對 HTTP 伺服器開發有用的功能，常見的 API 如表 7.2 所示。

▼ 表 7.2 Koa Request 物件常見的 API

API	功能說明
request.header	請求標頭物件，這與 node http.IncomingMessage 上的 headers 欄位相同
request.header=	設置請求標頭物件
request.headers	請求標頭物件，別名為 requst.header
request.headers=	設置請求標頭物件，別名為 request.header=
request.method	請求方法
request.method=	設置請求方法，對於實現諸如 methodOverride 方法的中介軟體是有用的
request.length	傳回請求內容的長度，如果值存在則為數字，否則為 undefined
request.url	獲取請求的 URL
request.url=	設置請求 URL，對 URL 重寫有用
request.originalUrl	獲取請求的原始 URL

API	功能說明
request.origin	獲取 URL 的來源，包括 protocol 和 host
request.path	獲取請求路徑名
request.path=	設置請求路徑名稱，並在存在時保留查詢字串
request.querystring	根據「？」獲取原始查詢字串
request.querystring=	設置原始查詢字串
request.search	使用「？」獲取原始查詢字串
request.search=	設置原始查詢字串
request.host	當 request.host 物件存在時獲取主機 hostname:port，當 app.proxy 為 true 時支援 X-Forwarded-Host，否則使用 host
request.hostname	當 request.hostname 存在時獲取主機名稱，當 app.proxy 是 true 時支援 X-Forwarded-Host，否則使用 host。如果主機是 IPv6，Koa 解析到 WHATWG URL API，注意這可能會影響程式性能
request.URL	獲取 WHATWG 解析的 URL 物件
request.type	獲取請求 Content-Type，不含 charset 等參數
request.charset	當 request.charset 物件存在時獲取請求字元集，或 undefined
request.query	獲取解析的查詢字串，當沒有查詢字串時，傳回一個空白物件。請注意，此 getter 不支援巢狀結構解析，如 color=red&size=big 解析為 {color:"red"，size:"big"}
request.query=	將查詢字串設置為給定物件，注意不支援巢狀結構物件。例如 ctx.query={next："/login"}
request.fresh	檢查請求快取是否「新鮮」，也就是內容沒有改變。此方法用於 If-None-Match/ETag、If-Modified-Since 和 Last-Modified 之間的快取協商。在設置一個或多個這些響應表頭時應該引用它
request.stale	與 request.fresh 相反

API	功能說明
request.protocol	傳回請求協定，HTTPS 或 HTTP，當 app.proxy 為 true 時支援 X-Forwarded-Proto
request.secure	透過 ctx.protocol=="https" 來檢查請求是否透過 TLS 發出
request.ip	請求遠端位址，當 app.proxy 是 true 時支援 X-Forwarded-Proto
request.is(types)	檢查傳入請求是否包含 Content-Type 訊息表頭欄位，並且包含任意的 mime type。如果沒有請求主體，則傳回 null。如果沒有內容類別型或匹配失敗，則傳回 false，反之則傳回匹配的 Content-Type
request.socket	傳回請求通訊端
request.get(field)	傳回請求標頭，field 不區分大小寫

7.2.3 Response 物件

Koa Response 物件是在 Node.js 的原生回應物件之上的抽象，提供了諸多對 HTTP 伺服器開發有用的功能，常見的 API 如表 7.3 所示。

▼ 表 7.3 Koa Response 物件常見的 API

API	功能說明
response.header	回應標頭物件
response.headers	回應標頭物件，別名是 response.header
response.socket	回應通訊端，作為 request.socket 指向 net.Socket 實例
response.status	獲取回應狀態，預設情況下，response.status 設置為 404 而非像 Node.js 的 res.statusCode 那樣預設為 200
response.status=	透過數字程式設置回應狀態，如 404 對應 not found，具體的回應程式查看 Koa 官網

API	功能說明
response.message	獲取回應的狀態訊息，預設情況下 response.message 與 response.status 連結
response.message=	將回應的狀態訊息設置為給定值
response.length=	將回應的 Content-Length 設置為給定值
response.length	如果存在，則以數字形式傳回回應內容的長度
response.body	獲取回應主體
response.body=	設置回應本體，如果 response.status 未被設置，Koa 將自動設置狀態為 200 或 204
response.get(field)	不區分大小寫獲取回應標頭欄位值 field
response.has(field)	如果當前在回應標頭中設置了由名稱標識的訊息表頭，則傳回 true。訊息表頭名稱匹配不區分大小寫
response.set(field,value)	設置回應標頭 field 到 value
response.append(field,value)	用值 val 附加額外的訊息表頭 field
response.set(fields)	用一個物件設置多個響應表頭 fields
response.remove(field)	刪除標頭 field
response.type	獲取回應 Content-Type，不含 Charset 等參數
response.type=	透過 mime 字串或檔案副檔名設置回應 Content-Type
response.redirect()	執行 302 重定向到 URL
response.attachment	將 Content-Disposition 設置為附件以提示使用者端下載
response.headerSent	檢查是否已經發送了一個響應表頭，用於查看使用者端是否會收到錯誤通知
response.lastModified	如果 response.lastModified 存在，則 Last-Modified 訊息表頭傳回為 Date
response.flushHeaders()	刷新任何設置的訊息表頭，然後是主體 body

✐ **注意**：詳細參數請參考 **Koa** 官網。

7.3 Koa 路由

第 6 章詳細講解了 Express 框架中的路由，在 Koa 框架中，路由的使用方法大致相同，但也存在一些差異。Express 框架內部提供了路由支援，而在 Koa 框架中需要使用第三方路由外掛程式。本節就介紹 Koa 框架中的路由使用。

7.3.1 路由的基本用法

Koa 是輕量級框架，沒有綁定任何中介軟體。因此要實現路由功能，需要透過 Context 物件的 path 實現，範例如下。

➡ **程式 7.2　自訂實現路由：customRouter.js**

```
// 自訂路由
const Koa = require('koa');
const app = new Koa();
app.use(async ctx => {
    const path = ctx.path;                    // 獲取請求路徑
    if(path === "/"){
        ctx.body = "首頁"
    }else if(path === "/login"){
        ctx.body = "登入頁"
    }else{
        ctx.body = "404 not found"
    }
})
app.listen(8080,()=> {
    console.log("server running at http://127.0.0.1:8080");
})
```

在上面的程式中透過 ctx.path 獲取請求路徑，根據請求位址進行不同內容的回應來實現路由功能。透過 node 命令執行上述程式後，在瀏覽器中存取不同路徑可以得到不同的結果。

但在實際開發過程中，這種實現方式比較煩瑣，因此 Koa 官方提供了 koa router 中介軟體，官方位址為 https://github.com/koajs/router，按照說明安裝後即可使用。

首先透過 npm i@koa/router 命令安裝路由元件，其次在檔案中引入該中介軟體並建立路由物件，最後配置路由，範例如下。

➔ 程式 7.3 使用 koa router 元件實現路由：koaRouter.js

```
//koa router 路由中介軟體
const Koa = require('koa')
const Router = require('@koa/router');              // 引入路由元件
const app = new Koa();
const router = new Router();                         // 建立路由元件
router.get('/',ctx => {                              // 配置 get 路由
    ctx.body = 'get 請求 '
})
router.post('/',ctx => {                             // 配置 post 路由
    ctx.body = 'post 請求 '
})
router.get('/users',ctx => {
    ctx.body = ' 使用者列表 '
})
app
    .use(router.routes())                            // 將路由掛載到路由實例
    .use(router.allowedMethods())
app.listen(8080,()=> {
    console.log('server running at http://127.0.0.1:8080');
})
```

在上述程式中引入了 koa router 路由中介軟體，透過 new Router 建立路由實例 router，並在 router 物件上綁定 get 和 post 方法，最終透過 app.use(router.routes()) 將路由掛載到 App 實例上。啟動程式後，在瀏覽器或 postman 工具中透過不同方法請求不同介面可以得到對應的回應結果。

7.3.2 接收請求資料

掌握路由的基本使用後，在日常專案開發中經常還需要透過 get 或 post 方式向介面傳遞值，接下來演示在 Koa 中如何接收 get 請求參數，範例如下。

➔ 程式 7.4 在 Koa 中獲取 get 請求參數：getGetValue.js

```
// 獲取 get 請求參數
const Koa = require('koa')
const Router = require('@koa/router');          // 引入路由元件
const app = new Koa();
const router = new Router();                     // 建立路由元件
router.get('/',ctx => {
    console.log(ctx.query);                      // 獲取透過 URL 參數傳遞的值
    ctx.body = ctx.query;
})
router.get('/user/:id',ctx => {
    console.log(ctx.params);                     // 透過 ctx.params 獲取動態路徑參數
    ctx.body = ' 獲取到使用者 id='+ ctx.params.id;
})
app
    .use(router.routes())                        // 將路由掛載到路由實例上
    .use(router.allowedMethods())
app.listen(8080,()=> {
    console.log('server running at http://127.0.0.1:8080');
})
```

在上述範例程式中，透過 ctx.query 獲取 get 請求中透過 URL 參數傳遞的值，執行程式後，在 postman 工具中測試參數的傳遞和接收，如圖 7.1 所示。

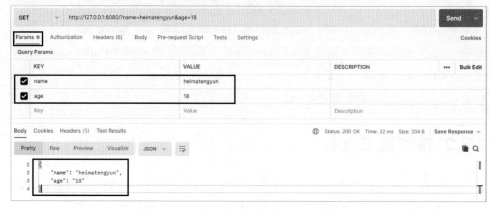

▲ 圖 7.1 獲取 get 請求中 URL 傳遞的值

在上述範例程式中，透過 ctx.params 獲取 get 請求中透過動態參數傳遞的值，在 postman 工具中測試參數的傳遞和接收，如圖 7.2 所示。

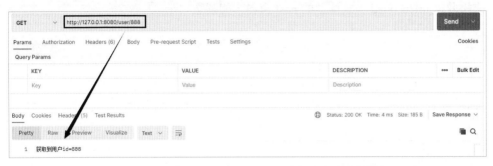

▲ 圖 7.2 獲取 get 請求中 URL 動態參數傳遞的值

接下來演示在 Koa 中如何接收 post 請求參數，要接收 post 參數前需要透過命令 npm i koa-bodyparser 安裝 koa-bodyparser 中介軟體，然後將其掛載到 App 實例上，範例如下。

➡ 程式 7.5 在 Koa 中獲取 post 請求參數：getPostValue.js

```
// 獲取 post 請求參數
const Koa = require('koa')
const Router = require('@koa/router');    // 引入路由元件
// 引入 koa-bodyparser 接收 post 參數
const BodyParser = require('koa-bodyparser');
const app = new Koa();
const router = new Router();               // 建立路由元件
router.post('/',ctx => {                   // 配置 post 路由
    // 需要安裝並掛載 Koa-bodyparser 中介軟體，否則獲取不到
    console.log(ctx.request.body);
    ctx.body = 'post 請求 '
})
app.use(BodyParser());                     // 將 Koa-bodyparser 中介軟體掛載到 App 實例上
app
    .use(router.routes())                  // 將路由掛載到路由實例上
    .use(router.allowedMethods())
app.listen(8080,()=> {
    console.log('server running at http://127.0.0.1:8080');
})
```

在上述程式中，安裝 koa-bodyparser 中介軟體後透過 require 匯入，透過 app.
use(BodyParser()) 將其掛載到 App 實例上，執行程式後就可以透過 ctx.request.body
來接收以 urlencoded 方式傳遞的 post 資料，如圖 7.3 所示。

▲ 圖 7.3　獲取 post 請求中以 urlencoded 格式傳遞的資料

上述程式也可以接收透過 JSON 格式傳遞的資料，如圖 7.4 所示。

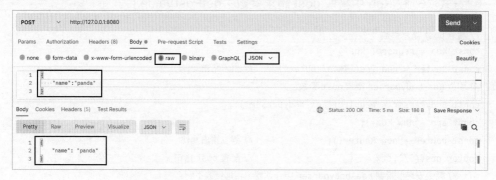

▲ 圖 7.4　獲取 post 請求中以 JSON 格式傳遞的資料

雖然上述程式可以接收 post 方式傳遞的 urlencoded 格式的資料和 raw 資料，
但是無法接收 from-data 資料，如圖 7.5 所示。

那麼如何接收 form-data 資料呢？這就需要其他中介軟體，其中，koa-body 中介軟體的使用比較靈活，既可以接收 post 資料中的 urlencoded 資料，又可以接收 form-data 資料，其官網為 https://www.npmjs.com/package/koa-body。

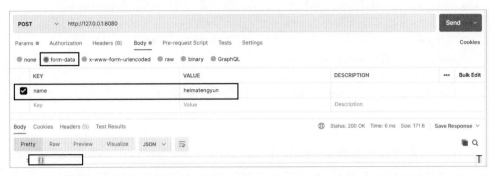

▲ 圖 7.5 koa-bodyparser 無法獲取 post 請求中的 form-data 資料

將程式 7.4 和程式 7.5 進行改造，透過 koa-body 中介軟體使得介面同時支援 urlencoded 和 form-data 格式的資料。先透過 npm i koa-body 命令安裝中介軟體，範例如下。

➡ **程式 7.6 使用 koa-body 獲取 post 請求參數：getMultipartValue.js**

```javascript
// 獲取 form-data 資料
const Koa = require('koa')
const Router = require('@koa/router');
const KoaBody = require('koa-body');        // 引入 koa-body 中介軟體
const app = new Koa();
const router = new Router();
router.get('/',ctx => {
    console.log(ctx.query);                 // 獲取透過 URL 傳遞的值
    ctx.body = ctx.query;
})
router.get('/user/:id',ctx => {
    console.log(ctx.params);                // 透過 ctx.params 獲取動態路徑參數
    ctx.body = ' 獲取到使用者 id='+ ctx.params.id;
})
```

```
router.post('/',ctx => {                        // 配置 post 路由
    console.log(ctx.request.body);// 需要安裝並掛載 Koa-body 中介軟體，否則獲取不到
    ctx.body = ctx.request.body;
})
app.use(KoaBody({multipart:true}));             // 需要設置，否則無法接收 from-data 資料
app
    .use(router.routes())                       // 將路由掛載到路由實例上
    .use(router.allowedMethods())
app.listen(8080,()=> {
    console.log('server running at http://127.0.0.1:8080');
})
```

在上述程式中，安裝 koa-body 中介軟體後，透過 app.use(KoaBody({multipart: true})); 掛載到 App 實例上，同時需要配置 multipart 為 true，這樣介面就可以透過 ctx.request.body 接收 urlencoded 和 form-data 資料了。執行程式後進行測試，可以成功接收 from-data 資料了，如圖 7.6 所示。

koa-body 中介軟體也可以接收 urlencoded 格式資料，如圖 7.7 所示。

🖉 **注意**：可以看出，安裝 **koa-body** 中介軟體後無須再安裝 **koa-bodyparser** 中介軟體了，同時，**koa-body** 中介軟體支援 **urlencoded** 格式和 **form-data** 格式，都透過 **ctx.request.body** 物件進行接收。

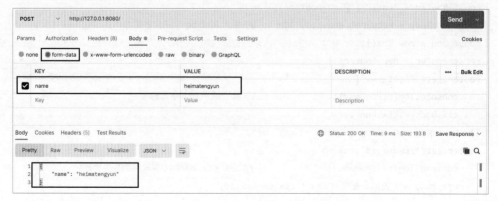

▲ 圖 7.6 使用 koa-body 中介軟體獲取 post 請求中的 form-data 資料

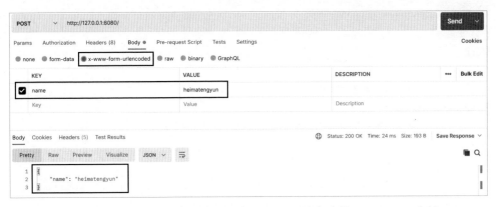

▲ 圖 7.7 使用 koa-body 中介軟體獲取 post 請求中的 urlencoded 資料

　　總結：無須使用任何中介軟體，可以直接透過 ctx.query 接收 URL 請求參數，透過 ctx.params 接收動態路徑參數；如果要接收 post 資料，則需要安裝第三方中介軟體如 koa-bodyparser，但 koa-bodyparser 不能接收 form-data 表單資料；如果需要接收 from-data 表單資料，則需要安裝其他中介軟體如 koa-body，koa-body 中介軟體可以同時接收 post 請求資料和 form-data 資料，推薦使用。

7.3.3　路由重定向

　　在 Koa 框架中，可以透過 ctx.redirect 方法實現路由跳躍，範例如下。

➜　程式 7.7　路由重定向：routerRedirect.js

```
// 路由重定向
const Koa = require('koa');
const Router = require('@koa/router')
const app = new Koa();
const router = new Router();
router.get('/index',ctx => {
    ctx.body = 'index'
})
router.get('/login',ctx => {
    ctx.body = 'login'
})
router.get('/my',ctx => {
```

```
    ctx.redirect('/login')                          // 路由重定向
})
app
    .use(router.routes())
    .use(router.allowedMethods)
app.listen(8080,()=> {
    console.log('server running at http://127.0.0.1:8080');
})
```

在範例程式中，透過 ctx.redirect('/login') 實現了路由重定向，當在瀏覽器中存取 /my 路徑時會自動跳躍到 /login 頁面，如圖 7.8 所示。

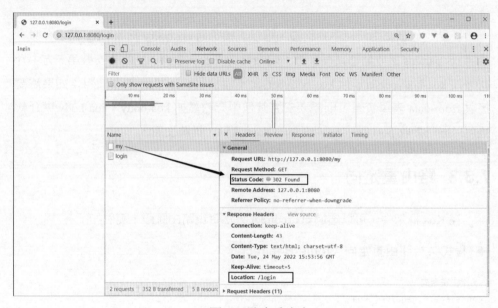

▲ 圖 7.8　路由重定向

🖉 **注意**：HTTP 狀態碼為 200 時表示成功，為 302 時表示重定向。上例在瀏覽器主控台上可以看出路徑進行了跳躍。

7.4 Koa 中介軟體

Koa 是一個極簡的 Web 開發框架，本身沒有捆綁任何中介軟體，只提供了 Application、Context、Request、Response 這 4 個模組。相比 Express，Koa 能讓使用者更大程度地建構個性化應用，它本身支援的功能並不多，但可以透過中介軟體擴充實現很多功能。透過增加不同的中介軟體，實現不同的需求，從而建構一個 Koa 應用。本節就來學習中介軟體相關的概念及其使用方法。

7.4.1 中介軟體的概念

通俗地講，中介軟體（Middleware）就是匹配路由之前或匹配路由完成所做的一系列操作，在 Express 中，中介軟體是一個函式，它可以存取請求物件 Request、響應物件 Response 和一個 Next 物件。這個 Next 物件是 Web 應用中處理請求和回應迴圈流程的中介軟體。例如 7.1.2 節中的 Hello World 程式就使用了中介軟體。

```
app.use(async(ctx,next)=> {
    ctx.body = "Hello World";
})
```

中介軟體本質上是一個函式，其接收兩個參數，ctx 上下文物件包含 Reqeust 和 Response 物件，而 next 則是中介軟體的標識，用於處理請求和回應迴圈流程。中介軟體既然是一個函式，其功能主要包括執行任何程式、修改請求和回應物件、終結請求和回應迴圈、呼叫堆疊中的下一個中介軟體。

如果在 get 或 post 請求處理的回呼函式中沒有 next 參數，那麼匹配第一個路由後就不會繼續向下匹配了；如果希望繼續向下匹配，就需要增加 next 函式，範例如下。

➜ 程式 7.8 中介軟體中 next 作用：appMiddleware.js

```
// 中介軟體中 next 函式的作用
const Koa = require('koa');
const app = new Koa();
```

```
app.use(async(ctx,next)=> {                    // 中介軟體 1
    console.log('first');
    ctx.body = "first";
    //await next();                            // 如果開啟，則會繼續執行後續的中介軟體
})
app.use(async(ctx,next)=> {                    // 中介軟體 2
    console.log('second');
    ctx.body = "second";
})
app.listen(8080,()=> {
    console.log('server running at http://127.0.0.1:8080');
})
```

在上述程式中定義了兩個中介軟體，執行程式後在瀏覽器中輸入造訪網址，可以看到輸出資訊為 first，如圖 7.9 所示。

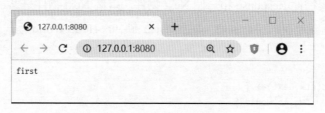

▲ 圖 7.9　Koa 中介軟體

如果將上述程式中的 await next 函式呼叫的註釋去掉，再次在瀏覽器存取，可以看到輸出資訊為 second。這充分說明了呼叫 next 函式後，請求會繼續向下執行。

1 · 中介軟體的分類

與 Express 中介軟體類似，Koa 中介軟體可以分為應用級中介軟體、路由級中介軟體、錯誤處理中介軟體和第三方中介軟體幾類。

程式 7.8 中的中介軟體是透過 app.use 形式直接掛載到 App 應用實例上的，這類中介軟體就稱為全域中介軟體或應用級中介軟體。接下來透過實例演示這幾種中介軟體的用法。

→ **程式 7.9 Koa 中介軟體的分類：koaMiddleware.js**

```javascript
//Koa 中的錯誤處理中介軟體、應用級中介軟體、路由中介軟體
const Koa = require('koa');
const Router = require('@koa/router');
const app = new Koa();
const router = new Router();
app.use(async(ctx,next)=> {
//1．異常處理中介軟體應放在第一個中介軟體的位置，否則捕捉不到
    try{
        await next();
    }
    catch(error){                           // 捕捉錯誤異常，但捕捉不到 404
        console.log(ctx.status);
        ctx.body = {
            code:'101',
            message:' 伺服器內部拋出例外 '
        }
    }
    if(parseInt(ctx.status)=== 404){        // 捕捉 404 錯誤
        console.log('404');
        ctx.status = 404
        ctx.body = {
            code:'404',
            msg:'404 頁面未找到 '
        }
    }
})
app.use(async(ctx,next)=> {                  //2．應用級中介軟體
    console.log(' 應用級中介軟體 ');
    await next();          // 如果不加 next 函式呼叫，則後續路由無法存取，不會繼續向後匹配
})
router.get('/error',(ctx,next)=> {          //3．路由中介軟體
    throw Error('error');           // 人為拋出錯誤例外，以便在錯誤處理中介軟體中捕捉
    ctx.body = '/';
})
router.get('/index',(ctx,next)=> {          // 路由中介軟體
    ctx.body = 'index';
```

```
})
app.use(router.routes());
app.use(router.allowedMethods);
app.listen(8080,()=> {
    console.log('server running at http://127.0.0.1:8080');
})
```

上面的範例演示了錯誤處理中介軟體、應用級中介軟體和路由中介軟體的用法。此處重點說明錯誤處理中介軟體應該放在所有中介軟體之前，否則無法捕捉到異常資訊。在錯誤處理中介軟體中透過 try…catch 敘述捕捉錯誤資訊，透過 ctx. status 是否等於 404 判斷是否找不到網頁。在 error 路由中介軟體中，透過 throw Error 手動拋出一個例外，可以看到，在錯誤處理中介軟體中捕捉到了該錯誤。在瀏覽器中存取 error 路由，如圖 7.10 所示。

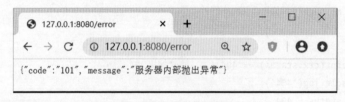

▲ 圖 7.10　捕捉錯誤

在錯誤處理中介軟體中透過比較 ctx.status 是否為 404 捕捉網頁不存在的異常，在該異常中可以根據需要跳躍到自訂 404 頁面。在瀏覽器中輸入不存在的位址進行存取，可以看到捕捉到了異常，如圖 7.11 所示。

▲ 圖 7.11　捕捉 404 異常

　🖉 **注意**：404 透過 try…catch 敘述無法捕捉到，需要透過狀態碼進行判斷。

2 · 中介軟體洋蔥模型

Koa 的中介軟體執行順序與 Express 截然不同，Koa 使用的是洋蔥模型。所謂洋蔥模型，就是執行順序從外到內，再從內到外，如圖 7.12 所示。

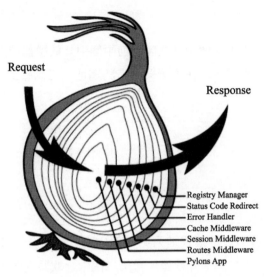

Request

Response

Registry Manager
Status Code Redirect
Error Handler
Cache Middleware
Session Middleware
Routes Middleware
Pylons App

▲ 圖 7.12 Koa 中介軟體洋蔥模型

接下來透過範例來演示洋蔥模型。

➔ 程式 7.10 Koa 中介軟體洋蔥模型：onionModel.js

```
//Koa 中介軟體洋蔥模型
const Koa = require('koa');
const app = new Koa();
app.use(async(ctx,next)=> {
    console.log('1 · 第一個中介軟體開始 ');
    await next();
    console.log('1 · 第一個中介軟體結束 ');
})
app.use(async(ctx,next)=> {
    console.log('2 · 第二個中介軟體開始 ');
    await next();
    console.log('2 · 第二個中介軟體結束 ');
})
```

```
app.use(async(ctx,next)=> {
    console.log('3．第三個中介軟體');
})
app.listen(8080,()=> {
    console.log('server running at http://127.0.0.1:8080');
})
```

在範例程式中定義了 3 個中介軟體，前兩個中介軟體都透過 next 函式呼叫下一個中介軟體。執行程式後，在瀏覽器中造訪網址，可以看到 Visual Studio Code 主控台輸出的資訊如下：

1．第一個中介軟體開始
2．第二個中介軟體開始
3．第三個中介軟體
2．第二個中介軟體結束
1．第一個中介軟體結束

從結果很容易看出，當程式進入第一個中介軟體時先列印資訊，隨後遇到 next 函式後立即進入第二個中介軟體，當第二個中介軟體列印出資訊遇到 next 函式時立即進入第三個中介軟體，之後傳回第二個中介軟體，最後傳回第一個中介軟體。這個過程就是圖 7.12 所示的洋蔥模型。請求處理由外到內，再由內到外。

7.4.2 靜態資源託管

7.4.1 節演示了錯誤處理中介軟體、應用級中介軟體和路由中介軟體的使用，本節介紹第三方中介軟體的使用。在 Koa 專案中，大部分功能都是透過第三方中介軟體來實現的，雖然每個中介軟體實現的功能不同，但這些中介軟體的使用步驟大同小異，都是先安裝再匯入，然後根據第三方中介軟體的使用說明進行應用即可。

與 Express 不同，要在 Koa 中託管靜態資源，需要使用 Koa 官方提供的 koa-static 中介軟體。該中介軟體的下載網址為 https://www.npmjs.com/package/koa-static。根據官網說明，先透過以下命令進行安裝：

```
npm install koa-static
```

安裝成功後，在目前的目錄下新建 html 目錄，在該目錄下建立 index.html 頁面用於測試託管靜態資源，index.html 檔案如下。

➔ 程式 7.11 待託管靜態頁面：index.html

```
<!DOCTYPE html>
<html lang="en">
<head>
    <meta charset="UTF-8">
    <meta http-equiv="X-UA-Compatible"content="IE=edge">
    <meta name="viewport"content="width=device-width,initial-scale=1.0">
    <title>測試靜態資源託管網頁</title>
</head>
<body>
    <h1>這是一個靜態頁面，被託管到 Koa 裡</h1>
</body>
</html>
```

上面的程式很簡單，沒有任何邏輯，只是簡單輸出文字資訊。接著建立 koaStatic.js 檔案，在其中啟動伺服器並將 index.html 頁面進行託管，這樣靜態資源就無須部署到其他 Web 伺服器如 Apache、IIS、Nginx 上了。koaStatic.js 檔案如下。

➔ 程式 7.12 託管靜態資源：koaStatic.js

```
//koa-static 託管靜態資源
const Koa = require('koa');
const static = require('koa-static');      // 匯入 koa-static 中介軟體
const app = new Koa();
// 使用 koa-static 中介軟體，造訪網址為 http://127.0.0.1:8080/index.html
app.use(static('./html'));
// 也可以使用絕對路徑，這樣更通用，不會受啟動路徑影響
//app.use(static(__dirname+'/html'));
app.listen(8080,()=> {
    console.log('server running at http://127.0.0.1:8080');
})
```

上述程式先透過 require 匯入 koa-static 中介軟體，接著透過 app.use 將其掛載到應用程式上。koa-static 接收兩個參數，第一個參數為根目錄，第二個參數為配置資訊。本例只設置了根目錄，將剛才建立的用於存放 index.html 網頁的目錄 html 作為根目錄，程式啟動後，在瀏覽器中輸入 http://127.0.0.1:8080/index.html 即可存取到剛才建立的頁面，如圖 7.13 所示。

▲ 圖 7.13 託管靜態資源

🖉 **注意**：如果不使用 koa-static 將靜態資源進行託管，則無法存取到資源。

透過上述敘述 app.use(static('./html')) 託管靜態資源後，在瀏覽器中就可以透過根域名＋檔案名稱（http://127.0.0.1:8080/index.html）的形式存取了。但有時候希望隱藏或改變真實檔案的路徑，例如希望透過 http://127.0.0.1:8080/other/index.html 這個位址進行存取，也就是需要增加虛擬路徑。

與 Express 不同，在 Koa 中需要使用 koa-mout 中介軟體。先透過以下命令進行安裝：

```
npm i koa-mount
```

官網網址為 https://www.npmjs.com/package/koa-mount。安裝完成後應匯入並按說明使用，在上述程式基礎上進行改造，程式如下。

➔ 程式 7.13　靜態資源增加虛擬路徑：koaStaticVirtualPath.js

```
//koa-mount 增加虛擬路徑
const Koa = require('koa');
const static = require('koa-static');
const mount = require('koa-mount');// 匯入中介軟體
const app = new Koa();
```

```
// 造訪網址為 http://127.0.0.1:8080/other/index.html
app.use(mount('/other',static('./html')));
app.listen(8080,()=> {
    console.log('server running at http://127.0.0.1:8080');
})
```

在上述程式中透過 koa-mount 中介軟體成功增加虛擬路徑，在瀏覽器中的存取結果如圖 7.14 所示。

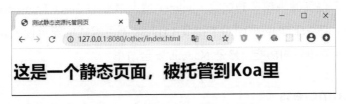

▲ 圖 7.14 託管靜態資源指定虛擬路徑

7.4.3 常用的中介軟體

前面使用了 koa-static、koa-mount、koa-router、koa-bodyparser 和 koa-body 等中介軟體，除此之外還有很多中介軟體在專案中比較常用，下面進行簡單介紹，當專案需要時自行查閱官方文件即可。

1 · koa-views

koa-views 對需要進行視圖範本著色的應用是一個不可缺少的中介軟體，支援 EJS 和 Nunjucks 等許多範本引擎。

2 · kos-session

HTTP 是無狀態協定，為了保持使用者狀態，一般使用 Session 階段，koa-session 提供了這樣的功能，既支援將階段資訊儲存在本地 Cookie 中，也支援儲存在如 Redis 和 MongoDB 這樣的外部存放裝置上。

3 · koa-jwt

隨著網站前後端分離方案的流行，越來越多的網站從 Session Base 轉為使用 Token Base，JWT 作為一個開放的標準被很多網站採用，koa-jwt 這個中介軟體使用 JWT 認證 HTTP 請求。

4 · koa-helmet

網路安全得到越來越多的重視，helmet 透過增加如 Strict-Transport-Security,X-Frame-Options 等 HTTP 回應標頭來提高 Express 應用程式的安全性，koa-helmet 為 Koa 程式提供了類似的功能，參考 Node.js 安全清單。

5 · koa-compress

當回應本體比較大時，一般會啟用類似 gzip 的壓縮技術來減少傳輸內容，koa-compress 提供了這樣的功能，可根據需要進行靈活配置。

6 · koa-logger

koa-logger 提供了輸出請求日誌的功能，包括請求的 URL、狀態碼、回應時間和回應本體大小等資訊，對於偵錯和追蹤應用程式特別有幫助，koa-bunyan-logger 提供了更豐富的功能。

7 · koa-convert

對於比較老的使用 Generate 函式的 Koa 中介軟體（Koa 2 以前的版本），官方提供了一個靈活的工具可以將它們轉為基於 Promise 的中介軟體供 Koa 2 使用，同樣也可以將新的基於 Promise 的中介軟體轉為老的 Generate 中介軟體。

8 · koa-compose

當有多個中介軟體時，一個個使用 app.use 進行掛載比較麻煩，可以透過 koa-compose 中介軟體一次性完成掛載。

由於篇幅所限，其他中介軟體在此不再一一列舉，可參考 Koa 官方推薦的中介軟體列表，網址為 https://github.com/koajs/koa/wiki。

7.4.4 異常處理

為了提高程式的健壯性，異常處理是必不可少的。在 7.4.1 節中介紹了異常處理中介軟體，本節繼續對 Koa 中的異常處理介紹，在 Koa 中進行異常處理主要分兩類：中介軟體處理異常、error 事件處理異常。

1 · 中介軟體處理異常

異常通常可以分為操作錯誤和程式錯誤兩類。程式錯誤是指 bug 導致的錯誤，只要修改程式就可以避免，如語法錯誤；操作錯誤指不是程式導致的執行時錯誤，如資料庫連接失敗、介面請求逾時和記憶體不足等。

我們真正需要處理的是操作錯誤，程式錯誤比較容易發現應該立即處理。中介軟體處理異常實際上是透過 try…catch 敘述進行捕捉，接下來演示在將資料轉化為 JSON 物件時的錯誤處理，範例如下。

➜ 程式 7.14 邏輯錯誤異常捕捉：jsonException.js

```
// 在 Koa 中捕捉業務異常
const Koa = require('koa');
const app = new Koa();
app.use((ctx)=> {
    try{
        // 主動製造異常，將非 JSON 字串進行轉化必然會顯示出錯
        JSON.parse('heimatengyun');
        ctx.body = 'hello'
    }catch(err){
        //1 · 獲取 err 物件的異常資訊
        // 自訂異常錯誤，err.status 未設置為 undefined，如果需要可以自行設置
        console.log(err.status,err.message);
        err.status = 500;                          // 可根據業務需求定義編碼，該編碼可以任
意設置
        console.log(err.status,err.message);
```

```
        //2．設置回應資訊
        ctx.status = 500;                          // 此處如果不設置，則 status 為 404
        // 設置的值需要與狀態碼對應否則會顯示出錯，狀態碼中無 1588，因此會顯示出錯
        //ctx.status = 1588;
        ctx.body = {
            code:ctx.status,
            msg:'json 轉化出錯 '
        }
    }
})
app.listen(8080,()=> {
    console.log('server running at http://127.0.0.1:8080');
})
```

在範例程式中透過 JSON.parse 方法將非 JSON 字串轉化為 JSON 物件時，將觸發異常錯誤。透過 try…catch 敘述捕捉異常，捕捉的異常資訊儲存在 err 物件中，status 屬性為異常編碼，message 為異常資訊，當發生異常時底層會為該物件寫入具體的錯誤資訊，需要時讀取即可；本例的轉換異常底層未對 status 編碼賦值，我們可以設置該錯誤物件的資訊，然後透過 throw 拋向上層。在實際專案中，應根據 err 物件的錯誤資訊結合實際業務需要設置回應資訊，然後呼叫方根據此資訊進行具體的業務處理。執行程式後，在瀏覽器中存取該位址，會發現瀏覽器輸出了自訂的例外回應資訊。

> ⌕ **注意**：ctx.status 狀 態 編 碼 需 按 規 定 的 狀 態 碼 設 置（如 404 表 示 not found，500 表示伺服器內部錯誤等），否則會顯示出錯。

上例中需要手動設置 err 物件的 status 編碼，Koa 框架已內建了一些場景的錯誤處理，會根據異常狀態碼自動填充相應的錯誤資訊，範例如下。

➔ 程式 7.15 Koa 封裝的異常捕捉：httpException.js

```
//Koa 框架提供的異常處理
const Koa = require('koa');
const app = new Koa();
app.use((ctx)=> {
    try{
        //1．拋出正確的錯誤狀態碼，框架底層自動填充 status 和 message，如 400、401 等
```

```
        ctx.throw(400);//400 Bad Request
        //ctx.throw(401);//400 Unauthorized

        //2.無效錯誤碼,預設會直接替換為 500
        //ctx.throw(1500);
        ctx.body = 'hello'
    }catch(err){
        // 接收框架底層自動填充 status 和 message
        console.log(err.status,err.message);
        //err.message='自訂錯誤資訊';                    //err 是寫入的,可以自行定義錯誤資訊
        //console.log(err.status,err.message);
        ctx.body = {                                      // 根據錯誤資訊設置回應資訊
            code:err.status || 500,
            msg:err.message || '伺服器發生錯誤了'
        }
    }
})
app.listen(8080,()=> {
    console.log('server running at http://127.0.0.1:8080');
})
```

在上述程式中,直接透過 ctx.throw 拋出 400 錯誤,然後在 catch 敘述中進行捕捉。在 catch 敘述中可以看到 err 物件的 status 和 message 屬性自動會填充回應的資訊,然後將錯誤資訊回應給呼叫方。執行程式後,在瀏覽器中可以看到錯誤資訊。

🖉 **注意**:如果 throw 敘述拋出的例外編碼無效,則會直接被自動設置為 500 錯誤。

在 Express 框架中先在每個中介軟體中單獨處理異常,然後使用異常中介軟體進行處理。但是在 Koa 中,由於採用洋蔥模型,異常處理應該放在最外層。

➜ 程式 7.16 Koa 異常捕捉機制:catchException.js

```
//Koa 捕捉異常
const Koa = require('koa');
const app = new Koa();
// 外層中介軟體
app.use(async(ctx,next)=> {
    try{
```

```
        await next();                        // 如果不加 Async 和 await 則無法捕捉到異常
    }catch(err){
        console.log(err.status,err.message);
        ctx.body = {
            code:500,
            msg:'json 轉換出錯 '
        }
    }
})
// 內層中介軟體
app.use(async ctx => {
    JSON.parse('heimatengyun');// 主動製造異常，無須在此處捕捉異常，而是在外層捕捉
    ctx.body = ' 測試捕捉異常資訊 ';
})
app.listen(8080,()=> {
    console.log('server running at http://127.0.0.1:8080');
})
```

在上面的範例中，在內層中介軟體中發生異常，在外層中介軟體中進行捕捉，這與 Express 是不同的。另外，外層中介軟體必須是非同步的，否則無法捕捉到內層中介軟體的異常。

上述範例中只有兩個中介軟體，接下來介紹有多個中介軟體的情況，範例如下。

➔ **程式 7.17　Koa 多中介軟體的異常捕捉：catchMutiException.js**

```
//Koa 捕捉多中介軟體異常
const Koa = require('koa');
const app = new Koa();
// 外層中介軟體
app.use(async(ctx,next)=> {
    try{
        await next();                        // 如果不加 async 和 await 無法捕捉到異常
    }catch(err){
        console.log(err.status,err.message);
        ctx.body = {
            code:500,
            msg:'json 轉換出錯 '
```

```
        }
    }
})
// 內 1 層中介軟體
app.use(async(ctx,next)=> {
    //next();                       // 無法捕捉到下一個中介軟體的異常
    //return next();                // 方法 1：即使不加 Async 宣告非同步中介軟體，透過直接
                                      return 可以捕捉到下一個中介軟體異常

    await next();                   // 方法 2：可以捕捉到下一個中介軟體異常
})
// 內 2 層中介軟體
app.use(async ctx => {
    // 主動製造異常，無須在此處捕捉異常，而是在外層去捕捉
    JSON.parse('heimatengyun');
    ctx.body = ' 測試捕捉異常資訊 ';
})
app.listen(8080,()=> {
    console.log('server running at http://127.0.0.1:8080');
})
```

在上面的範例中建立了 3 個中介軟體，在最內層中介軟體拋出例外，在最外層中介軟體進行捕捉。異常能否在最外層被捕捉到，取決於第二個中介軟體。透過實驗可以發現，如果第二個中介軟體是同步中介軟體則無法捕捉，第二個中介軟體把只有為非同步中介軟體或透過 return next 方法呼叫下一個中介軟體時才能成功捕捉到。執行程式後，在瀏覽器可以看到捕捉到異常資訊。

✎ **注意**：為了方便處理異常，建議把中介軟體宣告為非同步。

2 · error 事件處理異常

除了在中介軟體中透過 try…catch 敘述捕捉異常，還可以透過 error 進行實際捕捉，原理和異常中介軟體一樣，也需要注意非同步異常的捕捉，範例如下。

➔ 程式 7.18 Koa 多中介軟體的異常捕捉：catchMutiException.js

```
// 利用 error 事件捕捉異常
const Koa = require('koa');
const app = new Koa();
```

```
app.use(async(ctx,next)=> {
    JSON.parse('heimatengyun');                          // 主動拋出例外
})
app.on('error',(err)=> {                                 // 利用 error 事件捕捉異常
    console.log(' 捕捉到異常 '+ err);                      // 主控台列印異常資訊
})
app.listen(8080,()=> {
    console.log('server running at http://127.0.0.1:8080');
})
```

在上述程式中透過 app.on 監聽 error 事件，但在中介軟體中發生異常後，底層會自動觸發 error 事件，執行程式後在瀏覽器中造訪網址，可以看到在 Visual Studio Code 終端主控台列印出了異常資訊。

接下來介紹中介軟體捕捉異常和 error 事件同時存在的情況，範例如下。

➜ 程式 7.19 異常中介軟體和 error 事件同時存在：mutiException.js

```
// 多種異常捕捉同時存在的情況
const Koa = require('koa');
const app = new Koa();
//1 · 利用中介軟體捕捉異常
app.use(async(ctx,next)=> {
    try{
        await next();
    }catch(err){
        ctx.body = {
            code:'500',
            msg:err.message
        }
        // 如果中介軟體異常捕捉和 error 事件捕捉同時存在，則需要手動觸發 error 事件
        //ctx.app.emit('error',err,ctx);
    }
})
app.use(async(ctx,next)=> {
    JSON.parse('heimatengyun');                          // 主動拋出例外
})
//2 · 利用 error 事件捕捉異常
app.on('error',(err)=> {
```

```
    console.log('捕捉到異常 '+ err);              // 在主控台列印異常資訊
})
app.listen(8080,()=> {
    console.log('server running at http://127.0.0.1:8080');
})
```

上述程式在中介軟體中捕捉異常，同時也在 error 事件捕捉異常，執行程式後發現只有中介軟體中的異常能捕捉到。如果希望在中介軟體中捕捉的異常也能傳遞給 error 事件，則需要透過 ctx.app.emit 方法觸發 error 事件，把錯誤資訊傳遞過去。

 注意：在捕捉異常時一般二選一，一般情況下直接用中介軟體處理異常，然後在頂層捕捉。

7.5 本章小結

本章詳細介紹了 Koa 框架的相關內容。Koa 與 Express 一樣，本質上是一個基於 Node.js 的外掛程式，封裝了 HTTP 的相關方法，提供了靈活的中介軟體機制，因此可以快速、高效率地建立 Web 程式。

本章的 7.1 節先從整體上分析了 Node.js 的發展階段及 Koa 框架的演進，接著透過最簡單的 Hello World 程式帶領讀者直觀地體驗 Koa 框架的使用，最後對比了 Koa 和 Express 的區別。7.2 節講解 Koa 框架中最核心的 Context 上下文物件及該物件常用的 API，尤其是 Request 物件和 Response 物件的使用。7.3 節重點剖析了 koa-router 路由中介軟體的使用，透過大量實例演示了如何在 Koa 中接收 get 和 post 資料，讓讀者在真實的專案開發中能直接上手。在前幾節對中介軟體有基本了解後，7.4 節重點剖析了中介軟體的原理及洋蔥模型，並介紹了常用的第三方中介軟體。

本章透過大量的範例對 Koa 框架的使用進行了演示，希望讀者能在實際開發中靈活應用。

MEMO

8

Egg 框架

　　第 7 章詳細介紹了 Koa 框架，作為「下一代的 Web 框架」，其致力於成為 Web 應用和 API 開發領域中一個更小、更富有表現力、更健壯的 Web 開發框架。Koa 沒有綁定任何中介軟體，使得該框架比較靈活，可以由第三方根據業務需求自行擴充其功能。

Koa 沒有綁定中介軟體的這種設計比較靈活，但是應用到現代企業級專案開發中依然會做很多重複性的工作。為了幫助開發團隊降低開發和維護成本，基於 Koa 的企業級框架 Egg.js（通常縮寫為 Egg）誕生了。Egg 框架專注於提供 Web 開發的核心功能和一套靈活、可擴充的外掛程式機制，並奉行「約定優於配置」的原則進行開發。

本章涉及的主要基礎知識如下：

- Egg 框架概念：了解 Egg 框架的基本概念及其與其他框架的對比；

- Egg 路由：掌握路由的定義方法，以及如何透過路由傳遞參數；

- Egg 控制器：掌握控制器的定義方法，以及如何透過控制器傳遞參數；

- Egg 服務：掌握服務定義的方法、在服務裡獲取使用者請求的鏈路；

- Egg 中介軟體：了解 Egg 中介軟體與 Express 的區別、如何在 Egg 中撰寫中介軟體；了解常見的框架預設的中介軟體；

- Egg 外掛程式：熟悉常用的第三方外掛程式，了解外掛程式的定義和使用方法。

🖉 **注意**：Egg 框架提供了外掛程式機制和框架的訂製等高級內容，由於篇幅所限，這裡不再介紹，可參看 Egg 官網。

8.1 Egg 簡介

【本章範例參考：\ 原始程式碼 \C8\egg-demo】

本節首先介紹 Egg 框架的基本概念及其設計原則，理解這些概念可以為更進一步地使用 Egg 框架開發應用打下基礎；接著介紹 Egg 框架與其他框架的區別；最後透過腳手架建立第一個 Egg 程式，在讀者對 Egg 程式有了基本了解後，後續章節再詳細介紹其他內容。

8.1.1　Egg 是什麼

Egg 為企業級框架和應用而生，建立者希望由 Egg 孕育出更多的上層框架，幫助開發團隊和開發人員降低開發和維護成本。

1 · 框架設計原則

Egg 框架採用靈活、可擴充的外掛程式機制和「約定優於配置」設計的原則。

企業級應用在追求標準和共建的同時，還需要考慮如何平衡不同團隊之間的差異，求同存異。因此 Egg 框架沒有選擇社區常見框架的大集市模式（整合如資料庫、範本引擎、前端框架等功能），而是專注於提供 Web 開發的核心功能和一套靈活、可擴充的外掛程式機制。為了確保框架的靈活性，更進一步地滿足各種訂製需求，Egg 框架不會做出技術選型。透過 Egg，團隊的架構師和技術負責人可以非常容易地基於自身的技術架構在 Egg 框架基礎上擴充出適合自身業務場景的框架。

Egg 的外掛程式機制有很高的擴充性，一個外掛程式只做一件事（如 MySQL 資料庫封裝成了 egg-mysql）。Egg 透過框架聚合這些外掛程式，並根據自己的業務場景訂製配置，這樣應用的開發成本就變得很低。

Egg 奉行「約定優於配置」的設計原則，按照一套統一的約定進行應用程式開發，團隊內部採用這種方式可以減少開發人員的學習成本。沒有約定的團隊，溝通成本是非常高的。舉例來說，有人會按目錄分堆疊而其他人按目錄分功能，開發者認知不一致很容易犯錯。但約定不等於擴充性差，相反，Egg 有很高的擴充性，可以按照團隊的約定訂製框架。使用 Loader 載入器可以讓框架根據不同環境定義預設配置，還可以覆蓋 Egg 的預設約定。

2 · 框架特性

- 提供基於 Egg 訂製上層框架的能力；
- 高度可擴充的外掛程式機制；

- 內建多處理程序管理；

- 基於 Koa 開發，性能優越；

- 框架穩定，測試覆蓋率高。

3．與其他框架的差異

- Express：是 Node.js 社區廣泛使用的框架，簡單且擴充性強，非常適合用於個人專案開發。但 Express 框架本身缺少約定，標準的 MVC 模型會有各種五花八門的寫法。Egg 按照約定進行開發，奉行「約定優於配置」的原則，團隊協作成本低。

- Sails：是和 Egg 一樣奉行「約定優於配置」的框架，擴充性也非常好。但是相比 Egg，Sails 支援 Blueprint REST API、WaterLine 這樣可擴充的 ORM、前端整合和 WebSocket 等，這些功能都是由 Sails 提供的。而 Egg 不直接提供功能，只是整合各種功能外掛程式，如實現 egg-blueprint 和 egg-waterline 等這樣的外掛程式，再使用 sails-egg 框架整合這些外掛程式就可以替代 Sails 了。

- Koa：是一個非常優秀的框架，然而對企業級應用來說，它還比較基礎。而 Egg 選擇 Koa 作為其基礎框架，在 Koa 的模型基礎上進一步進行了一些增強。增強主要表現在擴充和外掛程式上。在基於 Egg 的框架或應用中，我們可以透過定義 app/extend/{application,context,request,response}.js 來擴充 Koa 中對應的 4 個物件的原型，透過這個功能，可以快速地增加更多的輔助方法。在 Express 和 Koa 中，經常會引入許多中介軟體來提供各種各樣的功能，而 Egg 提供了一個更加強大的外掛程式機制，讓這些獨立領域的功能模組可以更容易撰寫。

🖉 **注意**：Egg 和 Koa 的版本關係是 Egg 1.x 基於 Koa 1.x，非同步方案基於 generator function；Egg 2.x 基於 Koa 2.x，非同步方案基於 async function。

8.1.2 第一個 Egg 程式

Egg 底層基於 Koa，透過前面章節的學習，讀者已經掌握了 Koa 的相關知識。本節直接透過 Egg 腳手架建立一個 Egg 專案，演示整個專案的建立過程。

1 · 建立專案

透過 Egg 腳手架，不需要撰寫一行程式即可快速建立一個 Egg 專案。建立 egg-demo 目錄，在終端切換到該目錄，執行命令 npm init egg–type=simple 進行專案建立，根據提示輸入專案名稱、專案描述和作者等資訊按 Enter 鍵即可建立專案（也可以不輸入資訊直接按 Enter 鍵，採用預設值建立專案），如圖 8.1 所示。

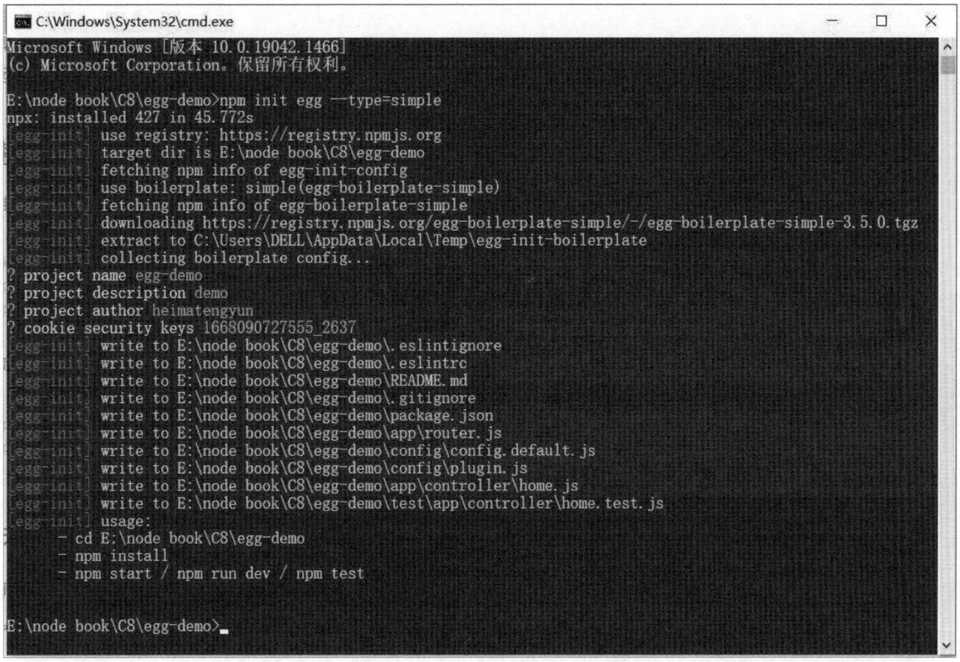

▲ 圖 8.1 初始化專案

專案建立好後，根據提示執行命令 npm install 安裝相依檔案。相依檔案安裝完成後，直接透過命令 npm run dev 即可執行專案，如圖 8.2 所示。

▲ 圖 8.2　執行專案

專案預設執行在 7001 通訊埠，在瀏覽器中輸入 http://127.0.0.1:7001 在瀏覽器中看到的輸出資訊表示專案執行成功，如圖 8.3 所示。

```
127.0.0.1:7001          ×   +
←  →  C  ①  127.0.0.1:7001

hi, egg
```

▲ 圖 8.3　執行預設專案

專案執行成功，接下來在 Visual Studio Code 中開啟目錄，如圖 8.4 所示。

```
File  Edit  Selection  View  Go  Run  Terminal  Help          home.js - egg-demo - Visual Studio Code

EXPLORER: EGG-D...                JS home.js  ×

 > .github                        app > controller > JS home.js > ᵠ HomeController
 ∨ app                            1    'use strict';
   ∨ controller                   2
   JS home.js                     3    const { Controller } = require('egg');
   ∨ public                       4
 JS router.js                     5    class HomeController extends Controller {
   ∨ config                       6      async index() {
   JS config.default.js           7        const { ctx } = this;
   JS plugin.js                   8        ctx.body = 'hi, egg';
   > logs\egg-demo                9      }
   > node_modules               10    }
   > run                         11
   > test                        12    module.exports = HomeController;
   > typings                     13
   ⊗ .eslintignore
   ⊗ .eslintrc
     .gitignore
   {} jsconfig.json
   {} package-lock.json
   {} package.json
   ① README.md
```

▲ 圖 8.4　預設的 Egg 專案結構

2 · 目錄結構

前面初步對專案的目錄結構有了一定的了解，接下來簡單了解目錄約定標準。
約定的目錄結構如下：

```
egg-project
├──── package.json
├──── app.js（可選）
├──── agent.js（可選）
├──── app
│    ├──── router.js
│    ├──── controller
│    │    └──── home.js
│    ├──── service（可選）
│    │    └──── user.js
│    ├──── middleware（可選）
│    │    └──── response_time.js
│    ├──── schedule（可選）
│    │    └──── my_task.js
│    ├──── public（可選）
│    │    └──── reset.css
│    ├──── view（可選）
│    │    └──── home.tpl
│    └──── extend（可選）
│         ├──── helper.js（可選）
│         ├──── request.js（可選）
│         ├──── response.js（可選）
│         ├──── context.js（可選）
│         ├──── application.js（可選）
│         └──── agent.js（可選）
```

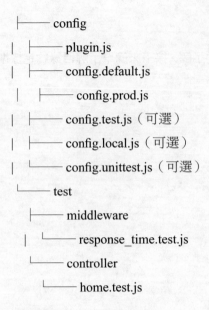

```
├──── config
│    ├──── plugin.js
│    ├──── config.default.js
│    │    ├──── config.prod.js
│    ├──── config.test.js（可選）
│    ├──── config.local.js（可選）
│    └──── config.unittest.js（可選）
└──── test
     ├──── middleware
     │    └──── response_time.test.js
     └──── controller
          └──── home.test.js
```

由框架約定的目錄如下：

- app/router.js 用於配置 URL 路由規則。

- app/controller/** 用於解析使用者的輸入，處理後傳回相應的結果。

- app/service/** 用於撰寫業務邏輯層，可選，建議使用。

- app/middleware/** 用於撰寫中介軟體，可選。

- app/public/** 用於放置靜態資源，可選。

- app/extend/** 用於框架的擴充，可選。

- config/config.{env}.js 用 於 撰 寫 設 定 檔。env 指 代 開 發 環 境，預 設 為 default。

- config/plugin.js 用於配置需要載入的外掛程式。

- test/** 用於單元測試。

- app.js 和 agent.js 用於自訂啟動時的初始化工作，可選。

由內建外掛程式約定的目錄如下：

- app/public/** 用於放置靜態資源，可選。

- app/schedule/** 用於定時任務，可選。

- app/view/** 用於放置範本檔案，可選。

- app/model/** 用於放置領域模型，可選。

8.2 Egg 路由

路由（Router）主要用於描述請求 URL 和具體承擔執行動作的 Controller 的對應關係，框架約定了 app/router.js 檔案用於統一所有的路由規則。透過統一的配置，可以避免路由規則邏輯散落在多個地方，從而出現未知的衝突，集中在一起可以更方便地查看全域的路由規則。

8.2.1 定義路由

使用腳手架建立的專案，預設會在 app 目錄下生成 router.js 檔案，該檔案專門用於定義 URL 路由規則，預設生成的 router.js 檔案如下。

➜ 程式 8.1 路由檔案：router.js

```
'use strict';
/**
 *@param{Egg.Application}app-egg application
 */
module.exports = app => {
  const{router,controller}= app;
  router.get('/',controller.home.index);
};
```

在 router.js 檔案中，框架自動傳入應用程式實例 app 物件，透過該物件可以獲取路由物件 router 和控制器物件 controller。透過 router 物件實現路徑與控制器方法的映射，上述程式將域名根目錄映射到 home 控制器的 index 方法中。

上述專案預設在 app/controller 目錄下生成 home.js 檔案，在該檔案中定義與路由映射的方法，home.js 檔案如下。

➜ 程式 8.2　控制器檔案：home.js

```
'use strict';
const{Controller}= require('egg');
class HomeController extends Controller{
  async index(){
    const{ctx}= this;
    ctx.body = 'hi,egg';
  }
}
module.exports = HomeController;
```

在 home.js 檔案中，先匯入 Egg 框架並獲取預先定義好的 Controller 類別，自訂的控制器都需要衍生自此類。在自訂控制器中實現具體的方法，此處在 index 方法內透過 this 物件獲取上下文物件 ctx，透過 ctx.body 設置回應資料。

這樣就完成了路由和對應的處理函式的定義，當啟動程式時，在瀏覽器中造訪網址 http://127.0.0.1:7001，就會自動執行上述的 index 函式，在瀏覽器輸出「hi,egg」。

從上面的流程中可以看出，Egg 程式和前面講解的 Express 和 Koa 框架並沒有太大的區別，只不過 Egg 框架透過約定，對目錄及一些常用物件進行了封裝。只需要了解這些語法就可以快速上手。

接下來看看路由的詳細定義。下面是路由的完整定義，參數可以根據場景不同自由選擇：

```
router.verb('path-match',app.controller.action);
router.verb('router-name','path-match',app.controller.action);
router.verb('path-match',middleware1,...,middlewareN,app.controller.
action);
router.verb('router-name','path-match',middleware1,...,middlewareN,
app.controller.action);
```

路由的完整定義主要包括 5 個部分，分別是 verb、router-name、path-match、middleware 和 controller。

- verb：使用者觸發動作，支援 get 和 post 等所有 HTTP 方法，如 router. get、router.post、router.put、router.delete 等。

- router-name：給路由設定一個別名，可以透過 Helper 提供的輔助函式 pathFor 和 urlFor 來生成 URL，該參數可以省略。

- path-match：路由 URL 路徑。

- middleware1：在路由裡可以配置多個 Middleware，該參數可以省略。

- controller：指定路由映射到的具體的 Controller 上，Controller 可以有兩種寫法，即直接指定一個具體的 Controller（如 app.controller.home.index）或簡寫為字串形式（如 'home.index'）。

在定義路由時，需要注意以下事項：

- 在路由定義中，可以支援多個 Middleware 串聯執行。

- Controller 必須定義在 app/controller 目錄下。

- Controller 支援子目錄。

8.2.2 RESTfull 風格的路由

除了上面講的定義路由的方法之外，如果想透過 RESTfull 的方式來定義路由，Egg 框架提供了 app.router.resources('routerName','pathMatch',controller)，可以快速在一個路徑上生成 CRUD 路由結構。

在 router.js 檔案中增加以下路由：

```
// 定義 RESTfull 風格的路由
router.resources('user','/user',controller.user);
```

這樣就在 /user 路徑上部署了一組 CRUD 路徑結構，對應的 Controller 為 app/
controller/user.js。Egg 框架約定存取不同的路徑，對應路由的不同方法，約定的映
射關係如表 8.1 所示。

▼ 表 8.1 RESTfull 風格的路由與方法的映射關係

方法（Method）	路徑（Path）	控制器方法（Controller.Action）
GET	/user	app.controllers.user.index
GET	/user/new	app.controllers.user.new
GET	/user/:id	app.controllers.user.show
GET	/user/:id/edit	app.controllers.user.edit
POST	/user	app.controllers.user.create
PUT	/user/:id	app.controllers.user.update
DELETE	/user/:id	app.controllers.user.destroy

接下來只需要在 user.js 裡實現表 8.1 對應的函式就可以了。在 controller 目錄
下新建 user.js 檔案，按照框架約定輸入以下內容。

➜ 程式 8.3 RESTfull 風格介面：user.js

```
'use strict';
const Controller = require('egg').Controller;
class UserController extends Controller{
  async index(){
    this.ctx.body = 'index';
  }
  async new(){
    this.ctx.body = 'new';
  }
  async show(){
    this.ctx.body = 'show';
  }
  async edit(){
    this.ctx.body = 'edit';
  }
```

```
// 以下的 post、put、delete 請求需要處理 CSRF
async create(){
  this.ctx.body = 'create';
}
async update(){
  this.ctx.body = 'update';
}
async destroy(){
  this.ctx.body = 'destroy';
}
}
module.exports = UserController;
```

在瀏覽器中存取介面 http://127.0.0.1:7003/user，輸出 index，說明路由到了 index 方法。其他介面類別類似，也可以透過 API 測試工具自行測試。

需要注意的是，Egg 框架預設開啟了 CSRF 安全驗證，上述介面中的 post、put、delete 方法請求時會報 missing csrf token 錯誤。測試時可以先關閉 CSRF 驗證，但在正式環境中不建議這麼做。關閉 CSRF 驗證，需要在 config/config.default.js 檔案中增加以下程式：

```
// 臨時關閉 CSRF 驗證
config.security = {
  csrf:false,
};
```

關閉 CSRF 後，再次測試 post 介面就可以成功傳回資訊了。

8.2.3 獲取參數

透過路由傳遞參數有幾種方式，下面具體介紹。

1 · Query String 方式

透過 Query String 方式獲取路由位址中傳遞的參數值，在 controller 目錄下新建 param.js 檔案，演示參數的獲取。

➔ 程式 8.4　參數獲取：param.js

```
'use strict';
const Controller = require('egg').Controller;
// 透過路由獲取參數
class ParamController extends Controller{
  // 透過 Query String 獲取參數 /search?name=heimatengyun
  async search(){
    const{ctx}= this;
    ctx.body = ` 接收到參數：${ctx.query.name}`;
  }
}
module.exports = ParamController;
```

在控制器中定義 search 方法，在方法中透過 ctx 上下文物件的 query 物件獲取透過位址傳遞過來的參數。透過路徑「/search? 變數名稱 = 變數值」傳值參數，在控制器內透過「ctx.query. 變數名稱」獲取傳遞的值。

在 router.js 中定義存取路由，程式如下：

```
// 透過 Query String 獲取參數 /search?name=heimatengyun
  router.get('/search',controller.param.search);
```

在 postman 工具中進行 name 傳遞值測試，結果表明可以成功接收到參數，如圖 8.5 所示。

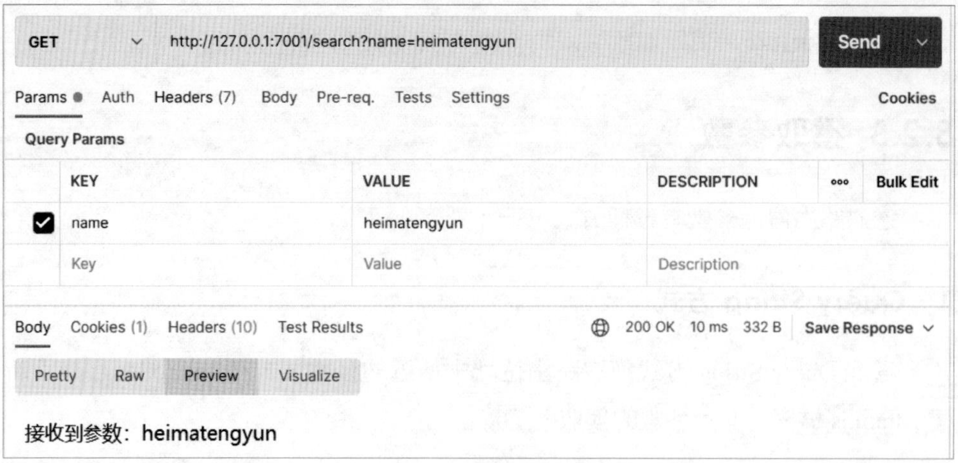

▲ 圖 8.5　獲取查詢參數

2·參數命名方式

透過參數命名方式傳遞參數,需要在定義路由時指定參數的名稱,在 router.js 中定義以下路由:

```
// 透過參數命名方式獲取參數 /info/heimatengyun
router.get('/info/:name',controller.param.info);
```

在 Params 控制器中增加路由對應的 info 方法,程式如下:

```
// 透過參數命名方式獲取參數 /info/heimatengyun
async info(){
  const{ctx}= this;
  ctx.body = `接收到的具名引數為:${ctx.params.name}`;
}
```

在工具中造訪 http://127.0.0.1:7001/info/heimatengyun 路由時,可以獲取到具名引數如圖 8.6 所示。

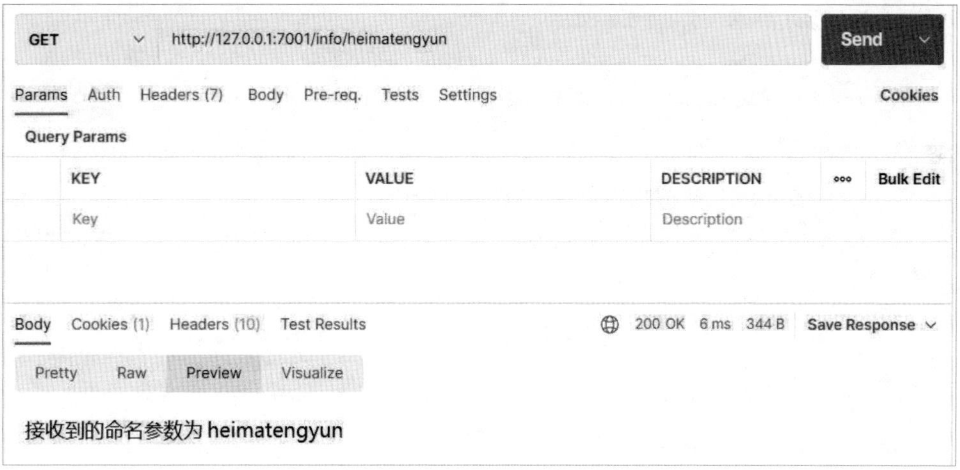

▲ 圖 8.6 獲取具名引數

🖉 **注意**:對於複雜的參數,在定義路由時也支援透過正規表示法進行匹配。

8.2.4 獲取表單內容

除了可以透過「ctx.query. 參數名稱」和 ctx.params 獲取參數外，還可以透過 ctx.request.body 接收表單資料。在 Params 控制器中定義 form 方法，用於獲取透過 post 傳遞的表單資料，程式如下：

```
// 獲取表單資料
async form(){
  const{ctx}= this;
  ctx.body = `表單資料為：${JSON.stringify(ctx.request.body)}`;
}
```

接下來定義 form 路由，在 router.js 中增加以下程式：

```
// 獲取表單資料
router.post('/form',controller.param.form);
```

在 postman 介面測試工具中可以透過 post 傳遞參數，透過 x-www-form-urlencoded 方式傳遞，如圖 8.7 所示。

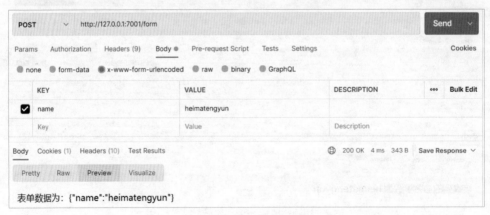

▲ 圖 8.7 獲取表單資料

也可以透過 raw 傳遞 JSON 字串，如圖 8.8 所示。

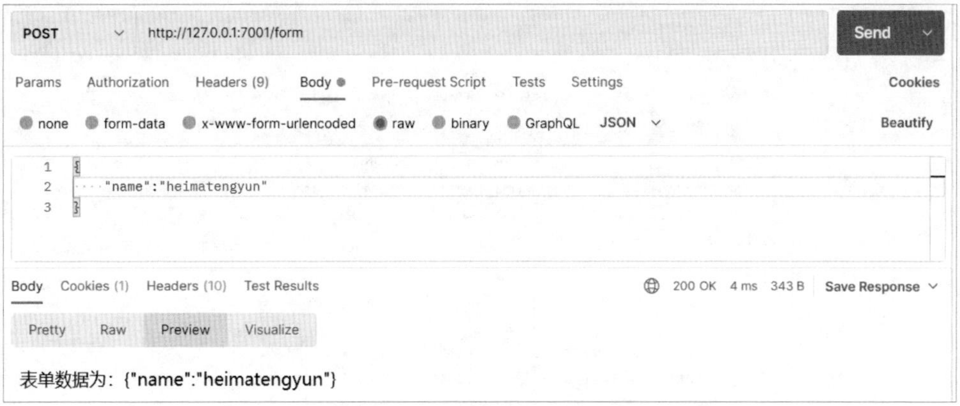

| POST | ∨ | http://127.0.0.1:7001/form | | | | | Send | ∨ |

Params　Authorization　Headers (9)　**Body ●**　Pre-request Script　Tests　Settings　　　　　Cookies

● none　● form-data　● x-www-form-urlencoded　● raw　● binary　● GraphQL　JSON ∨　　　Beautify

```
1  {
2  ···"name":"heimatengyun"
3  }
```

Body　Cookies (1)　Headers (10)　Test Results　　　　　⊕　200 OK　4 ms　343 B　Save Response ∨

Pretty　Raw　Preview　Visualize

表單數據為：{"name":"heimatengyun"}

▲ 圖 8.8 透過 JSON 傳遞參數

🖉 **注意**：接收 **post** 資料時，**Egg** 框架預設會進行 **CSRF** 驗證，為了方便演示，臨時將其關閉了。

表單傳遞的資料通常需要進行驗證，關於表單驗證，可以使用外掛程式 egg-validate，具體將在 8.3 節介紹。

8.2.5 路由重定向

Router 還提供了重定向功能，分為內部重定向和外部重定向。

1．內部重定向

在建立專案時，系統會預設生成根路由（即存取根目錄就是存取到 controller.home.index 控制器的路由），現在定義「/index」路由跳躍到該控制器。在 router.js 檔案中增加以下重定向：

```
router.get('/',controller.home.index);
// 重定向
router.redirect('/index',controller.home.index,302);
```

當存取「/index」時會自動重定向到「/」，效果如圖 8.9 所示。

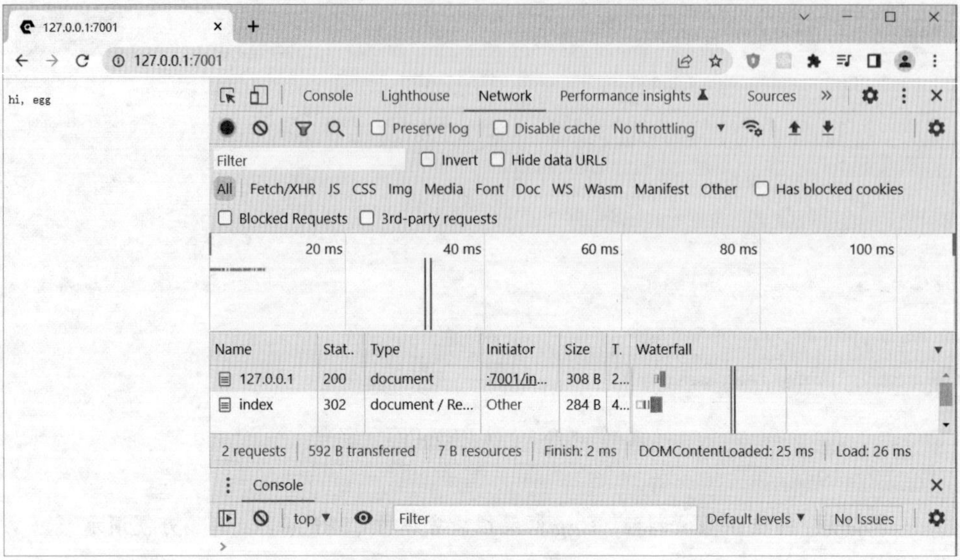

▲ 圖 8.9 內部重定向

2・外部重定向

外部重定向可以在控制器中透過 ctx 上下文物件的 redirect 方法進行跳躍。Egg 框架透過 security 外掛程式覆蓋了 Koa 原生的 ctx.redirect 實現，以提供更加安全的重定向。Egg 框架主要提供以下兩個方法進行跳躍：

- ctx.redirect(url)：如果不在配置的白名單域名內，則禁止跳躍。

- ctx.unsafeRedirect(url)：不判斷域名，直接跳躍，一般不建議使用，在明確了解其可能帶來的風險後再使用。

在 param.js 中增加以下重定向程式：

```
// 外部重定向
async redirect(){
  const type = this.ctx.query.type;
  const q = this.ctx.query.q || 'egg';
  if(type === 'bing'){
```

```
    this.ctx.redirect(`http://cn.bing.com/search?q=${q}`);
  }else{
    this.ctx.redirect(`https://www.baidu.com/s?wd=${q}`);
  }
}
```

在 ctx.redirect 方法中透過 ctx.query 接收參數，type 用於表示搜尋引擎類型，q 用於表示搜索的內容，根據 type 不同開啟不同的搜尋引擎進行搜索。接下來在 router.js 中增加路由：

```
// 外部重定向
router.get('/redirect',controller.param.redirect);
```

當在瀏覽器中造訪 http://127.0.0.1:7001/redirect?type=bing 時會跳躍到 bing 中進行搜索，當造訪 http://127.0.0.1:7001/redirect?type=baidu 會開啟百度進行搜索。

在實際專案中，如果使用 ctx.redirect 方法，需要在應用的設定檔 config/config. default.js 中做以下配置：

```
//config/config.default.js
  config.security = {
    // 安全白名單，以「.」開頭，如不配置則預設會對所有跳躍請求放行
    domainWhiteList:['.domain.com'],
  };
```

> 🖉 **注意**：如果使用者沒有配置 domainWhiteList 或 domainWhiteList 陣列內
> 為空，則預設會對所有跳躍請求放行，即等於 ctx.unsafeRedirect(url)。

8.3 Egg 控制器

前面講解路由時提到，透過路由將使用者的請求基於 method 和 URL 分發到了對應的控制器（Controller）上，控制器負責解析使用者的輸入，處理完成後，傳回相應的結果。本節對如何撰寫控制器、如何回應使用者資料介紹。

8.3.1 撰寫控制器

撰寫控制器之前,先了解控制器的作用。Egg 框架推薦在 Controller 層主要對使用者的請求參數進行處理(驗證、轉換),然後呼叫對應的 Service 方法處理業務,得到業務結果後封裝並傳回,主要處理步驟如下:

(1)獲取使用者透過 HTTP 傳遞的請求參數。

(2)驗證、組裝參數。

(3)呼叫 Service 方法進行業務處理,必要時處理轉換 Service 的傳回結果,讓它適應使用者的需求。

(4)透過 HTTP 將結果回應發送給使用者。

所有的 Controller 檔案必須放在 app/controller 目錄下。支援多級目錄,存取的時候可以透過目錄名稱串聯存取。

接下來透過程式演示 Controller 類別的撰寫,由於要驗證表單資料,所以需要先安裝 egg-validate 外掛程式,可以透過以下命令安裝:

```
npm install egg-validate
```

安裝完成後,需要在 config/plugin.js 檔案中配置外掛程式:

```
validate:{
enable:true,
package:'egg-validate',
},
```

外掛程式配置好後可以在控制器中驗證表單資料。在 controller 目錄下新建 post.js 檔案,程式如下。

➜ 程式 8.5 撰寫控制器：post.js

```
'use strict';
const Controller = require('egg').Controller;
class PostController extends Controller{
  async create(){
    const{ctx,service}= this;
    // 建立驗證規則
    const createRule = {
      username:{
        type:'string',
      },
      email:{
        type:'email',
      },
      password:{
        type:'password',
      },
    };
    //1 · 驗證參數
    ctx.validate(createRule);
    //2 · 呼叫 Service 進行業務處理
    const result = await service.post.create(ctx.request.body);
    //3 · 設置回應內容和回應狀態碼
    ctx.body = result;
    ctx.status = 201;
  }
}
module.exports = PostController;
```

在上述控制器中，透過 egg-validate 外掛程式的 validate 方法對接收的參數進行驗證，其中，要求 username 欄位必須是 string（字串類型）、email 欄位為 email（電子郵件類型）、password 欄位為 password 類型。這些欄位只有滿足相應類型要求且必須有值的情況下才能透過驗證。透過驗證後，將資料傳遞給業務邏輯 Service 層進行處理，最後將資料回應給使用者端。

接下來建立 Service，在 app 目錄下建立 service 目錄，並在其下建立 post.js 檔案。

➔ 程式 8.6 Service 層：post.js

```js
'use strict';
const Service = require('egg').Service;
class PostService extends Service{
  async create(info){
    // 進行業務處理
    return info;
  }
}
module.exports = PostService;
```

Service 類別的撰寫需要繼承自框架的 Service 類別，該類別用於業務邏輯處理。本例為了簡化演示，僅將收到的資料原樣傳回。更多關於 Service 類別的內容將在下一節講解。

程式撰寫完成後，在 router.js 中增加路由映射如下：

```js
router.post('/createpost',controller.post.create);
```

撰寫完成後，在 postman 中進行測試，如果輸入的參數不符合驗證規則，就會得到顯示出錯資訊。所有參數都符合驗證規則後，正確的結果如圖 8.10 所示。

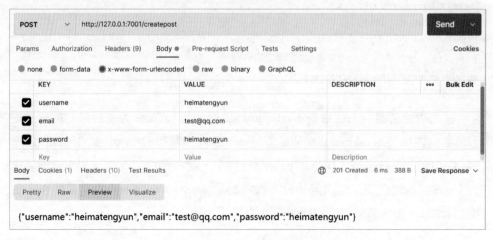

▲ 圖 8.10 參數驗證

定義的 Controller 類別會在每個請求存取 Server 時實例化一個全新的物件（即 this 物件），而專案中的 Controller 類別繼承於 egg.Controller，會有下面幾個屬性掛在 this 物件上。

- this.ctx：當前請求的上下文 Context 物件的實例，透過該屬性可以得到框架封裝好的處理當前請求的各種便捷屬性和方法。

- this.app：當前應用 Application 物件的實例，透過該屬性可以得到框架提供的全域物件和方法。

- this.service：應用定義的 Service，透過該屬性可以存取抽象的業務層，相當於 this.ctx.service。

- this.config：應用執行時期的配置項。

- this.logger：logger 物件，其有 4 個方法（debug、info、warn 和 error），分別代表列印 4 個不同等級的日誌，使用方法和效果與 context logger 中介紹的一樣，但是透過 logger 物件記錄的日誌，在日誌前面會加上列印該日誌的檔案路徑，以便快速定位日誌列印位置。

按照類別的方式撰寫 Controller，不僅可以更進一步地對 Controller 層的程式進行抽象（如將一些統一的處理抽象成一些私有方法），還可以透過自訂 Controller 基礎類別的方式封裝應用中常用的方法。

> 🖉 **注意**：在專案中一般會自訂基礎類別繼承自 **Egg.Controller**，然後讓自訂的控制器再繼承此基礎類別，在後面的內容中還會進行演示。

8.3.2 獲取 HTTP 請求參數

Egg 框架透過在 Controller 上綁定的 Context 實例，提供了許多便捷的方法和屬性，用於獲取使用者透過 HTTP 請求發送的參數。在 8.2 節講解路由時已經介紹了一些方法，本節進一步進行整理。

1 · query 參數

在 URL 中「?」後面的部分是一個 Query String，這一部分經常用於在 get 類型的請求中傳遞參數。舉例來說，在 /search?name=heimatengyun 中，name= heimatengyun 就是使用者傳遞的參數。可以透過 ctx.query 得到解析過後的這個參數本體。

當 Query String 中的 key 重複時，ctx.query 只取 key 第一次出現時的值，後面再出現的都會被忽略。例如 /search?name=panda&name=heimatengyun，透過 ctx. query 得到的值是 {name:"panda"}。這樣處理是為了保持統一性，Egg 框架保證從 ctx.query 上獲取的參數一旦存在，一定是字串類型。

2 · queries 參數

有時候系統會設計成讓使用者傳遞相同的 key，舉例來說，GET/posts?category =egg&id=1&id=2&id=3。針對此類情況，Egg 框架提供了 ctx.queries 物件，這個物件也解析了 Query String，但是它不會丟棄任何一個重複的資料，而是將它們都放到一個陣列中。ctx.queries 上所有的 key 如果有值，那麼一定是陣列類型。

3 · Router params

在 Router 中也可以申明參數，這些參數可以透過 ctx.params 獲取到。

4 · body 參數

透過 URL 傳遞參數存在限制，即瀏覽器對 URL 的長度有限制。如果需要傳遞的參數過多則無法傳遞。服務端經常會將存取的完整 URL 記錄到記錄檔中，有一些敏感性資料透過 URL 傳遞會不安全。

在 HTTP 請求封包中，在 Header 之後還有一個 body 部分，我們通常會在這一部分中傳遞 post、put 和 delete 等方法的參數。一般請求中有 body 的時候，使用者端（瀏覽器）會同時發送 Content-Type 告訴服務端這次請求的 body 是什麼格式。在 Web 開發中資料傳遞最常用的兩類格式分別是 JSON 和 Form。

Egg 框架內建了 bodyParser 中介軟體將這兩類格式的請求 body 解析成 object 掛載到 ctx.request.body 上。在 HTTP 中並不建議透過 get、head 方法存取時傳遞 body，因此我們無法在 get、head 方法中按照此方法獲取內容。

Egg 框架對 bodyParser 設置了一些預設參數，可以在 config/config.default.js 中覆蓋框架的預設值。

5・獲取上傳檔案

請求 body 除了可以帶有參數之外，還可以發送檔案。一般來說，在瀏覽器中都是透過 Multipart/form-data 格式發送檔案的，Egg 框架透過內建的 Multipart 外掛程式來支援獲取使用者上傳的檔案，其提供了兩種方式，即 File 模式和 Stream 模式。

對於 File 模式，可以透過 ctx.request.files 進行接收；如果使用 Stream 模式，在 Controller 中，我們可以透過 ctx.getFileStream 介面獲取上傳的檔案流。

6・Header

除了從 URL 和請求 body 上獲取參數之外，還有許多參數是透過請求 Header 傳遞的。Egg 框架提供了一些輔助屬性和方法來獲取這些參數。

- ctx.headers、ctx.header、ctx.request.headers 和 ctx.request.header：這幾個方法是等價的，都是獲取整數個 Header 物件。

- ctx.get(name)，ctx.request.get(name)：獲取請求 Header 中的欄位的值，如果這個欄位不存在，則傳回空字串。

建議用 ctx.get(name) 而非 ctx.headers['name']，因為前者會自動處理大小寫。

7・Cookie

HTTP 請求都是無狀態的，但是我們的 Web 應用通常都需要知道發起請求的人是誰。為了解決這個問題，HTTP 設計了一個特殊的請求標頭：Cookie。服務端可以透過回應標頭（set-cookie）將少量資料回應發送給使用者端，瀏覽器會遵循協定儲存資料，並在下次請求同一個服務的時候附帶上（瀏覽器也會遵循協定，只在造訪符合 Cookie 指定規則的網站時附帶上對應的 Cookie 來保證安全性）。

透過 ctx.cookies，可以在 Controller 中便捷、安全地設置和讀取 Cookie。透過 ctx.cookies.get（'名稱'）獲取 Cookie，透過 ctx.cookies.set（'名稱', 值）設置 Cookie。雖然 Cookie 在 HTTP 中只是一個表頭，但是透過 foo=bar;foo1=bar1; 的格式可以設置多個鍵值對。

8 · Session

透過 Cookie，可以給每個使用者設置一個 Session，用來儲存與使用者身份相關的資訊，這份資訊被加密後儲存在 Cookie 中，實現一直保持跨請求的使用者身份。

Egg 框架內建了 Session 外掛程式，可以透過 ctx.session 來存取或修改當前使用者的 Session。Session 的使用方法非常直觀，直接讀取或修改就可以了，如果要刪除 Session，直接將它賦值為 null。

8.3.3 呼叫 Service 層

專案中不建議在 Controller 中實現太多的業務邏輯，Egg 框架提供了一個 Service 層進行業務邏輯的封裝，這樣不僅能提高程式的重複使用性，而且可以讓業務邏輯更進一步地進行測試。

在 Controller 中可以呼叫任何一個 Service 層上的任何方法，同時 Service 層是慵懶載入的，只有當存取它的時候 Egg 框架才會實例化它。

如 8.3.1 節例子所示，透過 ctx.service 即可以呼叫 Service 層定義的方法。Service 層的具體寫法和更多細節將在 8.4 節講解 Service 時介紹。

8.3.4 發送 HTTP 回應

當業務邏輯完成之後，Controller 的最後一個職責就是將業務邏輯的處理結果透過 HTTP 響應發送給使用者。

1‧設置 status

HTTP 設計了非常多的狀態碼，每個狀態碼都代表一個特定的含義，透過設置正確的狀態碼，可以讓回應更符合語義。Egg 框架提供了一個便捷的 Setter 進行狀態碼的設置，如 this.ctx.status = 201; 表示設置狀態碼為 201。

2‧設置 body

絕大多數的資料都是透過 body 發送給請求方的，和請求中的 body 一樣，在回應中發送的 body 也需要有書附的 Content-Type 告知使用者端如何對資料進行解析。

作為一個 RESTfull 的 API 介面 controller，通常會傳回 Content-Type 為 application/json 格式的 body，內容是一個 JSON 字串；作為一個 HTML 頁面的 Controller，通常會傳回 Content-Type 為 text/html 格式的 body，內容是 HTML 程式碼部分。

> 🖉 注意：ctx.body 是 ctx.response.body 的簡寫，不要和 ctx.request.body 混淆了。

通常來說，我們不會手寫 HTML 頁面，而是透過範本引擎來生成。Egg 框架自身沒有整合任何一個範本引擎，但是約定了 View 外掛程式的標準，透過連線的範本引擎，可以直接使用 ctx.render(template) 來著色範本生成 HTML。

有時需要給非本域的頁面提供介面服務，由於一些歷史原因無法透過 CORS 實現，所以可以透過 JSONP 進行回應。如果 JSONP 使用不當會導致非常多的安全問題，因此 Egg 框架提供了便捷的回應 JSONP 格式資料的方法，封裝了 JSONP XSS 相關的安全防範，並支援進行 CSRF 校驗和 Referrer 驗證。

3‧設置 Header

我們透過狀態碼標識請求成功與否、狀態如何，在 body 中設置回應的內容。透過回應的 Header，還可以設置一些擴充資訊。透過 ctx.set(key,value) 方法可以設置一個響應表頭，透過 ctx.set(headers) 可以設置多個 Header。

設置一個標識處理回應時間的回應標頭範例程式如下：

```
//app/controller/api.js
class ProxyController extends Controller{
  async show(){
    const ctx = this.ctx;
    const start = Date.now();
    ctx.body = await ctx.service.post.get();
    const used = Date.now()-start;
    // 設置一個回應標頭
    ctx.set('show-response-time',used.toString());
  }
}
```

4·重定向

Egg 框架透過 security 外掛程式覆蓋了 Koa 原生的 ctx.redirect 實現，以提供更加安全的重定向。在 8.2.5 節介紹路由時演示了重定向的方法，在此不再贅述。

8.4 Egg 的 Service

8.3 節介紹了控制器，對於業務比較複雜的系統，需要把業務獨立出來而非直接放在控制器內。本節講解 Egg 框架服務的概念、使用場景，以及如何定義和使用服務。

8.4.1 Service 的概念

Service 就是在複雜業務場景下用於業務邏輯封裝的抽象層。這樣做的好處比較明顯：保持 Controller 中的邏輯更加簡潔；保持業務邏輯的獨立性，抽象出來的 Service 可以被多個 Controller 重複呼叫；將邏輯和展現分離，更容易撰寫測試用例。

1 · 使用場景

Service 的使用場景主要分為以下兩種。

- 複雜資料的處理，舉例來說，要展現的資訊需要從資料庫中獲取，還要經過一定的規則計算才能傳回使用者；或計算完成後更新資料庫。

- 第三方服務的呼叫，如 GitHub 資訊獲取等。

2 · 實例屬性

Service 的定義如 8.3.1 節的程式 8.6 所示，只需要定義類別繼承自 Egg 框架的 Service 類別即可。每次使用者發送請求時，Egg 框架都會實例化對應的 Service 實例，由於它繼承自 egg.Service，所以該 Service 實例物件具有以下屬性，以便開發時使用。

- this.ctx：當前請求的上下文 Context 物件的實例，透過它可以獲得 Egg 框架封裝好的處理當前請求的各種便捷的屬性和方法。

- this.app：當前應用 Application 物件的實例，透過它可以獲得 Egg 框架提供的全域物件和方法。

- this.service：應用定義的 Service，透過它可以存取到其他業務層，等價於 this.ctx.service。

- this.config：應用執行時期的配置項。

- this.logger：logger 物件，其有 4 個方法（debug，info，warn，error），代表列印 4 個等級的日誌，使用方法和效果與 context logger 中介紹的一樣，但是透過 logger 物件記錄的日誌，在其前面會加上列印該日誌的檔案路徑，以便快速定位日誌列印位置。

為了獲取使用者請求的鏈路，在 Service 初始化中注入了請求上下文，使用者可以直接透過 this.ctx 來獲取上下文的相關資訊。有了 this.ctx，可以獲得 Egg 框架封裝的各種便捷的屬性和方法。this.ctx 的以下屬性在開發時比較常用：

- this.ctx.curl：發起網路呼叫。

- his.ctx.service.otherService：呼叫其他 Service。

- this.ctx.db：發起資料庫呼叫等，db 可能是其他外掛程式提前掛載到 App 上的模組。

3・注意事項

- Service 檔案必須放在 app/service 目錄下，該目錄可以支援多級目錄，存取 的時候透過目錄名稱進行串聯存取。

- 一個 Service 檔案只能包含一個類別，這個類別需要透過 module.exports 方 式傳回。

- Service 需要透過 Class 的方式定義，父類別必須是 egg.Service。

- Service 不是單例，是請求等級的物件，Egg 框架在每次請求首次存取 ctx. service.xx 時才進行實例化，因此在 Service 中可以透過 this.ctx 獲取當前請 求的上下文。

8.4.2 使用 Service

　　接下來透過反轉字串操作來演示 Service 的定義和使用。在 app/service 目錄下 定義 Service，新建 reverse.js 檔案如下。

➔ 程式 8.7　Service 層：reverse.js

```
'use strict';
const Service = require('egg').Service;
class ReverseService extends Service{
  async reverse(str){
    // 反轉字串參數（在真實專案中可能是一些複雜的邏輯或耗時的操作）
    return str.split('').reverse().join('');
  }
}
module.exports = ReverseService;
```

自訂的 ReverseService 類別繼承自框架的 Service 類別，在其中實現字串反轉功能，在真實專案中可能是一些複雜的邏輯或耗時的操作。接下來定義控制器，在 app/controller 目錄下新建 reverse.js 檔案如下。

➔ 程式 8.8 Controller 層：reverse.js

```js
'use strict';
const Controller = require('egg').Controller;
class ReverseController extends Controller{
  async reverse(){
    const str = this.ctx.query.msg;
    const result = await this.service.reverse.reverse(str);
    console.log(result);
    this.ctx.body = {
      origin:str,
      reverse:result,
    };
  }
}
module.exports = ReverseController;
```

在控制器中透過上下文物件 ctx 的 query 方法接收使用者傳遞的參數 msg，然後透過 this.service 呼叫剛才建立的 Service，最後將反轉後的資料傳回呼叫者。接下來在路由器中增加路由映射。在 router.js 檔案中增加以下映射關係：

```js
// 反轉字串
router.get('/reverse',controller.reverse.reverse);
```

至此，Controller 層和 Sevice 層就建立完成了，透過 postman 進行測試，結果如圖 8.11 所示，表明建立成功。

▲ 圖 8.11 反轉字串

8.5 Egg 中介軟體

在第 7 章中講解了 Koa 框架，由於 Egg 是基於 Koa 框架實現的，所以 Egg 中介軟體的形式和 Koa 的中介軟體是一樣的，都是基於洋蔥模型。本節透過中介軟體的撰寫來體驗 Egg 中介軟體的使用方法。

8.5.1 撰寫中介軟體

由於 Egg 中介軟體採用的是洋蔥模型，所以每撰寫一個中介軟體，就相當於在洋蔥外面包了一層。本節先撰寫一個簡單的計時中介軟體 perfomance 來演示中介軟體的用法。

在 app 目錄下新建 middleware 目錄，在該目錄下建立 perfomance.js 檔案。

➔ 程式 8.9 中介軟體：perfomance.js

```
module.exports = (option,app)=> {
  // 傳回函式的名稱可以自訂，不與檔案名稱相同，但在設定檔中只認檔案名稱（檔案名稱即為中介
     軟體名稱）
  return async function perfomance(ctx,next){
    // 列印傳遞的配置參數
    console.log(option);
```

```
    console.log(app);
    // 中介軟體具體的業務功能
    const startTime = Date.now();
    await next();
    const countTime = Date.now()-startTime;
    console.log(`本次請求處理共耗時：${countTime}`);
  };
};
```

中介軟體的名稱就是檔案名稱。Egg 框架約定一個中介軟體是放置在 app/middleware 目錄下的單獨檔案，它需要使用 exports 匯出一個普通的 function 函式，該函式接收兩個參數：options 和 app。其中，options 是中介軟體的配置項，框架會將 app.config[${middlewareName}] 傳遞進來；app 是當前應用 Application 的實例。

上述中介軟體撰寫完成後，還需要手動掛載。在 config/config.default.js 檔案中增加 middleware 中介軟體的配置內容如下：

```
// 配置全域中介軟體
config.middleware = ['perfomance'];
// 給中介軟體傳參
config.perfomance = {
  author:'heimatengyun',
};
```

配置完成後，存取之前的任何一個介面，都可以在主控台看到此中介軟體的列印資訊。如再次存取 8.4.2 節的 reverse 路由（http://127.0.0.1:7001/reverse?msg=heimatengyun），可以看到主控台列印的資訊如圖 8.12 所示。

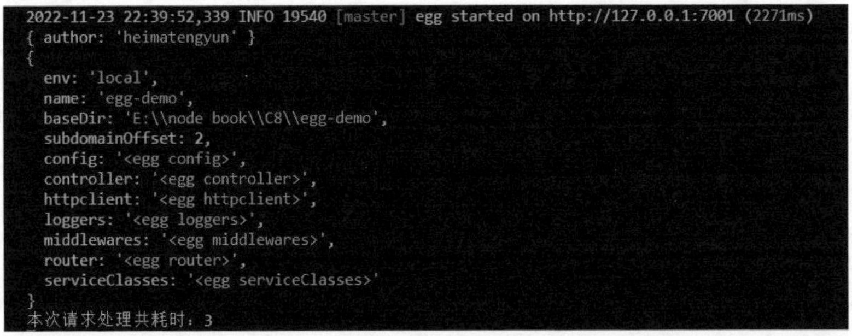

▲ 圖 8.12 中介軟體的輸出結果

可以看到，透過 option 參數獲得了配置資訊，透過 app 參數獲取到了應用程式的實例物件。存取任何一個路由，middleware 中介軟體都會被自動呼叫。

8.5.2 使用中介軟體

前面的例子演示了中介軟體的基本用法，遵從先撰寫再配置的原則，每當存取任何一個路由時都會執行中介軟體，但在真實專案中有時候存取特定的路由才需要執行中介軟體。因此 Egg 框架從不同維度對中介軟體進行了分類。

從作用範圍可以將中介軟體分為全域中介軟體和局部中介軟體；從中介軟體所屬關係可以分為應用層中介軟體和框架預設中介軟體。8.5.1 節定義的就是應用層全域中介軟體。

1．在實際應用中使用中介軟體

在實際應用中，可以透過配置來載入自訂的中介軟體並決定它們的順序。舉例來說，8.5.1 節定義的 perfomance 中介軟體在 config.default.js 中的配置如下：

```
// 配置全域中介軟體
config.middleware = ['perfomance'];
// 給中介軟體傳參
config.perfomance = {
  author:'heimatengyun',
};
```

上述配置最終將在啟動時合併到 app.config.appMiddleware 中介軟體中。

2．在框架和外掛程式中使用中介軟體

框架和外掛程式不支援在 config.default.js 中匹配 middleware，需要進行以下設置：

```
module.exports = (app)=> {
  // 在中介軟體最前面統計請求時間
  app.config.coreMiddleware.unshift('report');
};
```

應用層定義的中介軟體（app.config.appMiddleware）和框架預設中介軟體（app.config.coreMiddleware）都會被載入器載入並掛載到 app.middleware 上。

3・在 Router 中使用中介軟體

以上兩種方式配置的中介軟體是全域的，會處理每一次請求。如果只想針對單一路由生效，那麼不需要在 config.default.js 檔案中進行配置，可以直接在 app/router.js 中進行實例化和掛載，程式如下：

```
// 指定路由的中介軟體
const perfomance = app.middleware.perfomance({author:'heimatengyun'},
app);                          // 需要自行傳入參數
router.get('/reverse',perfomance,controller.reverse.reverse);
```

這樣只有在存取 /reverse 路由時，中介軟體才會執行。如果透過路由形式配置中介軟體，則需要自行傳入參數。

4・框架預設的中介軟體

除了在應用層載入中介軟體之外，框架自身和其他外掛程式也會載入許多中介軟體。這些附帶中介軟體的配置項透過在配置中修改中介軟體的名稱相同配置項進行修改。舉例來說，框架附帶的中介軟體中有一個名稱為 bodyParser 的中介軟體（框架的載入器會將檔案名稱中的各種分隔符號都修改成駝峰形式的變數名稱），如果要修改 bodyParser 的配置，只需要在 config/config.default.js 中進行以下撰寫：

```
module.exports = {
  bodyParser:{
    jsonLimit:'10mb',
  },
};
```

    🖉 **注意**：框架和外掛程式載入的中介軟體會在應用層配置的中介軟體之前執行，框架預設的中介軟體不能被應用層中介軟體覆蓋，如果應用層有自訂的名稱相同中介軟體，那麼在啟動時會顯示出錯。

5 · 使用 Koa 中介軟體

在 Egg 框架裡可以非常容易地引入 Koa 中介軟體生態，以 koa-compress 為例，在 Koa 中引入：

```
const koa = require('koa');
const compress = require('koa-compress');
const app = koa();
const options = {threshold:2048};
app.use(compress(options));
```

我們按照框架的標準在應用中載入這個 Koa 中介軟體，需要在 app/middleware 目錄下建立 compress.js 檔案，內容如下：

```
//app/middleware/compress.js
//koa-compress 暴露的介面 (`(options)=> middleware`) 和框架對中介軟體要求一致
module.exports = require('koa-compress');
```

接著需要在 config/config.default.js 檔案中進行配置，內容如下：

```
//config/config.default.js
module.exports = {
  middleware:['compress'],
  compress:{
    threshold:2048,
  },
};
```

6 · 中介軟體的通用配置

無論應用層載入的中介軟體還是框架附帶的中介軟體，都支援幾個通用的配置項，分別是 enable、match 和 ignore。enable 用於控制中介軟體是否開啟；match 用於設置只有符合某些規則的請求才會經過這個中介軟體；ignore 用於設置符合某些規則的請求不經過這個中介軟體。下面具體介紹。

1）enable

如果應用並不需要預設的 bodyParser 中介軟體進行請求本體的解析，則可以透過配置 enable 為 false 將其關閉。

```
module.exports = {
  bodyParser:{
    enable:false,
  },
};
```

2）match 和 ignore

match 和 ignore 支援的參數都一樣，只是作用完全相反，match 和 ignore 不允許同時配置。如果想讓 perfomance 中介軟體只針對以 /static 為首碼的 URL 請求才開啟，那麼可以配置 match 選項。

```
module.exports = {
  perfomance:{
    match:'/static',
  },
};
```

match 和 ignore 支援多種類型的配置方式：

- 字串：當參數為字串類型時，配置的是一個 URL 的路徑首碼，所有以配置的字串作為首碼的 URL 都會匹配上。當然，也可以直接使用字串陣列。

- 正則：當參數為正則時，直接匹配滿足正則驗證的 URL 的路徑。

- 函式：當參數為一個函式時，會將請求上下文傳遞給這個函式，最終以函式傳回的結果（true 或 false）來判斷是否匹配。

```
module.exports = {
  gzip:{
    match(ctx){
      // 只有使用 iOS 的裝置才開啟
      const reg = /iphone|ipad|ipod/i;
      return reg.test(ctx.get('user-agent'));
```

```
    },
  },
};
```

8.6 Egg 外掛程式

8.5 節講解了 Egg 中介軟體的使用，雖然中介軟體可以在攔截使用者請求後完成如鑑權、安全檢查和存取日誌等功能，但是對於一些和請求無關的功能（如定時任務、訊息訂閱等）需要一套更加強大的機制進行管理。Egg 外掛程式就是為解決這些問題而生的，本節主要對 Egg 外掛程式介紹。

8.6.1 外掛程式簡介

外掛程式機制是 Egg 框架的一大特色，它不但可以保證框架核心足夠精簡、穩定、高效，還可以促進業務邏輯的重複使用和生態圈的形成。

在使用外掛程式之前，首先介紹外掛程式誕生的背景。我們在使用 Koa 中介軟體的過程中發現了下面一些問題：

- 中介軟體載入其實是有先後順序的，但是中介軟體自身卻無法管理這種順序，只能交給使用者。這樣其實非常不友善，一旦順序不對，結果可能有天壤之別。

- 中介軟體的定位是攔截使用者請求，並在攔截前後做一些事情，如鑑權、安全檢查、存取日誌等。但實際情況是，有些功能是和請求無關的，如定時任務、訊息訂閱和背景邏輯等。

- 有些功能包含非常複雜的初始化邏輯，需要在應用啟動的時候完成。這顯然也不適合放到中介軟體中去實現。

綜上所述，我們需要一套更加強大的機制來管理、編排那些相對獨立的業務邏輯。

然後介紹中介軟體、外掛程式和應用的關係。一個外掛程式其實就是一個「迷你的應用」，和應用（App）幾乎一樣。應用可以直接引入 Koa 中介軟體；外掛程式本身可以包含中介軟體；多個外掛程式可以包裝為一個上層框架。

8.6.2 常用的外掛程式

本節先介紹 Egg 框架預設內建的企業級應用外掛程式，接著透過 egg-validate 表單驗證外掛程式演示外掛程式的使用方法。

1 · 常用的內建外掛程式

Egg 框架預設內建的企業級應用的常用外掛程式如表 8.2 所示。

➜ 表 8.2 Egg 框架內建的外掛程式

外掛名稱	功能描述
egg-onerror	統一異常處理
egg-session	Session 實現
egg-i18n	多語言
egg-watcher	檔案和資料夾監控
egg-multipart	檔案流式上傳
egg-security	安全
egg-development	開發環境配置
egg-logrotator	日誌切分
egg-schedule	定時任務
egg-static	靜態伺服器
egg-jsonp	JSONP 支援
egg-view	範本引擎
egg-validate	表單驗證外掛程式
egg-mysql	資料庫外掛程式

更多社區的外掛程式可以在 GitHub 上搜索 egg-plugin。

2 · 外掛程式的使用

在 8.3.1 節中演示了 egg-validate 對接收到的表單資料的驗證。外掛程式的使用一般分為 3 步：首先透過 npm 命令進行安裝；其次在應用或框架的 config/plugin.js 中進行配置以開啟外掛程式；最後直接透過 App 物件使用外掛程式提供的功能。

在 plugin.js 檔案中，外掛程式配置項如下：

- {Boolean}enable：是否開啟此外掛程式，預設為 true。

- {String}package：NPM 模組名稱，透過 NPM 模組形式引入外掛程式。

- {String}path：外掛程式的絕對路徑，跟 package 配置互斥。

- {Array}env：只有在指定執行環境時才能開啟，會覆蓋外掛程式自身 package.json 中的配置。

在上層框架內部內建的外掛程式，在使用時不用配置 package 或 path，只需要指定 enable 是否開啟此外掛程式：

```
// 對於內建外掛程式，可以用下面的簡潔方式開啟或關閉
exports.onerror = false;
```

package 和 path 的區別：package 是以 NPM 方式引入的，也是最常見的引入方式；path 是以絕對路徑的方式引入，如應用內部抽了一個外掛程式，但還沒達到開放原始碼發佈獨立 NPM 的階段，或應用自己覆蓋了框架的一些外掛程式。

外掛程式一般包含自己的預設配置，應用程式開發者可以用 config.default.js 覆蓋對應的配置。

8.6.3 資料庫外掛程式

在 Web 應用方面，MySQL 是常見的關聯式資料庫之一。很多網站都選擇以 MySQL 作為網站資料庫。Egg 框架提供了 egg-mysql 外掛程式來存取 MySQL 資料

庫，這個外掛程式既可以存取普通的 MySQL 資料庫，又可以存取基於 MySQL 協定的線上資料庫服務。

本節以 egg-mysql 外掛程式為例，演示操作 MySQL 資料庫的步驟和方法。

1 · 資料庫環境準備

安裝 MySQL 資料庫並建立資料庫 eggdemo，在該資料庫下建立 userinfo 資料表。由於篇幅所限，MySQL 的安裝及資料庫的建立過程這裡不再介紹。

資料表的設計如圖 8.13 所示。

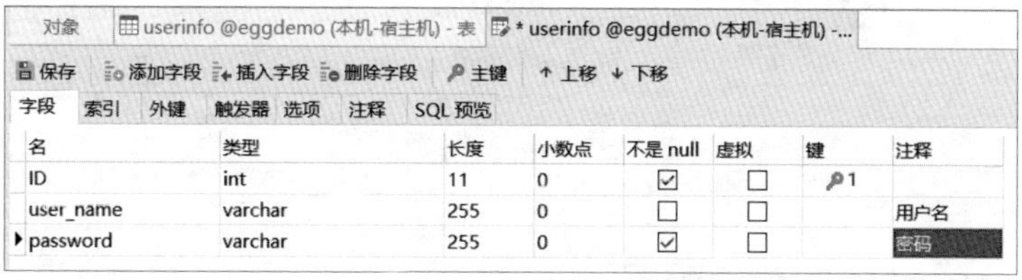

▲ 圖 8.13 資料庫資料表的設計

資料庫環境安裝好後匯入並執行指令檔 eggdemo.sql 即可。資料庫建立資料表的 SQL 敘述如下：

```
SET NAMES utf8mb4;
SET FOREIGN_KEY_CHECKS = 0;
-------------------------------
--Table structure for userinfo
-------------------------------
DROP TABLE IF EXISTS `userinfo`;
CREATE TABLE `userinfo`  (
  `ID` int(11)NOT NULL AUTO_INCREMENT,
  `user_name` varchar(255)CHARACTER SET utf8 COLLATE utf8_unicode_ci NULL
DEFAULT NULL COMMENT' 使用者名稱 ',
  `password` varchar(255)CHARACTER SET utf8 COLLATE utf8_unicode_ci NULL
DEFAULT NULL COMMENT' 密碼 ',
  PRIMARY KEY(`ID`)USING BTREE
)ENGINE = MyISAM AUTO_INCREMENT = 3 CHARACTER SET = utf8 COLLATE =
utf8_unicode_ci ROW_FORMAT = Dynamic;
```

```
------------------------------
--Records of userinfo
------------------------------
INSERT INTO `userinfo` VALUES(1,' 張三 ','123456');
INSERT INTO `userinfo` VALUES(2,' 李四 ','88888');
SET FOREIGN_KEY_CHECKS = 1;
```

匯入成功後，開啟資料表，如圖 8.14 所示。

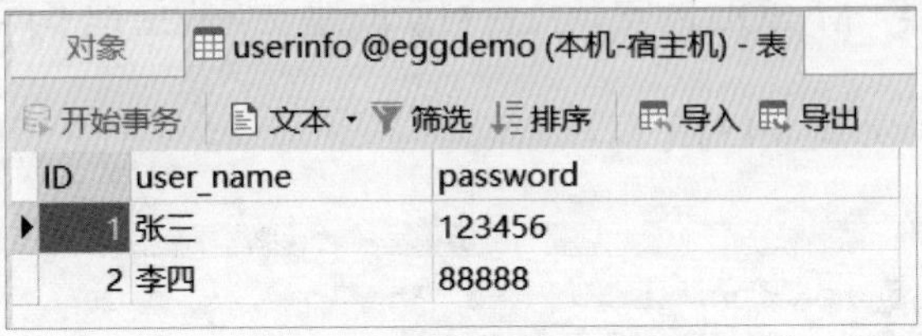

▲ 圖 8.14　資料表記錄

2 · egg-mysql 的安裝與配置

安裝 egg-mysql 外掛程式，在終端執行以下命令：

```
npm i egg-mysql
```

安裝完成後，在 config/plugin.js 中配置開啟外掛程式：

```
mysql:{
  enable:true,
  package:'egg-mysql',
},
```

在 config/config.defatult.js 中配置資料庫連接資訊：

```
config.mysql = {
  // 單資料庫資訊配置
  client:{
    //host
    host:'localhost',
    // 通訊埠編號
```

```
        port:'3306',
        // 使用者名稱
        user:'root',
        // 密碼
        password:'root',
        // 資料庫名稱
        database:'eggdemo',
    },
    // 是否載入到 App 上，預設開啟
    app:true,
    // 是否載入到 agent 上，預設關閉
    agent:false,
};
```

3 · 在 Egg 專案中使用

由於對 MySQL 資料庫的存取操作屬於 Web 層中的資料處理層，所以強烈建議將這部分程式放在 Service 層中進行維護。在 service 目錄下建立 login.js 檔案，程式如下。

➔ 程式 8.10　在 Service 層操作資料庫：login.js

```
'use strict';
const Service = require('egg').Service;
class LoginService extends Service{
  async login(){
    const user = await this.app.mysql.get('userinfo',{id:1});
    return{user};
  }
}
module.exports = LoginService;
```

由於前面在設定檔中開啟並配置了 egg-mysql 外掛程式，所以這裡可以直接透過 app.mysql 呼叫該外掛程式封裝的各種資料庫操作方法。在本例中透過 get 方法在 userinfo 資料表中查詢 ID 為 1 的記錄並將查詢結果傳回。

接下來在 controller 目錄下新建 login.js 控制器檔案。

➜ 程式 8.11 在 Controller 層呼叫 Service 層：login.js

```
'use strict';
const Controller = require('egg').Controller;
class LoginController extends Controller{
  async login(){
    const user = await this.ctx.service.login.login();
    this.ctx.body = user;
  }
}
module.exports = LoginController;
```

在控制器層直接呼叫 Service 層，並將結果傳回給呼叫端。接下來配置路由器：

```
// 資料庫操作
router.post('/login',controller.login.login);
```

至此，/login 路由就定義當在測試工具中存取介面時，正常傳回資料庫資訊，如圖 8.15 所示。

▲ 圖 8.15 資料庫查詢結果

最簡單的資料庫查詢操作就完成了。egg-mysql 外掛程式除了封裝了 CRUD 相應的方法外，還提供了直接執行 SQL 敘述的功能，同時也支援交易處理，由於篇幅有限，這些內容需要讀者自行學習，也可以關注相關的文章。

8.7 本章小結

本章詳細介紹了 Egg 框架的相關概念和基本用法。Egg 框架是基於 Koa 的企業級框架，目的是幫助開發團隊和開發人員降低開發成本和維護成本。

8.1 節介紹了 Egg 的基本概念及誕生背景，透過 Egg 腳手架建立了第一個 Egg 程式。接著分析 Egg 程式的目錄結構和基本語法，後續內容圍繞各個目錄展開介紹，每個目錄就是一個大的基礎知識。8.2 節講解了路由的定義和使用、如何透過路由定義 RESTfull 風格的路由，以及如何透過路由傳遞和獲取參數，這些基礎知識是每個專案都會用到的。8.3 節講解了控制器的撰寫、控制器實例物件相應的屬性和方法，以及如何透過控制器處理 HTTP 請求參數。8.4 節講解了服務的撰寫以及 Service 實例物件相應的屬性和方法。8.5 節講解了中介軟體的概念、Egg 中介軟體與 Koa 中介軟體的關係，並透過範例演示了中介軟體的撰寫方法。8.6 節講解了外掛程式的使用，以 egg-mysql 外掛程式為例演示了外掛程式的使用步驟和注意事項。

本章透過大量的範例對 Egg 框架的相關基礎知識進行了詳細介紹，希望讀者能在實際開發中靈活應用。由於篇幅原因還有很多內容如 passport 認證中介軟體、資料庫 ORM 框架 Sequelize、Socket.IO 通訊框架、外掛程式開發、框架開發等需要讀者自行深入學習。

第 3 篇

專案實戰

9

百果園微信商場需求分析

　　前 8 章詳細介紹了 Node.js 的基礎知識及常見框架，從本章開始將從完整的前後端分離專案入手，透過專案實戰體會 Node.js 在企業級專案中的應用。從軟體工程角度分析，完整專案開發流程主要包括需求分析、概要設計、詳細設計、編碼實現、測試和上線營運。本章先從需求分析入手，對外賣商場系統進行剖析，為後續開發打下基礎。

本章涉及的主要基礎知識如下：

- 軟體開發流程：了解軟體系統開發從 0 到 1 的過程；

- 需求分析工具：了解常用的原型工具如 Axure 和墨刀等；

- 技術選型：學會根據專案需求選擇合適的技術堆疊；

- 開發環境準備：掌握專案開發相關環境的安裝和工具的使用。

✎ 注意：雖然我們重點講解的是 Node.js，但是本專案提供了整個全端專案
的程式，讀者可以根據自身情況自行選擇對應的模組進行學習。

9.1 需求分析

從軟體工程角度分析，一款軟體的誕生需要經過需求分析、概要設計、詳細
設計、編碼實現、測試和上線營運，專案上線後還會根據使用者需求進行迭代開
發。根據軟體業務複雜程度還可以採用不同的開發模型，如瀑布模型、迭代模型
和敏捷開發等。

需求分析是軟體開發流程中非常核心的一環，直接決定軟體的成敗。需求分
析的階段產物可以是「軟體需求規格說明書」，也可以是「原型圖」。此階段主
要由產品經理主導完成，常見的原型圖工具有 Axure 和墨刀等。

雖然需求分析非常重要，但是作為技術書籍，本章並不打算詳細講解需求分
析的過程。為了降低需求分析的難度，讓讀者把關注點放到技術實現上，筆者選
擇了企業級百果園微信商場專案作為案例。

本專案是典型的 B2C 電子商務系統，系統使用者分為消費者使用者和平臺商
家兩大類。作為消費者使用者，可以使用微信小程式方便地選擇商品並進行購買；
作為平臺商家，可以透過管理背景對小程式展示的商品進行上下架操作等管理，
還可以對使用者訂單進行處理。

百果園微信商場從系統組成可分為使用者端小程式和商家管理背景，如圖 9.1
所示。

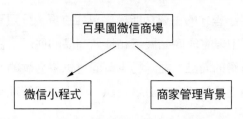

▲ 圖 9.1 百果園微信商場系統架構

使用者要購買商品，需要商家在管理背景上傳商品。管理背景的功能模組劃分如下：

- 登入：背景管理員透過帳號和密碼登入系統，根據不同許可權顯示不同的操作選單。

- 商品管理：分為分類管理、分類參數管理和商品管理。分類管理包括商品分類的增加、修改和刪除操作。分類參數分為動態參數和靜態屬性，隸屬於某個商品分類，除了參數的常規管理外，還可以針對參數增加和刪除參數標籤。商品管理包括商品基本資訊設置、修改商品參數、上傳商品圖片和商品介紹管理。

- 訂單管理：針對微信小程式端使用者的訂單進行管理。

- 許可權管理：分為帳號管理、許可權管理和角色管理，可以針對不同的使用者劃分不同的角色，為不同角色劃分不同的許可權。

商家管理背景的主要功能模組如圖 9.2 所示。

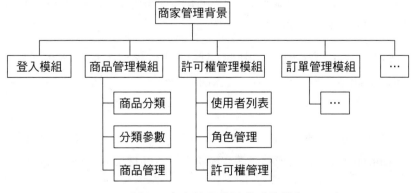

▲ 圖 9.2 商家管理背景的功能模組

百果園微信商場小程式的主要功能模組包括首頁、分類頁、購物車頁和我的
這 4 項。其中：首頁主要完成商品展示和推薦商品的展示；在分類頁按一下不同
的分類可以切換到對應的商品；在購物車頁面可以將喜歡的商品增加到購物車中
進行購買；我的頁面主要包括我的訂單資訊、個人資訊管理等。使用者端小程式
功能模組如圖 9.3 所示。

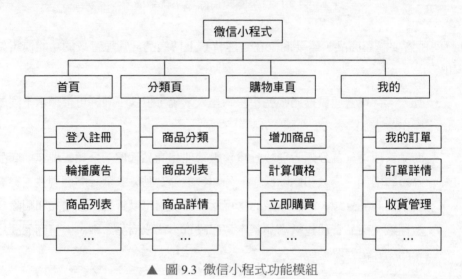

▲ 圖 9.3 微信小程式功能模組

9.2 技術選型

在進行具體設計和開發之前，需要分析專案使用場景，然後完成技術選型。
透過 9.1 節的分析可知，系統分為使用者端和管理端，但商品資料、訂單資料是共
用的，因此可以明確以下幾點：

- 開發架構：採用前後端分離的模式進行開發，後端 API 單獨為一個
  RESTfull 風格的介面專案。這樣前端的展示更加靈活，前後端無須一一對
  應。

- 技術選擇：小程式採用微信官方原生小程式語法；管理後端採用 Vue+
  ElementUI+Axios 完成前後端聯調；後端 API 採用 Node.js+Express 實現。

- 資料儲存：採用開放原始碼免費的 MySQL 資料庫。

Vue 管理背景專案採用 Vue 元件的方式提取個性化功能撰寫成元件，以提高重複使用率。包括選單在內的所有資料均透過後端 API 提供的資料進行著色。

後端 API 專案基於 Express 實現 RESTfull 風格的介面，採用 Node.js 的 ORM 外掛程式完成資料庫的存取和操作。後端介面統一傳回 JSON 格式字串：

```
{
    "data":{
        ...
    },
    "meta":{
        "msg":" 獲取成功 ",
        "status":200
    }
}
```

根據不同的業務邏輯，將不同介面的資料封裝為物件傳回 data 欄位中。

9.3 環境準備

釐清需求後，在正式開發之前還需要配置開發環境。本節分別從小程式開發、管理平臺和後端 API 三個方面完成開發前的準備工作。

1．微信小程式

（1）下載並安裝微信小程式開發者工具。

讀者根據作業系統類型選擇對應的版本下載並安裝即可，安裝過程非常簡單，在此不進行演示。下載網址為 https://developers.weixin.qq.com/miniprogram/dev/devtools/download.html。安裝完成後執行專案，主介面如圖 9.4 所示。

（2）申請微信小程式帳號。

要正式發佈小程式，需要申請小程式帳號，如果涉及支付問題，則需要以企業資質申請微信支付商戶號並進行連結。在開發階段可以使用測試號進行開發，待正式發佈時按照官網要求提供相應資料進行申請即可。

微信官方提供的小程式註冊位址為 https://mp.weixin.qq.com/wxopen/waregister?action= step1，根據頁面提示即可申請。

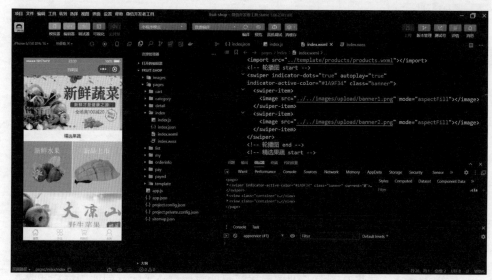

▲ 圖 9.4　微信小程式主介面

2 . 管理平臺

後端開發工具可以使用任何文字編輯工具，這裡推薦使用 Visual Studio Code，它是微軟開發的一款免費、開放原始碼的程式編輯器，介面簡潔且具有豐富的外掛程式，可以根據需求安裝相應的外掛程式來提高開發效率，Visual Studio Code 的介面如圖 9.5 所示，官網下載網址為 https://code.visualstudio.com/。

▲ 圖 9.5 Visual Studio Code 的介面

在建立 Vue 專案時需要使用 Vue-cli 腳手架,因此需要使用 NPM 工具進行安裝。由於在前面的章節中已經介紹了安裝 Node.js,會自動安裝 NPM 工具,所以這裡無須再單獨安裝了。

3．後端 API

管理後端主要使用 Express+MySQL 進行開發,Express 的相關知識已在前面章節中詳細介紹過,本節主要演示 MySQL 的安裝。

不同的作業系統安裝 MySQL 的方法有所不同,由於本書不是專門講解資料庫的書籍,所以為了簡化安裝,直接安裝整合環境 PhpStudy。

PhpStudy 的官網下載網址為 https://www.xp.cn/,安裝過程也非常簡單,可以查看官網說明手冊。安裝完成後,當需要用到 MySQL 資料庫時,在面板中開啟即可,如圖 9.6 所示。

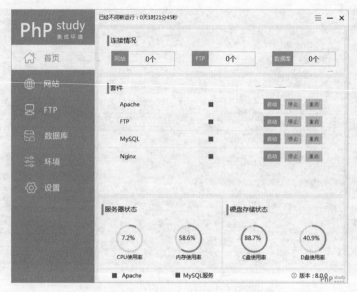

▲ 圖 9.6 PhpStudy 面板的主介面

9.4 本章小結

　　本章首先對百果園微信商場系統的需求進行了初步分析。百果園微信商場系統分為微信小程式和商家管理背景兩部分。其中，微信小程式供消費者使用，主要功能包括使用者登入、商品瀏覽、購買商品、查看訂單資訊、修改個人資訊等。商家管理背景供商家使用，主要功能包括管理員登入、商品資訊管理、商品分類管理、商品分類參數管理、許可權管理、使用者管理和訂單管理等。

　　完成專案需求初步分析，劃分功能模組之後，根據需求對技術進行選型，微信小程式端採用微信原生語法；管理背景採用 Vue+ElementUI 實現；後端 API 採用 Node.js+Express 實現 RESTfull 風格的 API。

　　完成以上工作之後，最後介紹了開發系統所需的開發環境和工具的安裝。由於篇幅所限，加之開發環境的安裝比較簡單，在本章中未一一進行演示。讀者可參考舉出的官方網址自行安裝即可，如果在安裝過程中遇到問題，可以根據關鍵字上網搜索解決，也可以聯繫筆者進行答疑。

　　建議讀者安裝好開發環境後，先把專案執行起來，結合程式進行本章內容的學習，效率更高。

MEMO

10

百果園微信商場架構設計

在第 9 章中完成了對百果園微信商場系統的需求分析，初步明確了專案的功能。接下來就要對系統進行整體規劃和設計。系統設計直接影響後續的編碼和專案實施的成敗，本章將對系統的核心功能進行架構設計，為後續開發打下基礎。

本章涉及的主要基礎知識如下：

- 軟體系統架構：了解常見系統架構 C/S、B/S、SOA、BPM 的概念；

- 前後端分離模式：理解大型專案前後端分離開發模式及關注點；

- 介面規劃：學會整理軟體系統的介面；

- 資料庫設計：掌握資料庫設計方法，理解 E-R 圖、資料表等概念。

🖉 **注意**：沒有基礎的讀者可以先將專案執行起來再對照本章內容進行學習。

10.1　系統架構

軟體架構也稱軟體系統結構（Software Architecture），它為我們提供了軟體的整體視圖，即系統的一個或多個結構，結構中包含軟體的元件、元件的外部可見屬性及其關係。軟體系統結構相當於一個房屋的平面圖，描繪了房屋的整體版面配置，包括各個房間的尺寸、位置等。

軟體系統結構經歷了多個發展階段：主機 / 終端系統結構（Host/Terminal，H/T）、客戶端設備 / 伺服器系統結構（Client/Server，C/S）、瀏覽器 / 伺服器系統結構（Browser/Server，B/S）、多層系統結構、服務導向的系統結構（Service-Oriented Architecture，SOA）以及面向工作流引擎（Business Process Management，BPM）的系統結構等。

百果園微信商場系統使用者端採用微信小程式，而管理平臺則採用 B/S 架構，管理人員透過瀏覽器就可以存取系統，進行商品資訊管理。

在早期的軟體開發中，專案規模較小，需求和業務都不複雜。隨著業務功能變多，軟體開發模組也發生了變化。從早期的前後端不分離發展為現在的前後端分離的開發模式，有助團隊分工，提高開發效率。百果園微信商場系統也採用主流的前後端分離的開發模式，如圖 10.1 所示。

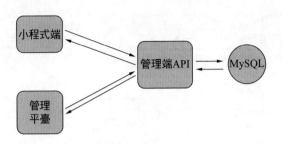

▲ 圖 10.1 前後端分離開發模式架構示意

　　前後端分離後，服務可能部署在不同的伺服器上，因此要求 API 專案需要考慮並解決跨域問題。在小程式端和管理平台叫用 API 介面時，需要透過登入和 Token 機制進行使用者資訊驗證，如果未登入就不能存取相應的介面。以管理端介面呼叫為例，授權流程如圖 10.2 所示。

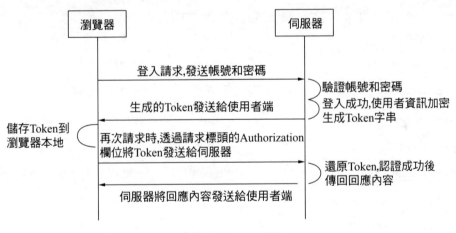

▲ 圖 10.2 授權流程

　　除了需要使用者登入才能呼叫介面外，系統還需要設計選單許可權和介面許可權。根據不同的使用者和角色來區分不同的許可權。通常的做法是在不同的業務邏輯中判斷當前登入的使用者是否有許可權，但這樣做會增加額外的程式，並且使得程式難以維護。為了不破壞授權業務，不增加冗餘碼，本專案採用攔截和注入的方式來實現許可權判斷，如圖 10.3 所示。

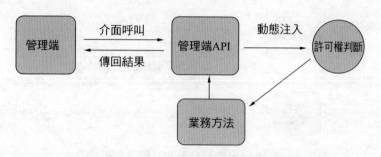

▲ 圖 10.3 介面許可權驗證

　　有了介面的許可權驗證機制，接下來就要根據需求來規劃後端的 API，部分管理端 API 路由規劃如表 10.1 所示。

▼ 表 10.1 管理端 API 路由規劃

介面位址（省略根域名）	請求類型	功能說明
/sysapi/login	post	帳號、密碼登入系統
/sysapi/category	post	增加商品分類
/sysapi/category	get	獲取商品分類
/sysapi/category/id	get	獲取指定的 ID 分類
/sysapi/category/id	put	更新指定的 ID 分類
/sysapi/category/id	delete	刪除指定的分類
/sysapi/category/id/attributes	post	建立分類參數
/sysapi/category/id/attributes	get	獲取分類參數
/sysapi/category/id/attributes/id	get	獲取參數詳情
/sysapi/category/id/attributes/id	put	更新參數
/sysapi/category/id/attributes/id	delete	刪除參數
/sysapi/upload	post	上傳圖片介面
/sysapi/goods	get	獲取商品列表
/sysapi/goods	post	增加商品

介面位址（省略根域名）	請求類型	功能說明
/sysapi/goods	delete	刪除商品
/sysapi/goods	put	更新商品
/sysapi/goods/id	get	獲取商品詳情

🖉 **注意**：具體的請求參數和傳回欄位等詳細資訊，可參考後續程式。

10.2 資料庫設計

本節演示資料庫的建立過程，沒有資料庫基礎的讀者，可以直接使用隨書程式中的 SQL 敘述來建立資料庫。

專案相關的資料需要持久化儲存，這裡採用 MySQL 作為資料儲存的資料庫。資料庫的設計相當於對專案的內部邏輯進行分解設計，在進行資料庫設計時要遵循範式理論，但在實際專案中根據專案需求，也存在不嚴格按照範式理論進行設計的情況。

由於篇幅所限，本節將百果園微信商場系統的資料庫分為 9 個實體，包括商品資料表、管理員資料表、角色表、許可權資料表、介面許可權資料表、分類資料表、屬性工作資料表、商品圖片資料表和商品屬性工作資料表。每個實體又有其對應的屬性，它們之間的關係如下：

- 管理員資料表和角色表是獨立的資料表，系統約定一個管理員只有一種角色，一種角色可以賦給不同的管理員，因此管理員和角色屬於一對多的關係。

- 角色表和許可權資料表也是獨立的資料表，系統約定一個角色對應多種許可權，一種許可權也可以賦給不同的角色，因此需要設計為一對多的關係進行儲存。

- 商品資料表和分類資料表、屬性工作資料表是獨立的資料表，一個商品屬於某個分類，某個分類又具有多個屬性，同時一個商品可以有多張商品圖片，因此需要設計與商品資料表之間的連結關係。

綜上分析，系統的資料庫圖表（也稱 ER 圖）如圖 10.4 所示。

🖉 **注意**：ER 圖只舉出了部分物理屬性，完整的屬性可參看物理資料表欄位。

根據 ER 圖，將屬性作為欄位，得出相關資料表的邏輯模型如圖 10.5 所示。

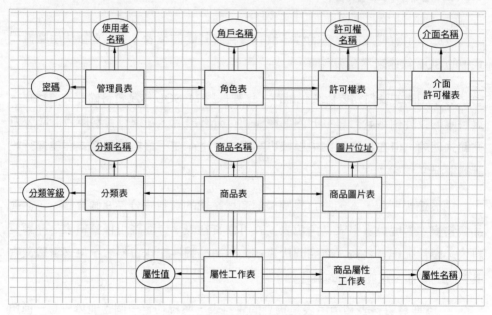

▲ 圖 10.4 資料庫 ER 圖

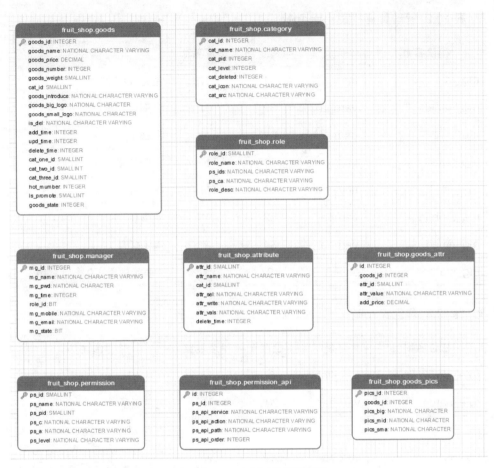

▲ 圖 10.5 資料庫邏輯模型

> ✐ **注意**：為了簡化演示，圖 10.5 省略了資料表之間的連結關係。在實際專
> 案中要根據需要建立資料表之間的主鍵、外鍵連結關係。

　　也可以將邏輯模型以表格的形式呈現，如表 10.2 ～表 10.10 所示，以便後續
將其轉為資料庫中的物理模型。

▼ 表 10.2　管理員資料表 manager

欄位名稱	類型	長度	是否為空	備注
mg_id	int	11	N	主鍵 ID
mg_name	varchar	32	N	名稱
mg_pwd	char	64	N	密碼
mg_time	int	10	N	註冊時間
role_id	tinyint	11	N	角色 ID
mg_mobile	varchar	32	Y	手機號
mg_email	varchar	64	Y	電子郵件
mg_state	tinyint	2	Y	1 表示啟用，0 表示禁用

▼ 表 10.3　角色表 role

欄位名稱	類型	長度	是否為空	備注
role_id	smallint	6	N	角色 ID
role_name	varchar	20	N	角色名稱
ps_ids	varchar	512	N	許可權資料表 permission 的 ps_id 欄位，表示許可權集合，使用逗點進行分隔如（1,2,3）
ps_ca	text	0	Y	控制器 - 操作
role_desc	text	0	Y	角色描述

▼ 表 10.4　許可權資料表 permission

欄位名稱	類型	長度	是否為空	備注
ps_id	smallint	6	N	許可權 ID
ps_name	varchar	20	N	許可權名稱

欄位名稱	類型	長度	是否為空	備註
ps_pid	smallint	6	N	父 ID
ps_c	varchar	32	N	控制器
ps_a	varchar	32	N	操作方法
ps_level	enum		N	許可權等級

▼ 表 10.5 介面許可權資料表 permission_api

欄位名稱	類型	長度	是否為空	備註
id	int	11	N	主鍵 ID
ps_id	int	11	N	許可權 ID
ps_api_service	varchar	255	Y	Service 名稱
ps_api_action	varchar	255	Y	控制器
ps_api_path	varchar	255	Y	請求路徑
ps_api_order	int	4	Y	排序

▼ 表 10.6 分類資料表 category

欄位名稱	類型	長度	是否為空	備註
cat_id	int	32	N	分類 ID
cat_name	varchar	255	Y	分類名稱
cat_pid	int	32	Y	分類父 ID
cat_level	int	4	Y	分類層級，0 為頂級，1 為二級，2 為三級
cat_deleted	int	2	Y	是否刪除，1 為刪除
cat_inco	varchar	255	Y	分類圖片
cat_src	text	0	Y	分類連結

▼ 表 10.7　屬性工作資料表 attribute

欄位名稱	類型	長度	是否為空	備注
attr_id	smallint	5	N	主鍵 ID
attr_name	varchar	32	N	屬性名稱
cat_id	smallint	5	N	外鍵，類型 ID
attr_sel	enum		N	值 為 Only 或 many，Only 為輸入框唯一值，many 為背景下拉清單 / 前臺單選按鈕
attr_write	enum		N	manual 表示手工輸入，list 表示從列表中選擇
attr_vals	text	0	N	可選值的列表資訊，例如顏色可選白色、紅色、藍色等，多個可選值透過空格分隔
delete_time	int	11	Y	刪除時間標識

▼ 表 10.8　商品資料表 goods

欄位名稱	類型	長度	是否為空	備注
goods_id	mediumint	8	N	主鍵 ID
goods_name	varchar	255	N	商品名稱
goods_price	decimal	10	N	商品價格
goods_number	int	8	N	商品數量
goods_weight	smallint	5	N	商品重量
cat_id	smallint	5	N	類型 ID
goods_introduce	longtext	0	Y	商品詳情介紹
goods_big_logo	char	128	N	圖片 Logo 大圖
goods_small_logo	char	128	N	圖片 Logo 大圖

欄位名稱	類型	長度	是否為空	備註
is_del	enum		N	0 表示正常，1 表示刪除
add_time	int	11	N	增加商品時間
upd_time	int	11	N	修改商品時間
delete_time	int	11	Y	軟刪除標識
cat_one_id	smallint	5	Y	一級分類 ID
cat_two_id	smallint	5	Y	二級分類 ID
cat_three_id	smallint	5	Y	三級分類 ID
hot_number	int	11	Y	熱賣數量
is_promote	smallint	5	Y	是否促銷
goods_state	int	11	Y	商品狀態，1 表示審核中，0 表示未透過，2 表示已透過

▼ 表 10.9 商品屬性工作資料表 goods_attr

欄位名稱	類型	長度	是否為空	備註
id	int	10	N	主鍵 ID
goods_id	mediumint	8	N	商品 ID
attr_id	smallint	5	N	屬性 ID
attr_value	text	0	N	商品對應屬性的值
add_price	decimal	8	Y	該屬性需要額外增加的價錢

▼ 表 10.10 商品圖片資料表 goods_pics

欄位名稱	類型	長度	是否為空	備註
pics_id	int	10	N	主鍵 ID
goods_id	mediumint	8	N	商品 ID

欄位名稱	類型	長度	是否為空	備註
pics_big	char	128	N	大圖為 800×800
pics_mid	char	128	N	中圖為 350×350
pics_sma	char	128	N	小圖為 50×50

有了資料庫的邏輯模型後，需要將其轉為 SQL 建立資料表語句並在 MySQL 資料庫中執行建立相應的資料表。將以上邏輯模型轉為資料庫中的物理模型有多種方法，可以透過資料庫工具 PowerDesinger 直接匯入 MySQL 資料庫，也可以手動在資料庫管理系統如 Navicat 中透過視覺化的方式建立，還可以直接輸入 SQL 敘述。

用 SQL 敘述方式建立資料表，以建立管理員資料表 manager 為例，建立資料表語句如下。

➡ 程式 10.1 建立管理員資料表 manager 的 SQL 敘述

```
CREATE TABLE `manager`  (
  `mg_id` int(11)NOT NULL AUTO_INCREMENT COMMENT' 主鍵 ID',
  `mg_name` varchar(32)CHARACTER SET utf8 COLLATE utf8_unicode_ci NOT NULL
COMMENT' 名稱 ',
  `mg_pwd` char(64)CHARACTER SET utf8 COLLATE utf8_unicode_ci NOT NULL
COMMENT' 密碼 ',
  `mg_time` int(10)UNSIGNED NOT NULL COMMENT' 註冊時間 ',
  `role_id` tinyint(11)NOT NULL COMMENT' 角色 ID',
  `mg_mobile` varchar(32)CHARACTER SET utf8 COLLATE utf8_unicode_ci NULL
DEFAULT NULL,
  `mg_email` varchar(64)CHARACTER SET utf8 COLLATE utf8_unicode_ci NULL
DEFAULT NULL,
  `mg_state` tinyint(2)NULL DEFAULT 1 COMMENT'1 表示啟用，0 表示禁用 ',
  PRIMARY KEY(`mg_id`)USING BTREE
)ENGINE = MyISAM AUTO_INCREMENT = 3 CHARACTER SET = utf8 COLLATE =
utf8_unicode_ci ROW_FORMAT = Dynamic;
```

當然，也可以視覺化建立資料庫後，匯出 SQL 敘述。其他資料表的操作類似。資料庫建立好之後，後續就可以透過程式來操作資料庫，實現 API 程式設計了。

10.3 本章小結

本章首先介紹了軟體系統結構的作用和常見的軟體系統結構，如主機 / 終端系統結構（Host/Terminal，H/T）、客戶端設備 / 伺服器系統結構（Client/Server，C/S）、瀏覽器 / 伺服器系統結構（Browser/Server，B/S）、多層系統結構、服務導向的系統結構（Service-Oriented Architecture，SOA）以及面向工作流引擎（Business Process Management，BPM）的系統結構等。針對百果園微信商場系統的需求，選擇 B/S 架構模式和前後端分離的模式，並對外賣商場系統中的登入驗證、介面許可權攔截驗證進行了設計，對介面路由進行了規劃。

然後介紹了資料庫設計的相關知識，根據需求完成資料庫 ER 圖設計和邏輯模型設計，得出 MySQL 相關的資料表結構和欄位，為後續 API 開發提供資料基礎。

建議讀者安裝好開發環境後，先把專案執行起來，結合程式進行本章內容的學習，效率更高。

MEMO

11

百果園微信商場後端 API 服務

前面幾章對百果園微信商場系統進行了需求分析和概要設計，本章開始進入具體的編碼實現階段。本章主要基於 Express+MySQL 實現管理後端 API 服務的撰寫。透過使用第三方中介軟體如 passport 許可權驗證中介軟體、Multer 檔案上傳中介軟體等來提高開發效率。透過本章的學習，讀者可以掌握 RESTfull 風格介面的撰寫方法。

本章涉及的主要基礎知識如下：

- 路由模組化：學會透過 mount-routes 外掛程式實現路由模組化和動態掛載；

- 許可權驗證：學會使用 passport 中介軟體完成使用者登入校驗和 Token 驗證；

- 資料庫操作：學會使用 MySQL+ORM 中介軟體操作資料庫；

- 許可權攔截：學會透過閉包實現服務層方法的攔截，從而在不破壞業務程式的情況下實現許可權判斷；

- 檔案上傳：掌握透過 Multer 實現檔案上傳的方法，透過 Express 製作圖片伺服器方法；

- 介面撰寫方法：掌握基於 Express 的 RESTfull 風格介面的撰寫方法。

✐ **注意**：讀者可以先執行專案，然後再對照本章內容進行學習效率更高。

11.1　專案搭建

本節首先透過 NPM 工具初始化後端 Express 介面專案，並對傳回的資料格式統一封裝為 JSON 格式。透過基於 Node.js 的中介軟體 mout-routes 對後端路由進行模組化統一管理和自動掛載，為後續具體介面的撰寫做好準備。

11.1.1　專案初始化

建立 sysapi 目錄，進入目錄後使用以下命令初始化專案並安裝 Express 框架。

```
npm init
npm install express@4.17.2--save
```

在 sysapi 目錄下建立 app.js 檔案，程式如下。

➡ 程式 11.1　入口檔案：app.js

```
var express = require('express')
var app = express()
```

```
app.get('/',(req,res)=> {
    res.send('welcome')
})
app.listen(8088,()=> {
    console.log(" 伺服器地址 http://127.0.0.1:8088")
})
```

在瀏覽器中造訪 http://127.0.0.1:8088，輸出 welcome，表示專案建立成功。

11.1.2 封裝傳回 JSON

11.1.1 節傳回的資料格式存在一些問題。舉例來說，存取一個不存在的位址，目前顯示的結果不友善，雖然介面正確，但是介面呼叫方希望得到的資料為 JSON 格式方便操作，因此需要統一設置回應的資料格式。

要對所有資料格式進行統一封裝，可以透過定義中介軟體來實現，在中介軟體中掛載函式用於統一處理資料傳回為 JSON 格式。在根目錄下新建 modules 目錄，新建 resExtra.js 檔案，程式如下。

➜ 程式 11.2 資料格式 JSON 處理：resExtra.js

```
// 統一傳回結果的中介軟體
module.exports = function(req,res,next){
    res.sendResult = function(data,code,message){
        var fmt = req.query.fmt?req.query.fmt:"rest";
        if(fmt == "rest"){
            res.json(
                {
                    "data":data,
                    "meta":{
                        "msg":message,
                        "status":code
                    }
                });
        }
    };
    next();
}
```

在 app.js 中修改傳回函式，透過呼叫中介軟體的方法使其傳回資料為 JSON 格式，程式如下。

➔ 程式 11.3　入口檔案：app.js

```
// 掛載中介軟體，設置統一回應
var resextra = require('./modules/resExtra')
app.use(resextra)
app.get('/',(req,res)=> {
    //res.send('welcome')
    res.sendResult('welcome',200,' 獲取成功 ')
})
// 未匹配到路由，提示 404
app.use((req,res,next)=> {
    res.sendResult(null,404,'not Found')
})
```

在瀏覽器中造訪 http://127.0.0.1:8088，得到的 JSON 結果如圖 11.1 所示。

▲ 圖 11.1　傳回 JSON 資料

11.1.3　路由模組化配置

如果所有的路由都放在 app.js 檔案中，後期維護必然困難。因此要使用 express.Router 函式建立路由物件，並使用 mount-routes 外掛程式將路由按功能進行模組化管理。

1 · 安裝外掛程式

執行以下命令安裝外掛程式：

```
npm i mount-routes
```

2 · 建立路由

在根目錄下建立 routes 目錄，然後在該目錄下建立 sysapi 介面目錄。在 sysapi 目錄下建立 category.js 和 goods.js 檔案。category.js 檔案的程式如下。

➡ 程式 11.4 分類路由：category.js

```
var express = require('express')
var router = express.Router();
router.get('/',(req,res)=> {
    res.sendResult(' 獲取商品分類 ',200,'success')
})
module.exports = router
```

goods.js 檔案的程式如下。

➡ 程式 11.5 分類路由：category.js

```
var express = require('express')
var router = express.Router();
router.get('/',(req,res)=> {
    res.sendResult(' 獲取商品資訊 ',200,'success')
})
module.exports = router
```

3 · 掛載路由

在 app.js 中自動掛載路由：

```
var path = require('path')
...
// 路由載入
var mount = require('mount-routes')
// 初始化路由
mount(app,path.join(process.cwd(),'/routes'),true)
```

mout 函式中的第 3 個參數為 true，表示在主控台列印介面資訊，在瀏覽器或 postman 中測試，結果如圖 11.2 所示。

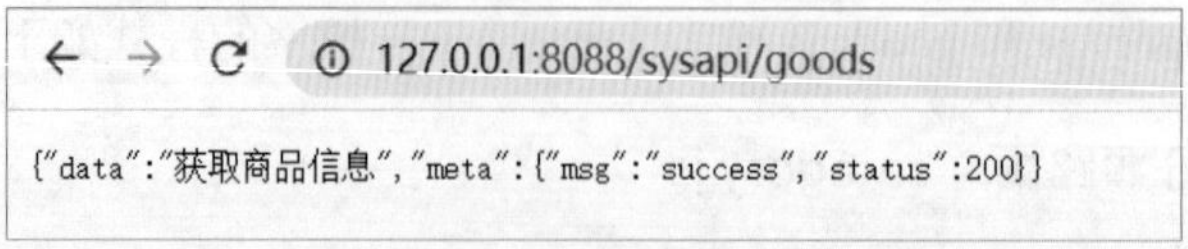

```
←  →  C   ① 127.0.0.1:8088/sysapi/goods

{"data":"获取商品信息","meta":{"msg":"success","status":200}}
```

▲ 圖 11.2 測試獲取介面資料

11.2 介面安全驗證

上述介面無須進行登入就可以存取，這是不安全的。因此需要採用類似會員卡的機制進行認證。本專案使用 passport 中介軟體來實現介面安全驗證。

passport.js 是 Node.js 中的登入驗證中介軟體，非常靈活和模組化，並可與 Express 和 Sails 等 Web 框架無縫整合。使用 passport 的目的是「登入驗證」，提供很多的 strategies（策略），每一個 strategy 是對一種驗證方式的封裝，如 psaaport-local 是使用本地驗證，一般的使用者資訊儲存在資料庫中。Web 一般有兩種登入驗證形式，即使用者名稱和密碼認證登入、OAuth 認證登入。

strategy 是 passport 中最重要的概念。passport 模組本身不能進行認證，所有的認證方法都以策略模式封裝為外掛程式，需要某種認證時將其增加到 package.json 即可。策略模式是一種設計模式，它將演算法和物件分離開，透過載入不同的演算法實現不同的行為，適用於相關類別的成員相同但行為不同的場景。例如在 passport 中，認證所需的欄位都是使用者名稱、電子郵件和密碼等，但認證方法是不同的。

為了簡化演示，本節採取 Token 認證的方式。先在伺服器端固定一個 Token，當使用者端呼叫時附帶上 Token 進行驗證。

  🖉 **注意**：在後續開發中會逐漸完善，認證方式將改為資料庫查詢驗證的方式。

11.2.1 Token 驗證

在 passport.js 中整合 Token 驗證，加入以下內容：

```
...
const BearerStrategy = require('passport-http-bearer').Strategy;
...
//Token 驗證策略
passport.use(new BearerStrategy(
        function(token,done){
            // 先寫死，設置為登入介面相同的 Token
            if(token=='aaa'){
                return done(null,' 取得使用者資訊 ')
            }else{
                return done('token 驗證錯誤 ')
            }
        }
    ));
...
//Token 驗證函式
module.exports.tokenAuth=function(req,res,next){
    passport.authenticate('bearer',{session:false},
function(err,tokenData){
        if(err)return res.sendResult(null,400,' 無效 token');
        if(!tokenData)return res.sendResult(null,400,' 無效 token');
        //next();
        // 傳回僅是為了測試，其他介面驗證要放行
        return res.sendResult(tokenData,200,'success')
    })(req,res,next);
}
```

在 app.js 檔案中增加路由進行測試：

```
...
//Token 驗證，僅作為測試，後續將作為中介軟體掛載到其他路由上
app.get('/auth',sys_passport.tokenAuth)
```

在工具中進行測試，結果如圖 11.3 所示。

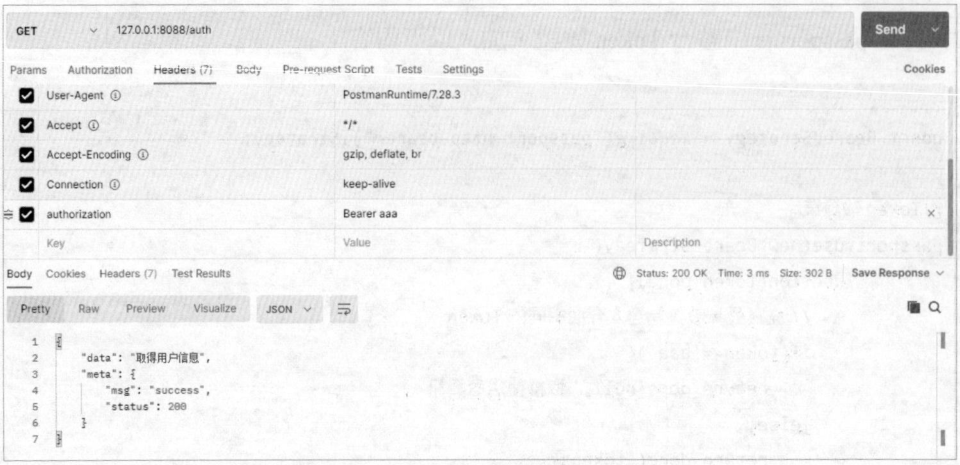

▲ 圖 11.3　Token 驗證測試

前面登入成功後生成的 Token 是寫死的，需要使用 Jsonwebtoken 外掛程式動態生成。

Jsonwebtoken 外掛程式的下載網址為 https://www.npmjs.com/package/jsonwebtoken。

1．安裝 Jsonwebtoken 外掛程式

使用以下命令安裝 Jsonwebtoken 外掛程式：

```
npm i jsonwebtoken
```

2．建立設定檔

使用 config 外掛程式對設定檔進行管理，外掛程式下載網址為 https://www.npmjs.com/package/config。

（1）安裝 config 外掛程式，命令如下：

```
npm i config
```

在根目錄下建立 config 目錄，然後建立 default.json 檔案：

```
{
    "config_name":"develop",
    "jwt_config":{
        "secretKey":"heimatengyun",
        "expiresIn":86400
    }
}
```

3・登入時生成 Token

修改 passport.js 檔案，透過前面安裝的 config 外掛程式獲取設定檔值，並使用 jwt.sin 方法生成 Token。

```
...
var jwt=require('jsonwebtoken')
var jwt_config = require("config").get("jwt_config");
...
// 在登入驗證邏輯中，將原來寫死的 Token 改為使用 jwt.sign 生成
   var token = jwt.sign({"uid":user.id,"rid":user.rid},jwt_config.
get("secretKey"),{"expiresIn":jwt_config.get("expiresIn")});
// 臨時寫死
    //var token = 'aaa'
    user.token = "Bearer"+ token;
...
```

執行程式並測試，結果如圖 11.4 所示。

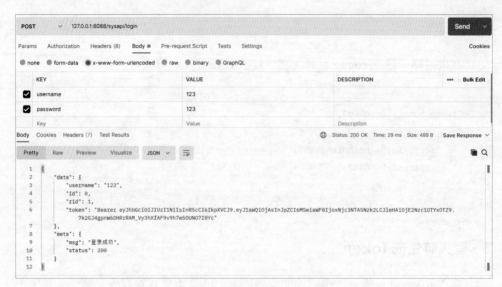

▲ 圖 11.4　測試生成 Token

4．判斷授權時驗證 Token

修改 passport.js 檔案，passport.use 使用 Token 驗證策略時，改為使用 jwt. verify 方法進行驗證 Token 值。

```
...
jwt.verify(token,jwt_config.get("secretKey"),function(err,decode){
        if(err){return done(" 驗證錯誤 ");}
        return done(null,decode);
    });
    // 先寫死，設置為登入介面相同的 Token
    //if(token=='aaa'){
    //return done(null,' 取得使用者資訊 ')
    //}else{
    //return done('token 驗證錯誤 ')
    //}
...
```

　　將上一步中生成的 Token 值複製出來，在工具中測試 /auth 介面，發現 Token
驗證成功，如圖 11.5 所示。

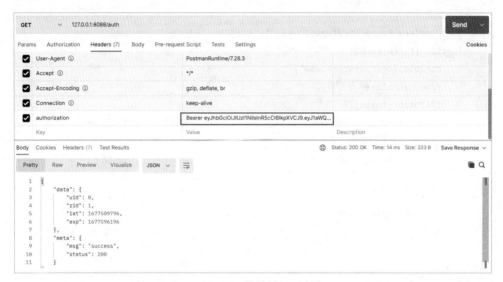

▲ 圖 11.5　測試 Token 驗證

11.2.2　登入驗證

1 · 安裝外掛程式

　　透過以下命令安裝 passport 和 passport-http-bearer 外掛程式：

```
npm i passport passport-http-bearer
```

2 · 建立認證模組

　　在 modules 目錄下建立 passport_token.js 檔案，程式如下。

→ 程式 11.6　分類路由：passport_token.js

```
const passport = require('passport')
const BearerStrategy = require('passport-http-bearer').Strategy;
// 寫死幾個固定的 Token 作為演示
var tokens = {
```

```
        'aaa':{name:'aaa'},
        'bbb':{name:'bbb'},
}
//Token 驗證策略
passport.use(new BearerStrategy(
        function(token,done){
                console.log('passport.use')
                // 這裡查詢 Token 是否有效
                if(tokens[token]){
                        // 如果有效，則將 done 方法的第 2 個參數傳遞使用者物件，然後路由的 req.user 物件
                                即為當前物件
                        done(null,tokens[token]);
                }
                else{
                        done(null,false);
                }
        }
));
//module.exports = passport.authenticate('bearer',{session:false});
module.exports.tokenAuth=function(req,res,next){
        console.log('tokenAuth')
        passport.authenticate('bearer',{session:false},
function(err,tokenData){
                console.log('authenticate')
                console.log(err,tokenData)
                if(err)return res.sendResult(null,400,' 無效 token');
                if(!tokenData)return res.sendResult(null,400,' 無效 token');
                //next();
                return res.sendResult(tokenData,200,'success')
        })(req,res,next);
}
```

3・使用認證保護介面

　　複製 app.js 檔案並命名為 app-local.js 用於測試，在 app-local.js 檔案中增加以下內容：

```
var auth = require('./modules/passport_token')
...
```

```
// 增加 Token 驗證
app.get('/auth',auth.tokenAuth)
```

將建立的認證模組應用到需要保護的介面上,在工具中進行測試,傳入正確的 Token 值,結果如圖 11.6 所示。

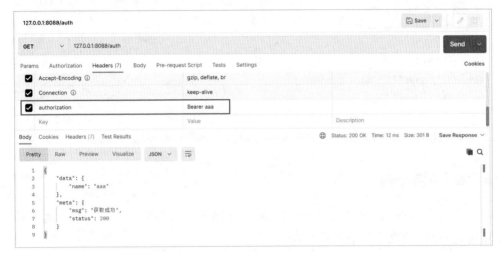

▲ 圖 11.6 測試傳遞 Token

傳入不正確的 Token 值或不傳,結果如圖 11.7 所示。

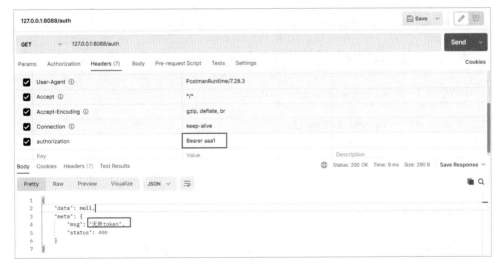

▲ 圖 11.7 測試不傳 Token

這樣就實現了單一介面驗證。

4．指定要驗證的介面

在 app.js 中指定要驗證的介面，程式如下：

```
// 所有介面都要驗證
//App.use(auth.tokenAuth)
...
// 指定介面驗證
app.use('/sysapi/*',auth.tokenAuth)
...
```

透過這種形式可以指定某些介面需要驗證，某些介面不需要驗證。

5．登入策略驗證

上述的 Token 值是寫死的，實際上每位使用者都應該有自己的 Token，因此需要透過帳號和密碼登入來生成 Token 值。

（1）透過以下命令安裝 passport-local 外掛程式：

```
npm i passport-local
```

（2）建立登入認證模組。

在 modules 目錄下建立 passport_local.js 檔案，程式如下。

➔ 程式 11.7　分類路由：passport_local.js

```
const passport = require('passport')
const LocalStrategy = require('passport-local').Strategy
// 寫死固定使用者作為演示
var user = {
    username:'123',
    password:'123'
```

```
};
//local 驗證策略
passport.use('local',new LocalStrategy(
    function(username,password,done){      //done 為 authenticate 的回呼函式
        if(username!== user.username){
            return done(null,false,{message:' 使用者名稱不正確 '});
        }
        if(password!== user.password){
            return done(null,false,{message:' 密碼不正確 '});
        }
        // 驗證成功後，傳入後面的流程
        return done(null,true,user);
    }
));

module.exports.login = function(req,res,next){
    passport.authenticate('local',function(err,suc,obj){
        console.log(err,suc,obj)
        if(suc){
            return res.sendResult(obj,200,' 獲取成功 ')
        }else{
            return res.sendResult(null,500,obj.message)
        }
    })(req,res,next);
}
```

（3）驗證登入介面。

修改 app-local.js 檔案，引入登入驗證模組：

```
...
var login=require('./modules/passport_local')
app.use('/sysapi/login',login.login)
...
```

測試登入介面，結果如圖 11.8 所示。

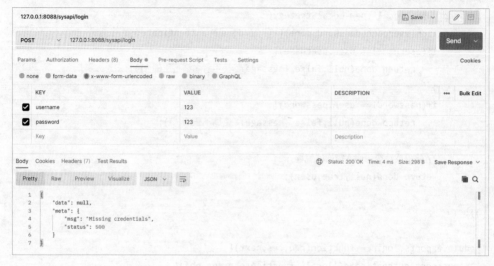

▲ 圖 11.8 登入驗證

彈出顯示出錯資訊，由於登入屬於獲取表單資料，透過 post 請求需要安裝
body-parser 解析資料。

（4）透過以下命令安裝 body-parser 外掛程式：

```
npm i body-parser
```

在 app-local.js 檔案中引入 body-parser 外掛程式並掛載到 App 實例上，程式如
下：

```
...
var bodyParser = require('body-parser')
app.use(bodyParser.json())
app.use(bodyParser.urlencoded({extended:true}))
...
```

再次對登入驗證進行測試，獲取使用者資訊成功，如圖 11.9 所示。

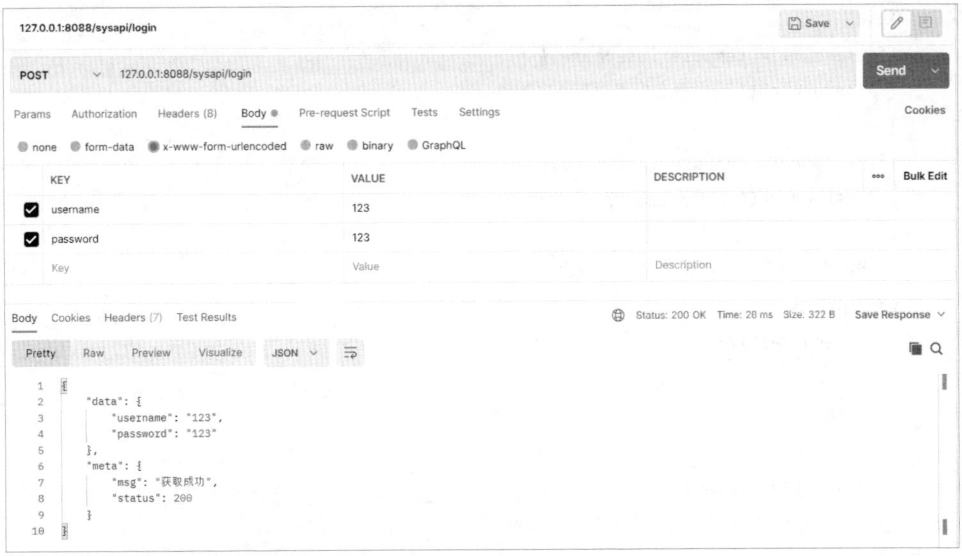

▲ 圖 11.9 測試登入驗證

6 · 專案實現登入驗證

前面幾步分別驗證了帳號登入和 Token 驗證，接下來將 passport 整合到專案中。登入需要查詢資料庫操作，因此需要在登入驗證中把登入的相關方法提取出來，透過回呼函式的形式進行呼叫，方便後續維護。

（1）建立登入方法。

在根目錄下新建 services 目錄，然後在該目錄下新建 ManagerService.js 檔案，程式如下。

➜ 程式 11.8 分類路由：ManagerService.js

```
// 管理員登入
module.exports.login = function(username,password,cb){
    // 暫時寫死作為演示，後續從資料庫中讀取
    var tempuser = {
```

```
        username:'123',
        password:'123',
    };
    if(username!= tempuser.username){
        return cb(' 使用者名稱不存在 ')
    }
    if(password!= tempuser.password){
        return cb(' 密碼不正確 ')
    }
    // 模擬從資料庫查詢中傳回使用者資訊
    var user = {
        username:'123',
        id:0,
        rid:1,
    }
    return cb(null,user)
}
```

（2）possport 設置本地登入策略。

新建 passport.js 檔案，程式如下。

→ 程式 11.9　分類路由：passport.js

```
const passport = require('passport')
const LocalStrategy = require('passport-local').Strategy
// 初始化 passport 中介軟體，將登入函式提取出來放在外層控制
module.exports.setup = function(app,loginFunc,callback){
    //local 驗證策略
    passport.use(new LocalStrategy(
        function(username,password,done){//done 為 authenticate 的回呼函式
            if(!loginFunc)return done(" 登入驗證函式未設置 ");
            loginFunc(username,password,function(err,user){
                if(err)return done(err);
                return done(null,user);
            });
        }
    ));
```

```
    //Token 驗證策略

    // 初始化 passport 模組
    //app.use(passport.initialize());

    if(callback)callback();
}

// 登入驗證邏輯
module.exports.login = function(req,res,next){
    passport.authenticate('local',function(err,user,info){
        console.log(err,user,info)
        if(err)return res.sendResult(null,400,err);
        if(!user)return res.sendResult(null,400," 參數錯誤 ");
        // 臨時寫死
var token='aaa'
        user.token = "Bearer"+ token;
        return res.sendResult(user,200,' 登入成功 ');
    })(req,res,next);
}
```

（3）設置登入入口。

在 app.js 中設置登入入口並設置登入驗證函式，程式如下：

```
...
// 獲取管理員邏輯模組
var managerService = require(path.join(process.cwd(),
'services/ManagerService'))
// 背景登入 passport
sys_passport=require('./modules/passport')
// 設置登入驗證函式
sys_passport.setup(app,managerService.login)
// 背景登入入口
app.use('/sysapi/login',sys_passport.login)
...
```

測試顯示出錯，如圖 11.10 所示。

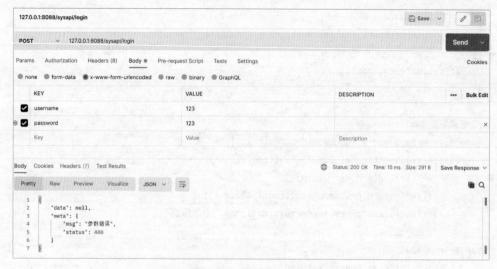

▲ 圖 11.10 測試資料的傳遞

（4）使用 body-parser 外掛程式。

在 App.js 檔案中引入外掛程式，程式如下：

```
...
var bodyParser = require('body-parser')
app.use(bodyParser.json())
app.use(bodyParser.urlencoded({extended:true}))
...
```

再次測試，結果如圖 11.11 所示。

▲ 圖 11.11 測試驗證成功

登入驗證成功，後續只需要在資料庫中進行查詢驗證即可。

11.2.3 介面授權

1 · 介面增加驗證

前面建立的 sysapi/goods 和 sysapi/category 可以直接存取，如圖 11.12 所示。

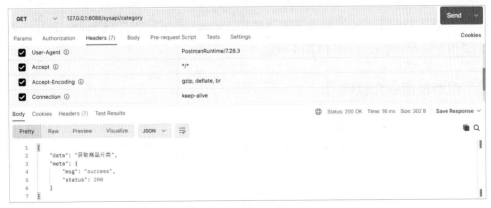

▲ 圖 11.12 直接獲取介面資料

　　為了實現對介面的安全驗證，需要透過剛才建立的 passport 外掛程式對其進行 Token 認證，認證透過後才能存取。在 app.js 檔案中，透過 app.use 建立的授權中介軟體進行驗證。

```
...
// 指定驗證介面
app.use('/sysapi/*',sys_passport.tokenAuth)
...
```

　　再次進行測試，發現提示 Token 無效，這個資訊就是授權中介軟體傳回的，如圖 11.13 所示。

▲ 圖 11.13　測試介面

　　將登入時的 Token 複製過來透過增加 Authorization 請求傳遞 Token 值，再次測試時可以獲取資料，如圖 11.14 所示。

2 · 改造授權中介軟體

　　透過對介面（sysapi/goods 和 sysapi/category）增加授權前後傳回的資料對比可以看到，傳回的資料不正確。傳回的資料被授權中介軟體攔截了，因此需要改造授權中介軟體，以放行資料。

▲ 圖 11.14 測試 Token 驗證

修改 passport.js 檔案中的 Token 驗證函式,將 return 去掉,開啟 next 放行。

```
...
next();
    // 傳回僅是為了測試,其他介面驗證要放行
    //return res.sendResult(tokenData,200,'success')
...
```

此時再次測試,可以看到傳回了正確的結果,如圖 11.15 所示。

▲ 圖 11.15 接收 JSON 資料

放行後，passport 驗證中介軟體僅為進行後續操作之前所做的驗證，如果沒有後續操作則無法呼叫該中介軟體。因此之前的測試方法 /auth 將失效，如圖 11.16 所示。

在 app.js 中將 Token 驗證程式註釋即可。

```
...
//Token 驗證，僅作為測試，後續將作為中介軟體掛載到其他路由上
//app.get('/auth',sys_passport.tokenAuth)
...
```

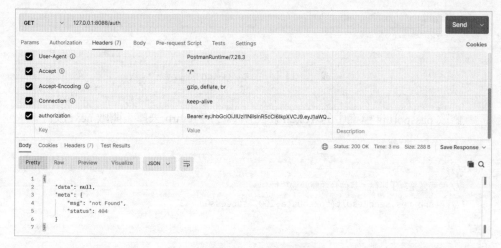

▲ 圖 11.16 測試授權

至此，/sysapi/ 路由下所有方法的存取都需要先登入獲取 Token 資訊，然後在請求標頭中附帶上 Token 資訊才能進行存取。

11.3 登錄介面

前面實現了介面安全驗證的框架，但是登入的使用者名稱是固定的。本節實現從資料庫中查詢驗證當前登入使用者資訊的合法性。

11.3.1 資料庫的初始化

1．配置資料庫連接

在 config/default.json 檔案中增加 db_config 配置節點，用於配置 MySQL 連接資訊，default.json 檔案如下。

➜ 程式 11.10 分類路由：default.js

```
2"db_config":{
        "protocol":"mysql",
        "host":"127.0.0.1",
        "port":3306,
        "database":"fruit_shop",
        "user":"root",
        "password":"root"
    }
```

2．安裝 ORM 外掛程式

使用 ORM 外掛程式可以簡化資料庫操作，其官網網址為 https://www.npmjs.com/package/orm。

透過以下命令安裝 ORM 外掛程式：

```
npm i orm
```

安裝 MySQL，為 ORM 提供驅動，官網網址為 https://www.npmjs.com/package/mysql，安裝命令如下：

```
npm i mysql
```

3．建立資料模型

在根目錄下建立 models，在其下建立管理員模型，建立 ManagerModel.js 檔案，程式如下。

➜ 程式 11.11 分類路由：ManagerModel.js

```
module.exports = function(db,callback){
    // 管理員模型
    db.define("ManagerModel",{
        mg_id:{type:'serial',key:true},
        mg_name:String,
        mg_pwd:String,
        mg_time:Number,
        role_id:Number,
        mg_mobile:String,
        mg_email:String,
        mg_state:Number
    },{
        table:"manager"
    });
    return callback();
}
```

4 · ORM 初始化資料庫連接

為了提高系統的可維護性，前面已將資料模型提取到單獨的檔案中，在使用 ORM 初始化時透過讀取檔案的形式將其載入。非同步讀取檔案可以使用 Bluebird 非同步外掛程式。

Bluebird 外掛程式的下載網址為 https://www.npmjs.com/package/bluebird。

安裝 Bluebird 外掛程式，命令如下：

```
npm i bluebird
```

在 modules 目錄下建立 db.js 檔案，封裝資料庫初始化方法和獲取資料庫連接的方法，db.js 檔案程式如下。

➜ 程式 11.12 分類路由：db.js

```
require("mysql")// 為 ORM 提供驅動
var orm = require("orm")
```

```
var path = require("path")
var fs = require("fs")
var Promise = require("bluebird")


// 初始化資料庫連接
function init(app,callback){
    // 載入資料庫配置
    var config = require('config').get("db_config");
    // 組裝資料庫連接參數
    var db_opts = {
        protocol:config.get("protocol"),
        host:config.get("host"),
        port:config.get("port"),
        database:config.get("database"),
        user:config.get("user"),
        password:config.get("password"),
        query:{pool:true,debug:truc}
    };
    console.log(" 資料庫連接資訊：%s",JSON.stringify(db_opts));
    // 初始化 ORM 模型
    app.use(orm.express(db_opts,{
        define:function(db,models,next){
            // 獲取映射檔案路徑
            var modelsPath = path.join(process.cwd(),"/models");
            // 讀取所有模型檔案
            var loadModelAsynFns = new Array();              // 存放所有的載入模型函式
            fs.readdir(modelsPath,function(err,files){
                for(var i = 0;i < files.length;i++){
                    var modelPath = modelsPath + "/"+ files[i];
                    loadModelAsynFns[i]= db.loadAsync(modelPath);
                }
            });
            Promise.all(loadModelAsynFns)
                .then(function(){
                    //console.log("ORM 模型載入完成 ");
                    callback(null);
                    next();
                })
                .catch(function(err){
```

```
                    console.error('載入模組出錯error:'+ err);
                    callback(error);
                    next();
                })

            global.database = db;
        }
    }));
}

module.exports.init = init;
module.exports.getDatabase = function(){
    return global.database;
}
```

5 · 專案啟動時初始化

在 app.js 檔案中設置專案啟動時進行初始化：

```
...
// 初始化資料庫模組
var database = require('./modules/db')
database.init(app,function(err){
  if(err){
    console.error('連接資料庫失敗 %s',err)
  }
})
...
```

11.3.2 用 ORM 實現查詢

程式實現採用 MVC 模型，將業務邏輯和資料庫操作分層，方便後期維護。接下來演示封裝資料的操作。

1 · 資料庫通用底層操作

在根目錄下建立 dao 目錄，然後在該目錄下建立 DAO.js 檔案，程式如下。

→ 程式 11.13　分類路由：DAO.js

```
var path = require("path");

// 獲取資料庫模型
databaseModule = require(path.join(process.cwd(),"modules/db"));

/**
 * 獲取一筆資料
 *@param{[type]}modelName 模型名稱
 *@param{[ 陣列 ]}conditions 條件集合
 *@param{Function}cb        回呼函式
 */
module.exports.findOne = function(modelName,conditions,cb){
    var db = databaseModule.getDatabase();
    var Model = db.models[modelName];
    if(!Model)return cb(" 模型不存在 ",null);
    if(!conditions)return cb(" 條件為空 ",null);
    Model.one(conditions,function(err,obj){
console.log(err)
        if(err){
            return cb(" 查詢失敗 ",null);
        }
        return cb(null,obj);
    })
}
```

2 · 資料存取層封裝

在 dao 目錄下建立 ManagerDAO.js 檔案，封裝查詢方法，呼叫上一步封裝的方法，ManagerDAO.js 檔案程式如下。

→ 程式 11.14　分類路由：ManagerDAO.js

```
var path = require("path");
var daoModule = require("./DAO");

/**
 * 透過查詢準則獲取管理員物件
```

```
 *
 *@param{[type]}conditions 條件
 *@param{Function}cb        回呼函式
 */
module.exports.findOne = function(conditions,cb){
    daoModule.findOne("ManagerModel",conditions,cb);
}
```

3.修改 Service 層

修改 ManagerService.js 檔案以前寫死的資料，改為呼叫資料庫實現。

```
var path = require("path");
var managersDAO = require(path.join(process.cwd(),"dao/ManagerDAO"));

// 管理員登入
module.exports.login = function(username,password,cb){
    // 將以前寫死的邏輯作為註釋，換成以下程式
    console.log(" 使用者名稱：%s, 密碼：%s",username,password);
    managersDAO.findOne({"mg_name":username},function(err,manager){
        if(err || !manager)return cb(" 使用者名稱不存在 ");
        if(manager.role_id < 0){
            return cb(" 該使用者沒有許可權登入 ");
        }
        if(manager.role_id!= 0&&manager.mg_state!= 1){
            return cb(" 該使用者已經被禁用 ");
        }
        if(password === manager.mg_pwd){
            cb(
                null,
                {
                    "id":manager.mg_id,
                    "rid":manager.role_id,
                    "username":manager.mg_name,
                    "mobile":manager.mg_mobile,
                    "email":manager.mg_email,
```

```
            }
        );
    }else{
        return cb(" 密碼錯誤 ");
    }
    })


}
```

測試登入介面，如圖 11.17 所示。

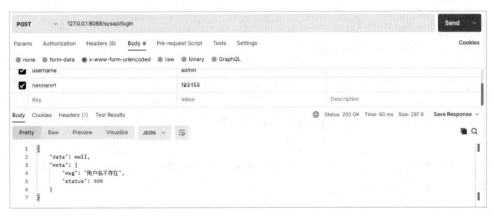

▲ 圖 11.17 登入測試

因為 manager 資料表中無資料，所以手動增加資料進行測試。透過 Navicat 視覺化工具在資料表中增加資料，如圖 11.18 所示。

对象	⊞ manager @fruit_shop (本机-宿主机) - ...							
开始事务	文本 ▾ 筛选 排序	导入 导出						
mg_id	mg_name	mg_pwd	mg_time	role_id	mg_mobile	mg_email	mg_state
▶ 1	admin	123456	1677934269	0	13518148888	2013976072@qq.com	1

▲ 圖 11.18 增加資料

增加資料後再次進行測試，結果如圖 11.19 所示。

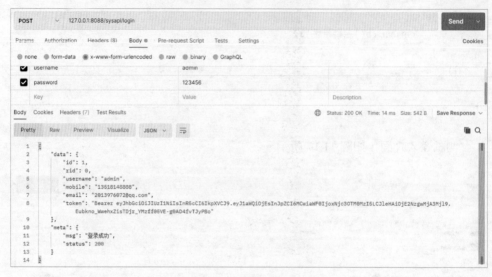

▲ 圖 11.19 資料庫登入測試

可以看到登入成功。再次使用資料庫中不存在的使用者名稱或錯誤的密碼進行登入，會提示錯誤資訊，如圖 11.20 所示。

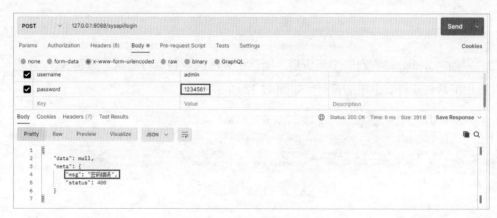

▲ 圖 11.20 登入測試

11.3.3 密碼加密

前面的資料庫是直接明文寫入資料庫，需要進行加密儲存。加密方法很多，這裡採用 node-php-password 外掛程式來生成加密和驗證密碼。

1·安裝外掛程式

node-php-password 外掛程式的官網網址為 https://www.npmjs.com/package/node-php-password，透過以下命令進行安裝。

```
npm i node-php-password
```

2·生成密碼

在 ManagerService.js 的 login 方法中生成密碼並將其存入資料庫，程式如下：

```
...
var Password=require("node-php-password")
...
  var hashPwd=Password.hash(password);
    console.log(hashPwd);
    //$2y$10$I3ploVkaC4t51cC8x8nvh.QqVaNN2gITpnBSVJzgQkpQL6fpRBr4C
//123456
```

直接將加密存入資料庫密碼欄位，如圖 11.21 所示。

▲ 圖 11.21 資料庫密碼欄位

3 · 密碼驗證

在 ManagerService.js 的 login 方法中，透過外掛程式提供的 verify 來驗證密碼，程式如下：

```
Password.verify(password,manager.mg_pwd)
```

再次使用正確的密碼進行登入，如圖 11.22 所示。

▲ 圖 11.22 密碼加密登入測試

11.3.4 日誌封裝

目前，專案裡的錯誤資訊是直接在主控台列印，但有時候我們希望系統發生錯誤時可以溯源，因此可以將日誌記錄到檔案中。可以借助 log4js 外掛程式，該外掛程式的官網網址為 https://www.npmjs.com/package/log4js。

1‧安裝 log4js

透過以下命令安裝 log4js：

```
npm i log4js
```

2‧配置和封裝 logger

在 modules 目錄下新建 logger.js 檔案，程式如下。

➔ 程式 11.15 分類路由：logger.js

```
var log4js = require("log4js")

log4js.configure({
    appenders:{cheese:{type:'file',filename:cheese.log'}},
    categories:{default:{appenders:['cheese'],level:'error'}}
});

exports.logger = function(level){
    var logger = log4js.getLogger("cheese");
    logger.level = 'debug';
    return logger;
};
```

配置之後，就會在根目錄下生成 cheese.log 檔案。

3‧使用日誌元件

在前面的登入例子中，如果資料庫操作失敗，那麼需要記錄下來。在 DAO.js 檔案的 Model 物件的 One 方法中記錄異常日誌，程式如下：

```
...
var logger = require('../modules/logger').logger();
...
Model.one(conditions,function(err,obj){
        console.log(err)
        if(err){
            logger.debug(err);
```

```
            return cb(" 查詢失敗 ",null);
        }
        return cb(null,obj);
    })
...
```

除了資料庫失敗等異常資訊記錄，重要的操作也需要記錄下來，以便進行問題排除。在 ManagerService.js 的 login 方法中記錄使用者的登入操作，程式如下：

```
...
logger.debug('login => username:%s,password:%s',username,password);
...
```

透過以上設置後，使用者的每次登入操作都會記錄到 cheese.log 記錄檔中。

11.4　介面許可權驗證

除了登入介面外，其他介面應該根據許可權判斷來實現呼叫，如果沒有許可權則無法呼叫介面。但是許可權的判斷不應該寫在具體的業務邏輯方法中，這樣不方便維護。因此需要對介面方法進行攔截，動態注入驗證方法。

11.4.1　攔截模組的方法

1．介面許可權實現想法

系統應該透過許可權來控制不同使用者的操作，具體可分為選單許可權和介面許可權。介面許可權根據使用者角色進行設置，使用者連結的角色具有相應的許可權才可以呼叫介面。

前面在路由層是透過 require 方法直接引入模組來呼叫 Service 層的功能，舉例來說，在 routes/sysapi/category.js 檔案中呼叫增加分類介面，程式如下：

```
...
var categoryService = require(path.join(process.cwd(),
```

```
"services/CategoryService"))
...
// 建立分類方法
categoryService.addCategory({
        "cat_pid":req.body.cat_pid,
        "cat_name":req.body.cat_name,
        "cat_level":req.body.cat_level
    },function(err,result){
        if(err)return res.sendResult(null,400,err);
        res.sendResult(result,201," 建立成功 ");
    });
...
```

透過 require 方法匯入模組，categoryService 就可以直接呼叫該模組中暴露的
方法。為了實現許可權控制，需要在每個方法被呼叫時判斷當前使用者是否有該
介面的呼叫許可權，因此需要在模組的方法中加入許可權判斷。

為了實現許可權判斷，可以在每個 Service 方法中進行判斷，但這樣冗餘碼較
多。因此需要將認證的方法抽取出來，動態進行許可權驗證而非編碼到方法中。

2 · 攔截模組的方法實現

在 modules 目錄下新建 authorization.js 檔案，透過參數形式傳遞模組名稱動態
載入模組的方法，並根據使用者角色來判斷是否可以呼叫該方法。authorization.js
檔案如下。

➔ 程式 11.16 分類路由：authorization.js

```
var path = require("path");
// 全域服務模組
global.service_caches = {};
// 儲存全域驗證函式
global.service_auth_fn = null;

// 設置全域驗證函式
module.exports.setAuthFn = function(authFn){
    global.service_auth_fn = authFn;
}
```

```
// 獲取服務物件
module.exports.getService = function(serviceName){
    if(global.service_caches[serviceName]){
        return global.service_caches[serviceName];
    }
    var servicePath = path.join(process.cwd(),"services",serviceName);
    var serviceModule = require(servicePath);
    if(!serviceModule){
        console.log(" 模組沒有被發現 ");
        return null;
    }
    global.service_caches[serviceName]= {};

    console.log("***************************************");
    console.log(" 攔截服務 => %s",serviceName);
    console.log("***************************************");
    for(actionName in serviceModule){

        if(serviceModule&&serviceModule[actionName]&&typeof
(serviceModule[actionName])== "function"){
            var origFunc = serviceModule[actionName];
            //todo：根據角色許可權攔截方法
            global.service_caches[serviceName][actionName]= origFunc;
            console.log("action => %s",actionName);
        }
    }
    //console.log(global.service_caches);
    console.log("***************************************\n");
    return global.service_caches[serviceName];
}
```

3．攔截後的模組方法的使用

路由層改造，修改 routes/sysapi/category.js 檔案，程式如下：

```
...
//var categoryService = require(path.join(process.cwd(),
"services/CategoryService"))
```

```
// 獲取驗證模組
var authorization = require(path.join(process.cwd(),
"/modules/authorization"));
// 透過驗證模組獲取分類管理
var categoryService = authorization.getService("CategoryService");
...
```

測試結果如圖 11.23 所示。

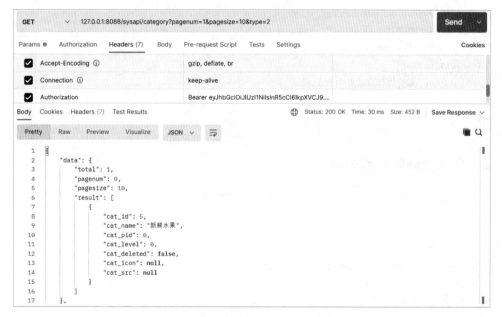

▲ 圖 11.23 方法攔截測試

11.4.2 許可權驗證通過的處理

在前面攔截模組方法的基礎上，還應該設置具體的許可權驗證函式，根據許可權驗證結果來實現模組方法許可權的驗證。如果許可權驗證通過就呼叫介面，否則提示無許可權。

1．準備驗證函式

在 services 目錄下新建 RoleService.js 檔案，在其中增加許可權驗證方法，程式如下。

➜ 程式 11.17　分類路由：RoleService.js

```
// 許可權驗證函式
module.exports.authRight = function(rid,cb){
    //todo：先寫死，後續查詢根據資料庫角色許可權進行判斷
    if(rid === 0){
        cb(null,true);
    }else{
        cb(" 無介面存取權限 ",false)
    }
}
```

2．程式啟動時設置驗證方法

在 app.js 中增加全域註冊驗證方法，程式如下：

```
...
// 獲取驗證模組
var authorization = require(path.join(process.cwd(),
'/modules/authorization'))
// 獲取角色服務模組
var roleService = require(path.join(process.cwd(),
'services/RoleService'))
// 設置全域許可權
authorization.setAuthFn(function(passFn){
    // 驗證許可權
    var roleid = 0;                              //todo：外界傳入
    roleService.authRight(roleid,function(err,pass){
        passFn(pass)
    })
})
...
// 註冊路由
```

3．在模組方法中增加許可權攔截

在 authorization.js 中使用權限攔截方法，新增以下函式用於根據實際情況實現模組方法呼叫，採用閉包傳回一個新的函式。

```
...
/**
 * 建構回呼物件格式
 *
 *@param{[type]}serviceName 服務名稱
 *@param{[type]}serviceModule 服務模組
 *@param{[type]}origFunc      原始方法
 */
function Invocation(serviceName,serviceModule,origFunc){
    return function(){
        var origArguments = arguments;
        if(global.service_auth_fn){
            global.service_auth_fn(function(pass){
                if(pass){
                    origFunc.apply(serviceModule,origArguments);
                }else{
                    //todo：使用 res 物件傳回資料
                    console.log(' 無許可權 ')
                }
            });
        }else{
            console.log(' 未設置許可權驗證函式 ')
        }
    }
}
...
```

將模組方法替換為有許可權攔截的方法，程式如下：

```
...
getService 方法
//todo：根據角色許可權攔截方法
//global.service_caches[serviceName][actionName]= origFunc;
global.service_caches[serviceName][actionName]= Invocation(serviceName,
```

```
serviceModule,origFunc);
...
```

然後進行測試，當 app.js 中的許可權驗證方法 roleid=0 時，可以獲取介面資料，如圖 11.24 所示。

當傳入 1 時，主控台會提示無許可權，前端頁面得不到結果，如圖 11.25 和圖 11.26 所示。

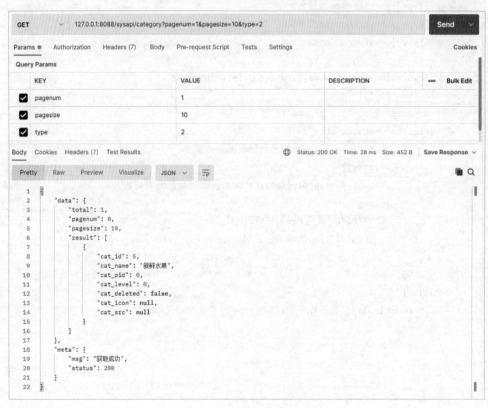

▲ 圖 11.24 許可權攔截測試

```
45    authorization.setAuthFn(function (passFn) {
46        // 验证权限
47        var roleid = 1;  //todo:外界传入
48        roleService.authRight(roleid, function (err, pass) {
49            passFn(pass)
50        })
51    })
```

▲ 圖 11.25 模擬無許可權測試

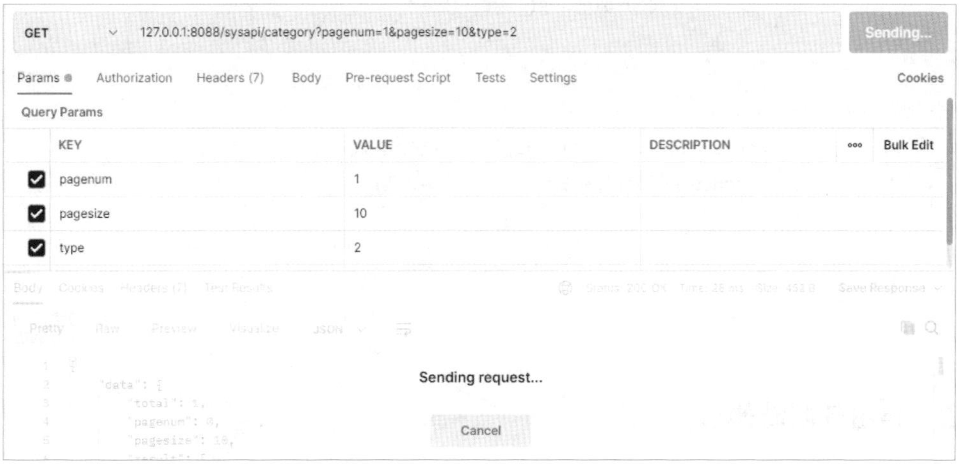

▲ 圖 11.26 無許可權傳回結果

至此，說明許可權攔截成功。

11.4.3 許可權驗證失敗的處理

上述許可權驗證成功後，會呼叫 category.js 路由層的回呼方法，透過 res 物件回應資料給呼叫者。如果驗證失敗，也需要傳回資料給呼叫者，因此需要從外層將 res 物件傳入。為了實現這個效果，在攔截模組的方法 Invocation 中再增加一層閉包即可。

1・模組方法攔截改進

修改 authorization.js 檔案，程式如下：

```
function Invocation(serviceName,serviceModule,origFunc){
    return function(){
        var origArguments = arguments;
        return function(res){
            if(global.service_auth_fn){
                global.service_auth_fn(function(pass){
                    if(pass){
                        origFunc.apply(serviceModule,origArguments);
                    }else{
                        res.sendResult(null,401,"許可權驗證失敗 ");
                        //console.log(' 無許可權 ')
                    }
                });
            }else{
                res.sendResult(null,401,"許可權驗證失敗 ");
                //console.log(' 未設置許可權驗證函式 ')
            }
        }
    }
}
```

2・路由呼叫時傳參

當在 Service 層呼叫路由層 category.js 的方法時，需要在外層傳入 res 物件，
程式如下：

```
...
categoryService.getAllCategories(req.query.type,conditions,function
(err,result){
        if(err)return res.sendResult(null,400,"獲取分類列表失敗 ");
        res.sendResult(result,200,"獲取成功 ");
})(res);
...
```

進行測試，此時有無許可權均可傳回資料，如圖 11.27 所示。

3．修改路由層方法傳參

修改 category.js 中的 post、get、put 和 delete 方法，按上述方法傳入 req 參數即可，不再贅述。

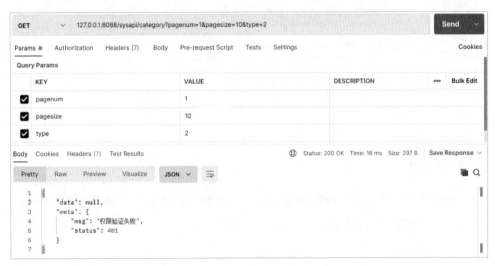

▲ 圖 11.27 參數傳遞測試

11.4.4 許可權驗證的實現

下面修改 RoleService.js 中的 authRight 方法，實現根據角色許可權進行驗證。

1．增加許可權資料表的內容

手動增加資料，如圖 11.28 所示。

ps_id	ps_name	ps_pid	ps_c	ps_a	ps_level
100	產品管理	0			0
101	分類管理	100			1
102	分類參數	100			1
103	產品列表	100			1
104	添加分類	101			2
105	獲取所有分類	101			2
106	修改分類	101			2
107	獲取指定分類	101			2
108	刪除分類	101			2

▲ 圖 11.28 為許可權資料表增加內容

2 · 增加許可權介面資料表的內容

手動增加許可權介面資料表內容，如圖 11.29 所示。

▲ 圖 11.29 為許可權介面資料表增加內容

3 · 增加角色

增加營運人員角色，分配商品分類管理的增加和獲取許可權，暫時不分配修改和刪除許可權，以便後續測試，如圖 11.30 所示。

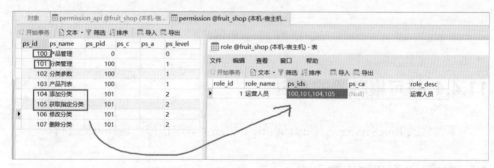

▲ 圖 11.30 在資料庫中進行角色許可權分配

4 · 增加使用者

增加營運角色的帳戶 operator，如圖 11.31 所示。

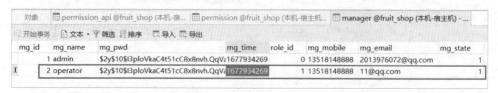

▲ 圖 11.31 增加 operator 帳號

5·建立模型類別

建立角色模型，在 models 下建立 RoleModel.js 檔案，程式如下。

➔ 程式 11.18 分類路由：RoleModel.js

```
module.exports = function(db,callback){
    // 角色模型
    db.define("RoleModel",{
        role_id:{type:'serial',key:true},
        role_name:String,
        ps_ids:String,
        ps_ca:String,
        role_desc:String
    },{
        table:"role"
    });
    return callback();
}
```

建立介面許可權模型，在 models 下建立 PermissionAPIModel.js 檔案，程式如下。

➔ 程式 11.19 分類路由：PermissionAPIModel.js

```
module.exports = function(db,callback){
    // 介面許可權模型
    db.define("PermissionAPIModel",{
        id:{type:'serial',key:true},
        ps_id:Number,
        ps_api_service:String,
        ps_api_action:String,
        ps_api_order:Number
    },{
        table:"permission_api"
    });
    return callback();
}
```

6 · 資料存取層

在 dao 目錄下建立 PermissionAPIDAO.js 檔案，程式如下。

➜ 程式 11.20 分類路由：PermissionAPIDAO.js

```
var path = require("path");
daoModule = require("./DAO");

/**
 * 許可權驗證
 *
 *@param{[type]}rid              角色 ID
 *@param{[type]}serviceName      服務名稱
 *@param{[type]}actionName       動作名稱
 *@param{Function}cb             回呼函式
 */
module.exports.authRight = function(rid,serviceName,actionName,cb){

    // 超級管理員
    if(rid == 0)return cb(null,true);

    // 許可權驗證
    daoModule.findOne("PermissionAPIModel",{"ps_api_service":
serviceName,"ps_api_action":actionName},function(err,permissionAPI){
        console.log("rid => %s,serviceName => %s,actionName => %s",rid,
serviceName,actionName);
        if(err || !permissionAPI)return cb(" 無許可權存取 ",false);
        daoModule.findOne("RoleModel",{"role_id":rid},function(err,
role){
            console.log(role);
            if(err || !role)return cb(" 獲取角色資訊失敗 ",false);
            ps_ids = role.ps_ids.split(",");
            for(idx in ps_ids){
                ps_id = ps_ids[idx];
                if(parseInt(permissionAPI.ps_id)== parseInt(ps_id)){
                    return cb(null,true);
                }
            }
            return cb(" 無許可權存取 ",false);
```

```
      });
    });
}
```

7·服務層

修改 Role Service.js 中之前寫死的許可權驗證函式，程式如下：

```
var path = require("path");
var permissionAPIDAO = require(path.join(process.cwd(),
"dao/PermissionAPIDAO"));
...
/**
 * 許可權驗證函式
 *
 *@param{[type]}rid            角色 ID
 *@param{[type]}serviceName    服務名稱
 *@param{[type]}actionName     動作名稱（方法）
 *@param{Function}cb           回呼函式
 */
module.exports.authRight = function(rid,serviceName,actionName,cb){
    permissionAPIDAO.authRight(rid,serviceName,actionName,
function(err,pass){
        cb(err,pass);
    });
}
```

8·呼叫服務層

在 app.js 中修改全域驗證函式，傳入相應參數，程式如下：

```
...
authorization.setAuthFn(function(req,res,serviceName,actionName,
passFn){
    if(!req.userInfo || isNaN(parseInt(req.userInfo.rid)))return
res.sendResult(' 無角色 ID 分配 ')
    // 驗證許可權
    roleService.authRight(req.userInfo.rid,serviceName,actionName,
function(err,pass){
```

```
        passFn(pass)
    })
})
...
```

由於要用到 req 物件的 userInfo 屬性和 res 物件的 sendResult 方法，所以需要傳入 req 和 res 參數。同時，許可權資料表需要用到服務名稱 serviceName 和方法名稱 actionName，因此分別傳入參數。

前面在 authorization.js 檔案中定義方法時增加了參數，需要在呼叫方法時傳入實際參數，因此在 Invocation 方法的閉包中除了原先傳入的 res 外，還需要增加傳入 req 物件。

```
return function(req,res){
```

同時，由於許可權方法還需要方法名稱，所以在 Invocation 主方法中增加 actionName 參數，如圖 11.32 所示。

```
// function Invocation(serviceName, serviceModule, origFunc) {
function Invocation(serviceName, actionName, serviceModule, origFunc) {
    return function () {
        var origArguments = arguments;
        // return function (res) {
        return function (req, res) {
            if (global.service_auth_fn) {
                global.service_auth_fn(req, res, serviceName, actionName, function (pass) {
                    if (pass) {
                        origFunc.apply(serviceModule, origArguments);
                    } else {
                        res.sendResult(null, 401, "权限验证失败");
                        // console.log('无权限')
                    }
                });
            } else {
                res.sendResult(null, 401, "权限验证失败");
                // console.log('未设置权限验证函数')
            }
        }
    }
}
```

▲ 圖 11.32　在方法中增加參數

因為在 Invocation 方法中增加了參數 actionName，所以在呼叫時需要增加傳入參數，如圖 11.33 所示。

```javascript
// 获取服务对象
module.exports.getService = function (serviceName) {
    if (global.service_caches[serviceName]) {…
    }
    var servicePath = path.join(process.cwd(), "services", serviceName);
    var serviceModule = require(servicePath);
    if (!serviceModule) {…
    }
    global.service_caches[serviceName] = {};

    console.log("*****************************************");
    console.log("拦截服务 => %s", serviceName);
    console.log("*****************************************");
    for (actionName in serviceModule) {

        if (serviceModule && serviceModule[actionName] && typeof (serviceModule[actionName]) == "function") {
            var origFunc = serviceModule[actionName];
            // global.service_caches[serviceName][actionName] = origFunc; //todo: 根据角色权限拦截方法
            // global.service_caches[serviceName][actionName] = Invocation(serviceName, serviceModule, origFunc);
            global.service_caches[serviceName][actionName] = Invocation(serviceName, actionName, serviceModule, origFunc);
            console.log("action => %s", actionName);
        }
    }
    // console.log(global.service_caches);
    console.log("****************************************\n");
    return global.service_caches[serviceName];
}
```

▲ 圖 11.33　在方法中呼叫增加的參數

這樣就完成了攔截方法的最佳化，由於在攔截方法 Invocation 閉包中新增了傳遞 req 參數，所以在路由層呼叫時，需要傳遞參數。

修改 category.js 檔案，所有路由方法都增加傳遞 req 參數，如圖 11.34 所示。

```javascript
// 获取分类列表
router.get("/",
    function (req, res, next) {…
    },
    function (req, res, next) {
        var conditions = null;
        if (req.query.pagenum && req.query.pagesize) {…
        }

        categoryService.getAllCategories(req.query.type, conditions, function (err, result) {
            if (err) return res.sendResult(null, 400, "获取分类列表失败");
            res.sendResult(result, 200, "获取成功");
        // })(res);
        })(req,res);
    }
);
```

▲ 圖 11.34　路由層的方法呼叫

9．改進 Token 驗證

在每次呼叫介面的 Token 驗證中，將使用者資訊掛載到 req 物件上以便後續業務使用。

修改 passport.js，在呼叫 tokenAuth 方法的 next 方法前完成掛載。

```
...
req.userInfo = {};
req.userInfo.uid = tokenData["uid"];
req.userInfo.rid = tokenData["rid"];
...
```

這樣相當於每次呼叫一個方法，會先進行使用者登入驗證，再進行許可權驗證。

10．測試

使用 admin 帳號，可以正常使用，完成分類的增、刪、改、查操作。

使用 operator 帳號，修改和刪除操作無法使用，因為未分配許可權，如圖 11.35 和圖 11.36 所示。

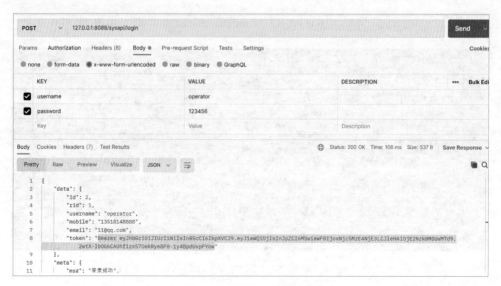

▲ 圖 11.35 有許可權帳號測試

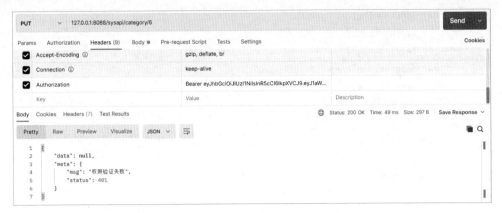

```
1
2      "data": null,
3      "meta": {
4          "msg": "权限验证失败",
5          "status": 401
6      }
7  }
```

▲ 圖 11.36 無許可權帳號測試

至此，許可權驗證增加成功。

後續就是完成業務功能，每完成一個業務功能就在資料庫許可權資料表中增加一筆記錄，然後根據不同的使用者角色分配相應的許可權即可。

11.5 商品分類管理 API

在對商品進行管理之前需要先對商品分類進行管理，本節將演示商品分類的增加、修改、刪除和查詢操作。

11.5.1 增加商品分類

1．模型

在 models 目錄下新建 CategoryModel.js 檔案，程式如下。

➡ 程式 11.21 分類路由：CategoryModel.js

```javascript
module.exports = function(db,callback){
    // 分類模型
    db.define("CategoryModel",{
        cat_id:{type:'serial',key:true},
```

```
        cat_name:String,
        cat_pid:Number,
        cat_level:Number,
        cat_deleted:Boolean,
        cat_icon:String,
        cat_src:String
    },{
        table:"category"
    });
    return callback();
}
```

2 . 資料存取層

在 DAO.js 檔案中增加建立物件的方法，程式如下：

```
/**
 * 建立物件資料
 *
 *@param{[type]}modelName        模型名稱
 *@param{[type]}obj              模型物件
 *@param{Function}cb             回呼函式
 */
module.exports.create = function(modelName,obj,cb){
    var db = databaseModule.getDatabase();
    var Model = db.models[modelName];
    Model.create(obj,cb);
}
```

3 . 業務邏輯層

在 services 目錄下新建 CategoryService.js 檔案，程式如下。

➜ 程式 11.22　分類路由：CategoryService.js

```
var path = require("path");
var dao = require(path.join(process.cwd(),"dao/DAO"));
```

```
/**
 * 增加分類
 *
 *@param{[type]}cat 分類資料
 **{
 *cat_pid   => 父類別 ID( 如果是根類別就賦值為 0),
 *cat_name => 分類名稱 ,
 *cat_level => 層級 ( 頂層為 0)
 *}
 *
 *@param{Fucntion}cb 回呼函式
 */
module.exports.addCategory = function(cat,cb){
    dao.create("CategoryModel",{"cat_pid":cat.cat_pid,"cat_name":
cat.cat_name,"cat_level":cat.cat_level},function(err,newCat){
        if(err)return cb(" 建立分類失敗 ");
        cb(null,newCat);
    });
}
```

4 · 路由層

在 routes/sysapi/category.js 檔案中增加建立分類的方法，程式如下：

```
...
// 建立分類
router.post("/",
    // 驗證參數
    function(req,res,next){
        if(!req.body.cat_name){
            return res.sendResult(null,400," 必須提供分類名稱 ");
        }
        next();
    },
    // 業務邏輯
    function(req,res){
        categoryService.addCategory({
            "cat_pid":req.body.cat_pid,
```

```
        "cat_name":req.body.cat_name,
        "cat_level":req.body.cat_level
    },function(err,result){
        if(err)return res.sendResult(null,400,err);
        res.sendResult(result,201," 建立成功 ");
    });
    }
)
...
```

在 postman 工具中進行測試，先增加 Token 值，再傳入參數，如圖 11.37 所示。

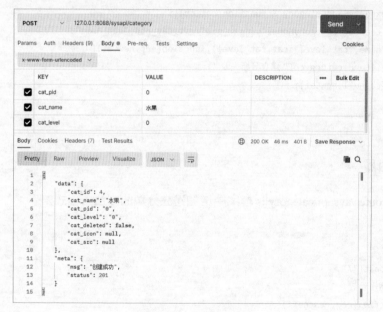

▲ 圖 11.37 獲取分類

11.5.2 獲取分類列表

1．資料存取層

在 DAO.js 中建立查詢方法，程式如下：

```
/**
 * 獲取所有資料
 *
 *@param{[type]}conditions 查詢準則
 * 查詢準則統一標準
 *conditions
    {
        "columns":{
            欄位條件
            " 欄位名稱 ":" 條件值 "
        },
        "offset":" 偏移 ",
        "omit":[" 欄位 "],
        "only":[" 需要欄位 "],
        "limit":"",
        "order":[
            " 欄位 ",A | Z,
            ...
        ]
    }
 *@param{Function}cb 回呼函式
 */
module.exports.list = function(modelName,conditions,cb){
    var db = databaseModule.getDatabase();
    var model = db.models[modelName];
    if(!model)return cb(" 模型不存在 ",null);
    if(conditions){
        if(conditions["columns"]){
            model = model.find(conditions["columns"]);
        }else{
            model = model.find();
        }
        if(conditions["offset"]){
```

```
            model = model.offset(parseInt(conditions["offset"]));
        }

        if(conditions["limit"]){
            model = model.limit(parseInt(conditions["limit"]));
        }
        if(conditions["only"]){
            model = model.only(conditions["only"]);
        }
        if(conditions["omit"]){
            model = model.omit(conditions["omit"]);
        }
        if(conditions["order"]){
            model = model.order(conditions["order"]);
        }
    }else{
        model = model.find();
    }

    model.run(function(err,models){
        if(err){
            console.log(err);
            return cb(" 查詢失敗 ",null);
        }
        cb(null,models);
    });
}
```

2 · 邏輯層

資料庫傳回的陣列需要根據業務操作，Lodash 外掛程式提供了很多便捷方法可以簡化操作。Lodash 外掛程式的官網網址為 https://lodash.com/。

安裝 Lodash，命令如下：

```
npm i lodash
```

在 CategoryService.js 檔案中增加查詢分類方法，程式如下：

```
...
var_= require('lodash');
...
/**
 * 獲取所有分類
 *
 *@param{[type]}type    描述顯示層級
 *@param{Function}cb    回呼函式
 */
module.exports.getAllCategories = function(type,conditions,cb){
    dao.list("CategoryModel",{"cat_deleted":false},function(err,
categories){
        var keyCategories = _.keyBy(categories,'cat_id');
        if(!type)type = 3;
        result = getTreeResult(keyCategories,categories,type);

        if(conditions){
            count = result.length;
            pagesize = parseInt(conditions.pagesize);
            pagenum = parseInt(conditions.pagenum)-1;
            result = _.take(_.drop(result,pagenum*pagesize),pagesize)
            var resultDta = {};
            resultDta["total"]= count;
            resultDta["pagenum"]= pagenum;
            resultDta["pagesize"]= pagesize;
            resultDta["result"]= result;
            return cb(null,resultDta);
        }
        cb(null,result);
    });
}
/**
 * 獲取樹狀結果
 *@param{[type]}keyCategories[description]
 *@return{[type]}[description]
 */
```

```
function getTreeResult(keyCategories,categories,type){
    var result = [];
    for(idx in categories){
        var cat = categories[idx];
        // 判斷是否被刪除
        if(isDelete(keyCategories,cat))continue;
        if(cat.cat_pid == 0){
            result.push(cat);
        }else{
            if(cat.cat_level >= type)continue;
            var parantCat = keyCategories[cat.cat_pid];
            if(!parantCat)continue;
            if(!parantCat.children){
                parantCat["children"]= [];
            }
            parantCat.children.push(cat);
        }
    }

    return result;
}
/**
 * 判斷是否刪除
 *
 *@param{[type]}keyCategories 所有資料
 *@param{[type]}cat[description]
 *@return{Boolean}[description]
 */
function isDelete(keyCategories,cat){
    if(cat.cat_pid == 0){
        return cat.cat_deleted;
    }else if(cat.cat_deleted){
        return true;
    }else{
        parentCat = keyCategories[cat.cat_pid];
        if(!parentCat)return true;
        return isDelete(keyCategories,parentCat);
    }
```

```
}
...
```

3 · 路由層

在 routes/sysapi/category.js 檔案中增加分類列表，程式如下：

```
...
// 獲取分類列表
router.get("/",
    function(req,res,next){
        // 參數驗證
        //if(!req.query.pagenum || req.query.pagenum <= 0)return
res.sendResult(null,400,"pagenum 參數錯誤 ");
        //if(!req.query.pagesize || req.query.pagesize <= 0)return
res.sendResult(null,400,"pagesize 參數錯誤 ");
        next();
    },
    function(req,res,next){
        var conditions = null;
        if(req.query.pagenum&&req.query.pagesize){
            conditions = {
                "pagenum":req.query.pagenum,
                "pagesize":req.query.pagesize
            };
        }

        categoryService.getAllCategories(req.query.type,conditions,
function(err,result){
            if(err)return res.sendResult(null,400," 獲取分類列表失敗 ");
            res.sendResult(result,200," 獲取成功 ");
        });
    }
);
...
```

使用 postman 工具進行測試，結果如圖 11.38 所示。

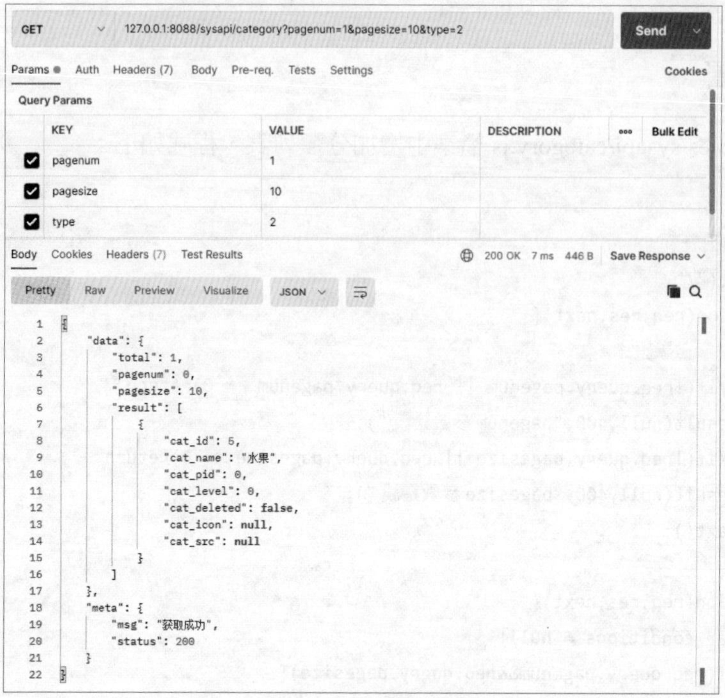

▲ 圖 11.38　獲取分類

11.5.3　獲取指定的分類

1 · 資料存取層

DAO.js 檔案的程式如下：

```
...
/**
 * 透過主鍵 ID 獲取物件
 *@param{[type]}modelName        模型名稱
 *@param{[type]}id               主鍵 ID
 *@param{Function}cb             回呼函式
 */
module.exports.show = function(modelName,id,cb){
```

```
    var db = databaseModule.getDatabase();
    var Model = db.models[modelName];
    Model.get(id,function(err,obj){
        cb(err,obj);
    });
}
...
```

2 · 業務邏輯層

CategoryService.js 檔案的程式如下：

```
...
/**
 * 獲取指定 ID 的分類物件
 *
 *@param{[type]}id       分類 ID
 *@param{Function}cb     回呼函式
 */
module.exports.getCategoryById = function(id,cb){
    dao.show("CategoryModel",id,function(err,category){
        if(err)return cb(" 獲取分類物件失敗 ");
        cb(null,category);
    })
}
...
```

3 · 路由層

category.js 檔案的程式如下：

```
...
// 獲取指定 ID 的分類
router.get("/:id",
    // 參數驗證
    function(req,res,next){
        if(!req.params.id){
            return res.sendResult(null,400," 分類 ID 不能為空 ");
```

```
        }
        if(isNaN(parseInt(req.params.id)))return res.sendResult(null,400,
" 分類 ID 必須是數字 ");
        next();
    },
    // 正常業務邏輯
    function(req,res,next){
        categoryService.getCategoryById(req.params.id,function
(err,result){
            if(err)return res.sendResult(null,400,err);
            res.sendResult(result,200," 獲取成功 ");
        });
    }
);
...
```

11.5.4　修改指定的分類

1 · 資料存取層

　　DAO.js 檔案的程式如下：

```
...
/**
 * 更新物件資料
 *
 *@param{[type]}modelName        模型名稱
 *@param{[type]}id               資料關鍵 ID
 *@param{[type]}updateObj        更新物件資料
 *@param{Function}cb             回呼函式
 */
module.exports.update = function(modelName,id,updateObj,cb){
    var db = databaseModule.getDatabase();
    var Model = db.models[modelName];
    Model.get(id,function(err,obj){
        if(err)return cb(" 更新失敗 ",null);
        obj.save(updateObj,cb);
    });
```

```
}
...
```

2 · 業務邏輯層

CategoryService.js 檔案的程式如下：

```
...
/**
 * 更新分類
 *
 *@param{[type]}cat_id    分類 ID
 *@param{[type]}newName  新的名稱
 *@param{Function}cb       回呼函式
 */
module.exports.updateCategory = function(cat_id,newName,cb){
    dao.update("CategoryModel",cat_id,{"cat_name":newName},function
(err,newCat){
        if(err)return cb(" 更新失敗 ");
        cb(null,newCat);
    });
}
...
```

3 · 路由層

category.js 檔案的程式如下：

```
...
// 更新分類
router.put("/:id",
    // 參數驗證
    function(req,res,next){
        if(!req.params.id){
            return res.sendResult(null,400," 分類 ID 不能為空 ");
        }
        if(isNaN(parseInt(req.params.id)))return res.sendResult(null,400,
" 分類 ID 必須是數字 ");
        if(!req.body.cat_name || req.body.cat_name == "")return
```

```
res.sendResult(null,400," 分類名稱不能為空 ");
        next();
    },
    // 業務邏輯
    function(req,res,next){
        categoryService.updateCategory(req.params.id,req.body.cat_name,
function(err,result){
            if(err)return res.sendResult(null,400,err);
            res.sendResult(result,200," 更新成功 ");
        });
    }
);
...
```

11.5.5　刪除指定的分類

1．資料存取層

資料存取層的 DAO.js 檔案不需要改動。分類軟刪除實際上是修改 cat_deleted 欄位為 true，因此直接呼叫之前的 update 方法即可。

2．業務邏輯層

CategoryService.js 檔案的程式如下：

```
...
/**
 * 刪除分類 ( 軟刪除 )
 *
 *@param{[type]}cat_id 分類 ID
 *@param{Function}cb 回呼函式
 */
module.exports.deleteCategory = function(cat_id,cb){
    dao.update("CategoryModel",cat_id,{"cat_deleted":true},function
(err,newCat){
        if(err)return cb(" 刪除失敗 ");
```

```
        cb(" 刪除成功 ");
    });
}
...
```

3・路由層

category.js 檔案的程式如下：

```
...
// 刪除分類
router.delete("/:id",
    // 參數驗證
    function(req,res,next){
        if(!req.params.id){
            return res.sendResult(null,400," 分類 ID 不能為空 ");
        }
        if(isNaN(parseInt(req.params.id)))return res.sendResult(null,400,
" 分類 ID 必須是數字 ");
        next();
    },
    // 業務邏輯
    function(req,res,next){
        categoryService.deleteCategory(req.params.id,function(msg){
            res.sendResult(null,200,msg);
        });
    }
);
...
```

11.6 分類參數管理 API

每個商品都有動態參數和靜態屬性，如產地、品牌、包裝等資訊。將這些屬性和分類連結，在增加商品時選擇分類就可以連結指定的屬性。本節主要介紹如何實現分類參數的管理功能。

11-67

11.6.1 增加分類參數

1．模型層

在 models 目錄下建立 AttributeModel.js 檔案，程式如下：

```
module.exports = function(db,callback){
    // 屬性模型
    db.define("AttributeModel",{
        attr_id:{type:'serial',key:true},
        attr_name:String,
        cat_id:Number,
        //only 為輸入框（唯一），many 為背景下拉清單 / 前臺單選按鈕
        attr_sel:["only","many"],
        //manual 表示手工輸入，list 表示從列表中選擇
        attr_write:["manual","list"],
        attr_vals:String,
        delete_time:Number
    },{
        table:"attribute"
    });
    return callback();
}
```

2．資料存取層

在 dao 目錄下的 DAO.js 中已增加了 create 方法，可以直接重複使用。

3．業務邏輯層

在 services 目錄下建立 AttributeService.js 檔案，程式如下。

```
var path = require("path");
var dao = require(path.join(process.cwd(),"dao/DAO"));

/**
 * 建立參數
 *
```

```
 *@param{[type]}                    info 參數資訊
 *@param{Function}cb        回呼函式
 */
module.exports.createAttribute = function(info,cb){
    dao.create("AttributeModel",info,function(err,attribute){
        if(err)return cb(" 建立失敗 ");
        cb(null,attribute);
    });
}
```

4 · 路由層

由於屬性從屬於某個分類，所以路由層可以直接使用 category.js，程式如下：

```
...
// 透過驗證模組獲取分類屬性
var attrServ = authorization.getService("AttributeService");
...
// 建立參數
router.post("/:id/attributes",
    // 驗證參數
    function(req,res,next){
        if(!req.params.id){
            return res.sendResult(null,400," 分類 ID 不能為空 ");
        }
        if(isNaN(parseInt(req.params.id)))return res.sendResult(null,400,
" 分類 ID 必須是數字 ");

        if(!req.body.attr_name)return res.sendResult(null,400," 參數名稱不能
為空 ");

        if(!req.body.attr_sel || (req.body.attr_sel!= "only"&&req.body.
attr_sel!= "many")){
            return res.sendResult(null,400," 參數 attr_sel 類型必須為 only 或
many");
        }
        next();
    },
    // 業務邏輯
```

```
    function(req,res,next){
        attrServ.createAttribute(
        {
            "attr_name":req.body.attr_name,
            "cat_id":req.params.id,
            "attr_sel":req.body.attr_sel,
            "attr_write":req.body.attr_sel == "many"?"list":"manual",
//req.body.attr_write,
            "attr_vals":req.body.attr_vals?req.body.attr_vals:""
        },
        function(err,attr){
            if(err)return res.sendResult(null,400,err);
            res.sendResult(attr,201," 建立成功 ");
        })(req,res);
    }
);
```

11.6.2　獲取分類參數列表

1 · 資料存取層

在 dao 目錄下新建 AttributeDAO.js 檔案，一般情況下，如果不涉及 SQL 的操作則直接寫入 DAO.js 檔案，否則單獨寫一個檔案。

```
var path = require("path");
databaseModule = require(path.join(process.cwd(),"modules/db"));

/**
 * 獲取參數列表資料
 *s
 *@param{[type]}cat_id    分類 ID
 *@param{[type]}sel       類型
 *@param{Function}cb      回呼函式
 */
module.exports.list = function(cat_id,sel,cb){
    db = databaseModule.getDatabase();
    sql = "SELECT*FROM attribute WHERE cat_id = ?AND attr_sel = ?AND
delete_time is NULL";
```

```
    // 也可以不用獲取 db，db===global.database===database
    db.driver.execQuery(
        sql
        ,[cat_id,sel],function(err,attributes){
            if(err)return cb(" 查詢執行出錯 ");
            cb(null,attributes);
        });
}
```

2 · 業務邏輯層

AttributeService.js 檔案的程式如下：

```
...
var attributeDao = require(path.join(process.cwd(),"dao/AttributeDAO"));
...
/**
 * 獲取屬性串列
 *
 *@param{[type]}cat_id 分類 ID
//only 為輸入框（唯一），many 為背景下拉清單 / 前臺單選按鈕
 *@param{[type]}sel        類型
*@param{Function}cb        回呼函式
 */
module.exports.getAttributes = function(cat_id,sel,cb){
    attributeDao.list(cat_id,sel,function(err,attributes){
        if(err)return cb(" 獲取失敗 ");
        cb(null,attributes);
    });
}
```

3 · 路由層

在 category.js 檔案中增加方法呼叫，程式如下：

```
// 透過參數方式查詢靜態參數還是動態參數
router.get("/:id/attributes",
    // 驗證參數
    function(req,res,next){
```

```
        if(!req.params.id){
            return res.sendResult(null,400," 分類 ID 不能為空 ");
        }
        if(isNaN(parseInt(req.params.id)))return res.sendResult(null,
400," 分類 ID 必須是數字 ");
        if(!req.query.sel || (req.query.sel!= "only"&&req.query.sel!=
"many")){
            return res.sendResult(null,400," 屬性類型必須設置 ");
        }
        next();
    },
    // 業務邏輯
    function(req,res,next){
        attrServ.getAttributes(req.params.id,req.query.sel,function(err,
attributes){
            if(err)return res.sendResult(null,400,err);
            res.sendResult(attributes,200," 獲取成功 ");
        })(req,res);
    }
);
```

11.6.3 獲取分類參數詳情

1 · 資料存取層

在 AttributeService.js 檔案中增加獲取分類參數詳情的方法,程式如下:

```
// 查詢分類屬性詳情
module.exports.attributeById = function(attrId,cb){
    dao.show("AttributeModel",attrId,function(err,attr){
        if(err)return cb(err);
        cb(null,_.omit(attr,"delete_time"));
    });
}
```

2 · 路由層

在 category.js 檔案中增加獲取參數詳情的介面，程式如下：

```
// 獲取參數詳情
router.get("/:id/attributes/:attrId",
    // 驗證參數
    function(req,res,next){
        if(!req.params.id){
            return res.sendResult(null,400,"分類 ID 不能為空 ");
        }
        if(isNaN(parseInt(req.params.id)))return res.sendResult(null,400,
"分類 ID 必須是數字 ");
        if(!req.params.attrId){
            return res.sendResult(null,400,"參數 ID 不能為空 ");
        }
        if(isNaN(parseInt(req.params.attrId)))return res.sendResult
(null,400,"參數 ID 必須是數字 ");
        next();
    },
    function(req,res,next){
        attrServ.attributeById(req.params.attrId,function(err,attr){
            if(err)return res.sendResult(null,400,err);
            res.sendResult(attr,200,"獲取成功 ");
        })(req,res);
    }
);
```

11.6.4 修改分類參數

1 · 資料存取層

資料存取層的 DAO.js 檔案中已有 update 方法，因此不需要改動。

2．業務邏輯層

AttributeService.js 檔案的程式如下：

```
var_ = require('lodash');
...
/**
 * 更新參數
 *
 *@param{[type]}catId      分類 ID
 *@param{[type]}attrId     屬性 ID
 *@param{[type]}info       更新內容
 *@param{Function}cb       回呼函式
 */
module.exports.updateAttribute = function(attrId,info,cb){
    dao.update("AttributeModel",attrId,info,function(err,newAttr){
        if(err)return cb(err);
        cb(null,_.omit(newAttr,"delete_time"));
    });
}
```

3．路由層

category.js 檔案的程式如下：

```
// 更新參數
router.put("/:id/attributes/:attrId",
    // 驗證參數
    function(req,res,next){
        if(!req.params.id){
            return res.sendResult(null,400," 分類 ID 不能為空 ");
        }
        if(isNaN(parseInt(req.params.id)))return res.sendResult(null,
400," 分類 ID 必須是數字 ");
        if(!req.params.attrId){
            return res.sendResult(null,400," 參數 ID 不能為空 ");
        }
        if(isNaN(parseInt(req.params.attrId)))return res.sendResult(null,
400," 參數 ID 必須是數字 ");
```

```
        if(!req.body.attr_sel || (req.body.attr_sel!= "only"&&
req.body.attr_sel!= "many")){
            return res.sendResult(null,400,"參數 attr_sel 類型必須為 only 或
many");
        }

        if(!req.body.attr_name || req.body.attr_name == "")return
res.sendResult(null,400,"參數名稱不能為空 ");

        next();
    },
    // 業務邏輯
    function(req,res,next){
        attrServ.updateAttribute(
            req.params.attrId,
            {
                "attr_name":req.body.attr_name,
                "cat_id":req.params.id,
                "attr_sel":req.body.attr_sel,
                "attr_write":req.body.attr_sel == "many"?"list":"manual",
//req.body.attr_write,
                "attr_vals":req.body.attr_vals?req.body.attr_vals:""
            },
            function(err,newAttr){
                if(err)return res.sendResult(null,400,err);
                res.sendResult(newAttr,200,"更新成功 ");
            })(req,res);
    }
);
```

11.6.5 刪除分類參數

1 · 資料存取層

軟刪除分類參數本質上是修改資料庫中的刪除標識欄位，而 DAO.js 檔案中已有更新方法，因此不需要修改該檔案。

2 · 業務邏輯層

AttributeService.js 檔案的程式如下：

```
/**
 * 刪除參數
 *
 *@param{[type]}attrId 參數 ID
 *@param{Function}cb 回呼函式
 */
module.exports.deleteAttribute = function(attrId,cb){
    dao.update("AttributeModel",attrId,{"delete_time":parseInt
((Date.now()/1000))},function(err,newAttr){
        console.log(newAttr);
        if(err)return cb(" 刪除失敗 ");
        cb(null,newAttr);
    });
}
```

3 · 路由層

category.js 檔案的程式如下：

```
// 刪除參數
router.delete("/:id/attributes/:attrId",
    // 驗證參數
    function(req,res,next){
        if(!req.params.id){
            return res.sendResult(null,400," 分類 ID 不能為空 ");
        }
        if(isNaN(parseInt(req.params.id)))return res.sendResult(null,400,
" 分類 ID 必須是數字 ");
        if(!req.params.attrId){
            return res.sendResult(null,400," 參數 ID 不能為空 ");
        }
        if(isNaN(parseInt(req.params.attrId)))return res.sendResult
(null,400," 參數 ID 必須是數字 ");
        next();
    },
```

```
    // 業務邏輯
    function(req,res,next){
        attrServ.deleteAttribute(req.params.attrId,function(err,newAttr){
            if(err)return res.sendResult(null,400,err);
            res.sendResult(null,200," 刪除成功 ");
        })(req,res);
    }
);
```

11.7 商品管理 API

前面實現了商品分類參數的管理功能。本節實現商品的管理功能，包括圖片上傳、豐富文字編輯器的使用。

11.7.1 上傳圖片

1‧上傳配置

在 config/default.js 檔案中增加檔案上傳配置，通訊埠與程式啟動通訊埠一致，程式如下：

```
"upload_config":{
    "baseURL":"http://127.0.0.1:8088"
}
```

2‧Multer 中介軟體

Multer 是一個 Node.js 中介軟體，可以處理 multipart/form-data 類型的表單資料，因此其主要用於上傳檔案。Multer 的官網網址為 https://www.npmjs.com/package/multer。

安裝 Multer，命令如下：

```
npm i multer
```

3．撰寫上傳介面

在 routes/sysapi 目錄下建立 upload.js 檔案，程式如下：

```javascript
var express = require('express');
var router = express.Router();
var path = require("path");
var fs = require('fs');
var multer = require('multer');

// 臨時上傳目錄
var upload = multer({dest:'tmp_uploads/'});
var upload_config = require('config').get("upload_config");

// 提供檔案上傳服務
router.post("/",upload.single('file'),function(req,res,next){
    //console.log(req.file.originalname)//1.png
    var fileExtArray = req.file.originalname.split(".");
    var ext = fileExtArray[fileExtArray.length-1];
    var targetPath = req.file.path + "."+ ext;
    //console.log(targetPath);
//tmp_uploads\c49c3fb861bf0191702a5d03a12446b9.png

    // 重新命名
    fs.rename(path.join(process.cwd(),"/"+ req.file.path),path.join
(process.cwd(),targetPath),function(err){
        if(err){
            return res.sendResult(null,400," 上傳檔案失敗 ");
        }
        res.sendResult({"tmp_path":targetPath,"url":upload_config.get
("baseURL")+ "/"+ targetPath},200," 上傳成功 ");
    })
});

module.exports = router;
```

上傳檔案時會自動生成 temp_uploads 目錄，其中，req.file.originalname 為上傳的原始圖片檔案的名稱，req.file.path 為上傳的暫存檔案的名稱。暫存檔案沒有副檔名，因此還需要使用 fs.rename 進行重新命名。

4 · 掛載靜態資源

雖然圖片上傳成功，也傳回了造訪網址，但是傳回的 URL 卻無法直接存取，需要對靜態資源進行掛載。在 app.js 檔案中，在 mount 掛載路由之後進行靜態資源掛載設置，程式如下：

```
// 掛載靜態資源
app.use('/tmp_uploads',express.static('tmp_uploads'))
```

11.7.2　增加商品

1 · 路由層

在 sysapi/goods.js 檔案中加入增加商品的介面函式，程式如下：

```
...
var path = require("path");
// 獲取驗證模組
var authorization = require(path.join(process.cwd(),
"/modules/authorization"));
// 透過驗證模組獲取分類管理
var goodServ = authorization.getService("GoodService");
...

// 增加商品
router.post("/",
    // 參數驗證
    function(req,res,next){
        next();
    },
    // 業務邏輯
    function(req,res,next){
        var params = req.body;
        goodServ.createGood(params,function(err,newGood){
            if(err)return res.sendResult(null,400,err);
            res.sendResult(newGood,201," 建立商品成功 ");
        })(req,res,next);
```

```
    }
);
```

2 · 服務層主要功能框架

在 services 目錄下新建 GoodService.js 檔案，整理出增加商品的主要步驟如下：

```javascript
var Promise = require("bluebird");

/**
 * 建立商品
 *
 *@param{[type]}params    商品參數
 *@param{Function}cb      回呼函式
 */
module.exports.createGood = function(params,cb){
    // 驗證參數 & 生成資料
    generateGoodInfo(params)
        // 檢查商品名稱
        .then(checkGoodName)
        // 建立商品
        .then(createGoodInfo)
        // 更新商品圖片
        .then(doUpdateGoodPics)
        // 更新商品參數
        .then(doUpdateGoodAttributes)
        // 獲取圖片
        .then(doGetAllPics)
        // 獲取屬性
        .then(doGetAllAttrs)
        // 建立成功
        .then(function(info){
            cb(null,info.good);
        })
        .catch(function(err){
            cb(err);
        });
}
```

使用 Bluebird 外掛程式的 promise 非同步方案，一步步向下傳遞參數。

3 · 驗證參數並生成資料

在服務層的 createGood 函式中暫時註釋起來其他函式，先呼叫 generateGoodInfo 函式檢驗參數，GoodService.js 檔案的程式如下：

```
var Promise = require("bluebird");

/**
 * 建立商品
 *
 *@param{[type]}params 商品參數
 *@param{Function}cb 回呼函式
 */
module.exports.createGood = function(params,cb){
    // 驗證參數 & 生成資料
    generateGoodInfo(params)
        // 檢查商品名稱
        //.then(checkGoodName)
        // 建立商品
        //.then(createGoodInfo)
        // 更新商品圖片
        //.then(doUpdateGoodPics)
        // 更新商品參數
        //.then(doUpdateGoodAttributes)
        // 獲取圖片
        //.then(doGetAllPics)
        // 獲取屬性
        //.then(doGetAllAttrs)
        // 建立成功
        .then(function(info){
            //cb(null,info.good);
            cb(null,info);
        })
        .catch(function(err){
            cb(err);
        });
```

```
}

/**
 * 透過參數生成商品基本資訊
 *
 *@param{[type]}params.cb[description]
 *@return{[type]}[description]
 */
function generateGoodInfo(params){
    return new Promise(function(resolve,reject){
        var info = {};
        if(params.goods_id)info["goods_id"]= params.goods_id;
        if(!params.goods_name)return reject(" 商品名稱不能為空 ");
        info["goods_name"]= params.goods_name;

        if(!params.goods_price)return reject(" 商品價格不能為空 ");
        var price = parseFloat(params.goods_price);
        if(isNaN(price)|| price < 0)return reject(" 商品價格不正確 ")
        info["goods_price"]= price;

        if(!params.goods_number)return reject(" 商品數量不能為空 ");
        var num = parseInt(params.goods_number);
        if(isNaN(num)|| num < 0)return reject(" 商品數量不正確 ");
        info["goods_number"]= num;

        if(!params.goods_cat)return reject(" 商品沒有設置所屬分類 ");
        var cats = params.goods_cat.split(',');
        if(cats.length > 0){
            info["cat_one_id"]= cats[0];
        }
        if(cats.length > 1){
            info["cat_two_id"]= cats[1];
        }
        if(cats.length > 2){
            info["cat_three_id"]= cats[2];
            info["cat_id"]= cats[2];
        }
```

```
if(params.goods_weight){
    weight = parseFloat(params.goods_weight);
    if(isNaN(weight)|| weight < 0)return reject(" 商品重量格式不正確 ");
    info["goods_weight"]= weight;
}else{
    info["goods_weight"]= 0;
}
if(params.goods_introduce){
    info["goods_introduce"]= params.goods_introduce;
}

if(params.goods_big_logo){
    info["goods_big_logo"]= params.goods_big_logo;
}else{
    info["goods_big_logo"]= "";
}

if(params.goods_small_logo){
    info["goods_small_logo"]= params.goods_small_logo;
}else{
    info["goods_small_logo"]= "";
}

if(params.goods_state){
    info["goods_state"]= params.goods_state;
}

// 圖片
if(params.pics){
    info["pics"]= params.pics;
}

// 屬性
if(params.attrs){
    info["attrs"]= params.attrs;
}
```

```
        info["add_time"]= Date.parse(new Date())/1000;
        info["upd_time"]= Date.parse(new Date())/1000;
        info["is_del"]= '0';

        if(params.hot_mumber){
            hot_num = parseInt(params.hot_mumber);
            if(isNaN(hot_num)|| hot_num < 0)return reject("熱銷品數量格式不
正確");
            info["hot_mumber"]= hot_num;
        }else{
            info["hot_mumber"]= 0;
        }

        info["is_promote"]= info["is_promote"]?info["is_promote"]:false;

        resolve(info);
    });
}
```

4 · 檢查商品名稱是否重複

在 GoodService.js 中增加 checkGoodName 方法，程式如下：

```
...
var path = require("path");
var dao = require(path.join(process.cwd(),"dao/DAO"));
...

/**
 * 檢查商品名稱是否重複
 *
 *@param{[type]}info[description]
 *@return{[type]}[description]
 */
function checkGoodName(info){
    return new Promise(function(resolve,reject){
        dao.findOne("GoodModel",{"goods_name":info.goods_name,"is_del":
```

```
"0"},function(err,good){
            if(err)return reject(err);
            if(!good)return resolve(info);
            if(good.goods_id == info.goods_id)return resolve(info);
            return reject(" 商品名稱已存在 ");
        });
    });
}
```

在 models 目錄下新建 GoodModel.js 檔案，程式如下：

```
module.exports = function(db,callback){
    // 商品模型
    db.define("GoodModel",{
        goods_id:{type:'serial',key:true},
        cat_id.Number,
        goods_name:String,
        goods_price:Number,
        goods_number:Number,
        goods_weight:Number,
        goods_introduce:String,
        goods_big_logo:String,
        goods_small_logo:String,
        goods_state:Number,         //0 表示未審核，1 表示審核中，2 表示已審核
        is_del:['0','1'],           //0 表示正常，1 表示刪除
        add_time:Number,
        upd_time:Number,
        delete_time:Number,
        hot_mumber:Number,
        is_promote:Boolean,
        cat_one_id:Number,
        cat_two_id:Number,
        cat_three_id:Number
    },{
        table:"goods",
        methods:{
            getGoodsCat:function(){
                return this.cat_one_id + ','+ this.cat_two_id + ','
```

```
    + this.cat_three_id;
            }
        }
    });
    return callback();
}
```

可以在模型類別中增加處理方法，此處增加 getGoodsCat 方法用於獲取拼接後的商品分類。

5．建立商品

在 GoodService.js 檔案中增加 createGoodInfo 方法，程式如下：

```
...
var_ = require('lodash');
...

/**
 * 建立商品基本資訊
 *
 *@param{[type]}info[description]
 *@return{[type]}[description]
 */
function createGoodInfo(info){
    return new Promise(function(resolve,reject){
        dao.create("GoodModel",_.clone(info),function(err,newGood){
            if(err)return reject(" 建立商品基本資訊失敗 ");
            newGood.goods_cat = newGood.getGoodsCat();
            info.good = newGood;
            return resolve(info);
        });
    });
}
```

6 · 更新商品圖片

在 models 目錄下新建 GoodPicModel.js 檔案，程式如下：

```javascript
module.exports = function(db,callback){
    // 商品圖片模型
    db.define("GoodPicModel",{
        pics_id:{type:'serial',key:true},
        goods_id:Number,
        pics_big:String,
        pics_mid:String,
        pics_sma:String
    },{
        table:"goods_pics"
    });
    return callback();
}
```

在 GoodService.js 檔案中增加 doUpdateGoodPics 方法，程式如下：

```javascript
...

/**
 * 更新商品圖片
 *
 *@param{[type]}info      參數
 *@param{[type]}newGood  商品基本資訊
 */
function doUpdateGoodPics(info){
    return new Promise(function(resolve,reject){
        var good = info.good;
        if(!good.goods_id)return reject(" 更新商品圖片失敗 ");
        if(!info.pics)return resolve(info);
        dao.list("GoodPicModel",
            {"columns":{"goods_id":good.goods_id}},
            function(err,oldpics){
                if(err)return reject(" 獲取商品圖片串列失敗 ");
```

```
var batchFns = [];
var newpics = info.pics?info.pics:[];
var newpicsKV = _.keyBy(newpics,"pics_id");
var oldpicsKV = _.keyBy(oldpics,"pics_id");

/**
 * 儲存圖片集合
 */
// 需要新建的圖片集合
var addNewpics = [];
// 需要保留的圖片集合
var reservedOldpics = [];
// 需要刪除的圖片集合
var delOldpics = [];

// 如果提交的新資料中有老資料的 pics_id 則保留資料，否則刪除資料
_(oldpics).forEach(function(pic){
    if(newpicsKV[pic.pics_id]){
        reservedOldpics.push(pic);
    }else{
        delOldpics.push(pic);
    }
});

// 從新提交的資料中檢索出需要新建立的資料
// 計算邏輯如果提交的資料不存在 pics_id 欄位則說明是新建立的資料
_(newpics).forEach(function(pic){
    if(!pic.pics_id&&pic.pic){
        addNewpics.push(pic);
    }
});

// 開始處理商品圖片資料邏輯
//1. 刪除商品圖片資料集合
_(delOldpics).forEach(function(pic){
    //1.1 刪除圖片物理路徑
    batchFns.push(removeGoodPicFile(path.join(process.
cwd(),pic.pics_big)));
    batchFns.push(removeGoodPicFile(path.join(process.
```

```
cwd(),pic.pics_mid)));
                    batchFns.push(removeGoodPicFile(path.join(process.
cwd(),pic.pics_sma)));
                    //1.2 資料庫中刪除圖片資料記錄
                    batchFns.push(removeGoodPic(pic));
            });

            //2. 處理新建圖片的集合
            _(addNewpics).forEach(function(pic){
                if(!pic.pics_id&&pic.pic){
                    //2.1 透過原始圖片路徑裁剪出需要的圖片
                    var src = path.join(process.cwd(),pic.pic);
                    var tmp = src.split(path.sep);
                    var filename = tmp[tmp.length-1];
                    pic.pics_big = "/uploads/goodspics/big_"+ filename;
                    pic.pics_mid = "/uploads/goodspics/mid_"+ filename;
                    pic.pics_sma = "/uploads/goodspics/sma_"+ filename;
                    batchFns.push(clipImage(src,path.join(process.
cwd(),pic.pics_big),800,800));
                    batchFns.push(clipImage(src,path.join(process.
cwd(),pic.pics_mid),400,400));
                    batchFns.push(clipImage(src,path.join(process.
cwd(),pic.pics_sma),200,200));
                    pic.goods_id = good.goods_id;
                    //2.2 在資料庫中新建資料記錄
                    batchFns.push(createGoodPic(pic));
                }
            });

            // 如果沒有任何圖片操作則傳回
            if(batchFns.length == 0){
                return resolve(info);
            }

            // 批次執行所有操作
            Promise.all(batchFns)
                .then(function(){
                    resolve(info);
                })
                .catch(function(error){
```

```
                             if(error)return reject(error);
                    });
            });
    });
}
```

在 GoodService.js 檔案中增加物理刪除圖片的 removeGoodPicFile 方法，程式
如下：

```
...
var fs = require("fs");
...
// 刪除圖片的物理路徑
function removeGoodPicFile(path){
    return new Promise(function(resolve,reject){
        fs.unlink(path,function(err,result){
            resolve();
        });
    });
}
```

在 GoodService.js 檔案中增加從資料庫中刪除圖片的 removeGoodPic 方法，程
式如下：

```
/**
 * 刪除商品圖片
 *
 *@param{[type]}pic        圖片物件
 *@return{[type]}          [description]
 */
function removeGoodPic(pic){
    return new Promise(function(resolve,reject){
        if(!pic || !pic.remove)return reject(" 刪除商品圖片記錄失敗 ");
        pic.remove(function(err){
            if(err)return reject(" 刪除失敗 ");
            resolve();
        });
    });
}
```

在 GoodService.js 檔案中增加裁剪圖片的 clipImage 方法，程式如下：

```
/**
 * 裁剪圖片
 *
 *@param{[type]}srcPath     原始圖片路徑
 *@param{[type]}savePath    儲存路徑
 *@param{[type]}newWidth    新的寬度
 *@param{[type]}newHeight   新的高度
 *@return{[type]}           [description]
 */
function clipImage(srcPath,savePath,newWidth,newHeight){
    return new Promise(function(resolve,reject){
        // 建立讀取串流
        readable = fs.createReadStream(srcPath);
        // 建立寫入串流
        writable = fs.createWriteStream(savePath);
        readable.pipe(writable);
        readable.on('end',function(){
            resolve();
        });

    });
}
```

在 dao/DAO.js 檔案中增加獲取模型的 getModel 方法，程式如下：

```
...
module.exports.getModel = function(modelName){
    var db = databaseModule.getDatabase();
    return db.models[modelName];
}
...
```

手動建立圖片儲存目錄，程式不會自動建立。在根目錄下建立目錄 uploads/goodspics 用於存放裁剪後的圖片。

測試圖片上傳，由於圖片需要上傳陣列物件，所以改用 JSON 格式上傳，如圖 11.39 所示。

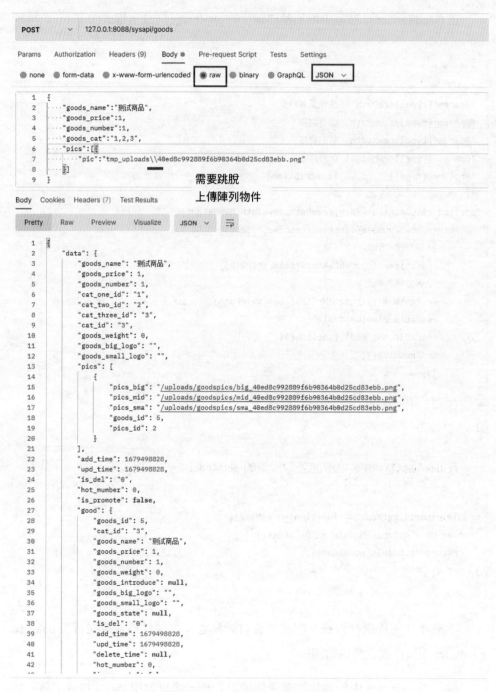

▲ 圖 11.39 增加商品介面測試

上傳成功，查看資料庫商品資料表和圖片資料表均記錄成功，同時本地目錄下也生成了圖片。

至此，商品圖片增加成功。

7 · 更新商品屬性參數

在 models 目錄下新建 GoodAttributeModel.js 檔案，程式如下：

```
module.exports = function(db,callback){
    // 商品屬性模型
    db.define("GoodAttributeModel",{
        id:{type:'serial',key:true},
        goods_id:Number,
        attr_id:Number,
        attr_value:String,
        add_price:Number
    },{
        table:"goods_attr"
    });
    return callback();
}
```

在 dao 目錄下新建 GoodAttributeDAO.js 檔案，增加刪除商品屬性的 clearGoodAttributes 方法，程式如下：

```
var path = require("path");
databaseModule = require(path.join(process.cwd(),"modules/db"));

module.exports.clearGoodAttributes = function(goods_id,cb){
    db = databaseModule.getDatabase();
    sql = "DELETE FROM goods_attr WHERE goods_id = ?";
    db.driver.execQuery(
        sql
        ,[goods_id],function(err){
            if(err)return cb(" 刪除出錯 ");
            cb(null);
        });
}
```

在 GoodService.js 檔案中增加 doUpdateGoodAttributes 方法，程式如下：

```
...
var goodAttributeDao = require(path.join(process.cwd(),
"dao/GoodAttributeDAO"));
...

/**
 * 更新商品屬性
 *
 *@param{[type]}info     參數
 *@param{[type]}good     商品物件
 */
function doUpdateGoodAttributes(info){
    return new Promise(function(resolve,reject){
        var good = info.good;
        if(!good.goods_id)return reject("獲取商品圖片必須先獲取商品資訊");
        if(!info.attrs)return resolve(info);
        goodAttributeDao.clearGoodAttributes(good.goods_id,function(err){
            if(err)return reject("清理原始的商品參數失敗");
            var newAttrs = info.attrs?info.attrs:[];
            if(newAttrs){
                var createFns = [];
                _(newAttrs).forEach(function(newattr){
                    newattr.goods_id = good.goods_id;
                    if(newattr.attr_value){
                        if(newattr.attr_value instanceof Array){
                            newattr.attr_value = newattr.attr_value.join(",");
                        }else{
                            newattr.attr_value = newattr.attr_value;
                        }
                    }
                    else
                        newattr.attr_value = "";
                    createFns.push(createGoodAttribute(_.clone(newattr)));
                });
            }
            if(createFns.length == 0)return resolve(info);

            Promise.all(createFns)
```

```
                    .then(function(){
                        resolve(info);
                    })
                    .catch(function(error){
                        if(error)return reject(error);
                    });
            });
        });
}
```

在 GoodService.js 檔案中增加 createGoodAttribute 方法，程式如下：

```
// 增加商品屬性
function createGoodAttribute(goodAttribute){
    return new Promise(function(resolve,reject){
        dao.create("GoodAttributeModel",_.omit(goodAttribute,"delete_time"),
function(err,newAttr){
            if(err)return reject(" 建立商品參數失敗 ");
            resolve(newAttr);
        });
    });
}
```

8．掛載圖片

在 GoodService.js 檔案中增加 doGetAllPics 方法，程式如下：

```
...
var upload_config = require('config').get("upload_config");
...
/**
 * 掛載圖片
 *
 *@param{[type]}info[description]
 *@return{[type]}[description]
 */
function doGetAllPics(info){
    return new Promise(function(resolve,reject){
        var good = info.good;
```

```
                if(!good.goods_id)return reject(" 獲取商品圖片必須先獲取商品資訊 ");
                //3. 組裝最新的資料，掛載在 info 中的 good 物件下
                dao.list("GoodPicModel",{"columns":{"goods_id":good.goods_id}},
function(err,goodPics){
                    if(err)return reject(" 獲取所有商品圖片串列失敗 ");
                    _(goodPics).forEach(function(pic){
                        if(pic.pics_big.indexOf("http")== 0){
                            pic.pics_big_url = pic.pics_big;
                        }else{
                            pic.pics_big_url = upload_config.get("baseURL")+ pic.
pics_big;
                        }

                        if(pic.pics_mid.indexOf("http")== 0){
                            pic.pics_mid_url = pic.pics_mid;
                        }else{
                            pic.pics_mid_url = upload_config.get("baseURL")+ pic.
pics_mid;
                        }
                        if(pic.pics_sma.indexOf("http")== 0){
                            pic.pics_sma_url = pic.pics_sma;
                        }else{
                            pic.pics_sma_url = upload_config.get("baseURL")+ pic.
pics_sma;
                        }
                    });
                    info.good.pics = goodPics;
                    resolve(info);
                });
            });
}
```

9 · 掛載屬性參數

在 GoodService.js 檔案中增加 doGetAllAttrs 方法，程式如下：

```
/**
 * 掛載屬性
 *@param{[type]}info[description]
```

```
 *@return{[type]}[description]
 */
function doGetAllAttrs(info){
    return new Promise(function(resolve,reject){
        var good = info.good;
        if(!good.goods_id)return reject("獲取商品圖片必須先獲取商品資訊");
        goodAttributeDao.list(good.goods_id,function(err,goodAttrs){
            if(err)return reject("獲取所有商品參數列表失敗");
            info.good.attrs = goodAttrs;
            resolve(info);
        });
    });
}
```

在 GoodAttributeDAO.js 檔案中增加 list 方法，程式如下：

```
module.exports.list = function(goods_id,cb){
    db = databaseModule.getDatabase();
    sql = "SELECT good_attr.goods_id,good_attr.attr_id,good_attr.attr_value,
good_attr.add_price,attr.attr_name,attr.attr_sel,attr.attr_write,attr.
attr_vals FROM goods_attr as good_attr LEFT JOIN attribute as attr ON
attr.attr_id = good_attr.attr_id WHERE good_attr.goods_id = ?";
    db.driver.execQuery(
        sql
        ,[goods_id],function(err,attrs){
            if(err)return cb("查詢出錯");
            cb(null,attrs);
        });
}
```

至此，商品增加介面設置完畢。

11.7.3　獲取商品列表

1．資料存取層

在 DAO.js 檔案中增加 countByConditions 方法，程式如下：

```
// 根據條件查詢
module.exports.countByConditions = function(modelName,conditions,cb){
    var db = databaseModule.getDatabase();
    var model = db.models[modelName];
    if(!model)return cb(" 模型不存在 ",null);
    var resultCB = function(err,count){
        if(err){
            return cb(" 查詢失敗 ",null);
        }
        cb(null,count);
    }
    if(conditions){
        if(conditions["columns"]){
            model = model.count(conditions["columns"],resultCB);
        }else{
            model = model.count(resultCB);
        }
    }else{
        model = model.count(resultCB);
    }
};
```

1．業務層

在 GoodService.js 檔案中增加 getAllGoods 方法，程式如下：

```
...
var orm=require("orm")
...

/**
 * 獲取商品列表
 *
 *@param{[type]}params    查詢準則
 *@param{Function}cb      回呼函式
 */
module.exports.getAllGoods = function(params,cb){
    var conditions = {};
```

```
    if(!params.pagenum || params.pagenum <= 0)return cb("pagenum 參數
錯誤");
    if(!params.pagesize || params.pagesize <= 0)return cb("pagesize 參數
錯誤");

    conditions["columns"]= {};
    if(params.query){
        conditions["columns"]["goods_name"]= orm.like("%"+ params.query + "%");
    }
    conditions["columns"]["is_del"]= '0';

    dao.countByConditions("GoodModel",conditions,function(err,count){
        if(err)return cb(err);
        pagesize = params.pagesize;
        pagenum = params.pagenum;
        pageCount = Math.ceil(count/pagesize);
        offset = (pagenum-1)*pagesize;
        if(offset >= count){
            offset = count;
        }
        limit = pagesize;

        // 建構條件
        conditions["offset"]= offset;
        conditions["limit"]= limit;
        conditions["only"]= ["goods_id","goods_name","goods_price",
"goods_weight","goods_state","add_time","goods_number","upd_time",
"hot_mumber","is_promote"];
        conditions["order"]= "-add_time";

        dao.list("GoodModel",conditions,function(err,goods){
            if(err)return cb(err);
            var resultDta = {};
            resultDta["total"]= count;
            resultDta["pagenum"]= pagenum;
            resultDta["goods"]= _.map(goods,function(good){
                return_.omit(good,"goods_introduce","is_del","goods_big_
logo","goods_small_logo","delete_time");
            });
```

```
            cb(err,resultDta);
        })
    });
}
```

2 · 路由層

在 goods.js 檔案中增加獲取商品清單的介面方法，程式如下：

```
// 商品清單
router.get("/",
    // 驗證參數
    function(req,res,next){
        // 參數驗證
        if(!req.query.pagenum || req.query.pagenum <= 0)return res.
sendResult(null,400,"pagenum 參數錯誤 ");
        if(!req.query.pagesize || req.query.pagesize <= 0)return res.
sendResult(null,400,"pagesize 參數錯誤 ");
        next();
    },
    // 業務邏輯
    function(req,res,next){
        var conditions = {
            "pagenum":req.query.pagenum,
            "pagesize":req.query.pagesize
        };

        if(req.query.query){
            conditions["query"]= req.query.query;
        }
        goodServ.getAllGoods(
            conditions,
            function(err,result){
                if(err)return res.sendResult(null,400,err);
                res.sendResult(result,200," 獲取成功 ");
            }
        )(req,res);
    }
);
```

11.7.4 刪除商品

1·服務層

在 GoodService.js 檔案中增加刪除商品的 deleteGood 方法，程式如下：

```
/**
 * 刪除商品
 *
 *@param{[type]}id        商品 ID
 *@param{Function}cb      回呼函式
 */
module.exports.deleteGood = function(id,cb){
    if(!id)return cb(" 商品 ID 不能為空 ");
    if(isNaN(id))return cb(" 商品 ID 必須為數字 ");
    dao.update(
        "GoodModel",
        id,
        {
            'is_del':'1',
            'delete_time':Date.parse(new Date())/1000,
            'upd_time':Date.parse(new Date())/1000
        },
        function(err){
            if(err)return cb(err);
            cb(null);
        }
    );
}
```

2·路由層

在 goods.js 檔案中增加刪除商品的方法 deleteGood，程式如下：

```
// 刪除商品
router.delete("/:id",
    // 參數驗證
    function(req,res,next){
        if(!req.params.id){
```

```
        return res.sendResult(null,400," 商品 ID 不能為空 ");
    }
    if(isNaN(parseInt(req.params.id)))return res.sendResult(null,
400," 商品 ID 必須是數字 ");
    next();
},
// 業務邏輯
function(req,res,next){
    goodServ.deleteGood(req.params.id,function(err){
        if(err)
            return res.sendResult(null,400," 刪除失敗 ");
        else
            return res.sendResult(null,200," 刪除成功 ");
    })(req,res);
}
);
```

11.7.5　修改商品

1 · 服務層

在 GoodService.js 檔案中增加修改商品的 updateGood 方法，該方法與前面增加商品的方法大致相同，程式如下：

```
/**
 * 更新商品
 *
 *@param{[type]}id       商品 ID
 *@param{[type]}params   參數
 *@param{Function}cb     回呼函式
 */
module.exports.updateGood = function(id,params,cb){
    params.goods_id = id;
    // 驗證參數 & 生成資料
    generateGoodInfo(params)
        // 檢查商品名稱
        .then(checkGoodName)
        // 修改商品
```

```
        .then(updateGoodInfo)
        // 更新商品圖片
        .then(doUpdateGoodPics)
        // 更新商品參數
        .then(doUpdateGoodAttributes)
        .then(doGetAllPics)
        .then(doGetAllAttrs)
        // 建立成功
        .then(function(info){
            cb(null,info.good);
        })
        .catch(function(err){
            cb(err);
        });
}

// 修改商品資訊
function updateGoodInfo(info){
    return new Promise(function(resolve,reject){
        if(!info.goods_id)return reject(" 商品 ID 不存在 ");
        dao.update("GoodModel",info.goods_id,_.clone(info),function
(err,newGood){
            if(err)return reject(" 更新商品基本資訊失敗 ");
            info.good = newGood;
            return resolve(info);
        });
    });
}
```

2・路由層

在 goods.js 檔案中增加更新商品介面，程式如下：

```
// 更新商品
router.put("/:id",
    // 參數驗證
    function(req,res,next){
        if(!req.params.id){
            return res.sendResult(null,400," 商品 ID 不能為空 ");
```

```
        }
        if(isNaN(parseInt(req.params.id)))return res.sendResult(null,
400,"商品 ID 必須是數字 ");
        next();
    },
    // 業務邏輯
    function(req,res,next){
        var params = req.body;
        goodServ.updateGood(req.params.id,params,function(err,newGood){
            if(err)return res.sendResult(null,400,err);
            res.sendResult(newGood,200,"更新商品成功 ");
        })(req,res);
    }
);
```

11.7.6　獲取商品詳情

1 · 服務層

在 GoodService.js 檔案中增加獲取商品資訊的 getGoodById 方法，程式如下：

```
/**
* 透過商品 ID 獲取商品資料
*
*@param{[type]}id        商品 ID
*@param{Function}cb      回呼函式
*/
module.exports.getGoodById = function(id,cb){
    getGoodInfo({"goods_id":id})
        .then(doGetAllPics)
        .then(doGetAllAttrs)
        .then(function(info){
            cb(null,info.good);
        })
        .catch(function(err){
            cb(err);
        });
}
```

```
/**
 * 獲取商品物件
 *
 *@param{[type]}info 查詢內容
 *@return{[type]}[description]
 */
function getGoodInfo(info){
    return new Promise(function(resolve,reject){
        if(!info || !info.goods_id || isNaN(info.goods_id))return reject
(" 商品 ID 格式不正確 ");

        dao.show("GoodModel",info.goods_id,function(err,good){
            if(err)return reject(" 獲取商品基本資訊失敗 ");
            good.goods_cat = good.getGoodsCat();
            info["good"]= good;
            return resolve(info);
        });
    });
}
```

2・路由層

在 goods.js 檔案中增加根據商品 ID 獲取商品詳情的介面，程式如下：

```
// 獲取商品詳情
router.get("/:id",
    // 參數驗證
    function(req,res,next){
        if(!req.params.id){
            return res.sendResult(null,400," 商品 ID 不能為空 ");
        }
        if(isNaN(parseInt(req.params.id)))return res.sendResult(null,400,
" 商品 ID 必須是數字 ");
        next();
    },
    // 業務邏輯
    function(req,res,next){
        goodServ.getGoodById(req.params.id,function(err,good){
```

```
            if(err)return res.sendResult(null,400,err);
            return res.sendResult(good,200,"獲取成功");
        })(req,res,next);
    }
);
```

  🖉 **注意**：由於篇幅所限，商品管理端 **API** 的撰寫想法相同，這裡不再羅列，
  讀者可以參考隨書程式。

11.8　小程式端 API

　　前面實現了商品管理介面。本節實現小程式端的相關介面，包括在首頁獲取
最新商品清單介面、商品詳情介面、獲取分類清單介面和根據分類獲取商品清單
等。小程式端介面位於 routes/frontapi 目錄下。

11.8.1　獲取最新商品列表

　　在路由層，在 routes/frontapi 目錄下新建 goods.js 檔案，程式如下：

```
var express = require('express')
var router = express.Router();
var path = require('path')
var goodServ = require(path.join(process.cwd(),"/services/GoodService"))

// 獲取 n 筆最新商品資訊
router.get("/",// 驗證參數
    function(req,res,next){
        console.log(req.query.num)
        // 參數驗證
        if(!req.query.num || req.query.num <= 0)return res.sendResult
(null,400,"num 參數錯誤");
        next();
    },
    // 業務邏輯
    function(req,res,next){
```

```
        var conditions = {
            "num":parseInt(req.query.num),
        };
        goodServ.getLatestGoods(
            conditions,
            function(err,result){
                if(err)return res.sendResult(null,400,err);
                res.sendResult(result,200,"獲取成功");
            }
        );
    }
);

// 獲取商品詳情
module.exports = router
```

在服務層，在 GoodService.js 檔案中增加獲取最新商品的方法，程式如下：

```
var goodsDao = require(path.join(process.cwd(),"dao/GoodsDAO"));
...
///////////////////////////////// 小程式端介面
// 獲取 n 筆最新商品資訊
module.exports.getLatestGoods = function(params,cb){
if(!params.num || params.num <= 0)return cb("pagenum 參數錯誤");
    goodsDao.list(params.num,function(err,goods){
        if(err)return cb("獲取失敗");
        cb(null,goods);
    })
}
```

在資料存取層，在 dao 目錄下新建 GoodsDAO.js 檔案，程式如下：

```
var path = require("path");
databaseModule = require(path.join(process.cwd(),"modules/db"));
module.exports.list = function(num,cb){
    db = databaseModule.getDatabase();
    var params = [];
    params[0]= num;
    sql = "SELECT g.goods_id,g.goods_name,g.goods_price,g.cat_id,g.is_del,
```

```
g.add_time,g.cat_one_id,p.pics_big,p.pics_mid,p.pics_sma FROM goods as
g LEFT JOIN goods_pics as p on g.goods_id=p.goods_id WHERE g.is_del='0'
LIMIT?";
    db.driver.execQuery(
        sql
        ,params,function(err,attrs){
            if(err)return cb(" 查詢出錯 ");
            cb(null,attrs);
        });
}
```

11.8.2　獲取商品詳情

在路由層將 routes/sysapi/goods.js 檔案中獲取商品詳情的方法複製過來，將複製的程式改為直接呼叫服務層，不需要服務攔截。在 routes/frontapi/goods.js 檔案中增加方法如下：

```
// 獲取商品詳情
router.get("/:id",
    // 參數驗證
    function(req,res,next){
        if(!req.params.id){
            return res.sendResult(null,400," 商品 ID 不能為空 ");
        }
        if(isNaN(parseInt(req.params.id)))return res.sendResult(null,400,
" 商品 ID 必須是數字 ");
        next();
    },
    // 業務邏輯
    function(req,res,next){
        goodServ.getGoodById(req.params.id,function(err,good){
            if(err)return res.sendResult(null,400,err);
            return res.sendResult(good,200," 獲取成功 ");
        });
    }
);
```

在服務層直接使用原來的 GoodService.js 中的 getGoodById 方法即可。

11.8.3 獲取分類列表

在路由層，在 frontapi 目錄下新建 category.js 檔案，程式如下：

```
var express = require('express')
var router = express.Router();
var path = require('path')
var categoryService = require(path.join(process.cwd(),"/services/
CategoryService"))
// 獲取一級商品分類
router.get("/",
    function(req,res,next){
        //type 1為1級分類，2為2級，3為3級
        if(!req.query.type || req.query.type <= 0)return res.sendResult
(null,400,"type 參數錯誤 ");
        next();
    },
    function(req,res,next){
        var conditions = null;
        categoryService.getAllCategories(req.query.type,conditions,
function(err,result){
            if(err)return res.sendResult(null,400," 獲取分類列表失敗 ");
            res.sendResult(result,200," 獲取成功 ");
        });
    }
);
module.exports = router
```

在服務層直接使用 CategoryService.js 中的 getAllCategories，根據傳入的不同參數來獲取不同等級的分類。type 為獲取的等級分類，conditions 為分頁參數，如果不傳入參數就不會進行分頁。

11.8.4 根據分類獲取商品

在路由層直接修改 goods.js 中獲取最新商品的方法，包括獲取 cateid 參數，無論是否傳遞參數，都直接交給 Service 層去判斷，這樣就可以相容之前的方法。

在服務層共用獲取最新商品清單的介面，在其中增加分類參數並傳到資料存取層進行判斷。

在資料存取層，直接在 list 方法中增加對分類 ID 的判斷即可，程式如下：

```
if(cat_id){
        sql = "SELECT g.goods_id,g.goods_name,g.goods_price,g.cat_id,
g.is_del,g.add_time,g.cat_one_id,p.pics_big,p.pics_mid,p.pics_sma FROM
goods as g LEFT JOIN goods_pics as p on g.goods_id=p.goods_id WHERE
g.is_del='0'AND g.cat_one_id=?LIMIT?";
        params[0]= cat_id;
        params[1]= num;
    }else{
        sql = "SELECT g.goods_id,g.goods_name,g.goods_price,g.cat_id,
g.is_del,g.add_time,g.cat_one_id,p.pics_big,p.pics_mid,p.pics_sma FROM
goods as g LEFT JOIN goods_pics as p on g.goods_id=p.goods_id WHERE
g.is_del='0'LIMIT?";
    }
```

至此，就完成了獲取某個分類下的商品清單介面。

11.9　本章小結

本章基於第 9 章和第 10 章實現的專案需求分析和概要設計，從環境架設開始一步步實現業務介面。基於 Node.js 架設 Express 專案框架，封裝統一傳回 JSON 格式的中介軟體，透過 mount-routes 中介軟體實現路由模組化自動掛載；透過 passport 外掛程式實現使用者的登入驗證和 Token 介面驗證；透過 ORM 外掛程式實現 Express 操作 MySQL 資料庫；透過 log4js 日誌元件統一封裝完成背景異常資訊記錄。在設計介面許可權驗證時，使用閉包實現服務層方法的許可權攔截，這也是本章的困難和重點。

接下來根據業務需要分別實現了商品分類和商品分類參數及商品增、刪、改、查的 RESTfull 風格的介面。圖片上傳使用 Multer 外掛程式，透過 Node.js 靜態資源託管實現圖片伺服器的架設。

由於篇幅所限，小程式端 API 的實現本章不再贅述，讀者可參考隨書程式。

12

百果園微信商場 Vue
管理背景

第 11 章實現了後端 API 介面的撰寫，本章透過 Vue+ElementUI 元件架設管理背景，透過 vue-router 實現頁面路由管理，透過 Axios 完成前後端的資料互動。理解內容本章需要具備一定的前端知識和 Vue 基礎。

本章涉及的主要基礎知識如下：

- Vue 框架：學會 Vue 環境安裝、透過 Vue-cli 腳手架建立專案；

- ElementUI：學會 ElementUI 元件的使用，簡化介面開發；

- Axios：掌握 Axios 的用法，使用其完成網路請求，實現前後端資料互動；

- 前後端分離模式：掌握商業級專案前後端分離開發模式。

✐ **注意**：本章涉及 Vue 前端知識，讀者可以根據自身情況選擇性閱讀，如果讀者只關注第 11 章的 API 內容，可以直接執行本章介紹的管理背景程式，而不用關注實現細節。

12.1 Vue 專案架設

現代專案都採用前後端分離的模式，本章主要講解基於 Vue 的管理背景的專案實現。學習本章需要讀者具備一定的前端知識和 Vue 知識。本節先從 Vue 環境架設和路由建立開始，引入 Element-UI 元件，快速架設小程式商場管理背景。

12.1.1 建立專案

1．建立 Vue 專案

為了簡化操作，這裡採用 Vue-cli 腳手架架設 Vue 2 專案。如果未安裝 Vue-cli 腳手架則需要先進行安裝，命令如下：

```
npm install-g@vue/cli
```

安裝好腳手架後，就可以使用 Vue 命令建立專案了。建立名為 manage 的專案，命令如下：

```
vue create manage
```

根據提示即可建立專案。專案建立成功後，切換到專案目錄，透過以下命令執行專案：

```
npm run serve
```

在瀏覽器中如果可以正常執行建立的專案，則表示專案建立成功。

2.建立元件

在 Src/views 目錄下建立 login.vue 檔案。

➜ 程式 12.1 入口檔案：login.vue

```
<template>
    <div>
        login
    </div>
</template>

<script>
export default{
    name:"Login"
}
</script>

<style scoped>
</style>
```

在 Src/views 目錄下建立 main 元件檔案。

➜ 程式 12.2 入口檔案：main.vue

```
<template>
    <div class="container">
        <div class="menu">
            選單
        </div>
        <div class="content">
        </div>
```

```
    </div>
</template>
```

建立了這兩個元件之後，如何存取呢？這就要引入路由的概念了。

12.1.2 架設路由

1．安裝路由

由於本專案採用的是 Vue 2，所以需要安裝匹配的路由，透過以下命令安裝路由元件：

```
npm install vue-router@2
```

2．建立路由物件

在 src 目錄下建立 router 目錄，在 router 目錄下新建 index.js 檔案。

➜ 程式 12.3 路由檔案：index.js

```
import Vue from'vue'
import VueRouter from'vue-router'
import Login from'../views/Login'
import Main from'../views/Main'

Vue.use(VueRouter)
const router = new VueRouter({
    routes:[{
        path:'/login',
        component:Login
    },{
        path:'/',
        component:Main,
    },]
})
export default router
```

3 · 掛載路由物件

在 main.js 檔案中掛載路由物件：

```
import router from'./router/index'
new Vue({
  router,
  render:h => h(App),
}).$mount('#app')
```

4 · 修改 App.vue

修改 App.vue 檔案，程式如下：

```
<template>
  <div id="app">
    <router-view/>
  </div>
</template>

<script>
export default{
  name:"App",
  components:{},
};
</script>

<style>
html,
body,#app{
  margin:0;
  padding:0;
  /* 設置頁面高度 */
  height:100%;
}
#app{
  font-family:Avenir,Helvetica,Arial,sans-serif;
  -webkit-font-smoothing:antialiased;
  -moz-osx-font-smoothing:grayscale;
```

```
/*text-align:center;*/
color:#2c3e50;
/*margin-top:60px;*/
}
</style>
```

5・測試路由

在瀏覽器中存取主頁（域名 /）、存取登入介面（域名 /login），如果能存取，則說明路由配置成功。接下來根據專案需求建立相關的業務元件，完成專案的功能。

6・建立業務元件

路由測試可行後，需要根據需求分析結果建立不同的頁面元件。由於篇幅所限，在此不列出具體的元件清單，讀者可以查閱隨書程式。

業務元件建立完成後，接下來建立路由，修改 router.js 檔案，程式如下：

```
import Vue from'vue'
import VueRouter from'vue-router'
import Login from'../views/Login'
import Main from'../views/Main'
import Index from'../views/index/Index'
import UserList from'../views/user/UserList'
import Category from'../views/product/Category'
import Brand from'../views/product/Brand'
import CategoryParam from'../views/product/CategoryParam'
import ProductList from'../views/product/ProductList'
import OrderList from'../views/order/OrderList'
import UserReport from'../views/report/UserReport'
import ProductReport from'../views/report/ProductReport'
import OrderReport from'../views/report/OrderReport'
import AccountList from'../views/sys/AccountList'
import RoleList from'../views/sys/RoleList'
import AuthorityList from'../views/sys/AuthorityList'

Vue.use(VueRouter)
```

```
const router = new VueRouter({
    routes:[{
        path:'/login',
        component:Login
    },{
        path:'/',
        component:Main,
        //redirect:'/index',
        children:[{
            path:'/index',
            component:Index
        },{
            path:'/user-list',
            component:UserList
        },{
            path:'/category',
            component:Category
        },{
            path:'/brand',
            component:Brand
        },{
            path:'/category-param',
            component:CategoryParam
        },{
            path:'/product-list',
            component:ProductList
        },{
            path:'/order-list',
            component:OrderList
        },{
            path:'/user-report',
            component:UserReport
        },{
            path:'/product-report',
            component:ProductReport
        },{
            path:'/order-report',
            component:OrderReport
        },{
```

```
            path:'/account-list',
            component:AccountList
        },{
            path:'/role-list',
            component:RoleList
        },{
            path:'/authority-list',
            component:AuthorityList
        }]
    },]
})
export default router
```

接下來在 main 元件中使用二級路由，main 元件使用 router-link 和 router-vew，修改 mian.vue 檔案，程式如下：

```
<template>
    <div class="container">
        <div class="menu">
            選單
            <!-- 雖然位址會跳躍，但是需要手動刷新頁面才會更新 -->
            <!--a 標籤在 Hash 模式下使用 #，在 History 模式下使用 /-->
            <!--<p><a href="#account-list"> 帳號列表 </a></p>
            <p><a href="#user-list"> 使用者列表 </a></p>   -->

            <p><router-link to="/user-list"> 使用者列表 </router-link></p>
            <p><router-link to="account-list"> 帳號列表 </router-link></p>
            <!-- 加不加 / 都可以 -->
        </div>
        <div class="content">
            <router-view/>
        </div>

    </div>
</template>

<script>
export default{
    name:"Main"
```

```
}
</script>

<style scoped>
.container{
    display:flex;
}
.menu{
    width:250px;
    border:1px solid brown;
}
.content{
    flex:1;
    border:1px solid green;
}
</style>
```

至此，在瀏覽器中存取不同的路由即可存取對應的元件。

12.1.3 使用 Element-UI 製作元件

為了簡化介面開發，引入 Element-UI 元件，這樣可以極大地減少 CSS 程式的撰寫。Element-UI 元件的官網網址為 https://element.eleme.cn/。

1 · 安裝 Element-UI 元件

使用以下命令安裝 Element-UI 元件：

```
npm i element-ui-S
```

2 · 掛載到 Vue 實例中

修改根目錄下的 main.js 檔案，增加以下程式：

```
import ElementUI from'element-ui'
import'element-ui/lib/theme-chalk/index.css'
Vue.use(ElementUI)
```

3 . 使用 Element-UI 元件

在頁面中引入相應的元件，然後在瀏覽器中查看是否生效即可確認元件是否引入成功。

> 🖉 **注意**：整體的版面配置本節不進行詳細介紹，讀者可以參考隨書程式。

12.2 登入頁面及其功能的實現

管理員需要登入後才能使用管理背景的功能，前後端分離專案採用 HTTP 工具進行前後端資料交付，本節使用 Axios 元件實現介面聯調，完成登入和退出功能。

12.2.1 安裝並設置 Axios

Axios 是 Vue 官方推出的網路請求工具，官網網址為 https://www.npmjs.com/package/axios，可以透過以下命令安裝：

```
npm i axios
```

在 main.js 檔案中將 Axios 掛載到 Vue 實例，程式如下：

```
import axios from'axios'
// 配置請求的根路徑
axios.defaults.baseURL = 'http://127.0.0.1:8888/sysapi/'
axios.interceptors.request.use(config => {
    config.headers.Authorization = window.sessionStorage.getItem('token')
    return config
})
axios.interceptors.response.use(response => {
    return response
})
Vue.prototype.$http = axios
```

接下來就可以在登入頁面使用 Axios 的功能完成資料請求了。

12.2.2 實現登入和退出功能

在 Login.vue 中實現登入功能，程式如下。

➜ 程式 12.4 入口檔案：Login.vue

```
<template>
  <div class="container">
    <div class="login-box">
      <div class="left-box">
        <img src="@/assets/slogn.png"alt=""/>
      </div>
      <div class="right-box">
        <div class="logo">
          <img src="@/assets/logo.png"alt=""/>
        </div>
        <p> 百果園 . 微信商場 . 管理背景 </p>
        <div class="input-box">
          <img src="@/assets/account.png"class="prefix-icon"/>
          <el-input
            placeholder=" 請輸入帳號 "
            type="text"
            v-model="account"
            class="input-inner"
          ></el-input>
        </div>
        <div class="input-box">
          <img src="@/assets/password.png"class="prefix-icon"/>
          <el-input
            placeholder=" 請輸入密碼 "
            :type="hiddenPwd?'password':'text'"
            v-model="password"
            class="input-inner"
          ></el-input>
          <img
            :src="hiddenPwd?passHide:passShow"
            alt=""
            class="prefix-icon"
            @click="showPassword"
```

```
          />
        </div>
        <el-button type="primary"round class="login-btn"@click="login"
          >登入 </el-button
        >
      </div>
    </div>
  </div>
</template>

<script>
export default{
  name:"Login",
  data(){
    return{
      account:"",
      password:"",
      hiddenPwd:true,
      passShow:require("@/assets/pass_show.png"),
      passHide:require("@/assets/pass_hide.png"),
    };
  },
  methods:{
    showPassword(){
      this.hiddenPwd = !this.hiddenPwd;
    },
    async login(){
      // 資料驗證
      if(this.account == ""|| this.password == ""){
        this.$message.error(" 請輸入使用者名稱和密碼 ");
        return;
      }
      let loginForm = {
        username:this.account,
        password:this.password,
      };
      //const res = await this.$http.post("login",loginForm);
      //console.log(res);
      try{
```

```
        const{data:res}= await this.$http.post("login",loginForm);
        if(res.meta.status!== 200)return this.$message.error(" 登入失敗！");
        this.$message.success(" 登入成功 ");
        //1. 將登入成功之後的 Token 儲存到使用者端的 sessionStorage 中
        //1.1 專案中除了登入之外的其他 API，必須在登入之後才能存取
        //1.2 Token 只有在當前網站開啟期間生效，因此將 Token 儲存在 sessionStorage 中
        window.sessionStorage.setItem("token",res.data.token);
        //2. 透過程式設計式導航跳躍到背景主頁，路由位址是 /index
        this.$router.push("/index");
      }catch(e){
        this.$message.error(e);
      }
    },
  },
};
</script>


<style scoped>
/* 外層的 #app 背景預設為 FFF，因此用 div 將其覆蓋 */
.container{
  width:100vw;
  height:100vh;
  background-color:#f3f7fa;
  display:flex;
  justify-content:center;
  align-items:center;
}
.login-box{
  width:1000px;
  height:600px;
  background-color:#fff;
  border-radius:10px;
  overflow:hidden;
  display:flex;
}
.left-box{
  width:424px;
  background-color:#333;
}
```

```
.left-box img{
  width:100%;
  height:100%;
}
.right-box{
  /*background-color:aqua;*/
  flex:1;
  display:flex;
  flex-direction:column;
  align-items:center;
}
.logo{
  width:70px;
  height:70px;
  /*border:1px solid#333;*/
  margin-top:90px;
  border-radius:50%;
  overflow:hidden;
}
.logo img{
  width:100%;
  height:100%;
}
.right-box p{
  font-size:24px;
  font-family:Microsoft YaHei-Bold,Microsoft YaHei;
  font-weight:bold;
  color:#272727;
  margin-bottom:40px;
}
.input-box{
  width:328px;
  height:50px;
  background:#f1f2f7;
  border-radius:25px;
  margin-bottom:25px;
  display:flex;
  align-items:center;
}
```

```css
.prefix-icon{
  height:23px;
  width:23px;
  margin:0 3px 0 22px;
}
.input-inner{
  width:200px;
}
>>> .el-input__inner{
  /* 覆蓋框架預設的樣式 */
  border:none;
  outline:none;
  font-size:14px;
  background:#f1f2f7;
}
.login-btn{
  width:328px;
  height:45px;
  margin-top:25px;
  box-sizing:border-box;
}
</style>
```

在上面的程式中呼叫了第 11 章中建立的登入介面，登入成功後將後端傳回的 Token 值儲存在本地，以便下次呼叫其他介面時附帶上 Token 進行身份辨識。

在 Main.vue 中為退出按鈕綁定「退出」事件並增加退出事件處理函式，退出時清除 Token 值。在 Main.vue 檔案中增加以下內容：

```html
<a href="#"@click="logout"><i class="el-icon-switch-button"></i></a>
...
methods:{
    // 退出
    logout(){
      window.sessionStorage.clear();
      this.$router.push("/login");
    },
  },
```

12.3　分類管理功能的實現

　　12.2 節完成了登入功能，本節透過呼叫第 11 章的分類管理介面實現分類管理功能，主要包括分類的增加、修改、刪除和查詢操作。其中，刪除為軟刪除，即在資料庫中將刪除欄位標識為已刪除，並不是真正從資料庫中刪除。

12.3.1　獲取分類列表

　　在 Category.vue 檔案中將之前寫死的變數 catelist 置空，在頁面建立完成時載入資料並對此變數賦值。

```
...
catelist:[],
// 查詢準則
querInfo:{
   type:3,
   pagenum:1,                                    // 當前頁數
   pagesize:1,                                   // 每頁資料筆數
},
// 總資料筆數
total:0,
...
created(){
   this.getCateList()
},
methods:{
...
// 獲取商品分類資料
   async getCateList(){
     const{data:res}= await this.$http.get("category",{
       params:this.querInfo,
     });

     if(res.meta.status!== 200){
       return this.$message.error(" 獲取商品分類失敗！");
     }
```

```
        //console.log(res.data);
        // 把資料列表賦值給 catelist
        this.catelist = res.data.result;
        // 為總資料筆數賦值
        this.total = res.data.total;
    },
...
  },
```

程式執行效果如圖 12.1 所示。

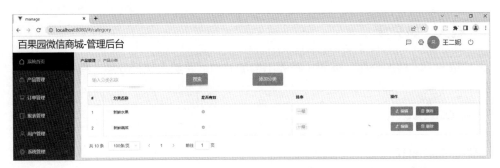

▲ 圖 12.1 分類清單頁面

實現分頁，綁定相應變數，程式如下：

```
<!-- 分頁 -->
<el-pagination
        @size-change="handleSizeChange"
        @current-change="handleCurrentChange"
        :current-page="querInfo.pagenum"
        :page-sizes="[1,2]"
        :page-size="querInfo.pagesize"
        layout="total,sizes,prev,pager,next,jumper"
        :total="total"
    >
</el-pagination>
...
// 監聽 pagesize 的改變
    handleSizeChange(newSize){
      this.querInfo.pagesize = newSize
```

```
      this.getCateList()
    },
    // 監聽 pagenum 的改變
    handleCurrentChange(newPage){
      this.querInfo.pagenum = newPage
      this.getCateList()
    },
...
```

12.3.2 增加分類

1・載入父級分類

按一下「增加分類」按鈕，在彈出增加分類框時載入父級分類，程式如下：

```
...
parentCateList:[],
...
showAddDialog(){
    // 先獲取父級分類的資料列表
    this.getParentCateList();
    // 再展示對話方塊
    this.addCateDialogVisible = true;
},
// 獲取父級分類的資料列表
    async getParentCateList(){
    const{data:res}= await this.$http.get("category",{
      params:{type:2},
    });
    if(res.meta.status!== 200){
      return this.$message.error("獲取父級分類資料失敗！");
    }
    console.log(res.data);
    this.parentCateList = res.data;
    },
```

parentCateList 註釋原來寫死的值初始時為空，當彈出增加分類框時，先載入父級分類並綁定到頁面中便於選擇，如圖 12.2 所示。

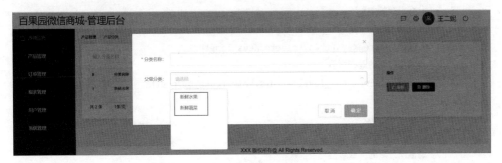

▲ 圖 12.2 分類選擇

2 · 增加分類

在彈出的增加分類框中主要增加以下函式。

1）關閉彈出框的函式

關閉彈出框後，下次開啟彈出框時會顯示上一次輸入的資訊，因此應該在關閉彈出框時進行清空操作。

```
// 關閉增加分類對話方塊，重置表單資料
    addCateDialogClosed(){
      this.$refs.addCateFormRef.resetFields();
      this.selectedKeys = [];
      this.addCateForm.cat_level = 0;
      this.addCateForm.cat_pid = 0;
    },
```

2）在下拉式選單中選擇改變的函式。

3）增加選擇項觸發函式。

```
...
// 如果選擇項發生變化則會觸發 parentCateChanged 函式
    parentCateChanged(){
      console.log(this.selectedKeys);
```

```
        // 如果 selectedKeys 陣列中的 length 大於 0，則證明選中的是父級分類
        // 反之，説明沒有選中任何父級分類
        if(this.selectedKeys.length > 0){
          // 父級分類的 ID
          this.addCateForm.cat_pid =
            this.selectedKeys[this.selectedKeys.length-1];
          // 為當前分類的等級賦值
          this.addCateForm.cat_level = this.selectedKeys.length;
        }else{
          // 父級分類的 ID
          this.addCateForm.cat_pid = 0;
          // 為當前分類的等級賦值
          this.addCateForm.cat_level = 0;
        }
    },
    ...
    // 按一下「增加分類」按鈕，增加新的分類
        addCate(){
          //this.addCateDialogVisible = false;
          this.$refs.addCateFormRef.validate(async(valid)=> {
            if(!valid)return;
            const{data:res}= await this.$http.post(
              "category",
              this.addCateForm
            );
            if(res.meta.status!== 201){
              return this.$message.error("增加分類失敗！");
            }
            this.$message.success("增加分類成功！");
            this.getCateList();
            this.addCateDialogVisible = false;
          });
        },
    ...
```

程式執行效果如圖 12.3 所示。

▲ 圖 12.3　增加分類

12.3.3　修改分類

增加修改分類彈出框，並在按一下「編輯」按鈕事件中將其開啟，修改 Category.vue 檔案如下：

```
...
<el-button type="primary"icon="el-icon-edit"size="mini"@click=
"showeditDialog(scope.row.cat_id)">編輯 </el-button>
...
<!-- 修改分類彈出框 -->
    <el-dialog
      :visible.sync="editCateDialogVisible"
      width="50%"
      @close="editCateDialogClosed"
    >
      <el-form
        :model="editCateForm"
        :rules="editCateFormRules"
        ref="editCateFormRef"
        label-width="100px"
      >
        <el-form-item label=" 分類名稱："prop="cat_name">
          <el-input v-model="editCateForm.cat_name"></el-input>
        </el-form-item>
```

```
        </el-form>
        <span slot="footer"class="dialog-footer">
          <el-button@click="editCateDialogVisible = false"> 取消 </el-button>
          <el-button type="primary"@click="editCate"> 確定 </el-button>
        </span>
</el-dialog>
...
```

JS 部分的程式如下：

```
...// 變數部分
// 控制編輯分類對話方塊的顯示與隱藏
      editCateDialogVisible:false,
      // 修改分類的表單資料物件
      editCateForm:{},
      // 修改分類表單的驗證規則物件
      editCateFormRules:{
        cat_name:[
          {required:true,message:" 請輸入分類名稱 ",trigger:"blur"},
        ],
      },
...
// 修改分類彈出框
    async showeditDialog(cat_id){
      //console.log(cat_id);
      // 查詢當前分類資訊
      const{data:res}= await this.$http.get(`category/${cat_id}`);
      if(res.meta.status!== 200){
        return this.$message.error(" 獲取參數資訊失敗！ ");
      }
      this.editCateDialogVisible = true;
      this.editCateForm = res.data;
    },
    // 編輯方塊關閉，重置表單
    editCateDialogClosed(){
      this.$refs.editCateFormRef.resetFields();
      this.editCateForm = {};
    },
    // 編輯分類
```

```
    editCate(){
      this.$refs.editCateFormRef.validate(async(valid)=> {
        if(!valid)return;
        const{data:res}= await this.$http.put(
          `category/${this.editCateForm.cat_id}`,
          {cat_name:this.editCateForm.cat_name}
        );
        if(res.meta.status!== 200){
          return this.$message.error("修改分類名稱失敗！");
        }
        this.$message.success("修改分類名稱成功！");
        this.getCateList();
        this.editCateDialogVisible = false;
      });
    },
```

程式執行效果如圖 12.4 所示。

▲ 圖 12.4 修改分類

12.3.4 刪除分類

在 Category.vue 檔案中增加「刪除」按鈕綁定事件，程式如下：

```
...
<template slot="opt"slot-scope="scope">
    <el-button type="primary"icon="el-icon-edit"size="mini">編輯
</el-button>
    <el-button type="danger"icon="el-icon-delete"size="mini"@click=
"deleteCategory(scope.row.cat_id)">刪除 </el-button>
</template>
...
```

```
// 刪除分類
async deleteCategory(cat_id){
    console.log(cat_id);
    if(cat_id == ""){
      this.$message.error(" 獲取需要刪除的 ID");
      return;
    }
    const confirmResult = await this.$confirm(
      " 此操作將永久刪除該分類 , 是否繼續 ?",
      " 提示 ",
      {
        confirmButtonText:" 確定 ",
        cancelButtonText:" 取消 ",
        type:"warning",
      }
    ).catch((err)=> err);
    if(confirmResult!== "confirm"){
      return this.$message.info(" 已經取消刪除！ ");
    }

    const{data:res}= await this.$http.delete(`category/${cat_id}`);
    if(res.meta.status!== 200){
      return this.$message.error(" 刪除失敗！ ");
    }
    this.$message.success(" 刪除成功！ ");
    this.getCateList();
}
```

12.4　分類參數管理功能的實現

　　商品分為動態參數和靜態屬性兩個特性，透過設置分類參數可以方便地對商品進行管理。本節介紹如何分類參數的管理功能。

12.4.1 獲取分類參數列表

1．獲取所有商品分類

在 CategoryParam.vue 檔案中獲取所有商品分類，程式如下：

```
...
// 父級分類的列表
cateList:[],
...
created(){
    this.getCateList()
},
...
// 獲取所有商品分類列表
async getCateList(){
    const{data:res}= await this.$http.get("category");
    if(res.meta.status!== 200){
      return this.$message.error(" 獲取商品分類失敗！");
    }
    this.cateList = res.data;
},
...
```

2．根據分類顯示參數列表

選擇分類後，展示該分類下的參數列表。修改 CategoryParam.vue 檔案，程式
如下：

```
...
// 被啟動的頁面標籤的名稱
activeName:"many",// 另外幾處名稱都把 param 替換為 many，同時頁面標籤名稱要對應
// 動態參數的資料
paramTableData:[],
// 靜態屬性的資料
attrTableData:[],
```

```
// 計算屬性
// 當前選中的最後一級分類的 ID
cateId(){
    return this.selectedCateKeys[this.selectedCateKeys.length-1];
},

// 方法
...
// 串聯選擇框選中項變化，會觸發這個函式
    handleChange(){
        this.getParamsData()
},
...
// 獲取參數的列表資料
    async getParamsData(){
        // 根據所選分類的 ID 和當前所處的面板，獲取對應的參數
        const{data:res}= await this.$http.get(
          `category/${this.cateId}/attributes`,
          {
            params:{sel:this.activeName},
          }
        );
        console.log(res)
        if(res.meta.status!== 200){
            return this.$message.error("獲取參數列表失敗！");
        }
        //console.log(res.data)
        res.data.forEach((item)=> {
          item.attr_vals = item.attr_vals?item.attr_vals.split(""):[];
            // 控制文字標籤的顯示與隱藏
            item.inputVisible = false;
            // 文字標籤中輸入的值
            item.inputValue = "";
        });
        if(this.activeName === "many"){
          this.paramTableData = res.data;
        }else{
          this.attrTableData = res.data;
```

}
},

3. 切換 Tab 標籤的處理

當進行動態切換時，將清除原來的資料；否則新請求在沒有獲取到資料的情況下依然會顯示原來的資料。如上述資料，水果只有動態參數，無靜態屬性；而蔬菜反之。當在動態參數和靜態屬性標籤之間切換，選擇不同的分類時，看到資料發生混亂，原因就是沒有清除上一次的資料，只需要根據每次切換重新請求資料即可。

```
<!--Tab 標籤 -->
<el-tabs v-model="activeName"@tab-click="handleTabClick">
...
</el-tabs>

//Tab 頁面標籤按一下事件的處理函式
handleTabClick(){
    //console.log(this.activeName)              // 自動獲取 Tab 的名稱
      this.getParamsData()
},
// 在請求之前先在 getParamsData 函式中清空之前的資料
async getParamsData(){
...
this.paramTableData = [];
this.attrTableData = [];
}
```

4. 分類清除發生異常

當將分類選擇清除時會發生異常，原因是在請求後端介面時沒有對請求參數進行判空。如果是刪除操作，則 cateId 為 undefined，因此背景請求不到資料。

在 handleChange 中增加對請求參數是否為空的判斷，解決分類清除異常問題。

```
// 當串聯選擇框選中項變化時，會觸發 handleChange 函式
handleChange(){
     //console.log(this.cateId);
     if(!this.cateId){
this.paramTableData = [];
        this.attrTableData = [];
        return;
     }
     this.getParamsData();
},
```

同理，在頁面初始時沒有選擇分類的情況下直接按一下 **Tab** 標籤也會發生類似清空的情況，因此也需要增加參數是否為空的判斷。

```
handleTabClick(){
     //console.log(this.activeName)                    // 自動獲取 Tab 標籤的名稱
     if(!this.cateId){
       return;
     }
     this.getParamsData();
},
```

12.4.2 增加分類參數

當對話方塊關閉時清除輸入的資訊，程式如下：

```
...
// 監聽對話方塊的關閉事件
addDialogClosed(){
        this.$refs.addFormRef.resetFields()
},
...
// 按一下「增加參數」按鈕，增加參數
addParams(){
     this.$refs.addFormRef.validate(async(valid)=> {
       if(!valid)return;
       const{data:res}= await this.$http.post(
```

```
       `category/${this.cateId}/attributes`,
       {
         attr_name:this.addForm.attr_name,
         attr_sel:this.activeName,
       }
     );
     if(res.meta.status!== 201){
       return this.$message.error("增加參數失敗！");
     }
     this.$message.success("增加參數成功！");
     this.addDialogVisible = false;
     this.getParamsData();
   });
},
...
```

程式執行效果如圖 12.5 所示。

▲ 圖 12.5 增加分類參數

12.4.3 修改分類參數

按一下「編輯」按鈕，彈出「修改參數」對話方塊，呼叫獲取參數詳情介面
並將值輸入編輯方塊，按一下「確定」按鈕。

修改 CategoryParam.vue 檔案，程式如下：

```
...
// 按一下「編輯」按鈕，展示修改的對話方塊
async showEditDialog(attrId){
    //console.log(attrId)
    // 查詢當前參數的資訊
    const{data:res}= await this.$http.get(
      `category/${this.cateId}/attributes/${attrId}`
    );
    console.log(res);
    if(res.meta.status!== 200){
      return this.$message.error("獲取參數資訊失敗！");
    }
    this.editForm = res.data;
    this.editDialogVisible = true;
},
...
// 按一下「編輯」按鈕，修改參數資訊
editParams(){
    this.$refs.editFormRef.validate(async(valid)=> {
      if(!valid)return;
      const{data:res}= await this.$http.put(
        `category/${this.cateId}/attributes/${this.editForm.attr_id}`,
        {attr_name:this.editForm.attr_name,attr_sel:this.activeName,
attr_vals:this.editForm.attr_vals,                // 標籤不傳將遺失
 }
      );
      if(res.meta.status!== 200){
        return this.$message.error("修改參數失敗！");
      }
      this.$message.success("修改參數成功！");
      this.getParamsData();
      this.editDialogVisible = false;
    });
},
...
```

程式執行效果如圖 12.6 所示。

▲ 圖 12.6 修改分類參數

12.4.4 刪除分類參數

在 CategoryParam.vue 檔案中完善「刪除」按鈕事件，呼叫介面完成刪除功能，
程式如下：

```
// 根據 ID 刪除對應的參數項
    async removeParams(attrId){
      const confirmResult = await this.$confirm(
        " 此操作將永久刪除該參數 , 是否繼續 ?",
        " 提示 ",
        {
          confirmButtonText:" 確定 ",
          cancelButtonText:" 取消 ",
          type:"warning",
        }
      ).catch((err)=> err);
      // 使用者取消了刪除操作
      if(confirmResult!== "confirm"){
        return this.$message.info(" 已取消刪除！ ");
      }
```

```
    // 刪除的業務邏輯
    const{data:res}= await this.$http.delete(
      `category/${this.cateId}/attributes/${attrId}`
    );
    if(res.meta.status!== 200){
      return this.$message.error(" 刪除參數失敗！ ");
    }
    this.$message.success(" 刪除參數成功！ ");
    this.getParamsData();
  },
```

12.4.5 增加參數標籤

在 CategoryParam.vue 檔案中處理按 Enter 鍵或文字標籤失去焦點的事件處理函式。

```
...
// 當文字標籤失去焦點或按 Enter 鍵時都會觸發
    async handleInputConfirm(row){
      if(row.inputValue.trim().length === 0){
        row.inputValue = "";
        row.inputVisible = false;
        return;
      }
      // 如果沒有 return，則證明輸入的內容需要進行後續處理
      row.attr_vals.push(row.inputValue.trim());
      row.inputValue = "";
      row.inputVisible = false;
      // 需要發起請求儲存這次操作
      this.saveAttrVals(row);
    },
...
// 將對 attr_vals 的操作儲存到資料庫中
    async saveAttrVals(row){
      // 需要發起請求儲存這次操作
      const{data:res}= await this.$http.put(
        `category/${this.cateId}/attributes/${row.attr_id}`,
        {
```

```
        attr_name:row.attr_name,
        attr_sel:row.attr_sel,
        attr_vals:row.attr_vals.join('')// 可以一次性輸入多個參數，用空格分隔
      }
    )
    if(res.meta.status!== 200){
      return this.$message.error(' 修改參數項失敗！')
    }
    this.$message.success(' 修改參數項成功！')
  },
```

程式執行效果如圖 12.7 所示。

▲ 圖 12.7 增加參數標籤

12.4.6 刪除參數標籤

刪除標籤本質上是修改標籤，因此找到標籤索引值並刪除，然後更新資料庫
即可，程式如下：

```
// 刪除對應的參數可選項
  handleClose(i,row){
    row.attr_vals.splice(i,1);
    this.saveAttrVals(row);
  },
```

程式執行效果如圖 12.8 所示。

▲ 圖 12.8　刪除參數標籤

12.5　商品管理功能的實現

在實現商品分類和分類參數的管理功能後，本節實現商品的管理功能，包括商品的增加、獲取、刪除和修改。其中增加和編輯商品的功能涉及的步驟較多，是本章的重點和困難。

12.5.1　獲取商品列表

1．商品列表

修改 ProductList.vue 檔案。

頁面部分的程式如下：

```
<!-- 商品列表 -->
    <el-table border stripe:data="goods">
        <el-table-column type="index"></el-table-column>
        <el-table-column label=" 商品名稱 " prop="goods_name"></el-table-
column>
        <!--<el-table-column label=" 商品分類 " prop="category"></el-table-
```

```
column> -->
        <!--<el-table-column label=" 所屬品牌 "prop="brand"></el-table-
column> -->
        <el-table-column label=" 商品數量 "prop="goods_number"></el-table-
column>
        <el-table-column label=" 商品價格 "prop="goods_price"></el-table-
column>
        <el-table-column label=" 操作 ">
          <template>
            <el-button
              type="primary"
              icon="el-icon-edit"
              size="mini"
            > 編輯 </el-button>
            <el-button
              type="danger"
              icon="el-icon-delete"
              size="mini"
            > 刪除 </el-button>
          </template>
        </el-table-column>
      </el-table>
```

JS 部分的程式如下：

```
...// 變數
goods:[],
// 查詢參數物件
queryInfo:{
        query:"",
        pagenum:1,
        pagesize:10,
      },
      // 總資料筆數
      total:0
...// 函式
created(){
    this.getGoodsList()
```

```
},
// 根據分頁獲取對應的商品列表
    async getGoodsList(){
      const{data:res}= await this.$http.get("goods",{
        params:this.queryInfo,
      });

      if(res.meta.status!== 200){
        return this.$message.error("獲取商品列表失敗！");
      }
      this.$message.success("獲取商品列表成功！");
      console.log(res.data);
      this.goods = res.data.goods;
      this.total = res.data.total;
    },
...
```

2·分頁處理

修改分頁資料量並實現分頁相關的事件函式，程式如下：

```
<!-- 分頁 -->
<el-pagination
      @size-change="handleSizeChange"
      @current-change="handleCurrentChange"
      :current-page="queryInfo.pagenum"
      :page-sizes="[5,10,15,20]"
      :page-size="queryInfo.pagesize"
      layout="total,sizes,prev,pager,next,jumper"
      :total="total"
    >
</el-pagination>
...
handleSizeChange(newSize){
    this.queryInfo.pagesize = newSize
    this.getGoodsList()
  },
  handleCurrentChange(newPage){
    this.queryInfo.pagenum = newPage
```

```
            this.getGoodsList()
},
...
```

12.5.2 搜索商品

搜索商品功能支援對商品名稱的模糊搜索，程式如下：

```
...
<el-col:span="6">
    <el-input placeholder=" 輸入商品名稱 "v-model="queryInfo.query"clearable>
</el-input>
</el-col>
<el-col:span="4">
    <el-button type="primary"@click="getGoodsList"> 搜索 </el-button>
</el-col>
...
//getGoodsList 請求成功但沒有查到資料的提示最佳化
if(res.data.total > 0){
        this.$message.success(" 獲取商品列表成功！ ");
}
...
```

12.5.3 增加商品

1．獲取分類

修改 AddProduct.vue 檔案，程式如下：

```
...
// 商品分類列表
catelist:[],
...
created(){
    this.getCateList()
},
...
// 獲取所有商品分類資料
```

```
async getCateList(){
  const{data:res}= await this.$http.get('category')
  if(res.meta.status!== 200){
    return this.$message.error('獲取商品分類資料失敗！')
  }
  this.catelist = res.data
  console.log(this.catelist)
},
```

程式執行效果如圖 12.9 所示。

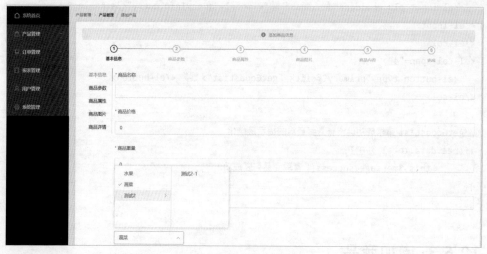

▲ 圖 12.9　增加商品

2 · 切換 Tab 標籤時選擇商品分類

由於商品參數和商品屬性都相依於分類，所以在切換第一個 Tab 標籤後必須選擇商品分類，實現 el-tabs 的 before-leave 事件綁定函式 beforeTabLeave 即可，程式如下：

```
beforeTabLeave(activeName,oldActiveName){
    //console.log('即將離開的標籤頁名稱是：'+ oldActiveName)
    //console.log('即將進入的標籤頁名稱是：'+ activeName)
    console.log(this.addForm.goods_cat.length)
    if(oldActiveName === "0"&&this.addForm.goods_cat.length == 0){
```

```
        this.$message.error(" 請先選擇商品分類！");
        return false;
    }
},
```

如果未選擇商品分類就按一下其他標籤，則會提示先選擇商品分類，如圖
12.10 所示。

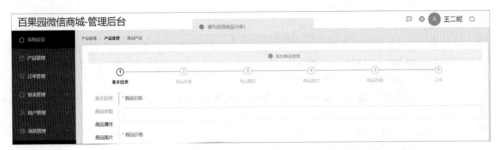

▲ 圖 12.10 選擇商品分類

3．按一下 Tab 標籤獲取分類屬性和分類參數

商品的動態參數和靜態屬性是掛載在分類上的，選擇商品分類後切換對應的
標籤時，需要根據商品分類獲取相應的資料，只需要實現 Tab 的 tabClicked 事件函
式即可，程式如下：

```
...
// 動態參數清單資料
paramTableData:[],
// 靜態屬性清單資料
attrTableData:[],
...
computed:{
    cateId(){
      if(this.addForm.goods_cat.length!= 0){
        return this.addForm.goods_cat[this.addForm.goods_cat.length-1];
      }
      return null;
    },
},
```

```
...
async tabClicked(){
      //console.log(this.activeIndex)
      // 證明存取的是動態參數面板
      if(this.activeIndex === "1"){
        const{data:res}= await this.$http.get(
          `category/${this.cateId}/attributes`,
          {
            params:{sel:"many"},
          }
        );
        if(res.meta.status!== 200){
          console.log(res.meta.msg);
          return this.$message.error("獲取動態參數清單失敗！");
        }
        console.log(res.data);
        res.data.forEach((item)=> {
          item.attr_vals =
            item.attr_vals.length === 0?[]:item.attr_vals.split("");
        });
        this.paramTableData = res.data;
      }else if(this.activeIndex === "2"){
        const{data:res}= await this.$http.get(
          `category/${this.cateId}/attributes`,
          {
            params:{sel:"only"},
          }
        );
        if(res.meta.status!== 200){
          console.log(res.meta.msg);
          return this.$message.error("獲取靜態屬性失敗！");
        }
        this.attrTableData = res.data;
      }
    },
...
```

程式執行效果如圖 12.11 和圖 12.12 所示。

▲ 圖 12.11 分類參數

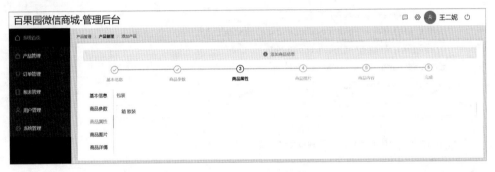

▲ 圖 12.12 分類屬性

4‧上傳商品圖片

```
...
// 上傳圖片的 URL 位址
uploadURL:"http://127.0.0.1:8088/sysapi/upload",
...
// 處理圖片預覽效果
handlePreview(file){
    console.log(file);
    this.previewPath = file.response.data.url;
    this.previewVisible = true;
},
```

```
// 處理刪除圖片的操作
handleRemove(file){
    //console.log(file)
    //1. 獲取將要刪除的圖片的臨時路徑
    const filePath = file.response.data.tmp_path;
    //2. 從 pics 陣列中找到這個圖片對應的索引值
    const i = this.addForm.pics.findIndex((x)=> x.pic === filePath);
    //3. 呼叫陣列的 splice 方法，把圖片資訊物件從 pics 陣列中移除
    this.addForm.pics.splice(i,1);
    console.log(this.addForm);
},
// 監聽圖片上傳成功的事件
handleSuccess(response){
    console.log(response);
    //1. 拼接得到一個圖片資訊物件
    const picInfo = {pic:response.data.tmp_path};
    //2. 將圖片資訊物件增加到 pics 陣列中
    this.addForm.pics.push(picInfo);
    console.log(this.addForm);
},
```

程式執行效果如圖 12.13 所示。

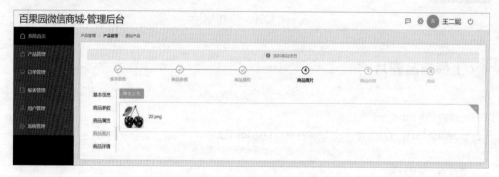

▲ 圖 12.13 上傳商品圖片

5・獲取商品資料

在「增加」按鈕的事件中查看即將上傳的原始資料，程式如下：

```
// 增加商品
add(){
    console.log(this.addForm)
},
```

商品詳情中的圖片以 Base64 編碼格式上傳，如圖 12.14 所示。

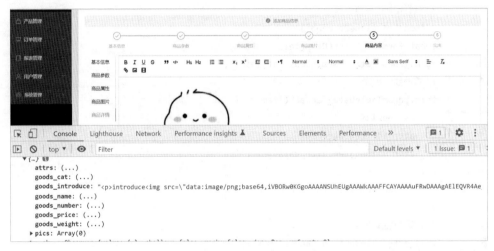

▲ 圖 12.14 商品圖片編碼

在介面中將動態參數和靜態屬性區分開了，但實際上它們都是儲存在一張資料表中。因此在真正上傳商品之前還需要根據後端 API 將其整合在一個屬性中。

6・增加商品

安裝 Lodash 外掛程式，命令如下：

```
npm i lodash
```

　　完善 AddProduct.vue 檔案中的增加事件方法，程式如下：

```
...
import_from'lodash'
...
// 增加商品
    add(){
      this.$refs.addFormRef.validate(async valid => {
        if(!valid){
          return this.$message.error(' 請填寫必要的表單項！')
        }
        // 執行增加的業務邏輯
        //lodash    cloneDeep(obj)
        const form = _.cloneDeep(this.addForm)
        form.goods_cat = form.goods_cat.join(',')
        // 處理動態參數
        this.paramTableData.forEach(item => {
          const newInfo = {
            attr_id:item.attr_id,
            attr_value:item.attr_vals.join('')
          }
          this.addForm.attrs.push(newInfo)
        })
        // 處理靜態屬性
        this.attrTableData.forEach(item => {
          const newInfo = {attr_id:item.attr_id,attr_value:item.
attr_vals}
          this.addForm.attrs.push(newInfo)
        })
        form.attrs = this.addForm.attrs
        console.log(form)
        // 發起請求增加商品
        // 商品的名稱，必須是唯一的
        const{data:res}= await this.$http.post('goods',form)
        if(res.meta.status!== 201){
            console.log(res.meta.msg)
          return this.$message.error(' 增加商品失敗！')
        }
        this.$message.success(' 增加商品成功！')
        this.$router.push('/product-list')
```

```
    })
  }
...
```

程式執行效果如圖 12.15 所示。

▲ 圖 12.15 商品增加成功

12.5.4 刪除商品

修改 ProductList.vue 檔案，為「刪除」按鈕綁定事件，程式如下：

```
...
<template slot-scope="scope">
          <el-button type="primary"icon="el-icon-edit"size="mini">編輯
</el-button>
          <el-button type="danger"icon="el-icon-delete"size="mini"
@click="removeById(scope.row.goods_id)">刪除 </el-button>
</template>
...
// 刪除商品
    async removeById(id){
      const confirmResult = await this.$confirm(
        " 此操作將永久刪除該商品，是否繼續 ?",
        " 提示 ",
        {
          confirmButtonText:" 確定 ",
          cancelButtonText:" 取消 ",
          type:"warning",
        }
```

```
    ).catch((err)=> err);
    if(confirmResult!== "confirm"){
      return this.$message.info("已經取消刪除！");
    }
    const{data:res}= await this.$http.delete(`goods/${id}`);
    if(res.meta.status!== 200){
      console.log(res.meta.msg)
      return this.$message.error("刪除失敗！");
    }
    this.$message.success("刪除成功！");
    this.getGoodsList();
  },
```

12.5.5 修改商品

1．參數傳遞

後端修改邏輯如下：

- 商品屬性：後端直接清除商品所有的屬性，直接新增。

- 商品圖片：如果商品已經包含圖片，則原樣傳回後端，如果沒有則新增。
  背景介面會自動判斷商品圖片是否已經存在而進行不同的處理：如果原始
  資料庫中存在而傳回的不存在則刪除；如果原始資料庫中存在而傳回也存
  在則保留；如果原始資料庫不存在則新增（針對需要傳回後端的物件，如
  果本地圖片被刪除則在從物件中將其刪除，如果新增圖片則直接將其加入
  物件）。

複製 Addproduct.vue 並修改為 UpdateProduct.vue。增加路由，修改 router/
index.js 檔案如下：

```
...
import UpdateProduct from'../views/product/UpdateProduct'
...
{
```

```
path:'/update-product/:id',
component:UpdateProduct,
}
...
```

在 ProductList.vue 的商品清單中,為「編輯」按鈕增加跳躍事件,程式如下:

```
...
<el-button type="primary"icon="el-icon-edit"size="mini"
  @click="goUpdateProduct(scope.row.goods_id)">編輯 </el-button>
...
// 跳躍修改頁
goUpdateProduct(id){
   //console.log(id);
   this.$router.push(`/update-product/${id}`)
},
```

至此,按一下商品清單的「編輯」按鈕,將跳躍到修改商品頁面。

在 UpdateProduct.vue 檔案中接收傳遞過來的參數,程式如下:

```
created(){
   this.getCateList();
   //console.log(` 獲取商品 ip:${this.$route.params.id}`)
   this.productID = this.$route.params.id;
 },
```

這樣就可以成功獲取傳遞的商品 ID 了。

2.掛載商品資訊

(1)根據商品 ID 獲取商品資訊,程式如下:

```
...
mounted(){
   this.getProductInfo(this.productID);
},
```

```
...
// 獲取商品資訊
    async getProductInfo(id){
      const{data:res}= await this.$http.get(`goods/${id}`);
      if(res.meta.status!== 200){
        console.log(res.meta.msg);
        return this.$message.error(" 獲取商品資料失敗！ ");
      }
      console.log(res);
    },
```

程式執行效果如圖 12.16 所示。

透過 Vue 範本語法將商品資料顯示在介面上，是透過變數名稱的形式實現的。
如果後端傳回的資料與前端使用的資料變數一致就自動就綁定了。但是由於分類
變數的資料格式前後端不一致，所以需要進行轉換處理。

（2）掛載分類。

分類回顯需要的是陣列，而資料庫傳回的是字串，因此需要單獨處理。

修改 getProductInfo 方法，程式如下：

```
console.log(res);
      this.addForm = res.data;
      // 商品分類回顯處理
      let arrCat = [];
      // 後端傳回字串，修改為陣列
      arrCat.push(parseInt(res.data.goods_cat.substring(0,1)));
      this.addForm.goods_cat = arrCat;        // 字串轉陣列，因為前端介面需要陣列類別
                                              // 型，而背景傳回的是字串；只在增加一級
                                              // 分類下增加商品
```

程式執行效果如圖 12.17 所示。

▲ 圖 12.16 修改商品

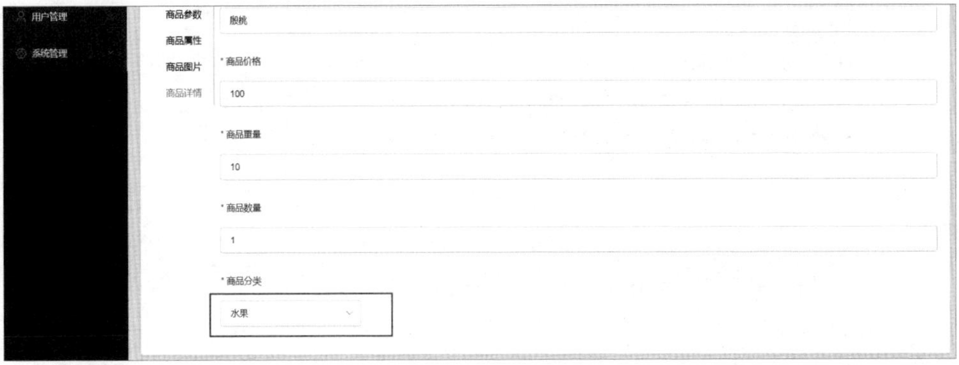

▲ 圖 12.17 選擇分類

（3）展示已有的圖片。

在 API 端需要託管上傳的圖片。在後端 API 專案中的 **app.js** 檔案加入以下程式：

```
app.use('/uploads/goodspics',express.static('uploads/goodspics'))
```

UpdateProduct.vue 檔案的程式如下：

```
...
// 回顯圖片
fileList:[],
...
<el-upload
            :action="uploadURL"
            :on-preview="handlePreview"
            :on-remove="handleRemove"
            list-type="picture"
            :headers="headerObj"
            :on-success="handleSuccess"
            :file-list="fileList"// 控制項增加檔案清單屬性
        >
...
// 圖片回顯處理
    //console.log("http://127.0.0.1:8088"+ this.addForm.pics[0].
pics_big);
    this.addForm.pics.forEach((pic)=> {
      this.fileList.push({
        //url:"http://127.0.0.1:8088"+ this.addForm.pics[0].pics_big,
        url:"http://127.0.0.1:8088"+ pic.pics_big,
      });
    });
```

程式執行效果如圖 12.18 所示。

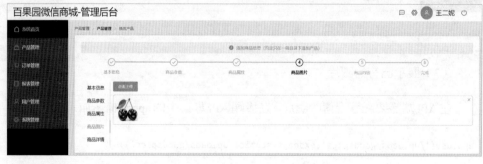

▲ 圖 12.18 修改商品圖片

3 · 儲存修改

```
...
<!-- 修改商品的按鈕 -->
<el-button type="primary"class="btnAdd"@click="update">修改商品 </el-button>
...
// 修改商品
    update(){
      this.$refs.addFormRef.validate(async(valid)=> {
        if(!valid){
          return this.$message.error("請填寫必要的表單項！");
        }
        // 執行增加的業務邏輯
        //lodash   cloneDeep(obj)
        const form = _.cloneDeep(this.addForm);
        form.goods_cat = form.goods_cat.join(",");
        // 處理動態參數
        this.paramTableData.forEach((item)=> {
          const newInfo = {
            attr_id:item.attr_id,
            attr_value:item.attr_vals.join(""),
          };
          this.addForm.attrs.push(newInfo);
        });
        // 處理靜態屬性
        this.attrTableData.forEach((item)=> {
          const newInfo = {attr_id:item.attr_id,attr_value:item.
attr_vals};
          this.addForm.attrs.push(newInfo);
        });
        form.attrs = this.addForm.attrs;
        console.log(form);
        // 發起請求增加商品
        // 商品的名稱必須是唯一的
        const{data:res}= await this.$http.put(`goods/${this.productID}`,
form);
        if(res.meta.status!== 200){
          console.log(res.meta.msg);
          return this.$message.error("修改商品失敗！");
        }
```

```
    this.$message.success(" 修改商品成功！");
    this.$router.push("/product-list");
  });
},
```

　　至此，完成了修改商品名稱和分類的修改，完成了商品介紹和新增圖片的操作。測試時存在一些問題：修改商品時，原有商品的屬性沒有刪除，直接新增了（如果修改了幾次，則商品屬性就會越來越多）；新增圖片成功，但是刪除圖片未成功。

4 · 圖片問題的處理

　　在上傳圖片控制項的刪除事件中，判斷是刪除原來上傳的圖片還是本次上傳的圖片，程式如下：

```
...
// 處理刪除圖片的操作
  handleRemove(file){
    console.log(file);
    //true 表示刪除資料庫中讀出來的圖片，false 表示刪除新增的圖片
    let isExist = false;
    //1 · 刪除從資料庫中讀出的已存在的圖片
    if(this.fileList.length!= 0){
      this.fileList.forEach((f)=> {
        if(f.url == file.url){
          console.log(this.addForm.pics);
          let newArr = [];
          this.addForm.pics.forEach((p)=> {
            if(p.pics_big_url == file.url){
              //this.addForm
              isExist = true;
            }else{
              newArr.push(p);
            }
          });
          this.addForm.pics = newArr;
        }
      });
    }
```

```
    //2·新增的圖片
    if(!isExist){
      //2.1 獲取將要刪除的圖片的臨時路徑
      const filePath = file.response.data.tmp_path;
      //2.2 從 pics 陣列中找到這個圖片對應的索引值
      const i = this.addForm.pics.findIndex((x)=> x.pic === filePath);
      //2.3 呼叫陣列的 splice 方法，把圖片資訊物件從 pics 陣列中移除
      this.addForm.pics.splice(i,1);
    }

    console.log(this.addForm);
},
...
```

5·屬性問題的處理

由於在頁面載入時從資料庫中獲得了商品的原有屬性，如果在頁面上更新商品屬性時按一下屬性的 Tab 標籤，則會繼續透過 push 增加屬性，所以就傳多了。解決方法是在更新時，將之前的屬性全部清空或在頁面載入時直接將屬性值清空，程式如下：

```
...
this.addForm.attrs=[];
// 處理動態參數
...
```

至此，實現了修改商品的功能。

12.6　本章小結

　　本章講解了如何從零開始循序漸進地透過 Vue+ElementUI 架設小程式商場管理背景。首先進行環境的檢查和安裝，透過 Vue-cli 腳手架建立 Vue 專案，透過 vue-router 架設路由，透過 Element-UI 元件簡化介面開發。接著透過 Axios 呼叫第 11 章中實現的 API 完成前後端資料互動，並把資料著色到對應的介面上。主要完成的功能包括：登入和退出功能、分類管理功能、分類參數管理功能、商品管理功能。其中比較重要的功能包括登入功能、商品增加功能、商品修改功能，需要考慮諸多細節，建議讀者先下載程式整體執行一遍，然後嘗試自己手動撰寫這些程式。

13

百果園微信商場小程式

前面幾章完成了專案後端 API 和管理後端的開發，本章進行商場微信小程式的開發。作為使用者端的核心功能，本章採用微信原生小程式語法進行開發，透過開發者工具從零開始實現微信小程式商場的功能。

本章涉及的主要基礎知識如下：

- 微信開發者工具：掌握如何使用微信開發者工具建立專案；

- 物件導向思想：理解物件導向思想，掌握其通用方法的封裝技巧；

- 小程式元件：學會原生小程式元件的使用、元件之間如何傳值；

- 小程式資料互動：掌握小程式和後端互動邏輯。

🖉 **注意：建議讀者先執行隨書程式再對照學習。**

13.1 搭建專案

【本章範例參考：\fruit-shop】

本節首先介紹如何使用微信開發者工具建立專案並對專案整體樣式和標題等進行設置；然後跟進前面需求分析的功能模組使用微信官方元件製作對應的靜態頁面；最後在 app.json 檔案中配置 tabBar 底部導覽列。透過頁面的架設為後續功能開發打好基礎。

13.1.1 專案建立及配置

透過微信開發者工具建立小程式專案，使用測試號或註冊正式小程式均可，輸入的 AppID 如圖 13.1 所示。

專案生成後，初始配置步驟如下：

（1）刪除預設生成的檔案，只保留 pages 目錄。

（2）新建並配置 app.json 檔案。在該檔案中，主要配置 pages 和 window 節點。透過 pages 配置頁面路徑可自動生成網頁，預設情況下 pages 節點中的第一項為預設啟動頁。透過 window 可以統一配置小程式外觀、標題、背景顏色等選項。配置好的 app.json 檔案程式如下。

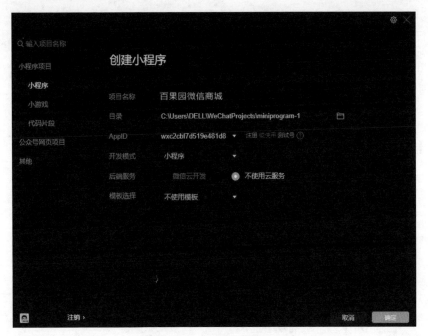

▲ 圖 13.1 建立小程式專案

→ 程式 13.1 設定檔：app.json

```json
{
  "entryPagePath":"pages/my/my",
  "pages":[
    "pages/index/index",
    "pages/category/category",
    "pages/cart/cart",
    "pages/my/my"
  ],
  "window":{
    "navigationBarTextStyle":"white",
    "navigationBarTitleText":" 百果園 ",
    "navigationBarBackgroundColor":"#1A9F34",
    "backgroundColor":"#fff",
    "backgroundTextStyle":"dark",
    "enablePullDownRefresh":true
  }
}
```

小程式根目錄下的 app.json 檔案用來對微信小程式進行全域配置，其內容為一個 JSON 物件，各屬性配置項的具體說明參考官網，網址為 https://developers. weixin.qq.com/miniprogram/dev/reference/configuration/app.html。

專案框架架設好後，接下來配置底部的 tabBar 導覽列。

13.1.2 配置 tabBar

在 app.json 中配置 tabBar，在 list 屬性中配置文字和路徑，程式如下：

```
"tabBar":{
"list":[
    {
      "iconPath":"images/tabbar/home.png",
      "selectedIconPath":"images/tabbar/home@selected.png",
      "text":" 首頁 ",
      "pagePath":"pages/index/index"
    },
    {
      "iconPath":"images/tabbar/category.png",
      "selectedIconPath":"images/tabbar/category@selected.png",
      "text":" 分類 ",
      "pagePath":"pages/category/category"
    },
    {
      "iconPath":"images/tabbar/cart.png",
      "selectedIconPath":"images/tabbar/cart@selected.png",
      "text":" 購物車 ",
      "pagePath":"pages/cart/cart"
    },
    {
      "iconPath":"images/tabbar/my.png",
      "selectedIconPath":"images/tabbar/my@selected.png",
      "text":" 我的 ",
      "pagePath":"pages/my/my"
    }
]
}
```

程式執行效果如圖 13.2 所示。

▲ 圖 13.2 tabBar 配置效果

專案框架架設好後，接下來根據需求製作各個靜態頁面。

13.1.3 製作靜態頁面

1．首頁

分析頁面結構由三部分組成，即輪播圖、精選果蔬和最新商品。輪播圖使用 swiper 元件，index.wxml 程式如下：

```
<swiper indicator-dots="true"autoplay="true"
indicator-active-color="#1A9F34"class="banner">
  <swiper-item>
    <image src="../../images/upload/banner1.png"mode="aspectFill"></image>
  </swiper-item>
  <swiper-item>
    <image src="../../images/upload/banner2.png"mode="aspectFill"></image>
  </swiper-item>
</swiper>
<!-- 精選果蔬 start-->
<view class="container">
  <view class="title"> 精選果蔬 </view>
  <view class="box">
    <view class="item">
      <image src="../../images/upload/jingxuan1.png"></image>
    </view>
    <view class="item">
      <image src="../../images/upload/jingxuan2.png"></image>
    </view>
    <view class="item big">
      <image src="../../images/upload/jingxuan3.png"></image>
    </view>
  </view>
```

```
</view>
<!-- 精選果蔬 end-->
<!-- 最新果蔬 start-->
<view class="container">
  <view class="title">最新果蔬 </view>
  <view class="products">
    <view class="product">
      <image src="../../images/upload/product-vg@2.png"mode="aspectFill">
</image>
      <text class="product-name">泥蒿 1 斤 </text>
      <text class="product-price"> ￥8.0</text>
    </view>
    <view class="product">
      <image src="../../images/upload/product-vg@3.png"mode="aspectFill">
</image>
      <text class="product-name">番茄 1 斤 </text>
      <text class="product-price"> ￥9.0</text>
    </view>
    <view class="product">
      <image src="../../images/upload/product-vg@4.png"mode="aspectFill">
</image>
      <text class="product-name">高山土豆 1 斤 </text>
      <text class="product-price"> ￥6.0</text>
    </view>
    <view class="product">
      <image src="../../images/upload/product-vg@5.png"mode="aspectFill">
</image>
      <text class="product-name">大青椒 1 斤 </text>
      <text class="product-price"> ￥7.0</text>
    </view>
  </view>
</view>
<!-- 最新果蔬 end-->
```

樣式檔案 index.wxss 的內容如下：

```
/* 輪播圖 start*/
.banner{
  width:750rpx;
```

```
    height:400rpx;
}
.banner image{
    width:100%;
    height:100%;
}
/* 輪播圖 end*/
/* 精選果蔬 start*/
.container{
    display:flex;
    flex-direction:column;
    align-items:center;
}

.container.title{
    margin:20rpx 0;
}

.container.box{
    display:flex;
    flex-wrap:wrap;
    width:100%;
}

.container.box.item{
    display:flex;
    height:375rpx;
    width:50%;
    box-sizing:border-box;
    /*border:1px solid red;*/
}

.container.box.item.big{
    width:100%;
    margin-top:4rpx;
}

.container.box.item:first-child{
    border-right:4rpx solid#FFF;
```

```
}

.container.box.item image{
  width:100%;
  height:100%;
}
/* 精選果蔬 end*/
/* 最新果蔬 start*/
.products{
  width:100%;
  display:flex;
  flex-wrap:wrap;
}
.product{
  width:360rpx;
  height:360rpx;
  background-color:#F5F6F5;
  border-radius:10rpx;
  margin:0 5rpx 10rpx 10rpx;
  display:flex;
  flex-direction:column;
  align-items:center;
}
.product image{
  width:80%;
  height:70%;
}
.product.product-name{
  margin-top:6rpx;
  font-size:28rpx;
}
.product.product-price{
  margin-top:12rpx;
  font-size:24rpx;
}
/* 最新果蔬 end*/
```

　　程式執行效果如圖 13.3 所示。

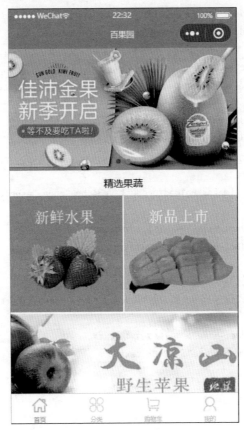

▲ 圖 13.3 首頁

2．列表頁

新建列表頁，list.wxml 檔案的內容如下：

```
<view class="list-header">
  <image src="../../images/upload/1@theme-head.png"></image>
</view>

<!-- 最新果蔬 start-->
<view class="products">
  <view class="product">
    <image src="../../images/upload/product-vg@2.png"mode="aspectFill">
</image>
```

```
    <text class="product-name"> 泥蒿 1 斤 </text>
    <text class="product-price"> ￥8.0</text>
  </view>
  <view class="product">
    <image src="../../images/upload/product-vg@3.png"mode="aspectFill">
</image>
    <text class="product-name"> 番茄 1 斤 </text>
    <text class="product-price"> ￥9.0</text>
  </view>
  <view class="product">
    <image src="../../images/upload/product-vg@4.png"mode="aspectFill">
</image>
    <text class="product-name"> 高山土豆 1 斤 </text>
    <text class="product-price"> ￥6.0</text>
  </view>
  <view class="product">
    <image src="../../images/upload/product-vg@5.png"mode="aspectFill">
</image>
    <text class="product-name"> 大青椒 1 斤 </text>
    <text class="product-price"> ￥7.0</text>
  </view>
</view>
<!-- 最新果蔬 end-->
```

樣式檔案 list.wxss 的內容如下：

```
/* 頂部 start*/
.list-header{
  width:100%;
  height:400rpx;
}
.list-header image{
  width:100%;
  height:100%;
}
/* 頂部 end*/
```

程式執行效果如圖 13.4 所示。

▲ 圖 13.4 列表頁

發現首頁和清單頁的商品清單部分重複，因此可以採用取出範本來簡化程式。將公共部分取出到範本頁面 products.wxml 中，然後分別在首頁和清單頁引用範本。products.wxml 範本檔案的內容如下：

```
<template name="products">
  <view class="products">
  <view class="product">
    <image src="../../images/upload/product-vg@2.png"mode="aspectFill">
</image>
    <text class="product-name">泥蒿 1 斤 </text>
    <text class="product-price"> ￥8.0</text>
  </view>
  <view class="product">
    <image src="../../images/upload/product-vg@3.png"mode="aspectFill">
</image>
    <text class="product-name">番茄 1 斤 </text>
    <text class="product-price"> ￥9.0</text>
  </view>
```

```
  <view class="product">
    <image src="../../images/upload/product-vg@4.png"mode="aspectFill">
</image>
    <text class="product-name">高山土豆 1 斤 </text>
    <text class="product-price"> ￥6.0</text>
  </view>
  <view class="product">
    <image src="../../images/upload/product-vg@5.png"mode="aspectFill">
</image>
    <text class="product-name">大青椒 1 斤 </text>
    <text class="product-price"> ￥7.0</text>
  </view>
</view>
</template>
```

清單頁面引用範本如下：

```
<import src="../template/products/products.wxml"></import>
<view class="list-header">
  <image src="../../images/upload/1@theme-head.png"></image>
</view>

<!-- 最新果蔬 start-->
<!--<view class="products">
  <view class="product">
    <image src="../../images/upload/product-vg@2.png"mode="aspectFill">
</image>
    <text class="product-name">泥蒿 1 斤 </text>
    <text class="product-price"> ￥8.0</text>
  </view>
</view> -->
<template is="products"></template>
<!-- 最新果蔬 end-->
```

同理，可以把範本相關的樣式檔案取出到 products.wxss 檔案中，在需要使用的地方引入即可。

3‧詳情頁

新建 detail 元件，detail.wxml 檔案的內容如下：

```
<view class="container detail-container">
  <!-- 頂部 -->
  <view class="p-info-box">
    <view class="p-image">
      <image src="../../images/upload/product-vg@2.png"mode="aspectFit">
</image>
    </view>
    <view class="p-info">
      <text class="p-stock"> 有貨 </text>
      <text class="p-name"> 楊梅幹 1 斤 </text>
      <text class="p-price"> ￥8.8</text>
    </view>
  </view>
<!-- 底部 -->
</view>
<!-- 底部 -->
  <view class="p-detail-box">
    <view class="tab-box">
      <view class="tab-item selected">
        商品詳情
      </view>
      <view class="tab-item">
        商品參數
      </view>
      <view class="tab-item">
        售後保障
      </view>
    </view>
  </view>
<view class="p-detail">
    <view class="p-detail-iamges">
      <image src="../../images/upload/detail-1@1-dryfruit.png"mode=
"aspectFill"></image>
      <image src="../../images/upload/detail-2@1-dryfruit.png"mode=
"aspectFill"></image>
    </view>
```

```
      <view class="p-detail-info">
        <view class="info">
          <view class="info-name"> 品名 </view>
          <view class="info-detail"> 楊梅乾 </view>
        </view>
        <view class="info">
          <view class="info-name"> 口味 </view>
          <view class="info-detail"> 青梅味 藍莓味 草莓味 鳳梨味 </view>
        </view>
        <view class="info">
          <view class="info-name"> 產地 </view>
          <view class="info-detail"> 四川成都 </view>
        </view>
        <view class="info">
          <view class="info-name"> 保質期 </view>
          <view class="info-detail">3 個月 </view>
        </view>
      </view>
      <view class="p-detail-protect">
        <view>7 天無理由退貨 </view>
      </view>
    </view>
<view class="tab-box">
      <view class="tab-item selected"bindtap="onTabItemTap"data-index="0">
        商品詳情
      </view>
      <view class="tab-item"bindtap="onTabItemTap"data-index="1">
        商品參數
      </view>
      <view class="tab-item"bindtap="onTabItemTap"data-index="2">
        售後保障
      </view>
    </view>
...
```

程式執行效果如圖 13.5 所示。

4．分類頁

分類頁分為左右兩欄版面配置，按一下左邊的分類，右邊會顯示對應分類的商品。按一下商品進入商品詳情頁，如圖 13.6 所示。

▲ 圖 13.5 詳情頁

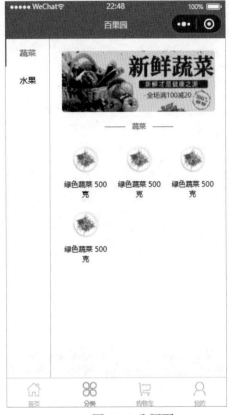

▲ 圖 13.6 分類頁

5．購物車頁

在首頁、列表頁、分類頁中均可將商品增加到購物車中，進入購物車頁面後，在其中可以修改商品的數量、商品刪除並自動計算價格等，如圖 13.7 所示。

6 · 「我的」頁

在「我的」頁面中可以對位址進行管理，查看訂單的詳情資訊，根據訂單狀態進行對應的操作，如圖 13.8 所示。

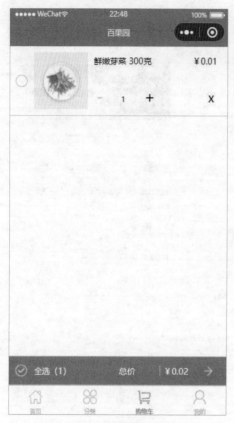

▲ 圖 13.7 購物車頁面

▲ 圖 13.8 「我的」頁面

13.2 封裝公共功能

13.1 節完成了百果園微信商場的架設和靜態頁面部分的製作，接下來就需要呼叫後端介面實現前後端資料互動。由於每個頁面都需要進行網路請求和資料處理，所以先將公共部分取出出來，以減少冗餘碼，提高程式的可維護性。

13.2.1 封裝公開變數

在根目錄下建立 utils 目錄，然後在該目錄下新建 config.js 檔案，將後端請求介面進行封裝，程式如下：

```
class Config{
  constructor(){
  }
}
Config.restUrl = 'http://localhost:8088/frontapi/';
export{
  Config
}
```

在 config.js 檔案中建立 Config 類別，並設置 restUrl 屬性用於儲存後端介面位址，頁面上需要用到介面位址的地方直接使用該類別屬性即可。

13.2.2 封裝網路請求

在 utils 目錄下新建 base.js 作為所有頁面的基礎類別，所有頁面共用的方法就封裝到此檔案中，先封裝網路請求的方法，程式如下：

```
import{
  Config
}from'config.js';
class Base{
  constructor(){
    this.baseRestUrl = Config.restUrl;
  }

  //HTTP 請求類別
  request(params){
    var that = this,
      url = this.baseRestUrl + params.url;
    if(!params.type){
      params.type = 'get';
    }
```

```
    wx.request({
      url:url,
      data:params.data,
      method:params.type,
      header:{
        'content-type':'application/json'
      },
      success:function(res){
        // 判斷以 2（2xx）開頭的狀態碼為正確，400 錯誤
        // 異常不要傳回回呼中，就在 request 函式中處理，記錄日誌並使用 showToast 顯示
        //   一個統一的錯誤即可
        var code = res.statusCode.toString();
        var startChar = code.charAt(0);
        if(startChar == '2'){
          params.sCallback&&params.sCallback(res.data);
        }else{
          that._processError(res);
          params.eCallback&&params.eCallback(res.data);
        }
      },
      fail:function(err){
        that._processError(err);
      }
    });
  }

  _processError(err){
    console.log(err);
  }
}
export{
  Base
}
```

　　定義 Base 類別，此類包含網路請求方法，後續頁面的共用方法也可以封裝到此類中。在後續的開發中，每個頁面都繼承自此類，透過物件導向的繼承機制獲得公共方法。

13.3 首頁

在前面已經完成的靜態頁面的基礎上，本節透過前後端資料聯調來實現商場首頁的功能，商品部分呼叫後端介面，根據傳回結構進行動態著色。

13.3.1 首頁功能說明

商場首頁主要分為三部分，即輪播圖、商品分類和最新商品。下面主要演示如何呼叫後端介面來展示最新商品的功能。

13.3.2 封裝業務邏輯

採用模組化程式設計，雖然微信官方將原生頁面分為四部分，如果頁面功能比較複雜，JS 部分程式比較多，則可以再取出一層用於邏輯實現。在 index 目錄下新建 index-model.js 檔案，程式如下：

```
import{
  Base
}from'../../utils/base'
class Index extends Base{
  constructor(){
    super();
  }
  /* 首頁底部最新商品 */
  getProductorData(callback){
    var param = {
      url:'goods',
      data:{
        num:1
      },
      sCallback:function(data){
        callback&&callback(data);
      }
    };
    this.request(param);
  }
```

```
}
export{Index}
```

　　將頁面功能和邏輯都寫到 index 類別中，index 繼承自 Base 類別，因此可以自動獲取網路請求的方法。

13.3.3　獲取介面資料

　　index.js 檔案是官方生成的小程式處理業務的檔案，包含自動生成的小程式生命週期函式，因此可以在此檔案中引入上一步定義的 index 類別，在具體生命週期函式中呼叫相應的方法即可獲取資料。程式如下：

```
import{Index}from'index-model.js'
var index=new Index();
...
  /**
   * 頁面的初始資料
   */
  data:{
    productsArr:[],                        // 最新商品列表
  },

  /**
   * 生命週期函式 -- 監聽頁面載入
   */
  onLoad:function(options){
    this._loadData();
  },

/* 載入所有資料 */
  _loadData:function(callback){
    var that = this;
    /* 獲取最新商品 */
    index.getProductorData((data)=> {
      that.setData({
        productsArr:data.data
```

```
    });
console.log(data)
    callback&&callback();
    });
  },
```

如上面程式所示，在頁面載入完成的生命週期函式中透過網路請求獲取後端 API 資料。在這一步中需要在開發者工具中忽略域名安全性檢查，否則獲取不到資料，如圖 13.9 所示。

▲ 圖 13.9 域名驗證設置

當小程式正式上線時，需要在小程式背景增加合法域名請求白名單。

獲取資料後，接下來需要將資料著色到頁面上。

13.3.4　著色頁面資料

在 index.wxml 的範本中傳遞參數：

```
<template is="products"data="{{productsArr:productsArr}}"></template>
```

修改 template/products/products.xml 範本檔案，著色資料：

```
<template name="products">
  <view class="products">
    <block wx:for="{{productsArr}}">
      <view class="product"bindtap="onProductsItemTap"data-id=
"{{item.goods_id}}">
        <image src="http://127.0.0.1:8088{{item.pics_sma}}"></image>
        <text class="product-name">{{item.goods_name}}</text>
        <text class="product-price"> ￥{{item.goods_price}}</text>
      </view>
    </block>
  </view>
</template>
```

自此，完成了從後端獲取商品並顯示到介面上的功能。

13.4　列表頁

商場清單頁需要判斷按一下的商品分類，根據分類 ID 動態載入商品清單。本節演示小程式頁面之間如何傳遞參數和接收參數。

13.4.1 傳遞分類參數

當在商場首頁按一下「分類」按鈕時，背景將商品分類 ID 傳遞給列表頁。透過 data-cid 傳遞參數，其中，cid 為自訂屬性，後續接收參數時也需要透過 cid 來接收。

index.wxml 為分類綁定事件同時指定分類，程式如下：

```
<view class="title"> 精選果蔬 </view>
  <view class="box">
    <view class="item"bindtap="GotoList"data-cid="5">
      <image src="../../images/upload/jingxuan1.png"></image>
    </view>
    <view class="item"bindtap="GotoList"data-cid="6">
      <image src="../../images/upload/jingxuan2.png"></image>
    </view>
    <view class="item big"bindtap="GotoList"data-cid="8">
      <image src="../../images/upload/jingxuan3.png"></image>
    </view>
  </view>
```

接下來就需要在 index.js 的函式中接收參數，由於多個頁面都可能會根據事件接收參數，所以將其寫到通用的 base.js 檔案中，作為 Base 類別的方法，程式如下：

```
/* 獲得元素綁定的值 */
  getDataSet(event,key){
    return event.currentTarget.dataset[key];
  };
```

在 index.js 檔案的 GotoList 中接收分類參數：

```
GotoList:function(event){
    var catid = index.getDataSet(event,'cid');
    //console.log(catid)
    wx.navigateTo({
      url:'/pages/list/list?cid='+catid,
    })
  },
```

在 list 列表頁中接收 URL 傳遞的參數，透過 onLoad 的參數進行接收，接收名稱與傳遞的名稱必須一致，list.js 檔案的內容如下：

```
onLoad:function(options){
    console.log(options.cid)
  },
```

13.4.2　介面資料著色

在 list 目錄下新建 list-model.js，功能與 index-model.js 大體一致。

```
import{
  Base
}from'../../utils/base.js';
class List extends Base{
  constructor(){
    super();
  }
  /* 首頁指定分類的最新商品 */
  getProductorData(cid,callback){
    console.log(cid)
    var param = {
      url:'goods',
      data:{
        num:10,
        cateid:cid
      },
      sCallback:function(data){
        callback&&callback(data);
      }
    };
    this.request(param);
  }
}
export{
  List
};
```

頁面載入時獲取資料，list.js 檔案的內容如下：

```
import{
  List
}from'list-model.js'
var list = new List();
...
 onLoad:function(options){
    //console.log(options.cid)
    this.data.cid = options.cid;
    this._loadData();
  },
...
/* 載入所有資料 */
  _loadData:function(callback){
    console.log(" 開始載入 ")
    var that = this;
    /* 獲取分類商品 */
    list.getProductorData(this.data.cid,(data)=> {
      that.setData({
        productsArr:data.data
        //productsArr 可以在 data 裡指明，也可以不指明
      });
      console.log(data)
      console.log(data.data)
      callback&&callback();
    });
  },
```

在 list.wxml 中將獲得的資料傳遞給範本，完成頁面資料著色。

```
<template is="products"data="{{productsArr:
productsArr}}"></template>
```

這樣就可以在頁面上成功獲取清單資訊，如圖 13.10 所示。

▲ 圖 13.10　清單頁面資料著色

13.5　詳情頁

商品詳情頁用於呈現商品的詳細資訊，頁面內容較多，包含商品圖片、商品屬性和商品簡介等。其中，商品簡介屬於豐富文字內容，需要用到 rich-text 元件進行著色。

13.5.1　傳遞商品參數

範本頁面已經透過 data-id 綁定了商品 ID，需要在事件處理函式中獲取該 ID 並進行頁面跳躍。修改 index.js 檔案如下：

```
// 跳躍詳情頁
  onProductsItemTap:function(event){
    var id=index.getDataSet(event,'id')
    //console.log(id)
    wx.navigateTo({
```

```
    url:'/pages/detail/detail?id='+id,
  })
},
```

在 detail.js 中的 onLoad 函式中接收商品 ID，程式如下：

```
onLoad:function(options){
console.log(options.id)
this.data.id=options.id;
},
```

13.5.2 封裝業務邏輯

新建 detail-model.js 檔案，其內容如下：

```
import{
  Base
}from'../../utils/base.js';
class Detail extends Base{
  constructor(){
    super();
  }
  getDetailInfo(id,callback){
    var param = {
      url:'goods/'+ id,
      sCallback:function(data){
        callback&&callback(data);
      }
    };
    this.request(param);
  }
};

export{
  Detail
}
```

13.5.3 獲取商品資料

在 detail.js 檔案中獲取資料，程式如下：

```
import{
  Detail
}from'detail-model.js'
var detail = new Detail();
...
 onLoad:function(options){
    //console.log(options.id)
    this.data.id=options.id;
    this._loadData();
  },
/* 載入商品資料 */
  _loadData:function(callback){
    var that = this;
    detail.getDetailInfo(this.data.id,(data)=> {
      that.setData({
        good:data.data                    //good 變數可以不用事先宣告
      });
console.log(data)
      callback&&callback();
    });
  },
```

13.5.4 著色商品資料

專案詳情頁面包括商品的基本資訊、商品詳情資訊、產品屬性資訊。在頁面中，商品基本資訊直接讀取欄位著色即可；商品詳情是豐富文字格式，使用 rich-text 元件著色；商品屬性資訊，直接取出屬性陣列進行著色即可。

detail.wxss 檔案

```
<view class="container detail-container">
  <!-- 頂部 -->
  <view class="p-info-box">
    <view class="p-image">
```

```
      <image src="{{good.pics[0].pics_big_url}}"mode="aspectFit"></image>
    </view>
    <view class="p-info">
      <text class="p-stock">{{good.goods_number>0?" 有貨 ":" 無貨 "}}</text>
      <text class="p-name">{{good.goods_name}}</text>
      <text class="p-price"> ￥{{good.goods_price}}</text>
    </view>
  </view>
  <!-- 底部 -->
  <view class="p-detail-box">
    <view class="tab-box">
      <block wx:for="{{[' 商品詳情 ',' 商品參數 ',' 售後保障 ']}}">
        <view class="tab-item{{currentTabsIndex==index?'selected':''}}"
bindtap="onTabItemTap"data-index="{{index}}">
          {{item}}
        </view>
      </block>
    </view>
    <view class="p-detail">
      <view class="p-detail-iamges"hidden="{{currentTabsIndex!=0}}">
        <view>
          <!--{{good.goods_introduce}}-->
          <rich-text nodes="{{good.goods_introduce}}"></rich-text>
        </view>
      </view>
      <view class="p-detail-info"hidden="{{currentTabsIndex!=1}}">
        <view class="info"wx:for="{{good.attrs}}">
          <view class="info-name">{{item.attr_name}}</view>
          <view class="info-detail">{{item.attr_value}}</view>
        </view>
      </view>
      <view class="p-detail-protect"hidden="{{currentTabsIndex!=2}}">
        <view>7 天無理由退貨 </view>
      </view>
    </view>
  </view>

  <!-- 購物車圖示 -->
  <view class="fixed-cart-box{{isShake?'animate':''}}"bindtap="toCart">
```

```
    <image src="../../images/icon/cart@top.png"></image>
    <text>{{cartCount}}</text>
  </view>


  <!-- 加入購物車 -->
  <view class="add-cart-box">
    <view class="p-counts">
      <picker range="{{countsArray}}"bindchange="bindPickerChange">
        <view>
          <text class="tips"> 數量 </text>
          <text class="count">{{productCounts}}</text>
          <image class="count-icon"src="../../images/icon/arrow@down.png">
</image>
        </view>
      </picker>
    </view>
    <view class="middle-border"></view>

    <view class="add-cart"bindtap="onAddingToCartTap">
      <text> 加入購物車 </text>
      <image class="cart-icon"src="../../images/icon/cart.png"></image>
      <image class="small-top-img{{isFly?'animate':''}}"style=
"{{translateStyle}}"src="../../images/upload/product-vg@2.png"mode=
"aspectFill"></image>
    </view>
  </view>

</view>
```

接下來實現列表頁跳躍商品詳情頁的功能，在 list.js 檔案中增加函式傳遞參數即可。

```
// 跳躍詳情頁
  onProductsItemTap:function(event){
    var id=list.getDataSet(event,'id')
    //console.log(id)
    wx.navigateTo({
      url:'/pages/detail/detail?id='+id,
```

```
    })
  },
```

13.6　本章小結

　　本章首先透過微信小程式開發者工具架設小程式商場專案，透過 app.json 檔案設置小程式的整體外觀、導覽列、底部 tabBar 等通用資訊，完成需求分析階段對應的靜態頁面部分的製作。

　　其次，為了提高程式的可維護性，減少冗餘碼，利用物件導向的程式設計思想，將公共方法抽象到 Base 類別中，後續頁面直接繼承自該類別即可獲得通用方法，從而完成基於微信的網路請求方法 wx.request 的二次封裝。

　　最後，在每個頁面中透過呼叫網路請求方法與後端 API 進行資料互動，獲得資料後動態著色到頁面上，主要商場首頁、列表頁、詳情頁等功能的開發。

　　由於篇幅所限，本章未能列出所有已實現的頁面，讀者可以查閱隨書程式進行參考。

MEMO

14

百果園微信商場專案部署與發佈

　　透過前面章節的講解，我們已經完成了專案的基礎功能，並可以在開發工具中執行和測試了。測試完成後，商業級專案還需要將專案的各個組成部分部署到外網伺服器上供使用者使用。伺服器作業系統一般使用 Linux 或 Window Server，不同系統的操作步驟不同，但想法基本一致。本章使用隨書專案程式在裝有 Windows 10 系統的本地電腦上進行演示。

本章涉及的主要基礎知識如下：

- MySQL：掌握資料庫整合環境安裝和資料庫管理工具 Navicat 的使用；

- 部署 Node.js 程式：學會 Node.js 程式的部署和 PM2 工具的使用；

- 發佈小程式：掌握小程式的發佈流程；

- Vue 專案發佈：掌握 Vue 專案打包方法及 Nginx 的基本使用。

　🖉 **注意**：不同作業系統的部署步驟略有不同。

14.1 Node.js 介面部署

【**本節專案程式：sysapi**】

如前面章節所述，完整的百果園微信商場分為：Node.js 介面、管理背景、小程式，分別對應隨書程式目錄 sysapi、fruit-shop 和 manage，因此需要分別進行部署，本節對 Node.js 的後端介面進行部署。

1 · 部署資料庫

讀者可以根據專案需求單獨安裝 MySQL，也可以使用像 PhpStudy 之類的整合環境。本節使用在第 9 章中安裝的 PhpStudy 整合環境。

資料庫安裝完成後，還需要安裝如 Navicat 之類的資料庫管理工具，方便對資料庫操作。Navicat 的安裝比較簡單，只需要下載安裝套件，然後根據提示安裝即可。安裝完成後，先連接資料庫，按一下 Navicat 軟體左上角的「連接」按鈕，選擇「MySQL」，如圖 14.1 所示。

在彈出的「MySQL- 新建連接」對話方塊中，按要求輸入：主機名稱、通訊埠、使用者名稱和密碼，按一下「測試連接」按鈕，確保連接成功後，按一下「確定」按鈕，如圖 14.2 所示。

連接成功後，按右鍵「連接」按鈕，在彈出的快顯功能表中選擇「新建資料庫」命令，如圖 14.3 所示。

▲ 圖 14.1 透過 Navicat 連接資料庫

▲ 圖 14.2 連接資料庫

▲ 圖 14.3 新建資料庫

在彈出的「新建資料庫」對話方塊中輸入資料庫名稱並選擇字元集，按一下「確定」按鈕，如圖 14.4 所示。

在資料庫清單中，按兩下剛才建立的資料庫 fruit_shop，選擇「執行 SQL 檔案」命令，如圖 14.5 所示。

在彈出的「執行 SQL 檔案」對話方塊中，選擇隨書程式提供的資料庫檔案 fruit-shop.sql，按一下「開始」按鈕，如圖 14.6 所示。

▲ 圖 14.4 建立資料庫

▲ 圖 14.5 執行 SQL 檔案

執行結束後，按一下「關閉」按鈕，如圖 14.7 所示。

▲ 圖 14.6 選擇 SQL 檔案

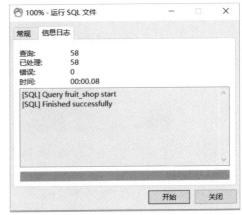

▲ 圖 14.7 執行 SQL 檔案

按右鍵 fruit_shop 資料庫下的「資料表」，在彈出的快顯功能表中選擇「刷新」命令，即可在右邊的「物件」視窗中看到建立的 9 張資料表，如圖 14.8 所示。

▲ 圖 14.8 刷新資料庫

至此，資料庫建立成功。

2 · 執行 Node.js 介面

將隨書程式目錄 sysapi/config 下的 default.json 檔案中的資料庫連接資訊，修改為自己的資料庫連接資訊。執行 cmd 命令開啟命令視窗，切換到 sysapi 根目錄下，輸入 node app 命令執行介面程式，如圖 14.9 所示。

▲ 圖 14.9 執行 Node.js 程式

至此，後端介面執行成功。可以透過 postman 工具對介面進行測試。

14.2 小程式發佈

【本節專案程式：fruit_shop】

小程式開發完成後可以在開發環境中進行測試，測試完成後最終需要上傳到小程式平臺供使用者使用。本節演示如何透過微信官方提供的開發者工具將小程式發佈到審核背景，以及如何從背景正式發佈。

開啟微信開發者工具，預設進入「小程式專案」介面，如圖 14.10 所示。

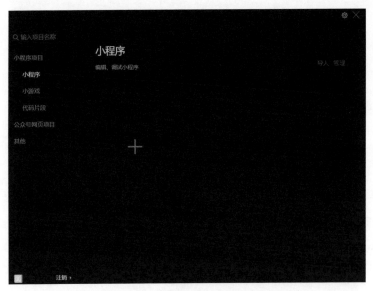

▲ 圖 14.10 微信開發者工具主介面

按一下右上角的「匯入」按鈕，在彈出的「選擇要上傳的資料夾」對話方塊中選擇隨書提供的 fruit_shop 小程式專案目錄 fruit_shop，然後按一下「選擇資料夾」按鈕，如圖 14.11 所示。

▲ 圖 14.11 選擇匯入的資料夾

按一下「選擇資料夾」按鈕，進入「匯入專案」介面。如果已經申請過 AppID，那麼可以在此輸入，如果未申請，可以待後續再填寫，這裡預設後續填寫，如圖 14.12 所示。

▲ 圖 14.12 匯入專案

按一下「確定」按鈕，彈出的頁面如圖 14.13 所示。

按一下「信任並執行」按鈕，開啟並執行小程式專案，如圖 14.14 所示。

在小程式商場主介面中，按一下左上角的圖示可以進行登入，這裡由於匯入專案時沒有填寫 AppID，所以右上角的「上傳」按鈕無法使用。

如果還未申請小程式，則需要到官方進行申請，申請後登入小程式背景可以查到 AppID，將其填入到小程式專案根目錄（fruit_shop）下的 project.config.json 檔案的 appid 欄位中，填好後開發者工具中的「上傳」按鈕就可以使用了。

透過「上傳」按鈕，可以將本地程式提交到小程式背景供微信官方審核，審核通過後才可以將小程式發佈上線。在審核通過前，可以透過體驗碼進行體驗。如果審核沒有通過，則會告知原因，使用者進行整核後可以再次提交審核。審核通過後，版本資訊會出現在「審核版本」處，表示官方已經審核通過，還需要使用者進行手動發佈，發佈成功後才會出現在「線上版本」裡，此時使用者可以搜索小程式進行使用了。管理後端介面如圖 14.15 所示。

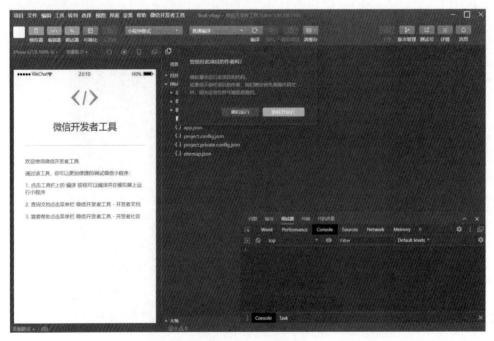

▲ 圖 14.13　信任專案

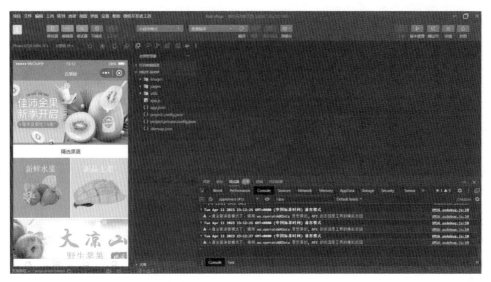

▲ 圖 14.14 小程式商場主介面

▲ 圖 14.15 微信小程式背景

14.3 管理背景部署

【本節專案程式：manage】

前面章節都是在開發工具中執行專案，專案開發完成後需要將其打包並發佈到伺服器上。本節演示如何透過 NPM 工具將 Vue 專案打包為靜態資源並發佈到 Nginx 中。

開啟 cmd 命令視窗並切換到專案根目錄 manage 下，執行以下打包命令：

```
npm run build
```

如果打包過程中未出現顯示出錯，則說明打包成功，打包介面如圖 14.16 所示。

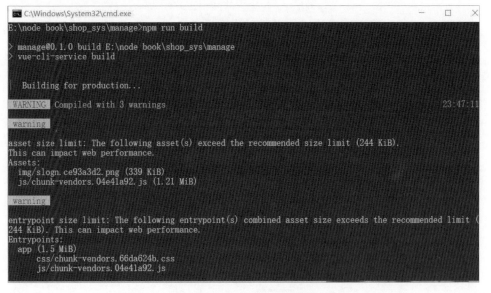

▲ 圖 14.16 打包 Vue 專案

打包成功後，會在專案根目錄下出現一個 dist 目錄，該目錄下的內容即為打包生成的靜態檔案。需要將這些檔案部署到 Apahce 或 Nginx 等 Web 伺服器上，這樣使用者才可以透過瀏覽器進行存取。

為了簡化演示，本節依然採用 PhpStudy（小皮）面板，該整合工具中自動整合了 Nginx。先開啟 Ngnix，如圖 14.17 所示。

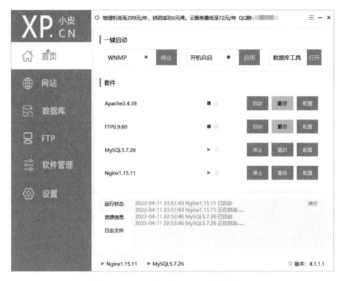

▲ 圖 14.17 在小皮面板中開啟 Nginx

接下來選擇左側的「網站」，按一下「建立網站」按鈕，在彈出的網站設置介面中設置域名、通訊埠和根目錄（dist 目錄），如圖 14.18 所示。

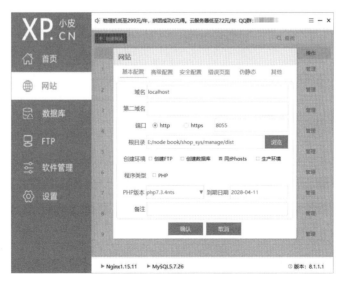

▲ 圖 14.18 新建網站

按一下「確認」按鈕後，網站建立成功，在瀏覽器中輸入剛才配置的位址 http://localhost:8055，如果可以看到登入介面，則表示部署成功，如圖 14.19 所示。

▲ 圖 14.19 管理背景首頁

14.4 本章小結

前面幾章完成了各部分的業務功能開發，本章對百果園微信商場系統的各個部分進行了打包部署。

首先，進行後端介面部署，需要準備 MySQL 資料庫環境，為了方便操作，本章直接使用了 PhpStudy 整合環境，在真實的專案部署過程中需要根據具體的要求來架設環境。安裝 Node.js 環境後，可以透過 Node.js 命令來啟動程式。在實際的生產環境中，為了方便處理程序管理，需要用到 PM2 之類的工具進行部署。

其次，小程式的發佈需要先申請小程式帳號，得到 AppID 後才能透過開發者工具進行程式提交。提交的程式在小程式管理背景還需要進行提交，待官方審核通過後才能發佈生效。

最後，Vue 管理背景專案通常需要打包為靜態檔案，再發佈到 Apache 或 Nginx 等 Web 伺服器中。

15

百果園微信商場性能最佳化初探

前面章節完成了微信商場專案的開發和部署。在專案實際營運過程中，應根據業務場景和專案需求不斷進行最佳化，以提高使用者的體驗。該專案由Node.js介面、小程式、Vue管理背景組成，本章針對專案的不同組成部分探討專案的最佳化方法。

本章涉及的主要基礎知識如下：

- Node.js 程式最佳化：了解 Node.js 程式最佳化的方法及常見工具；

- 小程式最佳化：掌握小程式開發者工具的使用，掌握常見的最佳化方法；

- Vue 程式最佳化：了解 Vue 程式最佳化的想法、常見的最佳化手段，能夠在實際專案中根據業務需求進行最佳化。

> ✎ **注意**：性能最佳化需要結合具體的業務場景，本章只介紹基本的概念和方法。

15.1 Node.js 程式最佳化

Node.js 作為背景服務，其性能是非常關鍵的一點，而影響 Node.js 性能的因素不僅要考慮其本身技術架構的因素，還應該考慮所在伺服器的一些因素，如網路 I/O、磁碟 I/O 以及其他記憶體、控制碼等問題。本節主要從開發者角度分析常見的最佳化方法。

1 · 儘量避免同步程式

在設計上，Node.js 是單執行緒的。為了能讓一個單執行緒許多併發的請求，永遠不要讓執行緒等待阻塞，不執行同步或長時間執行的操作。Node.js 從上到下的設計就是為了實現非同步，因此非常適合用於事件型程式。

有時可能會發生同步 / 阻塞的呼叫。舉例來說，許多檔案系統操作同時擁有同步和非同步的版本，如 writeFile 和 writeFileSync，即使用程式來控制同步方法，也有可能不經意地用到阻塞呼叫的外部函式程式庫，這對程式性能的影響是極大的，因此需要儘量避免使用同步程式。

2 · 儘量避免靜態資源使用 Node.js

對於 CSS 和圖片等靜態資源，應用標準的 WebServer 而非 Node.js，同時還應利用內容分發網路（CDN），它能將全球內的靜態資源複製到伺服器上。這樣做有兩個好處：第一，能減少 Node.js 伺服器的負載量；第二，CDN 可以讓靜態內容在離使用者較近的伺服器上傳遞，從而減少等待時間。

3・壓縮程式

許多伺服器和使用者端支援使用 Gzip 格式來壓縮請求和應答。無論是應答使用者端還是向遠端伺服器發送請求，儘量使用 Gzip 進行壓縮。

使用行動裝置會讓存取速度變慢且增加延遲，這就需要讓我們的程式保持「小且輕」的狀態。對於伺服器程式也是同樣的道理。

此外，也可以使用 Node.js 性能分析工具如 Alinode。Alinode 為功能強大的 Node.js 性能診斷產品，為阿里集團內外的 Node.js 開發者提供服務，幫助他們定位並解決了大量與性能相關的問題，有良好的口碑。它為所有 Node.js 導向的應用提供性能監控、安全提醒、故障排除、性能最佳化等整體性解決方案，尤其適用於中大型 Node.js 應用。Node.js 性能平臺憑藉對 Node.js 核心的深入理解，提供了完整的工具鏈和服務，協助客戶主動、快速地發現和定位線上問題。具體使用方法可以參考其官方手冊。

15.2 小程式最佳化

小程式的性能和使用者的體驗密不可分。在使用小程式的過程中，使用者有時會遇到小程式開啟慢、滑動延遲、回應慢等問題，這些問題都與小程式的性能有關。性能問題可歸根為使用者體驗問題，如果不能極佳地解決，則會影響使用者的正常使用，甚至退出小程式。

隨著小程式的不斷迭代，頁面越來越多，功能越來越複雜，小程式的性能問題也越來越突出。在開發小程式的過程中，開發者不僅要關注功能的實現，而且應該將足夠的精力投入到小程式性能的最佳化上，以保障良好的使用者體驗。

那麼如何對小程式進行最佳化呢？廣義上講，小程式的性能可以分為啟動性能和執行時期性能兩個方面。啟動性能讓使用者能夠更快地開啟並看到小程式的內容，執行時期性能保障使用者能夠流暢地使用小程式的功能。除了小程式本身的功能之外，良好的性能帶來的使用者體驗，也是小程式能夠留住使用者的關鍵。

小程式的框架結合了 Web 開發和使用者端開發的技術，並進行了進一步的創新。因此，在一些 Web 開發中，性能最佳化的方法同樣適用於小程式，如快取的使用、網路請求的最佳化和程式壓縮等。此外，由於小程式技術框架的特點，在小程式開發中也有一些特殊的性能最佳化方法。

關於小程式的具體最佳化知識，本章不進行深入探討，下面主要介紹其官方提供的相關性能工具。

1 · 性能資料

為了更進一步地幫助開發者了解和分析小程式的性能狀況，官方在「小程式幫手」小程式上提供了性能相關的資料統計。同時，開發者也可以根據業務需要自己進行上報分析。開發者可透過微信搜索「小程式幫手」，進入程式後可以看到開發者的微信綁定的小程式清單，選擇需要分析的小程式，根據介面提示的功能即可查看其各項性能指標。

2 · 小程式測速

為了幫助開發者最佳化小程式性能，微信官網推出了小程式測速功能。小程式測速功能可以簡單、方便地統計小程式的某一事件的即時耗時情況，並可根據地域、營運商、作業系統、網路類型和機型等關鍵維度進行即時交叉分析。開發者透過「測速上報」介面上報某一指標的耗時情況後，可在小程式管理背景「開發 | 運行維護中心 | 小程式測速」中查看各指標的耗時趨勢，並且支援分鐘級資料的即時查看。

3 · 體驗評分

體驗評分是一項給小程式評分的功能，它會在小程式執行過程中進行即時檢查，找出可能影響體驗的問題，並且給出問題鎖定和最佳化建議。

評分工具是整合在微信開發者工具裡的，使用流程如下：

（1）開啟開發者工具，在「詳情」裡切換基礎函式庫到 2.2.0 或以上版本。

（2）在偵錯器區域切換到 Audits 面板。

（3）按一下「執行」按鈕，然後在小程式介面中自行操作，執行過的頁面就會被「體驗評分」檢測到，如圖 15.1 所示。

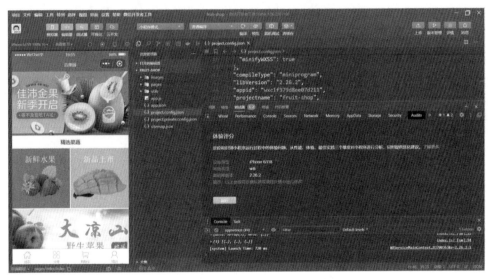

▲ 圖 15.1 微信開發者工具——體驗評分

（4）如果想結束檢測，按一下「停止」按鈕，在當前面板中會顯示相應的檢測報告，開發者可以根據報告中的建議對相應功能進行最佳化，如圖 15.2 所示。

（5）如果需再次進行體驗評分，可以按一下報告上方的「清空體驗評分」恢復初始狀態。注意，目前系統不提供報告儲存服務，一旦清空體驗評分報告，將無法再查看本次評分結果。

除此之外，微信官方還提供了一些性能和體驗偵錯工具用於協助開發者偵錯與最佳化小程式的性能與體驗，讀者可以自行查看微信小程式的官網說明。

▲ 圖 15.2 體驗評分報告

15.3 Vue 程式最佳化

　　本節介紹 Vue 專案的基本最佳化方法及 Lighthouse 工具的基本使用方法。使用 Vue 開發與原生 HTML 的 DOM 開發有所不同，Vue 框架具有響應式系統和虛擬 DOM 系統，因此 Vue 在著色元件的過程中能自動追蹤資料的相依，並精確知曉資料更新的時候哪個元件需要重新著色，著色之後經過虛擬的 DOM Diff 演算法之後才會真正更新到 DOM 上，Vue 應用的開發者一般不需要進行額外的最佳化工作。

　　但在實踐中仍然有可能遇到性能問題，下面介紹一些定位分析 Vue 應用性能問題的方式及一些最佳化建議。

1・伺服器端著色和預著色

　　利用伺服器端著色（SSR）和預著色（Prerender）來最佳化載入性能。在一個單頁應用中，往往只有一個 HTML 檔案，然後根據存取的 URL 來匹配對應的路由指令稿，動態地著色頁面內容。單頁應用比較大的問題是首頁可見時間過長。

　　單頁面應用顯示一個頁面會發送多次請求，在第一次獲得 HTML 資源後，透過請求再去獲取資料，然後將資料著色到頁面上。由於微服務架構的存在，有可能發出多次資料請求才能將網頁著色出來，每次資料請求都會產生 RTT（往返延遲），從而導致載入頁面的時間過長。

　　在這種情況下，可以採用伺服器端著色和預著色來提升頁面載入性能，使用者直接讀取到的就是網頁內容，省去了很多往返延遲，同時，還可以將一些資源內嵌在頁面，進一步提升頁面載入的性能。

　　伺服器端著色可以考慮使用 Nuxt.js 或按照 Vue 官方提供的 Vue SSR 指南來一步步架設。

2．元件慵懶載入

　　在前面提到的超長應用內容的場景中，透過元件慵懶載入的方案可以最佳化初始著色的執行性能，這對於最佳化應用的載入性能也很有幫助。元件粒度的慵懶載入結合非同步裝置和 Webpack 程式分片，可以保證隨選載入元件，以及元件相依的資源和介面請求等，相比單純地對圖片進行慵懶載入，進一步做到了隨選載入資源。使用元件慵懶載入方案對於超長內容的應用初始化著色很有幫助，可以減少大量必要的資源請求，縮短著色的關鍵路徑。

3．引入生產環境的 Vue 檔案

　　在開發環境下，Vue 會提供很多警告來幫開發者解決常見的錯誤與陷阱。但在生產環境下，這些警告敘述沒有用，反而會增加應用的「體積」。有些警告檢查還會引起一些小的執行時期銷耗。當使用 Webpack 或 Browserify 這類的建構工具時，Vue 原始程式會根據 process.env.NODE_ENV 決定是否啟用生產環境模式，預設為開發環境模式。在 Webpack 與 Browserify 中都有方法來覆蓋 process.env. NODE_ENV 變數，以啟用 Vue 的生產環境模式，同時在建構過程中警告敘述也會被壓縮工具去除。

4·不在範本中寫過多邏輯

　　範本儘量簡潔，不加入邏輯，不寫過多運算式。在進行條件著色時，如果需要頻繁切換，可以使用 v-show，否則使用 v-if。

　　還有更多細節需要根據專案使用場景進行最佳化，接下來介紹 Lighthouse 工具的使用。Lighthouse 是 Google Chrome 推出的開放原始碼自動化工具，能夠對 PWA（Progressive Web App，漸進式 Web 應用）和網頁多方面的效果指標進行評測，並舉出最佳實踐的建議，幫助開發者最佳化網站的性能。Lighthouse 的使用方法也非常簡單，只需要提供一個要測評的網址，它將針對此網址進行一系列的測試，然後生成一個有關網站頁面性能的報告。透過報告可以知道需要採取哪些措施來提升應用的性能和體驗。

　　在高版本的 Chrome 瀏覽器中，Lighthouse 已經直接整合到了偵錯工具 DevTools 中，因此不需要再安裝或下載。

　　按 F12 鍵開啟開發者工具，可以看到在 Console、Security 等選項後面有一個 Lighthouse 選項，在該選項下完成分析報告，如圖 15.3 所示。

▲ 圖 15.3　Google 瀏覽器 Lighthouse 的功能

按一下 Analyze page load 按鈕，稍等片刻即可自動生成報告，如圖 15.4 所示。

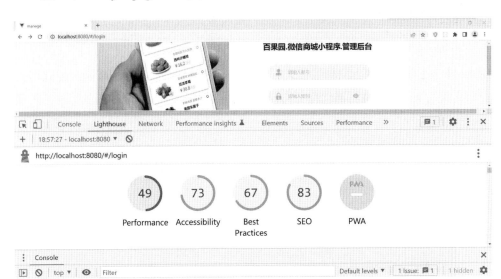

▲ 圖 15.4 Lighthouse 評分報告

這份評分報告包含性能（Performance）、造訪無障礙（Accessibility）、最佳實踐（Best Practice）、搜尋引擎最佳化（SEO）和 PWA 五部分。可以根據報告內容修改程式，最佳化網站性能。

15.4 本章小結

本章從專案最佳化的角度分別從 Node.js、小程式和 Vue 專案 3 個方面介紹了性能最佳化的相關概念和工具的使用。讀者在實際工作中需要結合具體的業務場景和需求對專案進行最佳化，性能最佳化是長期經驗累積的過程。

首先，對於 Node.js 程式的最佳化儘量避免使用同步方法，除此之外還要進行程式壓縮以減小應用的「體積」。針對不同的 Node.js 框架，如前面章節講解的 Express、Koa、Egg 有不同的最佳化方法，有的框架已經內建了常見的性能測試和最佳化工具。當然也可以使用第三方性能測試和最佳化工具，如 Alinode。

　　其次，對於微信小程式的最佳化，其官方提供了非常多的工具，雖然有的工具還處於完善階段，但是官方文件非常完善。

　　最後，關於 Vue 程式的最佳化，雖然相比原生 HTML 開發 Vue 框架的虛擬 DOM 操作在很大程度上提高了程式的性能，但是同時也會產生新問題。因此需要針對具體的應用場景進行最佳化，可以透過 Lighthouse 等工具生成測試報告，再逐一進行最佳化。

MEMO

MEMO

MEMO

深智數位
股份有限公司